TOYOTA
一汽丰田

RAV4荣放

一汽丰田汽车销售有限公司
中联华商（北京）国际文化传媒有限公司　联合编制
人民交通出版社股份有限公司

在路上

趣驾百城任你游

ZAILUSHANG · QUJIA BAICHENG RENNIYOU

一路阅天下 | RAV4

人民交通出版社股份有限公司
China Communications Press Co.,Ltd.

图书在版编目（CIP）数据

在路上·趣驾百城任你游 / 一汽丰田汽车销售有限公司，人民交通出版社股份有限公司联合编制. -- 北京 : 人民交通出版社股份有限公司，2017.1

ISBN 978-7-114-13461-6

Ⅰ. ①在… Ⅱ. ①一… ②人… Ⅲ. ①旅游指南－中国 Ⅳ. ①K928.9

中国版本图书馆 CIP 数据核字（2016）第 273053 号

广告许可证号：京朝工商广字第 8195 号（1-1）

书　　名：**在路上·趣驾百城任你游**
著 作 者：一汽丰田汽车销售有限公司
中联华商（北京）国际文化传媒有限公司
人民交通出版社股份有限公司
总 策 划：吴宝忠
营销总监：郭玉伟
编 委 会：王金辉 任洪飞 穆岚 景艳华
责任编辑：李刚 李秀平
出版发行：人民交通出版社股份有限公司
地　　址：（100011）北京市朝阳区安定门外外馆斜街 3 号
网　　址：http://www.ccpress.com.cn
经销电话：（010）59757615、59757989
总 经 销：人民交通出版社股份有限公司发行部
经　　销：各地新华书店
印　　刷：北京市密东印刷有限公司
开　　本：880×1230 1/32
印　　张：13
彩　　插：4
版　　次：2017 年 1 月 第 1 版 第 1 次印刷
书　　号：ISBN 978-7-114-13461-6
定　　价：168.00 元
审 图 号：GS（2016）1279 号

本图册中国界线系按中国地图出版社 1989 年出版的 1 ∶ 400 万《中华人民共和国地形图》绘制

一汽丰田与世家荣耀

世家荣耀就是这家人的光荣

——姜君

一汽丰田汽车销售有限公司成立于 2003 年，是中国第一汽车股份有限公司和丰田汽车公司多年合作的结晶，它的成立标志着一汽与丰田的合作又树立了一个新的里程碑，一汽丰田不变的宗旨就是为客户提供更好的商品，让客户享受美好的购车体验和服务体验。

面对激烈的市场竞争环境，一汽丰田始终保持稳步向前的节奏，坚定践行“客户第一”的经营理念，追求“人与社会、环境的和谐”。一汽丰田通过在商品、服务、价值链等综合领域的全面发展，在用户心中逐步树立了高品质、高性价比、高残值率、高安全性、诚信服务、低使用成本的“高价值”品牌形象，成为一家让客户满意，对社会做出贡献的优秀公司。历经 13 年发展，一汽丰田累计销量达 500 多万辆，无疑是对一汽丰田过去 13 载一路奋斗的最高褒奖。

一汽丰田全系产品涵盖轿车、SUV、双擎、中型客车、原装进口五大车系，以皇冠、锐志、卡罗拉、花冠、威驰为代表的的轿车车系，以普锐斯、卡罗拉双擎为代表的一汽丰田双擎车系，SUV 车系则以全新 RAV4 荣放、LAND CRUISER 200、普拉多为代表，还有中型客车柯斯达和丰田 86 等原装进口车系，共计 14 款车型。

在一汽丰田的产品线里，SUV 家族是比较耀眼的一条，包括：全尺寸全天候的兰德酷路泽 LAND CRUISER 200，硬派 SUV 普拉多，紧凑型城市 SUV RAV4，这是一汽丰田 SUV 三兄弟，也是一汽丰田的世家荣耀。丰田的 LC 家族有 65 年的历史，产品性能在全世界各种恶劣环境下都经受住了考验。65 年里，成就了 LAND CRUISER 四驱之王的美誉，更成就了无数人的梦想。而普拉多秉承 LAND CRUISER 血统，以其优越的品质驰骋于全球 170 个国家。在保留原有的越野通过性、耐久性和可靠性的基础上，进一步强化了都市风格，以满足用户不断增长的豪华感和舒适性的需求。而 RAV4 很好地继承了家族 DNA，更是增加了城市驾驶的舒适性和运动性，也更适合都市青年。

坚持自己的信条，一步一个脚印，是一汽丰田长期以来形成的企业文化。要获得客户的信赖，首先自己必须发自内心的诚信付出。一汽丰田，以“人”为本，以“信”立本，坚持“客户第一”的经营理念，为“让更多客户体验拥有汽车的喜悦”而一路向前。

TOYOTA
全新R
顛覆

一汽丰田
AV4 荣放
新生

RAV4 源起

HISTORY AND MEANING

RAV4，全称是“Recreational Active Vehicle with 4-wheel drive”，意为四轮驱动的休闲运动车，作为城市 SUV 的引领者，以先进四驱科技为基础，提供无限休闲生活乐趣，赋予更多运动驾驶乐趣。

R Recreatio

休闲娱乐

定位城市 SUV 的 RAV4。不仅能城市代步，还能去野外休闲娱乐，应对多种路况。

nal
V4荣放

A Active

运动有活力

RAV4 不仅有运动的外观，
还有优秀的越野性能，
能够应对沙漠、泥路、陡坡等复杂路况，
极具活力。

RAV4
RAV4荣放

Vehicle
车辆

作为城市 SUV，RAV4 换挡平顺，
燃油经济性优异，
ECO 模式下，RAV4 的耗油堪比轿车。

RAV4
RAV4荣放

4

4-wheel d

四轮驱动

ive

RAV4 的动态牵引力系统和四轮驱动，在保证越野性能的同时，也增强了加速、减速、弯道的形式稳定性。

序

写在荣耀绽放之前

什么是荣耀？在我看来，荣耀是对坚持不懈的回馈，是对精益求精的犒赏。而我常常说，一汽丰田也有我们自己的世家荣耀，是我们对于精益制造、对于越野传承的坚持不懈！作为一汽丰田世家荣耀中最年轻的一员，RAV4 同样也在传承着最纯粹的越野，只不过是用一种更年轻化的方式。现在全新 RAV4 已经上市，还拥有了个寓意很好的新名字“荣放”——荣耀绽放。

RAV4 从 2009 年国产化以来，作为城市 SUV 的鼻祖，从老款到新款，历经更迭、不断突破，不断创造辉煌。这些辉煌成绩，最离不开的就是我们的用户。如果没有用户的青睐，如果没有用户的支持，RAV4 不可能取得这样的成绩。一汽丰田作为一家以“用户至上”的企业，从成立之初就将回馈用户作为头等大事。而给用户提供最好的产品、站在离用户最近的地方、陪伴用户在每一个人生时刻，这就是一汽丰田回馈的方式，最实在、最真诚的方式。

正是秉着这样的初衷，“一路闯天下”活动诞生了。那么，会有人有疑问，“一路闯天下”是什么样的一件事？一汽丰田为什么要做这样的一件事？其实很简单，我们想要用户体验我们的产品、想要实践来证明我们产品、想要活动来实现我们和用户更多的互动、和经销商更多的联动。一汽丰田更愿意站在企业的角度去看市场，站在市场的角度上做企业。我们造车卖车的同时，也希望能够制造爱、给予爱、传递爱。

之所以想写在荣耀绽放之前，是觉得在荣耀绽放之前，那些共同坚持、一起奋斗的时光和荣耀一样，都是值得铭记的，就像我们一路留下的车辙，都是承载满满的挑战与回忆！可以说全新 RAV4 荣放的成功上市，是荣耀绽放前的点点光斑，照亮了本次“一路闯天下”的路途，让我们更加坚定、更加无畏地向前进。

这一路，我们勇往直前！
去闯吧，我们并肩共进！
天下之大，我们用车辙丈量！

一汽丰田汽车销售有限公司总经理 姜君

作者

赵 阳

1987 年毕业于四川大学中文系
曾任四川省作家协会《四川文学》杂志社编辑
某汽车网站版主，驾驶 RAV4 走遍中国的自驾达人
在车友圈有相当的影响力和号召力

作者的话——

从嵇康到韦庄，从洛尔迦到狄兰托马斯，案桌上的文化旅行竟然持续了二十余年，直至遇见 RAV4。

我开始用车轮丈量生活的时候，如同翅膀张开，大地后退，过往的二十多年仅仅是铺开大幅宣纸的一次研墨，我把每一次穿越收藏进梦乡，像农夫收集每一滴雨水。

在甘肃临洮求证龙图腾与青蛙崇拜的关联；在里耶秦朝竹简上重新审视民族历史的真相；在夔门赤甲炮台上读懂白帝城的无奈辛酸；在阿尼玛卿神山和祁连山野牛沟陶醉越野与宗教的精神洗礼。每一次征途都会颠覆一次书本，在我发现“世界原来如此”的时候，我非常庆幸有这样一款与我神交已久的好车，可以改变我的生活。

我要谢谢这些年与我一同奔跑在旅途中的 RAV4 全国车友。我永远会记得我们一同助学西藏希夏邦马峰折巴小学，西藏林芝小学，四川甘孜咕鲁寺小学，四川甘洛县磨子沟小学的那些爱心公益活动。

特别感谢一汽丰田企划支援室精心组织的“一路闯天下”，这个活动是开先河的举措。

它在中国完美垂范了一次“企业和车友共同打造一辆好车”的一汽丰田文化理念。

感谢为本书创作做出贡献的张教军、未名壶、海鸥、屈楷堂、挺哥、深海、唐磊、王笑、自游人、徐荣磊、姜野、美国休斯敦 CICI、何永成、西藏 8844 老陈，还有本书的设计师蔚娟小姐。

本书的写作时间只有 50 天，仓促应战难免挂一漏万。如果它能提升您出发的勇气和决心，那这本书就是完美的。

辉煌历程 | LAND CRUISER 兰德酷路泽

谈及家族历史，不得不提的就是 Land Cruiser。在久经历史迭代之后，硬派、强悍、可靠、高端这些词已经成为了它的标准代名词。

1951
—1960
LAND CRUISER
BJ 系列

面向世界的兰德酷路泽诞生

LAND CRUISER BJ

1951 年，丰田创立了 LAND CRUISER 品牌，并开发了其车系的第一款车型 BJ。这部 4WD 汽车的开发，目的是为了服务于战后日本的特种专业车辆市场。但在市场竞标中，丰田输给了竞争对手，无论是军用及警用车市场，LAND CRUISER 都没有作为采购车型，仅仅是日本消防采购了一定数量的 LAND CRUISER BJ 作为小型消防设备车进行消防服务。

但失败后并没有击倒丰田继续发展的 LAND CRUISER 车型的坚强决心，也正因为竞标的失利，丰田重新决定 LAND CRUISER 的设计不能仅仅为了日本市场，应该面向全世界，让它能够适应全世界各种路况的所有市场。

这是 LAND CRUISER 品牌的挫折，但也是其自我图强、走向世界，一个真正辉煌的开始......

1963
第一代 Jeep 商标车型
CJ-5 推出

1960
—2001
LAND CRUISER
40 系列

1955
—1959
LAND CRUISER
20 系列

LAND CRUISER 20 系列

1955 年，第一代 LC20 系列腾空出世。相比 BJ 系列车型，LC20 车型在舒适性以及操控性方面有了明显的提升，并且在悬挂方面也做出了较大的改进和调整。如果单看第一代的 LC20 车型，相信绝对不会有人把它和现款的兰德酷路泽联系在一起。

延续生产 41 年的一代传奇——LAND CRUISER 40 系列

作为生产历史最久的 SUV 车款，BJ40 从 1960 年一直生产到 1984 年，而其仿制车款" Bandeirente" （在美洲被称为丰田 - 德兰特）在巴西甚至一直生产至 2001 年。BJ40 是 LAND CRUISER 值得荣耀的一款经典车型，也是 LAND CRUISER 走向世界的一个极其成功的车款。BJ40 曾是丰田 4WD 越野车延伸至世界各地专业用车市场的利器。在车身大小及动力配置上，尤其是 F 系列引擎的高可靠性方面，一举超越当时的 Jeep 威利斯等众多的衍生产品，并在实际应用中得到了世界各地用户的高度认可。也因此，只有它创造了越野车型不改款，而延续生产了 41 年的世界纪录。

至今仍有大量 70 年代初生产的 LAND CRUISER BJ40，依旧服务于用户。现如今，其二手车价值极高，不仅被美国和澳大利亚等地越野爱好者、4WD 收藏家们所珍爱，也是超越 Jeep、山地越野的一个传奇车型。现今的澳大利亚公路上仍可以常常见到它的身影。

2007 年，丰田为纪念 LAND CRUISER BJ40 这款经典产品的问世，并响应北美爱好者要求，发售了由 LAND CRUISER PRADO120 衍生的纪念车款 FJ CRUISER（丰田 FJ 酷路泽）。

传奇的丰田越野家族

1967
—1980
LAND CRUISER
55 系列

1980
—1989
LAND CRUISER
60 系列

LAND CRUISER 60 系列

继 LC50 之后推出的 LC60 系列，延续了 LC50 的整体外观设计，并且在 80 年代末期也被引入到了国内。到了这一代车型，LC 车型的设计得到了市场的认可，家族化的元素得以延续。加长的后备箱设计成为了同时期众多车型模仿的对象，LC 系列车型已经慢慢的成长为了行业的领导者。

1970
第一代路虎 揽胜推出

1979
第一代奔驰 G 系列越野车推出

1991
第一代 Jeep 牧马人推出

1984
LAND CRUISER
70 系列

专业越野汽车的最权威车款
LAND CRUISER 70 系列

1984 年 BJ40 在日本停产，继而推出了另一传奇车型 LAND CRUISER 70 系列。并延续生产至今。并成为全球服务于特种行业，专业越野汽车市场中的两个仅存著名车款之一。

LAND CRUISER 70 系列，继承了 40 系列所有特性，其越野机动能力及不可思议的耐用品质，得到了世界公认。它是丰田在世界各地专业越野车市场中，一举击败日产途乐、路虎卫士的标志性产品。丰田正是在 70 系列兰德酷路泽的基础上，衍生发展出了其车系的另一著名分支品牌 LAND CRUISER PRADO。

在 80 年代的澳洲矿业，牵引成串的小型矿车，曾经广泛使用的是路虎卫士 110 卡车。为了进入这个市场，丰田和日产先后为澳大利亚矿业专门生产了长轴距版的 LAND CRUISER 70 卡车及途乐长轴版卡车，来参加这场与路虎卫士 110 的拼争。这些车辆在矿山的恶劣路况下，其一生都在使用 4L 低速四轮驱动模式去牵引成串的重载矿车进行作业。路虎卫士由于其质量率先认输退出了市场，途乐也因其分动器链条问题，也在这场旷日持久的实力较量中，败下阵来。最终只有 LAND CRUISER 70 收到了用户的认可。从此，LAND CRUISER 奠定了其在澳洲大陆的越野汽车权威地位。LAND CRUISER70 在全世界市场都成为了最权威的越野车款。

1984 现款
LAND CRUISER
7 系列

1984
第一代 Jeep 切诺基推出

LAND CRUISER 80 系列

LC80 可以说是丰田旗下最成功的几款车型之一。在外观方面进行了大刀阔斧的改进，更加现代化的设计和以前的 LC 车型形成了鲜明的对比。在保证了强悍越野能力的同时，整台车的调校也更加的注重舒适性，和前几代车型相比有了极大的提升！此外整车的动力系统也变得更加的可靠、稳定。

1989
—1998
LAND CRUISER
80 系列

1989
第一代路虎 发现推出

1993
第一代 Jeep 大切诺基推出

1998
—2007
LAND CRUISER
100 系列

LAND CRUISER 100 系列

LC100 是目前国内最常见的老款 LC 车型，一汽丰田于 2003 年国产了这一代车型。LC100 依然采用了双叉臂式独立前悬，为此不少越野爱好者为此痛惜，不能不说这是 LC 车型对市场做出的妥协。当然，LC 终归是 LC，放弃前固定轴的 LC100 增加了 TEMS 电子控制悬挂软硬系统和 AHC 有效高度控制悬挂系统，作为对悬挂改动后的弥补，同样让 LC100 保持出色的越野性能。

2007
—2016
LAND CRUISER
200 系列

集丰田四驱大成为一身
能让你“享受”任何路况的豪华越野车型
LAND CRUISER 200 系列

历时 5 年的研发，LAND CRUISER 推出换代车型，并把名称更改为“兰德酷路泽”。从内饰外观设计，到发动机动力平台等全部焕然一新，更强的越野装备以及承袭了一贯的舒适性，LC200 为丰田开启了 LAND CRUISER 历史上新的一页，带你去任何地方，没有比驾驶着它更为放心的车辆了。

2016 至今
LAND CRUISER
200 系列

2014
最后一代路虎卫士停产

全球目前仅存兰德酷路泽7 系列
与奔驰 G这二款专业越野车型

LAND CRUISER 200 系列

自品牌创立以来，这是最豪华的兰德酷路泽。也是安全和舒适装备最为完善的一次升级。在提升其越野行驶能力的同时，驾乘的人机工程学设计达到前所未有。

如今的 LAND CRUISER 无疑已经成为了人们心中的高端越野典范，经过了半个多世纪的洗礼和见证，在恶劣路况下的卓越性能让“四驱之王”的称号名扬天下，成为越野标杆。

传奇的丰田越野家族

四驱都市休闲SUV先驱 RAV4

1993
—2000
RAV4 第一代

城市 SUV 车型由此诞生！
RAV4 第一代

1993 年，东京车展上丰田推出了 RAV4 概念车，1994 年日内瓦车展正式发布。由此，城市 SUV 车型正式诞生。

第一代 RAv4 在世界很多地区被称为“初级越野车”，不仅在城市可作为舒适、空间更大的乘用车，其 4WD 也提供了越野驾驶的休闲乐趣。作为紧凑型 SUV 的鼻祖，RAV4 的出现引来了无数厂商的后续跟随。

2000
—2005
RAV4 第二代

深受年轻用户欢迎的车型
RAV4 第二代

第二代 RAV4 在 2000 年推出，并根据各地市场推出了长轴版和双门短轴距版。尤其是双门短轴距版成为了当年最为时尚的车款，并深受年轻人喜爱，尤其是女性。RAV4 短轴的休闲版成为了北美女性拥车比例最高的车款，并超越了此前大众甲壳虫所创造的记录。RAV4 第二代车款改进了其悬架及 4WD 系统，进一步提升了公路驾驶的稳定性、舒适性。

2005
—2012
RAV4 第三代

全球热销，不断被仿造与抄袭
RAV4 第三代

2005年，第三代丰田RAV4正式推出，提供3.5L V6 发动机和 2.4L 四缸发动机。采用全新平台打造，于 2006 年进入中国，2009 年国产。

2012
—2015
RAV4 第四代

新时代都市休闲 SUV 标杆
RAV4 第四代

2012 年，洛杉矶车展上第四代 RAV4 发布，2013 年国产。这一代 RAV4 凭借全新造型及强悍的动力和四驱技术造就新一代城市 SUV 的神话。

2016
全新 RAV4 荣放

2016 年 7 月 28 日，全新 RAV 荣放在中国正式上市。全新 RAV4 荣放以硬朗、动感为设计理念，为其注入更多的乐趣和活力。
今后，全新 RAV4 荣放将继续与世界前行！

“一路闯天下”百城荣耀接力赛

2016/4/29 — 6/17

对于多数有车之人来说，心里总有一个声音不肯停息，“世界那么大，我想去看看”，这是个小愿望。实现了，便是小幸运，未实现，则是小目标。

一汽丰田世家荣耀三款车型的车主又恰好是一群“好动”之人，爱野，会玩，懂生活。一路的未知，一路的艰险，无从可知，无法预料，可是那又怎样？于是，“一路闯天下”的集结号就这么响起了，南起广州，北至哈尔滨，西抵成都，东到上海，横跨山河，纵贯林海。

4 月 29 日，RAV4“一路闯天下，百城荣耀接力赛”活动从广州出发，途经成都、西安，再向东行驶至上海，之后向北经北京直至终点哈尔滨，行遍整个中国。活动沿途经过城市近百个，全程历时 2 个月。

从南到北，由西向东，从饕餮美食变换到山水怡然，从古韵情怀到辽阔关外，每一条线都是别样的体验，天下之美，天下之险，天下之奇，都在这其中了。

TOYOTA
连续12年蝉联汽车类品牌价值冠军
RAV4
一路阔天下
百城荣耀接力赛
PRADO
RAV4
LAND CRUISER
4月29日
6月18日
广州 桂林 贵阳 成都 西安 武汉 南京 上海 郑州 济南 北京 沈阳 通化 哈尔滨
活动参加募集中 请与当地经销商联系
一汽丰田

全新

全新RAV4
去爱吧
不撞南墙决不回头

TOYOTA
RAV4
全新 荣放 登场
RAV4荣放
全新RAV4

728 去爱吧

2016/7/28

全新 RAV4 荣放闪耀上市

2016 年 7 月 28 日，一汽丰田全新 RAV4 荣放在北京正式上市，新产品共推出 2.0L、2.5L 两种排量 7 款车型，售价区间为 17.98-26.98 万元。现场同步公布了其全新的中文名：荣放，同时作为 RAV4 首个代言人，赵又廷前来现场，倾情助阵全新 RAV4 荣放活力新生。

全新 RAV4 荣放以“自信自由”为精神主张，在外观、发动机、配置等方面均展现全新形象。特别是首次搭载了专门为其设计的全新 2.0L VALVE MATIC 发动机（连续可变气门升程）、以及 Toyota Safety Sense 智行安全（丰田规避碰撞辅助套装），并增加了更多科技配置，使得全新 RAV4 荣放在产品效能、安全性能、性价比等多方面超越同级别车型，其中增加了众多科技配置的 2.0L 两驱智尚版车型。

全新 RAV4，全新活力，洋溢着青春的味道！去浪吧，再不出发就晚了！去野吧，放肆你的青春！去闯吧，我的路我说了算！

“自信向上，自由向前”，去爱吧！
We will RAV4 ！

一路向北 · 征服北纬 53°

2016/7/29 — 8/8

2016 年 7 月 29 日，一汽丰田发起的 2016 世家荣耀“挑战第三极”征途活动在北京怀柔雁栖湖国际会展打响第一枪，活动的主题为“一路向北 • 征服 N53°”，上百辆一汽丰田 RAV4、普拉多、兰德酷路泽等 SUV 家族系列车型从北京出发，向中国最北极的漠河发起征程。

活动共分为越野和休闲两条线路，其中越野线路为北京 - 阿尔山 - 根河 - 漠河，休闲线路为北京 - 阿尔山 -- 加格达奇 - 漠河。两条线路分别考虑到各参加车队的人员结构、车系构成，以及游览风景的不同而专门设计。但两条路线相同的是都一路向北，寻找诗和远方。

要么读书，要么旅行，身体和灵魂必须有一个在路上。一辆车，一条路，一种信念，一路向北，荣放征途！眼望着北方，弹琴把老歌唱，心是未来的指引，只要一路向前，可敢八千里路走遍，不问归期？

候车室
WAITING ROOM
RAV4荣放

TOYOTA
一汽丰田
挑战第3极征途
世家荣耀
一路向北·征服N53°
7.29~8.8
北京
BEI JING
锡林浩特
兴安盟
阿尔山
满洲里
海拉尔
加格达奇
漠河
MO HE
N
LAND CRUISER
LAND CRUISER
PRADO
RAV4

2016 阿拉善英雄会——腾格里征服

2016/10/3
— 10/5

有一种男人，越野汉子。有一种气魄，叫势不可挡。有一种情怀，叫心向沙场。有一种力量 叫荣耀绽放！

10 月 3 日，一汽丰田阿拉善英雄会——“全新 RAV4 腾格里征服”活动正式开营。来自全国各地的各地经销商代表、17 位“荣耀车主”、老车主、车友会、以及媒体齐聚大本营，共同见证一汽丰田 SUV 家族所带来前所未有的震撼。

活动期间，大营现场还设立有一汽丰田文化展示区、乐队表演、异域风情模特走秀、游戏环节等众多丰富多彩的活动环节。大营内还设立了售后服务点，让更多的车主们在茫茫沙漠中也能充分感受到一汽丰田的服务与关怀。

在腾格里，只为共赴约定；只为打破沉寂；只为纵享征服！

在腾格里，只有激情的释放，只有纵情的穿越，只有真情的流露！

自驾出行注意事项
TRAVEL NOTES

每次自驾出行，都像是一次探索未知世界的旅程，你永远不知道下一秒眼前的风景是什么，上一秒还是风和日丽，下一秒就可能是暴雨倾盆；上一秒可能刚刚经过一马平川，下一秒可能就将面对泥泞坎坷。但是对于自驾爱好者来说，眼前的任何风景都会让他们感到兴奋。

未雨绸缪对于自驾爱好者来说是非常重要的。绝佳的旅行体验一定是建立在做好充分准备基础之上的，那么接下来，就一起来看看自驾出行都需要做好哪些准备工作！

【必需品】

个人证件不可少：身份证、驾驶证、行驶证、保险卡、信用卡。

常用药品需备好：清凉油、创可贴、消炎药、晕车药、驱蚊水、云南白药、体温表、感冒药、退烧药。

日常用品很重要：现金、笔、本、照相器材、鞋袜衣帽、防晒用具、雨具、手电、保温杯、洗漱用具、小镜子、瑞士军刀。

通讯定位不能忘：手机、充电器、行程表、指南针、GPS、车载电台、对讲机。

车辆备件准备好：足气备胎、备用汽油、易损汽车零件、千斤顶、灭火器。

【一颗向往自由的心】

我们中的大多数人都是被钢筋水泥、摩天大厦包围起来的困兽，何不让心中的猛虎细嗅蔷薇呢？何不让心中的倦鸟回归山林呢？带着一颗向往自由的心，在路上感受快乐，感受那一山一水一世界。

【一群志同道合的小伙伴】

趁着时光正好，我们还不老，带着三两好友和一壶老酒，伴着罗大佑的歌声和引擎的轰鸣声，出发吧！在古塔旁谈天说地，在青山下畅所欲言，在大海边疯狂呐喊，一同穿越时间，看遍繁华。

【一条趣味丛生的线路】

如果你想大口饕餮，不妨从广州出发，至成都落脚，这是一次美食之旅！如果你想体验浓郁古风，不妨穿行过西安、武汉，去感受那千年的文化，这是一次文化之旅！如果你想感受大自然的鬼斧神工，不妨从上海出发，行至北京，这是一次震撼心灵之旅！如果你想感受关外那份苍茫与辽阔，不妨一路向北，终至哈尔滨，这是一次找寻自我之旅！

不论是哪一条路线，都是趣味丛生！而这一切，尽在“一路闯天下”！

【当然，最重要的是——有一辆 RAV4 ！】

全新 RAV4 荣放以硬朗、动感为设计理念，为其注入更多的乐趣和活力。进化版 Keen Look 前脸、LED 前后大灯配合时尚的 18 寸铝合金动感轮毂，全方位体现出全新 RAV4 荣放年轻运动、引领时尚活力的独特个性，让你在旅程中一路吸睛无数。

动力强劲，全新 RAV4 荣放搭载了专门为其全新设计的 2.0L VALVE MATIC 发动机，应用全球领先技术，采用连续可变气门升程和可变正时机构，实现强劲的动力和绝佳的燃油经济性，功率从 108KW 提升至 111KW，配合 Smart & Stop 智能节油启停装置，在恶劣路面上应对自如，如履平地。

配合 GOA 冲撞吸能式车身，全新 RAV4 荣放不仅全系标配 VSC+ 系统、HAC 上坡辅助控制系统等，还在丰田国内车型上首次搭载 Toyota Safety Sense 智行安全，提供全方位的安全呵护。在旅途中为你和伙伴保驾护航，你的 RAV4 荣放总能让你安心地去欣赏眼前的美景。

宽敞的空间，将更多的出行装备放在爱车上，同时载着你的家人、朋友，还有各种装备！当然，还能装下一路满满的快乐！

目录
CONTENTS

【交通图】

美食征集令
RAV4
2016/4/29-5/7

美食征集令
“食”不我待 只争朝夕

为了品尝人间美味食材，我们翻山越岭，一路勇闯。
抵不住美食的朝夕诱惑，我们结伴同行。
“食”不我待，只争朝夕！
全城车友为食相聚，共赴盛宴。

广州到成都的旅程，是海鲜到火锅的转换，是包容与激情的碰撞。
途径黄姚古镇、桂林、阳朔、贵阳、赤水，一览沿途风光，品尝不同特色美食。

云溪生态公园
白云山风景区
白云区
白云山风景区
麓湖公园
广州站
广州西站
流花湖公园
越秀公园
省政府
市政府
越秀区
荔湾区
广州博物馆
省博物馆
东山湖公园
石围塘站
芳村客运站
东沙经济区
南浦西一村
洛溪第一工业村
广清立交桥
沙贝立交桥
金沙洲大桥
三元里立交
机场路立交桥
大金钟立交桥
西场立交桥
黄沙立交桥
区庄立交桥
南洲立交桥
海南立交桥
增滘立交桥
珠江大桥东桥
鹤洞大桥
丫髻沙大桥
洛溪大桥
中山大学
岭南会展览馆
海珠区
珠

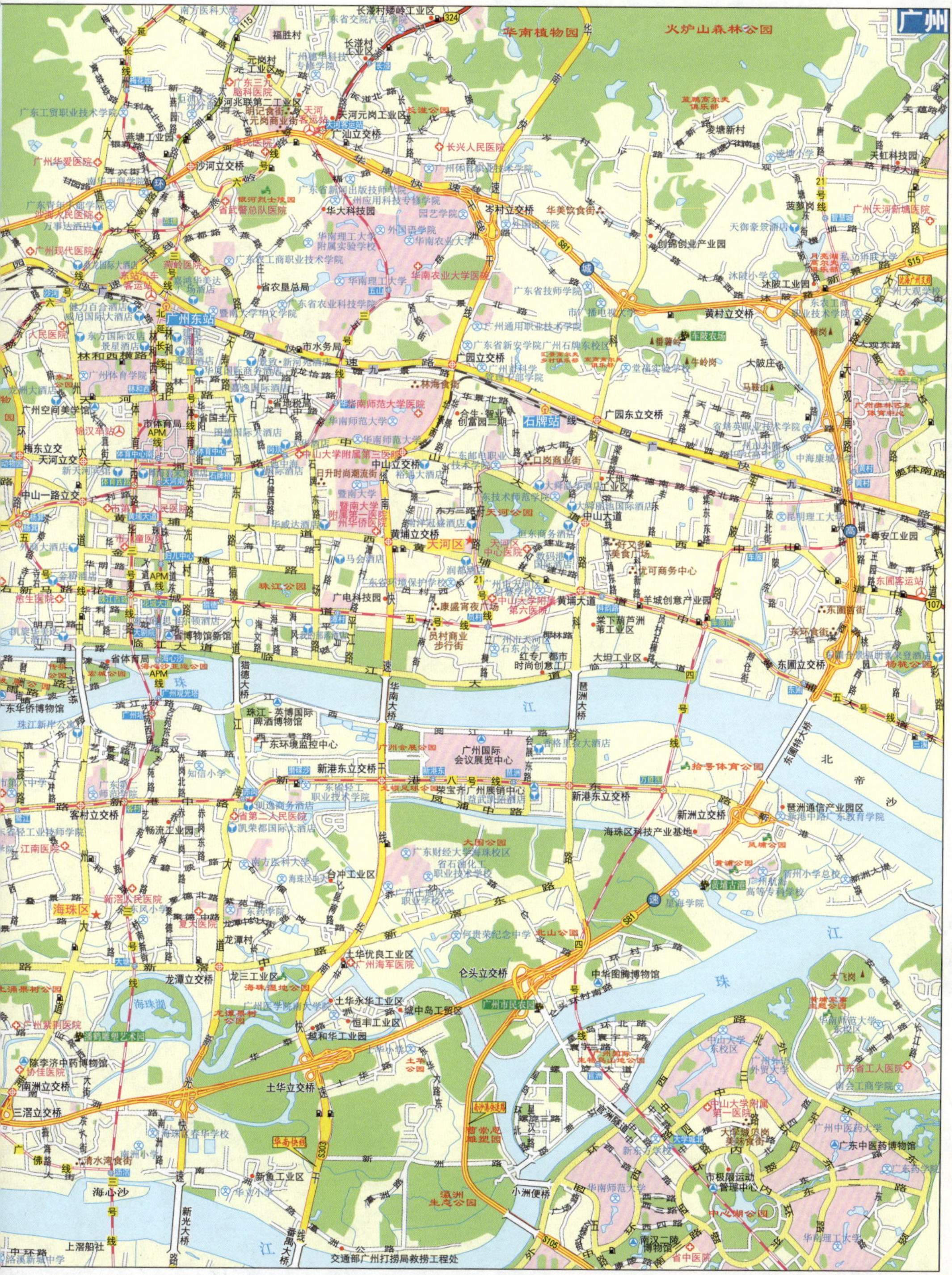
广州
华南植物园
火炉山森林公园
南方医科大学
长湴村瑶岭工业区
福胜村
元岗村
广东三九脑科医院
天河客运站
天河元岗工业区
长兴人民医院
广州华爱医院
沙河立交桥
岑村立交桥
华美饮食街
广州天河新塘医院
华南理工大学
华南农业大学
华南农业大学医院
广州现代医院
省农垦总局
沐陂工业园
黄村立交桥
广州东站
市水务局
广园立交桥
华南师范大学
华南师范大学医院
林和西横路
广州体育馆
广园东立交桥
石牌站
暨南大学
暨南大学附属第一医院
中山大学附属第三医院
中山立交桥
天河区
天河公园
中山大道
黄埔立交桥
黄埔大道
珠江公园
五山
天河立交
中山一路立交
员村商业步行街
广州市第六医院
东圃立交桥
东圃客运站
珠江
猎德大桥
华南大桥
广州国际会议展览中心
新港东立交桥
客村立交桥
海珠区
新港东立交桥
新洲立交桥
琶洲
海珠区科技产业基地
江南医院
龙潭立交桥
仑头立交桥
北山公园
土华立交桥
南洲立交桥
三滘立交桥
海心沙
新光大桥
番禺大桥
小洲便桥
瀛洲生态公园
广州大学城
中山大学东校区
广州中医药大学
广东中医药博物馆
华南师范大学
华南理工大学
中心湖公园
交通部广州打捞局救捞工程处

RAV4 与 广州

GUANG ZHOU

历史与今天 | WELCOME TO CITY GUANG ZHOU.

广州人口 1300 万，位于珠江流域入海口，与泉州同为海上丝绸之路的起点，是中国最大，历史最悠久的通商口岸，世界著名的港口城市，改革开放后一直是中国对外经济的窗口。广州的蓬勃创造力来自于广州人民的吃苦耐劳，坚忍不拔。公元前九世纪，周朝楚国在广州设立楚庭，这是广州最早的名称。公元前 219 年秦国屠雎 50 万大军征讨南越设立南海，象郡，桂林三郡，这是广东历史的第一次中原移民。后魏晋南北朝五胡乱华，唐安史之乱，宋靖康之变，大量的中原人口南迁，形成特殊的客家人群体，使得广州具有很强的包容性和开放心态。公元 226 年，东吴孙权将交州分为交州和广州，广州因此得名。广州是历史上著名的千年商埠，当今世界制造业的发动机，轻工业品的世界最大产地，中国最有竞争力的城市。广州人会挣钱，懂生活，知享受，积极向上。美食是广州的名片，花城是广州的美誉。

一汽丰田广州全车系体验营

▲ **地址：**广州番禺区沙湾镇市南路 159 号（沙湾车检场）

一路闯天下 发车仪式

人生何其苦短，何不趁这春暖花开的大好时光“一起闯天下”，从广州到成都，从西安到上海，从北京到哈尔滨的一万里人文风光画廊中欣赏祖国大美，品尝人间美食，感受不一样的“接力赛”。

2016 年 4 月 29 日，RAV4 百城荣耀接力赛于广州正式开启。一路感受沿途的饮食、历史、山水、龙脉等多方面文化。与此同时，车队也将经过一汽丰田位于沈阳、成都、郑州、北京、哈尔滨、济南、武汉、南京、东莞、西安这 10 个城市的越野基地以及位于上海、广州的 2 个体验中心，感受具有挑战性的专业越野体验。自广州出发，沿途经过城市近百个，全程历时近 2 个月。

在一汽丰田销售有限公司副总经理刘振国以及一汽丰田华南大区总监田炜的见证下，进行了广州一汽丰田全车系体验中心的开营仪式，体验营的诞生让大家有机会亲身感受一汽丰田世家荣耀家族带来的独特越野文化，同时也能深入感受到一汽丰田全车系的独特魅力。

唯美食和美景不可辜负

广州，这座年轻又富有活力的都市，与周边千年历史的贺州黄姚古镇，如果说都有着相似的气质，那一定是从美食之中发散出的阵阵香气。看惯了耸立的高楼大厦，转眼到了斑驳古老的小镇，美景让我们大饱眼福，但是，让我们更有满足感的则是道道美食。

新颖奇特的小吃、古法熬制的佳肴、阵阵飘香的美味，让我们不得不走走停停。而全新 RAV4 拥有的智能节油启停系统，则能够让我们更惬意地享受走走停停，有更多的机会品尝美食。如果是个精打细算的主，那只需要在吃什么这件事情上花功夫就好，RAV4 省出的油费兴许能够多品尝几道美味。

唯美食和美景不可被辜负，这话不假！

一路闯天下 趣驾任你游

RAV4趣味比赛

作为**最会生活**的一群人

在“一路闯天下”的同时，当然不能忘记为行程加点“料”

作为一路闯天下的两个额外项目 **——节油赛**

朋友圈摄影大赛

让整个旅行的欢乐氛围再添了不少乐趣

一升油能**跑多远？**

一条路能**有多少精彩？**

一台车 一队人 能创造多少惊喜？

RAV4 的节油性能有多强？大家的参与热情有多高？

车主们的摄影 **有多棒！**

欲知详情，还请各位且往下看

每条线路结束时，就能知道谁才是真的大赢家啦

城市速览 广州 GUANG ZHOU

地理气候特征

▲ 北回归线从广州穿过，城市年度温差小，全年平均气温在 21 度左右，是人体感知最舒适的温度。海洋性亚热带季风气候让广州雨水充沛，城市四季常青，花香满城。

▲ 7~9 月空气湿度大，城市热岛效应明显，多台风。

自然景观

▲ 白云山风景区、越秀公园、荔湾湖公园、从化温泉、石门国家森林公园。

人文景观

▲ 沙面岛、西关大屋、孙中山大元帅府、黄埔军校校址、陈家祠、陈廉伯公馆、文塔、镇海楼、广州博物馆、荔湾博物馆、广州塔、花城广场、星海音乐厅、恩宁路骑楼、古楚庭牌坊。

美食集中营

▲ 盘福路

推荐餐厅：新泰乐
（华茂大厦 020-81366559）

推荐餐厅：荔苑盘福路店
（倾城酒店首层 020-81244878）

▲ 北京路惠福东美食街

推荐餐厅：大头虾越式风味餐厅

▲ 上下九路中华美食街

推荐餐厅：粤式银记肠粉店

电话：020-81713013

▲ 沙面岛

推荐餐厅：火车头法国西餐厅、侨美兰桂坊

▲ 其他推荐

推荐餐厅：皇上皇腊味老店
（下九路 020-84390151）

推荐餐厅：陶陶居广式月饼
（第十甫路 24 号 020-81399100）

推荐餐厅：伍湛记粥品
（第十甫路 99 号 020-81391405）

推荐餐厅：太平沙财记牛腩粉
（北京南路太平沙 16 号 020-83362800）

推荐餐厅：泮溪酒家
（龙津西路 151 号 020-81722788）

推荐餐厅：点都德
（盘福路 22 号泰峰大厦 020-83064428）

推荐餐厅：侨美兰桂坊沙面店
（沙面南街 5 号 020-81216733）

推荐餐厅：火车头法国西餐厅
（沙面北街 1 号 020-81218882）

推荐餐厅：广州酒家
（文昌南路 2 号 020-81380388）

酒店任你挑

▲ 文化公园附近酒店

推荐理由：临珠江，是夜游珠江的首选地。周围交通便利，景色优美，生活设施齐全。临近沙面公园、文化公园。

时尚购物

▲ 北京路商业步行街、上下九路商业步行街、天河商圈。

酒吧

▲ 环市东路华侨新村酒吧一条街

上世纪初归国华侨的公馆别墅改建的酒吧，吸引了大量的外籍人士。

特别推荐：女神酒吧、莉莉玛莲、蒙

玛、THE HOPS、赖人精酿啤酒吧。

▲ **沿江西路酒吧一条街**

在仁济路与解放大桥之间的沿江西路，老建筑因为得天独厚的珠江夜景观赏便利，被翻新改建。一杯酒的世界多了一份珠江的情调，成为小资们的追捧。

特别推荐：夜樱、爵士、BABYFACE、滚石俱乐部。

外埠车辆 Attention!

▲ 广州无外地车辆限行措施。

加油站

▲ **中国石化花地湾加油站**

地址：花地大道北 190 号

电话：020-81802498

▲ **中国石化荔湾区加油站**

地址：黄沙大道粤南大街 18 号

电话：020-81813526

▲ **中国石油大学城加油站**

地址：中国石油大学城东四路

电话：020-31148165

音乐同行

▲ **帕尔曼小提琴《走出非洲》**

怀念帕尔曼在广州的演出。

▲ **罗西尼《弦乐奏鸣曲》**

纯净的弦乐给打拼中的广州注入一滴甘泉。

▲ **中国古典名曲《春江花月夜》**

名副其实的花城绚烂多姿的夜晚。

玩转广州 为您推荐③日行程

Day1

▲ 下午自驾到达广州

推荐酒店：文化公园附近

推荐理由：临珠江，是夜游珠江的首选地。周围交通便利，景色优美，生活设施齐全。临近沙面公园、文化公园。

▲ 游览上下九商业步行街

推荐晚餐：银记肠粉（上下九路中华美食街），采购皇上皇香肠火腿。

▲ 沿江西路西堤码头乘船游览珠江

推荐乘船线路：西堤—金沙洲线路，也可选择海心沙码头（020-81216891）乘船游览珠江，观赏广州塔夜景。

乘船须知：票价 26~45 元，含茶水小食。每晚 21:10 分停止售票。

Day2

▲ 早茶时间

推荐餐厅：泮溪酒家，7:00~11:00，人均消费 60 元。

推荐理由：泮溪酒家位于荔湾湖公园东门，是中国最大的园林酒家。古时这里是南汉王刘伥的御花园。泮溪酒家的 40 个厅房为亭台楼榭，古树垂柳环抱，环境十分精致。有金龙化皮乳猪，八宝冬瓜盅，牡丹鲜虾仁等八大名菜名点。为中华老字号，国家特级酒家。

如何到达：地铁 6 号线—德路站—如意坊站，改乘出租前往龙津西路泮溪酒家。

▲ 文塔

推荐理由：向南过龙津桥，路过文津苑，内有文塔。文塔为典型的明代建筑，供奉文曲星。

▲ 荔湾博物馆

推荐理由：步行至号称“西关最美旋转楼梯”的荔湾博物馆（又称陈廉伯公馆，逢源北街沙地 1 号）公馆建筑为中西合璧，中式庭院与罗马希腊门柱搭配，馆内展品多为各种怀旧老物件。

参观须知：周一闭关，参观免费。

▲ 西关大屋

推荐理由：西关大屋是典型岭南风格建筑统称，其标志为：青砖，大门横向推移，图案色彩丰富的满洲窗。大屋垂直于街道，前后有两个天井，室内净空高达近 4 米。西关大屋为清末豪门巨贾极尽奢华的产出，一个满洲窗，就需要 15 人花费 10 天的工时。与中国其他建筑体例不同，西关大屋的使用功能极为丰富，可谓面面俱到。逢源北街一带还保存着 10 座完整的西关大屋。

▲ 陈家祠

推荐理由：陈家祠又称陈家书院。陈家祠建于清光绪年，是广东现存祠堂中最富有广东特色的艺术建筑群，全国文物重点保护单位。陈家祠以“古祠流芳”之名两度入选“新世纪羊城八景”，被誉为“广州文化名片”。

如何到达：地铁一号线长寿路站—陈家祠站。

参观须知：位于中山七路，020-81814371，门票 10 元。

▲ 午餐时间

推荐餐厅：南海渔村，020-86668668，人均 40 元。

推荐理由：鱼粥、脆皮鸡、虾饺、银丝饼、香芹鹅肝、焖米线、萝卜糕。旧时广州文人喜好泛舟流花湖，船家粥品河鲜应运而生，形成“艇仔粥文化”。

如何到达：乘坐出租至流花湖公园东北门。

▲ 西汉南越王博物馆

推荐理由：位于象岗山上的南越王陵墓是西汉南越王第二代王赵眜的陵墓。1983 年发掘出“文帝行玺”金印和“赵眜”玉印，被誉为近代中国五大考古发现之一。出土的蓝色平板玻璃，是世界第一套套色印花铜版模被世人称作“岭南文化之光”。

如何到达：步行至解放北路。

参观须知：020-86664920，周一闭馆，门票 12 元，9:00~17:30 开放。

▲ 越秀公园

推荐理由：**【五羊石雕】**广州市标，传周夷王八年，天空有 5 位仙人骑着山羊体察民情后驾祥云而去，5 头口衔稻穗的山羊化石永驻广州，广州因此得名羊城，穗城美誉。**【镇海楼】**（广州博物馆）又名望海楼，五层楼，广州标志性建筑，羊城八景之一。明洪武永嘉侯扩建广州，建城墙于越秀山，并建五层眺望楼。楼前碑廊有历代碑刻，右侧有 12 门古炮。**【四方炮台遗址】**又名永康炮台 建于顺治年，是鸦片战争重要遗址。第一次鸦片战争英军占领四方炮台并以此为司令部四处抢掠，三元里一带人民奋起抗英。**【粤秀书院】**清康熙朝廷御批官办书院，两广总督赵宏灿等捐建，为清代广州四大书院之首。**【古楚庭石牌坊】**牌坊正面书“粤秀奇峰”，背书“古之楚庭”。楚庭是广州最早的地名。公元前 887 年，楚国派人到现在的广州设置了楚庭。这也是广州与中原政权沟通的最早史证。**【中山纪念堂】**1929 年为纪念孙中山而建于广州古老的中轴线上，广州最具标志性建筑，是广州重要集会、大型演出的场所。

屈楷堂

湖北荆州人，定居广州。

佳能中国影像讲师，丰田酷路泽 VIP 车队摄影指导。资深摄影师，影视广告编导，心理咨询师，九型人格导师，ICF 管理教练。是一位非常出色的摄影大师。

“进入广州你不会有距离感，它繁华，喧闹，紧凑，同时它又是千年古城。西关大宅的豪气，东山小楼的精致，北京路的亲民，白云山的幽静，以及深巷小店的美食，都会唤起你对家乡的那份同样的情怀。务实，进取，友善，平和，宽容，会通过同事一份煲汤，一次惬意的集体郊游传递至你的内心，你才发现打动你的，也许是不经意的精彩的瞬间……… 我爱广州。”

如何到达：步行前往。

▲ 游览北京路

推荐理由：北京路旧称双门底。在北京路一带现已发掘出秦番禺城遗址，秦汉造船工地，西汉南越国官署遗址，秦古道遗址。北京路现有近 300 年历史的药店陈李济，著名笔店曹素功，著名西餐馆太平馆，高第街的绸缎庄九同章。两千年来北京路始终是广州商业文化的重要中心。北京路的存在让广州的历史画卷丰富而傲人。这条在秦朝就已繁荣的街区能够延续盛况至今，在中国历史上实属罕见。出其右者当谁？

如何到达：地铁一号线纪念堂站—公园前站下，步行至北京路。

▲晚餐时间

推荐餐厅：北京南路太平沙记牛腩粉。

Day3

▲ 沙面岛沿江广场

推荐理由：鸦片战争后，1861 年，沙面正式成为租界，英法两国在沙面开始大兴土木。随后日本，美国，葡萄牙，德国等也相继修建了领事馆。沙面现成为中国具有欧陆风情的胜地。150 多座欧式建筑中有 53 座被列为国家重点保护单位。清代城防古炮、露德圣母堂、太古洋行、慎昌洋行、天祥洋行、昌旗洋行、法国兵营、捷克领事馆、法国巡捕房、德士古洋行、苏联领事馆。

如何到达：乘坐出租车至沙面岛沿江广场。

▲ 午餐时间

推荐餐厅：沙面岛火车头法国西餐馆。

推荐理由：两节火车车厢和户外花园构成了火车头主题餐厅别致浪漫的就餐环境。

订餐须知：198 元两人的团购餐需要提前一天预订。

▲ 大元帅府纪念馆

推荐理由：位于纺织路东沙街。1917 年段祺瑞解散国会复辟，孙中山发起护法运动征用此地做大元帅府。1920 年孙中山在此建立陆海军大元帅本营，并改组国民党。

如何达到：自驾车前往。

自驾线路：沿江西路—江湾大桥—向南过珠江—江湾路—滨江中路—大元帅府广场停车场（海珠区东沙街）。

参观须知：020-89012366， 周一闭馆，9:00~16:30 免费。

▲ 黄埔军校旧址

推荐理由：1924 年孙中山在苏联的帮助下创办了这所军事学院，并以“亲爱精诚”为校训。黄埔军校举办了 7 期，为中国军政输送了大量的栋梁之才。原校舍毁于 1938 年日军轰炸，1965 年重建恢复了原貌。

自驾线路：大元帅府纪念馆—滨江中路—滨江东路—阅江西路—阅江中路—科韵路—仓头隧道—官洲隧道—中环东路—东四路—金洲北路—军校路—黄埔军校旧址。

▲ 花城广场

推荐理由：广州新的中轴线，广州最大的市民广场。花城广场由人造湖区，喷泉，灯光广场以及北面的 5 个花岛组成。广东省博物馆，少年宫，国际金融中心，广州歌剧院并列于中轴线的两侧，与海心沙，珠江对岸的广州塔，构织出一幅新广州大气磅礴的现代都市景象。

自驾线路：原路返回阅江西路—猎德大桥—过珠江—临江大道—冼村路—兴安路—广东省博物馆地下停车场。

▲ 广东省博物馆

推荐理由：为钢结构高空滑移工程。馆藏重点文物为岭南画派作品，潮州木雕，端砚。镇馆之宝为一石三砚之一的千金猴王砚。张之洞任两广总督时，其幕僚在肇庆大西洞得到一上等石料。工匠依照石料形势雕刻了三方砚台，分别为千金猴王砚，鹤砚，青牛砚，遂成为稀世珍宝。

参观须知：周一闭馆，9:00~17:00 免费开放。

▲晚餐时间

推荐餐厅：花城汇美食广场。

地址：位于花城广场的北段，临近黄埔大道。

▲ 由海心沙亚运公园漫步进入二沙岛

游览景点：游览宏城公园、传祺公园、广州发展公园、广州美术馆、华侨博物馆。

▲ 星海音乐厅

推荐理由：星海音乐厅欣赏音乐会。星海音乐厅是国内最大的纯自然声演奏厅之一，其声学指标根据国际顶级音乐厅的音质参数建设。巨型管风琴从捷克引进，重达 40 吨。许多世界著名的音乐家都曾在此献艺，如帕尔曼，阿什肯纳齐。音乐声中的告别是一次甜美旅行的圆满谢幕。再见广州。

参观须知：二沙岛晴波路。020-87352222

广州北线自驾线路

广州—贺州—黄姚古镇—阳朔—兴坪

① 广州—贺州

全程路况

广州 272km 3.5h 贺州

▲ 路况全程高速，车辆较少，驾驶舒适度高。

自驾线路

▲ 广州长堤大马路—内环路—珠江隧道—芳村大道—广佛路—广佛高速—广三高速—二广高速—怀集—汕昆高速—贺州。

贺州历史与今天

▲ 贺州是中原文化，百越文化，湘楚文化的汇聚地。贺州常用的方言有 19 种之多，不愧为“语言博物馆”。广信是两汉交州首府，今日贺州“信都”应为古广信首府所在地。广信以东称广东，广信以西称广西。所以，贺州不仅是岭南文化发源地，还是古粤语的发祥地。贺州森林覆盖率极高，工业污染小，空气水源清洁，是养生的好地方。

贺州自然景观

▲ **大桂山国家森林公园**

推荐理由：解放前的土匪据点，森林覆盖率 93%，负氧离子 7 万 / 立方米。

▲ **姑婆山国家森林公园**

推荐理由：桂东第一高峰，负氧离子 16 万 / 立方米，华南地区最大的天然氧吧。

贺州人文景观

▲ **黄姚古镇**

推荐理由：中国最著名的十大古镇之一。

▲ **富川秀水状元村**

推荐理由：唐开元十三年，浙江人毛衷在贺州任刺史，他发现秀水村是块风水宝地，便举家搬迁至此，后秀水村诞出了一位状元，二十六位进士，六位御史。秀水村是广西难得的唐宋古寨，宋元明清古建筑露天博物馆。

参观须知：门票 10~25 元。

贺州美食集中营

▲ **瓜花酿**

推荐理由：热销于南瓜花盛开的 5 月。制作方法为贺州水豆腐、油条、瑶柱、咸鸭蛋、虾米、黄瓜花梗、猪肉馅碎末。将上述原材料捣烂，装入南瓜花中，用竹签固定，放入瓦罐，盛入土鸡熬制的高汤中，大火煮沸后，转文火熬制数小时。

▲ **黄田双扣**

制作方法：两片没有切断的五花肉用冰糖，香料腌制 20 分钟，热油炸至金黄色。把事先炸好的芋头片用五花肉夹住，上笼屉蒸一个小时。蒸出的汁水淋在菜上。

▲ **贺州鱼餐馆——美食名店**

地址：贺州龙山路 76 号

电话：13878448905

② 贺州—黄姚古镇

全程路况

贺州 60km 1h 黄姚古镇

▲ 全程路况良好。

自驾线路

▲ 贺州—G78 广贺高速—G65 包茂高速—黄姚古镇。

参观须知

▲ 贺州昭平县东北部，门票 100 元，0774-6722748

古镇人文历史

▲ 黄姚古镇建于宋开宝年间，距今 1000 多年，入选中国最值得外国人去的 50 个地方，中国十大古镇之一。古镇按照九宫八卦布局，姚江，珠江，兴宁河三条水系蜿蜒其间，为古镇秀色之本。黄姚古镇保存着 8 条石板街，明清古建筑 300 多幢，寺观庙祠 20 多座，特色桥梁 11 座。古镇现存著名景点：明朝嘉靖年古戏台，十大姓氏宗祠，司马第，带龙桥，兴宁庙。青瓦老屋，飞檐画栋；石桥竹筏，溪水潺潺。浓郁的岭南风格建筑，特立独行的喀斯特地貌，让黄姚恍若遁世，俨然心中"梦境家园"。游带龙桥，吃豆腐酿，品唐茶宴，住异托邦，是黄姚古镇旅行标配。

古镇非物质文化遗产

▲ 擂麻点茶

推荐理由：擂麻点茶是源自唐宋的一种茶俗，至今仍盛行的粤闽桂赣客家生活待客礼节。擂麻就是将细茶嫩叶与芝麻，花生，黑豆，香叶一起用擂钵碾磨成细末，此为擂麻。沸水冲泡茶末，用竹器快速搅拌，使茶叶中的微量蛋白质析出，碗中漂浮一层薄薄的白花，此为点茶。冲泡好的茶汤根据个人口味还可加入蜂蜜，盐巴和炒熟的米花。宋朝斗茶的评判标准是达到"白花浮光凝碗面"。点茶析出的蛋白质在碗面形成的白花如果能够咬盏，类似白酒的挂壁，即为好茶。掌柜秋哥会给你倒上一碗唐茶，洒上米花，加点蜂蜜，你就完成了一次历史的穿越。茶庄还有丰盛的唐茶晚宴，不得不品尝。

地址：秋歌三茶茶庄，位于仙人古井与兴宁庙之间。

电话：18278482789

古镇特产

▲ 满清贡品黄姚豆豉

古镇美食集中营

▲ 豆腐酿、豆豉蒸排骨、瓜花酿、黄田双扣。

▲ 古茶宴

推荐餐厅：秋歌三茶，人均 40 元。

推荐菜品：茶焗鸡、绿茶豆腐、红茶焖肉、绿茶蒸肉饼、绿茶煎蛋、绿茶炒河鱼、抹茶鹌鹑蛋。

电话：18278482789

▲ 两广农家饭

推荐餐厅：两广农家饭，位于鲤鱼街。

推荐理由：两广农家饭是最邻带龙桥的一家农家饭庄。价格便宜，菜品干净卫生，厨艺正道，黄姚客家菜品齐全。最吸引人的是就餐环境：露天小圆桌旁是泛舟的溪流，榕树下粉墙黛瓦，山岚起处即是文利，孤独二山。 美景美食人文三绝，享受之极致。

电话：18376448761

古镇酒店任你挑

▲ 贺州国际酒店

推荐理由：四星级酒店，停车免费，停车场巨大，酒店房间有洗衣烘干机。

地址：贺州建设东路 183 号

▲ 黄姚异托邦会馆

推荐理由：古镇最有情调的客栈，沙恭达罗，爱弥儿，在路上，是主人为每个房间取的浪漫名称。卫生条件很好。

地址：黄姚古镇安乐街 49 号

▲ 黄姚酒壶山宾馆

推荐理由：古镇设施最为高档的酒店。

地址：黄姚古镇售票处

周边停车

▲ 黄姚古镇景区停车场

地址：酒壶山宾馆侧

③ 黄姚古镇—阳朔

全程路况

黄姚古镇 130km 2h 阳朔

▲ 黄姚至阳朔为高速公路，阳朔至兴坪为柏油县道。

自驾线路（精彩路段）

▲ 黄姚古镇—G65 包茂高速—阳朔互通高田收费站—广成线十里画廊—阳朔—S305 转 X094 兴坪镇。

阳朔的自然风貌

▲ 阳朔是广西及桂林山水的集大成者，上苍眷顾的地方。喀斯特地貌被漓江切割并滋润成蜿蜒曲折的风景。每当四月雨季，漓江兴坪至杨堤段千瀑飞流，江面舒展，青山空濛，一幅大好的水墨画卷。漓江徒步线路被美国国家地理杂志评选为“世界最美的十大江景徒步线路之一”。建议逃离阳朔喧嚣，去兴坪镇体会真正的阳朔旅行。

漓江徒步

全程路况：全程需时 4 小时，其中徒步里程单程 16 公里。

自驾线路：阳朔—兴坪镇兴坪码头—朝板山—黄布倒影拍摄点。车可停靠路边。这里背面的取景地收费 20 元。对岸连绵起伏的山峰倒置铺排于漓江，江底有一巨大黄石，似宣纸铺陈于河床，一幅天然的泼墨写意画卷。拍摄免费。驱车至九马画山码头停车场。 停车后乘坐渡船过江，船票 10 元。漓江徒步就此开始。

徒步线路：兴坪镇九马画山至鲤鱼挂壁，世界十大江景徒步线路之一。徒步起点为九马画山，徒步一直沿着漓江向杨堤方向。九马画山是由于漓江山体没有被雨水侵蚀显示出石灰岩的本质白色，与被侵蚀的黑色岩石明暗对比显著，呈现出各异的形态。据说周恩来总理可以看出对岸山体的石灰岩似九匹骏马。继续徒步至浪石渡口，第二次乘坐渡船过江，徒步至鲤鱼挂壁江岸。江边有渔翁，戴斗笠蓑衣，驾鸬鹚（鱼鹰）竹筏，可以借用以上道具拍摄，费用 20 元。建议从鲤鱼挂壁处乘坐竹筏返回九马画山。竹筏价格约 160 元。2015 年开始从兴坪乘村民竹筏游览漓江由政府统一管理。价格也从以前的 120 元一个竹筏，提高到一个竹筏 800 元。由鲤鱼挂壁折返九马画山的竹筏不在管辖范围。

大河背村——阳朔的明珠

推荐理由：大河背村位于兴坪码头的漓江对岸。漓江的一个大欧米伽湾，使大河背村成为一个半岛。鸡鸣犬吠，炊烟袅袅，秀色可餐的元宝山，晚霞中的金色漓江，以及星星渔火，使大河背成为天涯论坛的遁世旅游明星。岛上的沙洲绿农家乐紧邻漓江，自建的码头餐厅，点上一盘漓江虾米，两枚红心鸭蛋，一锅老鸭汤，看漓江归程中的游船，让晚风吹拂城市的伤痛，这里是美国加州 IT 人士不远万里来疗伤的必选。夜宿沙洲绿农家客栈。元宝山是大河背村的靠山，村子的最静谧处，山水涅槃生态庄园就坐落在山脚下。对孤独情有独钟，或者喜欢玩消失的，山水涅槃当属不二选择。

自驾线路：从九马画山停车场驱车至兴坪镇，车停兴坪镇旅游客运站停车场。从兴坪码头乘渡船至大河背村。

推荐酒店：沙洲绿农家乐，专配两间星级标准的房间。

推荐酒店：山水涅槃生态庄园

地址：位于元宝山下

游览兴坪古镇

▲ 自然景观
兴坪镇九马画山至鲤鱼挂壁

推荐理由：为漓江徒步线路，世界十大江景徒步线路。

▲ 自然景观 老寨山

推荐理由：兴坪镇的制高点，漓江大拐弯的最佳观赏拍摄处， 攀登陡峭注意安全。

▲ **人文景观 渔村**

推荐理由：从沙洲绿码头坐竹筏登兴坪古渔村。渔村有500年历史，典型的明清桂北民居群。克林顿总统有一位大学同学来自广西，访问中国的时候，特意携希拉里拜访过这个默默无闻的小小村落。由此渔村声名远扬。

▲ **人文景观 万年戏台**

推荐理由：建于乾隆四年，桂北地区年代久远保存最好的古戏台。

▲ **兴坪美食**

渔村柚子、兴坪镇吕记松花糖、老鸭汤、漓江红心鸭蛋、漓江啤酒鱼、大河背村甜橙。

兴坪古镇住宿一夜，折返自驾回阳朔

阳朔美食集中营

▲ **观莲路，漓江边，阳朔中学附近**

推荐餐厅：谢大姐啤酒鱼、谢师傅啤酒鱼、黄金妹漓江啤酒鱼、高佬鱼庄。

▲ **叠翠路 西街**

推荐餐厅：椿记烧鹅（0773-8889987）

谢大姐啤酒鱼总店（0773-8823098）

聚福楼西街店（0773-8813686）

▲ **滨江路**

推荐餐厅：一方阁休闲餐厅

推荐理由：品尝广西十八酿，全景观赏漓江，老外的最爱。（0773-8820617）

阳朔酒吧

▲ **小马的天酒吧**

推荐理由：老板是一个法国人，之所以叫小马的天，是因为酒吧可以有一个望天的好位置。这里的巧克力蛋糕和苹果饼好吃，酒吧也布置得很有味道。

地址：县前街28号

电话：0773-8812331

▲ **德国啤酒酒吧**

地址：县前街35号

电话：18978329399

遇见酒吧

地址：县前街51号

阳朔骑行线路

CYCLING

骑行须知：阳朔各酒店都有自行车租赁点，租金50元。

骑行亮点：十里画廊景点、遇龙河景区、遇龙桥。

全程路况：全程约28公里，骑行（不含游览时间）3小时。

骑行路线：观莲路—抗战路—G321国道—工农桥—月亮山景区折返—工农桥过桥左转进入遇龙河骑行—过阳朔河畔度假酒店—水岩底码头—Y066—Y090乡道—遇龙河景区夏棠码头—旧县村—遇龙桥景区夏折返—朝阳村左转—Y066乡道骥马村—龙岳路—观莲路。

骑行景点：【蝴蝶泉】我国第一个蝴蝶文化公园，金斑喙凤蝶是唯一的国家一级保护昆虫。**【大榕树】**树龄1400年，与阳朔同历史，一棵树占地两亩，是《刘三姐》电影拍摄地。大榕树每年的门票收入是800万。**【聚龙潭】**喀斯特岩溶溶洞可以水陆两栖游览。**【月亮山】**山体洞穿似半圆明月，阳朔标志性景点，也是阳朔最早的攀岩天然场地。**【遇龙河景区夏棠码头】**遇龙河平静舒缓，两岸树影婆娑，稻花菜花十里飘香，古村落古建筑星罗棋布。遇龙河沿岸是阳朔顶级酒店的密集地，因交通便利，山水安祥，人文气息浓郁为白领度假热衷地。**【旧县村】**唐代武德年归义县旧址。村落有破败民居，但古韵犹然。**【遇龙桥】**从工农桥至遇龙桥的15公里，没有任何工业化污染。周遭自然与建筑古朴纯洁，是袖珍的漓江。遇龙桥建于明永乐年。

阳朔 - 桂林自驾线路

阳朔—广西恭城—千家峒—大圩古镇—桂林

全程路况

阳朔 420km 2Days 桂林

▲ 大部分为县道，路面较窄，山路弯道多，轿车可以胜任。

自驾线路

▲ Day1

阳朔—S201 广西恭城—恭城龙虎乡—X160 湖南江永县夏层铺镇上甘棠村—S325 江永县上江圩镇女书园—X074 千家峒大泊水景区。

▲ Day2

千家峒大泊水景区—返回阳朔兴坪镇—X068 县道—X113 县道—大圩古镇—桂林。

游览景点

▲ 恭城

推荐理由：建于隋朝，地处都庞岭，生态环境极佳，污染极小，是盛产水果的风水宝地，恭城月柿驰名中外，恭城被农业部授予中国月柿之乡，椪柑之乡称号。恭城美食是油茶，恭城河又名茶江。恭城文庙是中国四大文庙之一。

▲ 大岭山桃花园

推荐理由：大岭山的公路为枝繁叶茂的大树掩盖，两旁是万亩桃园，春季盛开，姹紫嫣红，与苍翠的群山呼应得恰到好处。中国第一桃花观赏地。三月桃花节是赏桃花，看傩戏，喝油茶，唱山歌的节日。

▲ 上甘棠村

推荐理由：全国重点文物保护单位，位于湖南江永县夏层铺镇。公元前111年，西汉设立谢沐县，上甘棠为县衙所在地，直至隋朝，历时700年。唐太和元年，周氏族人定居上甘棠村，迄今村落有各种明清建筑遗留。甘棠的意思是高大的乔木，用以褒赞官员的政绩。村头有一文昌阁古塔，为甘棠小学校舍。雨中的上甘棠草木芬芳，粉墙青瓦，黛山远影，朗朗书声，村童牧笛。融融乡情感人至深。

▲ 女书园

推荐理由：位于湖南江永县上江圩镇晋美村。女书是一种流传于女性中的文字，文字形态象形，但属拼音符号。女书的使用者基本为女性文盲，他们通过这种拼音符号可以读出字音，从而交流。这种文字现在几近失传，还有极少的女性可以完整使用和识别。女书园为近年建设，园中设有女书学堂，年轻妇女还会为游客演唱江永瑶族民歌。

▲ 千家峒大泊水瀑布风景区

推荐理由：千家峒是瑶族的发祥地，是世界瑶族寻根的圣地。前往大泊水的乡村公路十分幽深，仿佛隔世。大泊水景区处停车场旁瑶家客栈，就餐住宿。

▲ 大圩古镇

推荐理由：漓江烟雨，老寨山渔火，遇龙河漂流，这些至美景色当遇到大圩古镇远眺，就小巫见大巫了。从兴坪镇走 X113 县道，当从山顶眺望大圩古镇的那一刻，所有的文字都是苍白的。漓江最震撼的画面浓缩于此，千峰耸立，漓江波清，大圩静若处子，这幅照片可以囊括一切溢美之词。注意是从兴坪古镇向大圩古镇方向，大圩镇西南 X113 县道山腰的弯道处。大圩古镇建于北宋，兴于民国，电影《刘三姐》的取景地，桂北民居的博物馆。明朝解缙有诗赞："大圩江上芦田寺，百尺深潭万竹围"。

12 AP
30
LEEDS

雨中更见真性情，雨中更见真实力

兴许下雨也是一种庆祝方式，
从广州出发，到贺州、黄姚古镇，一路总有或大或小的雨伴随。

印象深刻的一段小插曲发生在车队离开兴坪的时候，一场瓢泼大雨在十里画廊等待着我们，进入高速后，大雨如注。车队有两位 65 岁的队员，领队开始有些担心。路面积水，前挡被雨水打成一片迷蒙。领队通过对讲机提醒队员控制速度，注意防止侧滑。两位老哥十分自信，语气豪迈，相信这种路况对 RAV4 来说是小菜一碟。无论是从轮胎的抓地力、防打滑，还是从车身控制、操控性，自然是轻松应对。

每一部 RAV4 都是科技、性能、美学的完美结合
而 50 余台 RAV4 则是北行路上最亮丽的风景线

一路行进，一路遇见 一路发现，风雨无阻

风雨过后便是彩虹，一路收获风光无限

RAV4 荣放论坛 > 【一汽 RAV4 广州—成都】不畏浮云遮望眼，神思飞越去远方　点击：4913 | 回复：231

苍山微雪 V
楼主

精华：2 贴
帖子：4 贴 | 223 回
来自：四川 内江
爱车：认证 RAV4 荣放

发表于 2016-4-30 20:34:33

【一汽 RAV4 广州—成都】不畏浮云遮望眼，神思飞越去远方

今天主办方搞了两个活动，一个是节油比赛，另一个是在贵阳的二七小吃市场去寻找几个小吃。前一个比赛，我的 2.0 升手动挡丰田 RAV4，100 公里油耗 5.93 升，居然只排了第二名！啥奖都没拿，后来听那个拿第一的老赵介绍一下经验，我才知道这里边儿的门道很多。主要的是要关心发动机的转速，高于 2000 的一定费油。当然还有一些转弯时选择路径的这些个技巧。二七小吃街和很多城市的集中小吃街一个道理，乏善可陈。

今天的活动内容比较单调，所以趁此机会发一组来的路上碰见的一个很牛的车队。

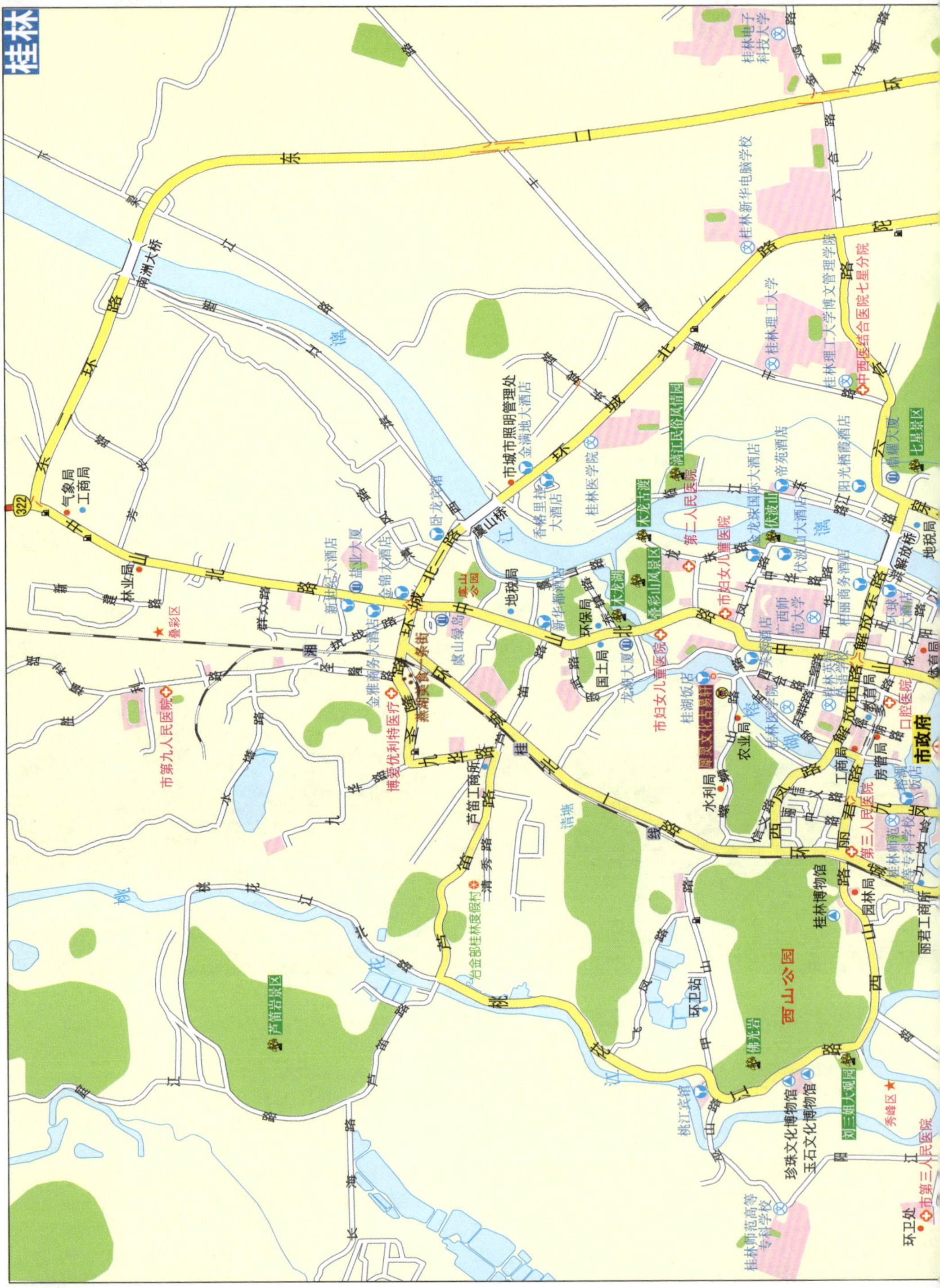
桂林
桂林电子科技大学
桂林新华电脑学校
桂林理工大学
桂林理工大学博文管理学院
中西医结合医院七星分院
七星景区
市城市照明管理处
金满地大酒店
桂林医学院
香格里拉大酒店
漓江民俗风情园
帝苑酒店
大龙古渡
第二人民医院
金龙珠国际大酒店
伏波山
伏波山大酒店
解放桥
地税局
市妇女儿童医院
广西师范大学
桂丽商务酒店
环球大酒店
虞山桥
卧龙宾馆
地税局
叠彩山风景区
木龙湖
新华都酒店
环保局
国土局
龙胜大厦
市妇女儿童医院
榕湖饭店
靖江文化古易轩
桂林医学院
农业局
水利局
口腔医院
市政府
房管局
工商局
第三人民医院
桂林师范高等专科学校
九岗岭
丽君工商所
体育局
园林局
桂林博物馆
西山公园
环卫站
芦笛工商所
冶金部桂林度假村
芦笛岩景区
佛光岩
桃江宾馆
珍珠文化博物馆
玉石文化博物馆
刘三姐大观园
秀峰区
市第三人民医院
环卫处
桂林师范高等专科学校
气象局
工商局
林业局
叠彩区
市第九人民医院
博爱优利特医疗
金雅商务大酒店
燕湖美食一条街
新世纪大酒店
金锦大酒店
盐业大厦
虞山公园
虞山绿岛
南洲大桥
漓江
桃花江
中山北路
中山中路
解放东路
解放西路
环城北一路
环城北二路
环城西一路
东环路
二环路
322

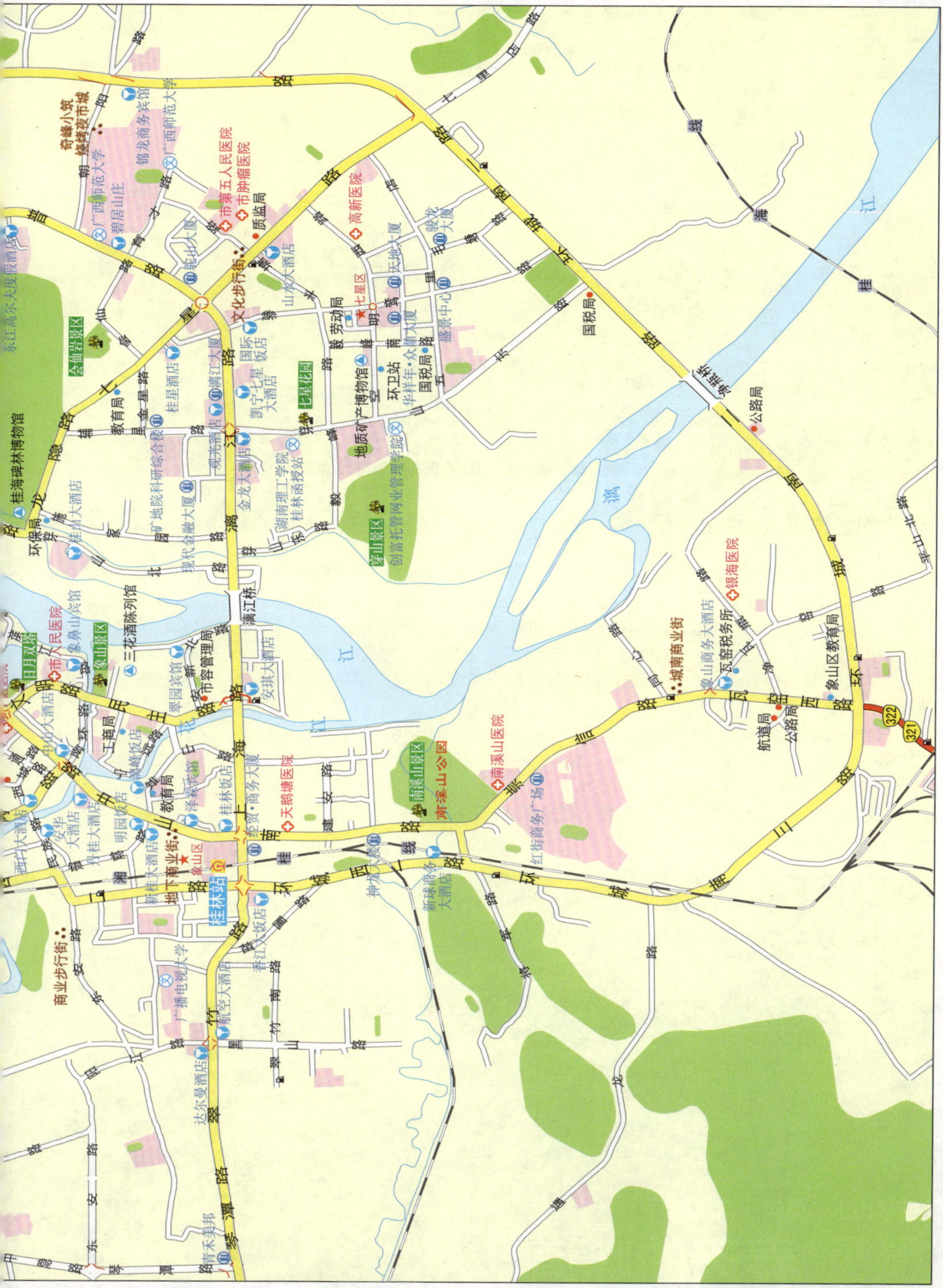
桂海碑林博物馆
七星景区
七星公园
穿山景区
象山景区
南溪山景区
南溪山公园
漓江桥
解放桥
桂林站
象山区
七星区
市第五人民医院
市肿瘤医院
高新医院
市人民医院
南溪山医院
银海医院
广西师范大学
地质矿产博物馆
文化步行街
商业步行街
城南商业街
地下商业街
红街商务广场
三花酒陈列馆
中山路
上海路
南环路
西城路
七星路
漓江
322
321

RAV4与桂林

GUI LIN

历史与今天 | GUILIN'S SCENERY IS THE BEST IN THE WORLD.

世界几乎把所有关于旅游的盛名都给了桂林。即便南宁成为广西首府，桂林因为所经历史，其在广西的龙头地位也无可替代。秦屠睢征讨百越，于公元前 214 年设置桂林郡，郡府设在今天的贵港市（布山）。公元前 111 年汉武帝平息吕嘉之乱后，在桂林设置安县，就是今天的兴安县的历史由来。秦军南下在兴安开凿灵渠，50 万大军得以从灵渠由湘江进入珠江流域，中国的统一才算真正完成。宋代迎来桂林城市建设的第一个黄金时期，1272 年宋咸淳八年鹦鹉山上刻制的《靖江府城池图》一直保存至今。明朱元璋封朱守谦为桂林藩王，靖江王承袭 14 代，今迎来了桂林经济文化最繁荣的阶段。

桂林气候温和物产丰富，是中国最大的蔗糖产地。沙田柚，金桔，甜橙，月柿等水果品种丰富，酿菜，荔浦芋头，三花酒，桂林米粉等美食名目繁多。桂林还是客家，侗族，瑶族的聚居地，侗族风雨桥，傩戏，壮绣，山歌等文化生活习俗多姿多彩。

阳朔漓江，桂林两江四湖，靖江王城是桂林旅游的标志景区。

桂林山水甲天下，第五版人民币 20 元纸币背面取景就出自这里

桂林山水，仿佛一幅水墨

画里弥漫着**春天的**味道

同样是山水，怎么游更尽兴？这是门学问！

桂林是一个古老的名字，始于秦代，是秦三十六郡之一。喀斯特地貌和蜿蜒而过的漓江，打造了桂林独特的符号印记，而桂林的文化底蕴隐藏在独秀峰下的靖王府——唐宋时的寺庙，在明朱王朝成为延续二百八十年的王府。

这里是黔南桂北少数民族聚居区，云雾高山，道路起伏曲折，植被葱郁，每一处被深山怀抱的地方都有故事。这些故事或为口传心授的大歌，或为彪悍民风的芦笙，一代一代传唱。

驾驶 RAV4 游走在桂林山水之间，古老的沉淀与时尚的张扬，偶尔碰撞一下，或许有着更不一样的感受！全新 RAV4 荣放拥有时尚座舱内饰，方向盘中轴和组合式仪表盘。采用鲜明的颜色对比创造 SUV 所具有的动感配色方案，同时在中控台周围，使用高品质的哑光黑和银色装饰物来形成对比，视觉更有冲击，更有对比感。

在这样一个时尚、闪耀的座舱内，欣赏桂林“甲天下”的山水，是不是别有一番风味？同样是山水美景，古老和时尚的碰撞，也不失为一种特别的体验！

一路闯天下 趣驾任你游

RAV4 趣味比赛

上回说过的节油赛和朋友圈摄影大赛，不知道大家还有印象吗？

车队行至桂林，比赛也有了一个结果。大家最好奇最低油耗到底是多少？

答案揭晓啦！5.0L/100km ！

而亚军、季军也保持在 5.4L/100km、5.6L/100km 的成绩

参与的车主也纷纷表示要向这三位**【驾驶达人】**学习！

看到获得大奖的车主，其他车主也都热情高涨，

迫不及待想要参加下一阶段的比赛，向大奖冲刺！

未来**花落谁家** 继续拭目以待吧！

城市速览 桂林

GUI LIN

地理气候特征

▲ 桂林地处亚热带季风气候，四季分明气候温和，全年平均温度 18 度，基本可以忽略冬天。桂林属于山地丘陵，喀斯特岩溶地貌丰富。

路况提示

▲ 桂林以南地区虽为山地，但公路建设发达，等级公路可以覆盖大部分景区。即便县道，也适合普通轿车通行。桂林以北往龙胜，三江方向，进入天平山，海拔升高，山区地带多雾，道路曲折，轿车通行没有问题，但需谨慎驾驶。

自然及人文景观

▲ 灵渠、靖江王府、靖江王陵、象山公园、两江四湖、芦笛岩。

美食集中营

▲ 正阳路步行街

推荐理由：正阳路是明代王族出行的通道，所以取名正阳路。正阳路东是漓江，南连杉湖，北靠桂林靖江王城，是桂林一条真正意义的步行街。桂林最好的酒店，剧院，娱乐场馆，珠宝工艺品，土特产店铺汇聚于此。

推荐餐厅：崇善米粉店、神卤米粉、味香馆。

采购特产：桂花糕、香芋糕、松花糖、蜜柚黑糖、金桔酥、柿饼、三花酒。

▲ 阿甘酒家

招牌菜：酱板鸭、腊味蒸芋丝

（西城路步行街 0773-2887575）

▲ 崇善米粉店

招牌菜：卤菜粉

（正阳路旁依仁路 5 号 0773-2826036）

▲ 味香馆 桂林老字号

招牌菜：马肉米粉、恭城油茶、卤肉粉等各种桂林吃食

（正阳路步行街 0773-2829542）

▲ 桂林最著名的石记老字号米粉店

（解放西路，微笑堂商厦对面 13667731198）

▲ 月牙楼

招牌菜：月牙姑子面、柚子皮酿肉

（七星公园内 0773-5812236）

▲ 桂林其他名菜

桂林米粉、十八酿、啤酒鱼、荔浦芋头扣肉、桂林炒河虾、白果老鸭汤。

酒店任你挑

▲ 杉湖景区附近

推荐理由：环绕景区，依山傍水，环境优美，设施齐全，周围有名人故居、历史文化博物馆，还有日月双塔文化公园、桂林中心公园、象山公园，能够全方位感受桂林的城市文化。

酒吧 & 咖啡

▲ 爵色酒吧

地址：文化宫总工会二号楼

电话：0773-2831111

▲ 喜岸咖啡

推荐理由：欧陆风格， 可欣赏漓江。

地址：滨江路

电话：0773-2583939

加油站

▲ 中国石化铁西加油站

地址：环城西二路

电话：0773-3831797

▲ 中国石化桂林东环加油站

地址：普陀路

电话：0773-5850623

音乐同行

▲ 丽江小倩《亲爱的朋友》

为孤独的朋友而歌，用漓江水洗涤岁月的伤口。

玩转桂林 为您推荐③日行程

Day1

▲ 傍晚自驾到达桂林

推荐酒店：入住桂林正阳路附近

▲ 晚餐时间

推荐餐厅：正阳路步行街《味香馆》

招牌菜：品尝桂林酿菜、卤肉粉。

土特产：三花酒、桂花糕等。

▲ 两江四湖码头

推荐理由：桂林与意大利威尼斯同属水景城市，但两江四湖是人工结合天然打造，将桃花江，漓江之水引入，并将杉湖，榕湖，桂湖，木龙湖四湖连接成一个完整水系，成为城市大型水景带。城在水中，景在城中。日月湾码头两江四湖有四条游览线路票价不同，价格从 100 元 ~260 元不等。

推荐乘船线路：夜游四湖豪华船，日月湾码头上下船。

如何到达：步行至杉湖北路两江四湖码头。

参观须知：0773-2888802

http://www.glljsh.com/ticket/80.html

官网预订价格 160 元 / 成人，95 元 / 儿童。（需提前 30 分钟到码头，凭手机号码取票），游览需时 60 分钟。19:30~21:30 发船。

夜游景点：【日月双塔】日塔高 47 米，高九层，位于杉湖，设计师朱炳仁。铜塔有三项中国之最：中国第一全铜塔，第一水中铜塔，第一最高的铜建筑。在金属处理技术，内部装饰，塔身外观，门窗浮雕等技术都有巨大的突破，为建筑艺术瑰宝。月塔高 35 米，七层，月塔地宫有明代青花梅瓶壁画。两塔以湖底隧道相通，隧道即为湖底公园，头顶及两侧是鱼的世界。从塔的底部可乘电梯到达塔的最高处，俯瞰桂林夜色。**【桂湖】**小桥亭榭，草木山林为主题。**【木龙湖】**宋代东镇门，宋城遗址，叠彩山，宝积山相伴左右。**【两江四湖特色桥】**两江四湖景区有 19 座桥梁，多仿世界名桥。阳桥始建于宋代，现仿梵蒂冈埃玛努尔二世桥；榕溪桥仿赵州桥；丽泽桥仿美国金门大桥；西清桥仿剑桥大学数学桥；木龙桥仿《清明上河图》桥。

唐磊

成都市骏艺芷丞文化传播有限公司总经理，资深媒体人。写桂林点评的时候，我正在去可可西里无人区的路上，为玉树地区拍摄一部保护生态的微电影。这些年我的足迹遍布中国西部高原。北至蒙古，南到缅甸都是我自驾走过的地方。热爱摄影和自驾的我想这样一直走下去，把最美的风光收进行囊。

“从事艺术创作的我对桂林有特别情感。那里的山充满了特立独行的个性，河流清澈舒缓，像准备泼向宣纸的艺术家心血。遇龙河是最容易忘却城市疲惫的地方，那是一条最没有紧张感的河流，村庄在烟雨中沉沉入睡，河水中的竹筏懒散地停靠在大榕树下，像困倦的战马。漓江的三月，千条瀑布飞泻而下，把每一个过客留下，倾述她的柔情。

Day2

▲ 早餐时间

像桂林人一样去正阳路吃一碗米粉。

如何到达：步行至正阳路北的靖江王城（即广西师范大学，独秀峰）

▲ 靖江王城

推荐理由：元顺帝继位前曾在独秀峰大圆寺修行，所以此处称作元顺帝潜邸。朱元璋封侄孙朱守谦为靖江藩王，朱守谦即派人前往桂林根据堪舆学选址。靖江王府修建了 20 年，比北京故宫还早 34 年。承运殿内有《王城春秋》陈列室，可以了解这段历史。

参观须知：门票 130 元，8:30~17:30 开放。

▲ 清政府将王府改建为广西贡院

推荐理由：这里曾走出 4 位状元，585 位进士，1685 位举人。清代唯一的汉族格格，还珠格格孔四贞就曾生活在这里。王城南面正门正阳门上，建有三元及第坊。三元指省级乡试，会试，和皇帝主考的殿试均名列第一。自唐以来，连中三元者仅 12 人。陈继昌为封建科举最后一位三元及第者，清两广总督任元仁为之立了这个牌坊。王城景区还有独秀峰，为桂林三足鼎立的山峰之一，其余为叠翠山和伏波山。独秀峰有自唐朝以来的历朝石刻。有宋代李曾伯"桂林山水甲天下"之石碑，至今 800 余年。

▲ 兴安县灵渠景区

推荐理由：灵渠与四川都江堰同为秦时大型水利工程，灵渠的分水泄洪方法与都江堰如出一辙。灵渠还是世界最古老的运河。海洋河古称海阳江，是长江流域湘江的支流，发源于桂林灵川县的海洋乡。海洋乡号称"天下第一银杏乡"，有银杏树百万株。秋天银杏树叶金黄的时候，全国各地摄影爱好者蜂拥而至。海洋河流经兴安县与漓江上游相邻，于是形成了一个世界著名的水利工程。灵渠由铧嘴、大小天平、南渠、北渠、泄水天平和陡门组成。铧嘴将湘江水三七分流，其中三分水向南流入漓江，七分水向北汇入湘江，沟通了长江、珠江两大水系，成为秦代以来中原与岭南的交通枢纽，为秦始皇统一中国起了重要作用。灵渠陡门用于航行时提高水位，曾被世界大坝委员会专家称作"世界船闸之父"。

行驶里程：70 公里。

自驾线路：中山中路—中山北路—北辰路—福利路收费站—G72 泉南高速—兴安严关镇下高速—G322—灵渠风景名胜区售票处。

参观须知：兴安县灵渠南路，0773-6222467，门票 60 元。

▲ 大小天平坝

推荐理由：海洋河在这里被左右分水。之所以叫做天平坝，是因为无论水量大小，总能达到恰如其分，均衡分水的功效，是灵渠的精华所在。

▲ 其他景点

秦皇宫、万里桥、秦堤、四贤祠、灵渠水街。

▲ 灵渠饭店

推荐理由：距离灵渠近，免景区门票。

Day3

▲ 芦笛岩景区

推荐理由：芦笛岩是非常著名的喀斯特溶洞景观，由于接待过邓小平，美国总统卡特，尼克松等，又被称作"国宾洞"。

自驾线路：泉南高速—福利路—胜利路—环城北一路—芦笛路。

参观须知：桂林市芦笛路 1 号，门票 90 元，0773-2615075。

▲ 象山公园

推荐理由：位于象山区民主路。象鼻山是桂林市的城徽。象鼻山在解放桥以及文昌桥均可远观。象鼻山下的三花酒天然洞穴酒窖是亮点。

其他景点：普贤塔、舍利塔、纵目亭、水月楼。

参观须知：门票 40 元。

▲ 尧山景区靖江王陵博物馆

推荐理由：明代靖江藩王的墓葬地，为中国保存最完整的藩王墓群。出土的青花梅瓶为国宝。

全程路况：距离 8 公里

自驾线路：象山公园—滨江路—六合路—金鸡路。

参观须知：门票 20 元。

▲ 夜游正阳路，各种美食饕餮

桂林北线自驾线路

桂林—龙脊梯田—程阳八寨—三江—贵州小黄侗寨—岜沙苗寨—贵阳

全程路况

桂林 570km 2Days 贵阳

▲ 桂林—龙脊梯田段

铺装路面，弯道多，进入山区有雾，轿车需谨慎驾驶。

▲ 龙脊梯田—三江程阳八寨段

山区多浓雾，龙脊梯田山路弯道多路面窄会车需小心，程阳八寨段为新修等级公路。

▲ 三江县城—从江—榕江 G321 段

由于 G76 厦蓉高速桂林至贵阳洛香段一直未能修通，G321 国道处于高强度使用和半维护状态，路面坑洼，弯道极多，雨季有塌方。属交通事故频发路段，需格外小心。 轿车可以通行。进入贵州境内如遇塌方，可以转入 X632 县道前往从江县城。

▲ 榕江—贵阳段

全程 G76 厦蓉高速。

自驾线路

▲ 桂林—G321—龙胜县方向—龙脊梯田—程阳八寨程阳风雨桥—三江—-G321 进入贵州—贵州从江县高增小黄侗寨—从江县岜沙苗寨—从江县—G321 至榕江—榕江上 G76 厦蓉高速—丹寨—都匀—贵阳市。（预计 G65 厦蓉高速将于 2018 年全线贯通，届时可从桂林上高速直接去从江、榕江、贵阳。）

Day1

▲ 自驾线路

桂林正阳路—中山中路—翠竹路—鲁山路—G321 国道—宛田乡—X131 和大线。

▲ 龙脊梯田风景区

推荐理由：龙脊梯田风景区由 13 个壮族瑶族村寨，3 处主要梯田观景点组成。龙脊梯田始于元代，完工于清初，历时 400 年。它与云南的元阳梯田，贵州的加榜梯田均为人工开垦的艺术杰作，其规模气势恢宏，修造因势而导，行云流水，舒展柔畅。龙脊梯田被称作“世界梯田之冠”。每年农历四月十五之后的半个月时间，梯田开始放水。萦绕山间的水田在夕阳中折射出落日熔金的璀璨，是摄影家的最爱。

参观须知：套票 80 元。

▲ 金竹壮寨

推荐理由：龙脊十三寨之首，被联合国教科文组织誉为壮寨楷模，为北壮第一寨。

▲ 黄洛瑶寨长发村

推荐理由：黄洛是龙脊十三寨中唯一的红瑶村寨。瑶族有四大分支。平地瑶定居于湖南永州千家峒一带。茶山瑶在大瑶山。盘瑶是瑶族的最大支系。瑶族根据穿戴还分为红瑶，黑瑶，花瑶。黄洛妇女有蓄发的习俗。最长的头发可达 1.7 米。村寨有长发舞，红棍舞，红瑶山歌表演。红瑶妇女穿着讲究，一套纯手工的衣服刺绣就需要三年时间。每年的农历四月初八是瑶族的盛大节日“红衣节”。活动内容有抢花炮，唱山歌、舞蹈表演，以及长发比赛。

参观须知：0773-7583188，景区第二门票 50 元。

▲ 午餐时间

推荐餐厅：一品农家酒店

推荐理由：黄洛瑶寨距平安梯田 1 公里处，餐厅设在溪边，菜品原材料生态。

招牌菜：香糯竹筒饭、农家烟熏肉、山蕨菜酿粑、土鸡炖野菌汤、龙脊稻田鱼。

电话：0773-7583172，13471301288

▲ 平安梯田

推荐理由：平安梯田景区分“九龙五虎”，“七星伴月”两个观景台。可直接开车至观景点附近。

▲ 金坑梯田

推荐理由：海拔达到 1180 米，需要乘坐索道上下。索道票 120 元。金坑是龙脊梯田规模最大，气势最盛的一处，由西山韶乐，大界千层，金佛顶三个观景点组成。由于金坑至今车辆只能到达山脚，村民回家需步行，大部分民居修建于山腰及山顶，所以植被农田保护得很好。隐藏山间的吊脚楼，层层叠叠的梯田，空山鸟鸣，山风轻抚。

▲ 酒店任你挑 三江县住宿

推荐理由：一般自驾游时间紧凑，可前往三江县住宿。

▲ 龙脊美食

【龙脊香糯】龙脊梯田每年只产一季稻米。因此稻米的生长周期充足，加之土壤多使用生态农肥，稻米营养丰富，被称作“香糯”。香糯做出的竹筒饭吸收了竹筒的芬芳，软糯可口，为龙脊第一美食。龙脊香糯凡自家食用都不做抛光处理，做出的米饭微微发黑，观赏度不高。很多自驾游书籍介绍龙脊糯米用词“油光闪亮”，属于以讹传讹。**【龙脊米酒】**盛产稻米，多余的口粮就是酿酒的好原料。糯米，泉水，药材酿造的米酒可祛风湿，被称为东方魔水。**【龙脊辣椒】**龙脊接近贵州，所产辣椒辣度偏高，维生素含量高。**【龙脊茶叶】**海拔 800 米以上的黔桂山区，从桂林到贵阳，龙脊，程阳八寨，邑沙苗寨一带，山腰几乎清一色的茶叶种植园。那里昼夜温差大，日照短，终年云雾遮蔽，雨量充足，形成独特的云雾茶的生长环境。龙脊的云雾茶，在乾隆年间即为贡品，《中国茶学辞典》记载，龙脊云雾茶是中国 28 大名茶之一。据说，龙脊云雾茶富含氨基酸等各种微量元素，顶级云雾茶一年的产量也只有 5 吨。

▲ 晚餐时间

推荐餐厅：苗家乐风味食府

地址：三江县月亮街

电话：0772-6635898

推荐餐厅：月亮楼油茶店府

地址：三江县月亮街

电话：0772-8782188

推荐餐厅：铭鑫源

地址：三江县风雨桥

电话：0772-6633870

▲ 夜游三江鼓楼

推荐理由：三江是浔江，苗江，榕江三条江的交汇处，浔江将三江县城分为新老两城。民族广场又叫多耶广场，三江鼓楼就坐落在这里。多耶是侗语载歌载舞的意思。侗族按照姓氏族群建造鼓楼，一族一楼。所以一些多姓氏的侗寨会出现多座鼓楼。鼓楼是侗族人公众聚会的地方，鼓楼大堂中央有一火塘，四周围着长凳，夏天纳凉，冬天取暖，商议事务。鼓楼的立柱会选用百年以上的杉木，内堂大立柱 4 根代表一年四季，大柱外围 8 根支柱，合起来是 12 根柱子代表十二个月，小梁 24 根代表 24 个节气。鼓楼为全木榫卯结构，飞檐轻盈，塔身庄重。三江鼓楼有诸多第一，不愧鼓楼之王。侗族鼓楼中它占地面积最大，楼层最多，高度最高，选用木材树龄最长。

▲ 三江风雨桥

推荐理由：世界第一长度的风雨桥。它与三江鼓楼均为现代建筑。三江鼓楼完全仿古建筑，且青出于蓝而胜于蓝。

▲ 民族风情表演

推荐理由：侗族苗族把异性交往谈恋爱叫做“坐妹”。男女青年可以单独或成群携带乐器对唱交谈，倾吐爱慕。三江鸟巢场馆直径 88 米，三楼建有 66 个侗族民俗展厅。上海大世界吉尼斯总部向三江鸟巢颁发了“最大主体木结构侗族场馆”证书。三江鸟巢每晚有大型音画实景风情《坐妹》歌舞表演。

参观须知：票价 198 元，20:30 演出开始。

Day2

▲ 行驶距离

全程 180 公里。

▲ 自驾线路

广西三江县风雨桥国际大酒店—X631 程阳八寨（程阳风雨桥）— G321 中国红玉城—S202—Y012 贵州从江县小黄侗寨—X883 贵州从江县岜沙苗寨—从江县城。

▲ 程阳八寨步行游览

游览线路：停车场—程阳风雨桥—马安寨—合龙桥—岩寨鼓楼—非遗中心—万寿桥—萨坛—平寨。游览需 3 小时。

参观须知：每天 10:30 有免费民族风情表演。

▲ 程阳八寨风景区

推荐理由：程阳八寨由 8 个寨子，2000 多座吊脚楼，8 座鼓楼，5 座风雨桥组成，是侗族文化生活景观长廊。其中程阳风雨桥与赵州桥，泸定铁索桥，罗马尼亚诺娃沃桥并称世界四大桥梁。

参观须知：门票 60 元。

▲ 程阳风雨桥和马安寨

推荐理由：程阳风雨桥又称安济桥，是中国保存最完整，规模最大的风雨桥。桥长 64 米，有 5 墩 4 孔，5 个桥墩上是桥亭。桥墩与桥亭之间是数层井字构造的架空连接，类似汽车的减震装置。此结构既可缓冲桥身冲击，又因中部通风，避免了木制结构的潮湿腐朽，可谓巧夺天工。桥身上部是 19 个回廊，整座桥为穿斗木结构，榫卯相连，不费一钉，充分体现了侗族人民的聪明才智。这座桥始建于 1921 年，后 1982 年被洪水冲毁，后来的重建负责人也是三江侗寨的建设者杨似玉。过风雨桥上山，就是马安寨。寨顶大坪是古戏台，老乡收工打牌娱乐的地方。鼓楼年久失修，2013 年开始募集资金，2016 年重建。大坪广场有农妇表演纺纱舞。纺纱舞是真实生活的再现。纺纱人手摇纺车，坐在木凳上，随着劳动的节奏歌唱。程阳八寨有连绵不绝的丘陵。漫山的茶叶从清明一直到初夏都是采摘的好季节。在马安寨广场还能买到刚刚制作出来的地道高山云雾茶。

参观须知：步行至平寨，赶在上午 10:30 前到达，观赏侗族风情免费演出。

▲ 程阳八寨侗族民俗节日

吃冬节（十二月）、偷新娘节（农历腊月二十九至三十）、闹新娘油茶（农历正月初二）、送新娘（农历正月初三）、花炮节（农历正月初五—初八）、月也（农历正月）、鱼食节（农历八月十五）、芦笙节（农历八月十六—十月期间）。

▲ 程阳风雨桥至贵州从江县高增乡小黄村

全程路况：140 公里，G321 国道。

特别提示：G321 广西境内至贵州从江段，道路坑洼不平，弯道极多，属危险路段。且雨季时有塌方。

▲ 中国红玉城

推荐理由：位于三江县与贵州从江县之间 G321 国道旁。红玉城所售石头，叫做“龙脊鸡血玉”，在龙脊梯田景区就有销售，产自龙胜县三门镇鸡爪村山上。这种石头与鸡血石极为类似，但在学术鉴定上未有定论，故暂称为“鸡血玉”。当年四川凉山彝族自治州的南红玛瑙流行之初同样备受质疑，但南红玛瑙随后的身价百倍，让失之交臂者捶胸顿足。昌化和巴林鸡血石是朱砂渗入高岭石所成，遍查资料，确认桂林也是鸡血石的产地之一。所以，龙脊鸡血玉的收藏潜质取决于人们对它的充分认识和喜爱。未来是否与南红玛瑙命运相同也未可知。

▲ 三江其他景点

推荐理由：中国唯一的水上古县城丹州怀远古城、三江马胖鼓楼、和里三王宫、岜团桥、独峒高定村、林略梯田、甜水寨、石门冲风景区、贯洞景区。

▲ 三江县加油站

中国石化三江桥头加油站

地址：侗乡大道 90 号

电话：0772-8612154

▲ 小黄侗寨

推荐理由：位于贵州省从江县高增乡小黄村。到达从江县城后选择 S202 省道然后 Y012 村道，去小黄侗寨的路面较窄，为铺装水泥路面。在侗族大歌走出大山之前，世界音乐界对中国音乐的认识仅为：“宫商角徵羽五音，无半音，无复调，无多声部合唱”。侗族大歌颠覆了这一认识，折服了世界。1980 年法国人路易斯 . 当德莱尔来到侗乡，1986 年他邀请 9 位侗族姑娘参加巴黎金秋艺术节，一举轰动了世界。从此，侗族大歌从侗乡走向了央视春晚，世界大学生运动会，北京音乐厅，上海世界博览会。这些背着孩子，纳着鞋底的妇女忙完农活，走进小黄鼓楼，转身成为中国真正的艺术大师。侗族是古越人的一支，侗族大歌起源于 2500 年前的春秋时期。侗族没有文字，所以侗族歌曲全凭口传心授，世代相传生生不息。侗族的声韵母简单，但是声调复杂，保留了南方方言古老的面貌。侗语有九个声调，不同于汉语的四声。侗语还有 6 个入声声调。因此侗族人说话抑扬顿挫，悦耳动听，十分有歌唱性。

▲ 侗族大歌

推荐理由：侗族大歌的经典作品《蝉之歌》，我 2016 年 5 月前往小黄侗寨，通过比对，与其他版本有些差别。“五月初五蝉儿玲玲叫，不知昼夜声声闹，是喜是忧哪人能知晓，成双配对的人怎能知

道，孤单的我听了好心焦”。小黄侗族大歌是“清泉闪光的音乐”，2009 年被联合国列为“世界非物质文化遗产名录”后一直以中国文化的名片出现于世界重大场合。小黄侗寨游览免费，但欣赏大歌表演需要收费，每人 60 元。包场收费每场 1000 元。小黄合唱队的领队是吴荣德，他给自己的木楼取了一个特别的名字：歌堂旅店。

参观须知：大歌表演一般每天两场，如有包场需要预约，侗族大歌领队吴荣德电话 13985282561。

▲ 侗族银饰

推荐理由：侗族妇女的盛装必须穿戴大量银饰，重量可达 5-10 公斤。银饰素材来源于动植物及吉祥图案。长命锁的图样大多是鱼，龙，虎。头饰左侧为响铃金枝，走动时丁零作响，类似唐诗中所描述的“金步摇”。中国最早的“步摇”一词来自战国宋玉《讽赋》：“披翠云之裘，垂珠步摇。”头饰最顶部为高耸的银制鲜花，悬鱼，或仙鹤。

▲ 岜沙苗寨

推荐理由：小黄侗寨在从江县北约 20 公里处，岜沙苗寨在从江县城南 8 公里，自驾车需要先回到县城再去岜沙苗寨。岜沙苗寨是中国最后一个带枪的部落，他们一直自称为蚩尤的后人。男子一袭玄衣，身背砍刀，肩扛猎枪，头顶挽着发髻，头部四周用镰刀剃得铿光瓦亮，手牵一只中华田园犬，一副武士打扮。这个头型与日本武士神形兼备，这些年引来无数日本人前来游览寻根。

自驾线路：从江县城—从江县中学—新成路—X883 县道—岜沙苗寨。

参观须知：门票 60 元。

▲ 岜沙苗族树图腾

推荐理由：岜沙苗族崇尚树图腾，树在岜沙苗族有非常特殊的意义。当孩子出生时，他们会种上一棵树伴随着成长。当人老离去，他们砍下这棵伴随一生的树做一口棺材，将人和树一起埋葬，并在墓地种上一棵新树，让生命参与新的轮回。这种非常富有哲学精神的生活思想，贯穿了岜沙人的整个历史。对树的敬重，使得岜沙苗寨的植被相当丰富，每一株植物都得到人性化的尊重。以前的岜沙邮局现在改为客栈，成为全国文青的诗意化驻地。

▲ 芦笙广场

推荐理由：每天岜沙的芦笙广场会有两场芦笙舞表演。表演内容罕有轻歌曼舞，基本为刀枪剑鸣，火光电石，充满阳刚和煞气。表演高潮处，鸟铳齐发，山崩地裂。女人的舞蹈节奏很快，旋转跳跃，像是猛虎下山。表演额外收费。

▲ 从江其他景点

【加榜梯田】位于从江县西，距县城 80 公里。加榜梯田绵延 25 公里，梯田从山脚至山巅上下落差可达千米。阳光下的加榜梯田，色彩斑斓，流光溢彩，足可与世界著名的元阳梯田媲美。**【增冲侗寨】**位于从江县西北。增冲鼓楼建于康熙年间，11 层重檐，双层宝顶，杉木制作，穿斗构造，国家重点保护文物。

▲ 从江美食

【牛瘪】又称“百草药汤”。流程如下：宰杀牛之前，喂食中药首乌，葛根，柴胡，党参，当归等。半小时后杀牛，从胃中取出上述中药，加入沸水熬制。过滤杂质后的汤水就叫“牛瘪”。炒牛肉丝这类菜的时候，加入一些牛瘪，并配上香菜。一道牛瘪肉丝就成了。这道菜，异味很重，但却是消炎的良药。**推荐餐厅：**停洞牛瘪店，青平路与 G321 交叉路口，0885-6419797。**【香糯紫米饭】**稻米本身是白色的。蒸煮前，将一种叫做“欧贝能”的植物叶子捣碎，挤出欧贝能的紫色汁液浸泡糯米，然后上锅蒸熟。蒸出的米饭呈紫色。**【从江小香猪】**从江香猪是国家二级珍贵保护畜种，中国珍贵的微型地方猪种。

▲ 瑶族药浴 从江非物质文化遗产

推荐理由：与桑拿，土耳其浴并称为世界三大洗浴文化。瑶族药浴来自瑶族的一支——板瑶。板瑶喜清洁，家里备有一个大木桶，劳动后都要洗浴，所以板瑶长寿者多。瑶族药浴药方有近 200 种，主要有：追风伞，半边枫，九龙藤，血藤，节节草等，对祛除风湿，皮肤病，妇科病等有效。

▲ 从江加油站

中国石化从江观音阁加油站

电话：0855-6417474

RAV4 真体验

游走山水间是驾驶乐趣的最终目标

旅行是另一种意义上的生活，行进的脚步永不停歇地捡拾生命的美好。而驾驶乐趣最理想的实现场景应该在山水之间。

白墙黛瓦，临水照街，悠悠韵致，奇石秀峰。桂林，这座山水环绕的城市，多的是青石板路的街道，而这样的道路，两边是古韵宅所，行人穿梭络绎不绝。在这样的路中行走，不妨放慢速度，静静感受，与这座小城融为一体。可是开着车，“慢一点”似乎很挑战开车技术！不过驾驶全新 RAV4 就不必有这样的担心！

PVM 全景监控系统可通过位于车辆前后左右的 4 个摄像头，将车身周边影像无缝连接，在低速时提供俯视车辆 360°全景的动态视野，全面掌握周围状况。

游走山水间，行走小城路，这样开车，可以“慢一点”！

RAV4 荣放论坛 > 广州车友 RAV4 一路闯天下 4.29-5.2 广州至桂林段自驾游　　点击：1216 | 回复：14

lzbnet V

楼主

精华：2 贴
帖子：18 贴 | 107 回
来自：广东 广州
爱车：认证 RAV4 荣放

发表于 2016-5-3 17:28:51

广州车友 RAV4 一路闯天下 4.29-5.2 广州至桂林段自驾游

4 月 29 日，有幸报名参加了一汽丰田厂家的 RAV4 一路闯天下的美食征集令活动——广州—桂林段自驾游活动，厂家还为这次活动专门举办了一个发车仪式，地点位于广州番禺沙湾的一汽丰田全车系体验营，之前可从来没听说过这里，没想到来到之后才发现，这里各种体验设施一应俱全，分别设了帐篷区，SUV 体验区，试驾区，攀岩区和科技体验区等多个体验区域。这次活动现场来了五十多台 RAV4，场面十分震撼。各位车友们来自广州及东莞，相信他们都是和我一样喜爱这款来产自于丰田 SUV 纯正血统的 RAV4，通过这次厂家的活动，能够让我们这些 RAV4 车主齐集一堂，交流心得，还能一探一汽丰田全车系体验营的现场，让车主能够多方位亲身体验到 RAV4 的性能和驾控感。

水塘中的小桥 也像是诉说着 属于它的故事

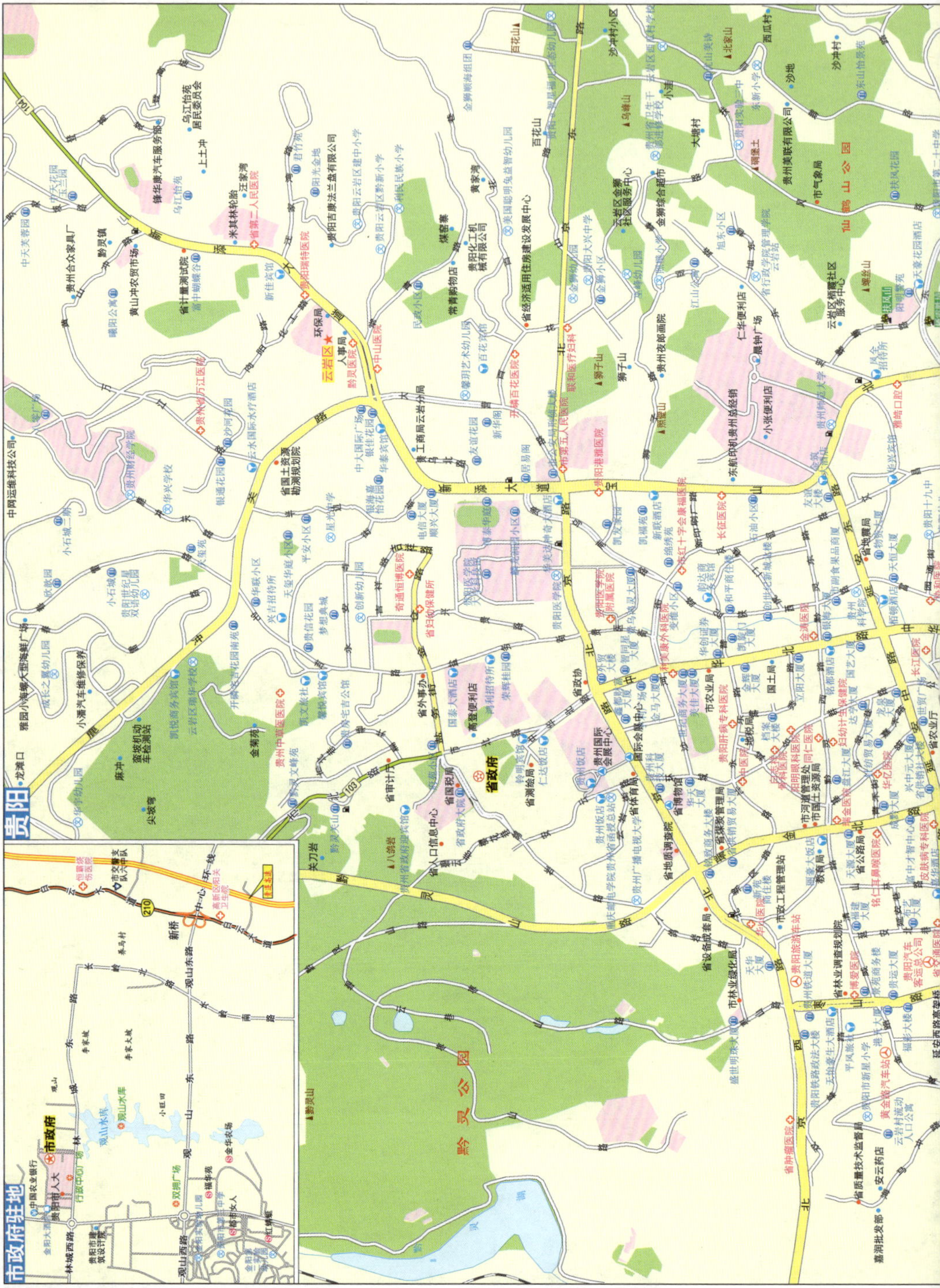

贵阳
市政府驻地
黔灵公园
仙鹤山公园
省政府
云岩区

南岳山
南明区
河滨公园
贵阳站
龙城公园
岩脚寨
中央公园

RAV4与贵阳

GUI YANG

历史与今天 | WAITING FOR YOU IN GUIYANG.

自驾游爱好者如果去西藏和新疆，往往会忽略青海，认为那里只是路过的地方。去云南广西体验民俗风情的时候，往往会忽略贵州，以为那里的经济会拖累旅游。其实青海以及贵州的人文自然景观深藏不露，甚为丰富。

“多彩贵州”拥有 56 个民族，不仅民族文化多姿多彩，贵州还有世界上发育最为完整丰富的喀斯特地貌，地质地貌变化多样。贵州这些年经济暂居后卫，使得贵州少数民族地区在被商业化之前保持着非常本色的状态。这对贵州来说，是一笔潜力巨大的财富。

刘伯温曾经对贵州的壮丽赞不绝口。贵州省就是一个公园，一个景区。贵州目前有 61 个森林公园，其中国家级森林公园 22 个。对自驾游爱好者来说，贵州就是大自然和上苍一次精心合谋打造的盛宴。

贵州作为正式地名始于宋代，但贵州早在 24 万前年就有人类的活动。贵州有着非常丰富的生物多样性。黑叶猴，黔金丝猴，云豹，黑颈鹤，中华秋沙鸭，金雕 14 种国家一级保护动物，银杉，桫椤等世界珍稀植物。贵州还是中国四大中药材产区之一，西南地区的煤海。

贵州的旅行不在城市，在远离尘嚣静谧的大山江河，在乌江，格凸河，九万大山，大娄山，在黎平侗寨，西江苗寨，荔波喀斯特和镇远古镇，在岜沙苗寨和宰荡侗寨。没有哪个省能像贵州一样，百里一景，十里一画。道不完的民俗情，览不尽的好风光。

前面有座山，4WD 说“向前开”

“水碧桥横峭壁穿，云开夕日映晴峦，峻崖欲展惊飞渡，悬瀑倾抛悬落涓”，高山、悬崖、瀑布，几乎涵盖了贵州的所有地形，因为山多，所以翻阅贵州的历史，你会发现贵州的祖先几乎都是各种“洞人”，从早期的“水城人”和“盘县大洞人”，晚期的“兴义人”、普定“穿洞人”、桐梓“马鞍山人”、“白岩脚洞人”和安龙“观音洞人”，虽然看似有点山神老林的感觉，但也造就了贵州宜人舒适的气候，每到夏天，全国各地人民都跑去贵州避暑。

贵州山多，自然山路就多，在贵州开车不是在上山，就是在下山，所以一辆善于攻山的车型，在贵州肯定是必不可少。作为城市 SUV 鼻祖的 RAV4，自然无惧山路弯急坡陡，RAV4 的方向指向性精准，车子整体在走山路时坐在后排的乘客能体会到心里的那种信任和舒适。RAV4 的动态扭矩分配控制 4WD 系统和 VSC 系统相互协作，通过 CAN 整合通讯系统将 ABS、VSC、TRC、EPS 和 4WD 科技统筹控制，帮助驾驶者按理想路线行驶。

RAV4 采用的 HAC 上坡辅助系统能自动施以制动大约 2 秒，避免了在斜坡上起步时车辆后退的情况发生，让驾驶者更加从容;DAC 下坡辅助控制系统，能辅助车辆以恒定的低速下坡，避免车轮锁死或轮胎打滑的状况发生，使下坡更加平稳。

RAV4 趣味比赛

从桂林到贵阳的路上，我们举办了一个趣味小活动，那就是

RAV4 节油赛

在某个路段比谁的车用的汽油最少。最终，本次节油赛第一名的获奖者是一名资深的越野玩家，有着丰富的驾驶经验，这次的节油赛对他来说，简直就是小菜。

同时他也分享出他省油的方法，那就是

保持**匀速行驶 减少**刹车次数

过弯时尽量**采用切弯**

并且通过发动机声音判断速度和转速的合理比

他对 RAV4 表示 **高度肯定** 尤其是高速过弯的 **稳定性**

和精湛 **操控性** 有趣的是，有的车主为了拿到好成绩，连空调都没开下车后浑身大汗，真是为了好成绩也是拼了！

城市速览 贵阳

GUI YANG

地理气候特征

▲ 地无三尺平，天无三日晴，概括了贵州的地理气候特征。贵州是我国唯一没有平原的省份。复杂的地质地貌使得贵州的高速公路和桥梁建设的每一项工程都可以列为世界或中国之最。贵州的海拔平均虽然只有1100米，但贵州山脉往往峻拔奇险。贵州冬天温度不是很低但会出现凌冻天气，寒冷针砭肌骨，容易冻伤。其余三季温差不大，夏天雨季山区会出现小段塌方或泥石流。

路况提示

▲ 贵州多山区，凡是贵州地区的非高速公路路段，驾驶需要格外谨慎。常年行走318国道进藏的老驾驶员，面对贵州的山路依然会多加小心。贵州每年的12月至次年1月天气会骤冷，山区容易出现霜冻，路面结冰，比如毕节至四川宜宾一带，广西南丹至贵州都匀一带。这个季节也是贵州交通事故的高发期。建议自驾游贵州躲过这个时间段。

自然及人文景观

▲ 贵州旅行一般分为四条自驾线路，自然及人文两大板块。

▲ 自然景观板块

西线，北线和南线为一个板块，以自然风光地质地貌特征为旅行看点。

西线代表景点：毕节百里杜鹃、安顺黄果树瀑布、织金县织金洞、六盘水乌蒙山区、晴隆二十四拐史迪威公路、兴义马岭河峡谷、紫云格凸河穿洞。

北线代表景点：世界自然遗产赤水河丹霞地貌景观群。

南线代表景点：世界自然遗产荔波喀斯特森林。

▲ 民俗人文板块

东线和东南线为一个板块，以少数民族人文风情为旅行看点。

东线代表景点：凯里市西江千户苗寨镇远古镇。

东南线代表景点：丹寨、榕江宰荡侗寨、从江县岜沙苗寨和小黄侗寨、黎平肇兴侗族鼓楼群。

美食集中营

▲ 二七路小吃街

推荐理由：二七路小吃街是贵阳小吃的最集中地，青岩卤猪脚、肠旺面、花溪牛肉粉、洋芋粑、糍粑稀饭、米豆腐应有尽有。

（南明区解放路100号鸿通城购物中心 0851-88517777）

▲ 老七肠旺面

推荐理由：肠旺面的配料达20多种，制作工艺十分繁琐。猪大肠洗净配香料慢火炖熟切片。精五花或槽头肉切丁用甜酒腌制，炸至金黄色再下醋和甜酒翻炒，称作脆哨。最后是鸡蛋面，豆芽，豆腐丁，脆哨，高汤，榨菜，胡椒。吃完肠旺面一定不要忘记在剩下的汤中加上醋一起喝下，这个享受叫做“酸爽”。

（城基路与黔灵西路交界处）

▲ 杨姨妈丝娃娃

推荐理由：杨姨妈的丝娃娃上过《舌尖上的中国》，丝娃娃又叫素春卷。面粉做成直径两寸的薄皮饼，然后裹上海带丝，萝卜丝，豆芽，鱼腥草，炸黄豆芽等，卷成筒状。丝娃娃的关键是调料，需红油辣椒，葱花，酱油，麻油，姜末，醋，盐。一份上等的丝娃娃，吃起来脆爽酸辣，十分开胃。

（飞山街171号）

▲ 醉苗乡酸汤鱼

推荐理由：三天不吃酸，走路打偏偏。过去贵州缺盐，吃酸菜是补充盐的最主要途径。《醉苗乡》的酸汤鱼在贵阳可是有口皆碑。

（云岩区飞山街中段凯发大厦 0851-5843665）

▲ 花溪王记牛肉粉

推荐理由：牛肉粉的牛肉需要两道制作流程，先将牛肉炖至半熟，再加入糖色和香料炖熟，切片。牛肉粉的提升需要复合调料，酸莲白，芫荽节，高汤，花椒粉，辣椒面。

（花溪区花阁路137号）

▲ 贵州特产

烟酒茶，民族工艺品两大类。

酒店任你挑

▲ 贵州南明区箭道街附近

推荐理由：位于南明河畔，周边有筑城广场，河滨公园。距离甲秀楼1公里，步行即到。

时尚购物

▲ 恒峰步行街

推荐理由：位于中山西路，是一条地上六层，地下四层的综合步行街。商贩众多，品种琳琅满目，贵州的土特产在这里都能找到。贵州特产民族风味浓郁，地方特色显著，适合送礼。

采购特产：贵州石桥**【古法造纸】**沿袭汉代的造纸工艺制作。**【都匀毛尖】**顶级都匀茶叫做“乌牛早”。**【贵州苗绣】**多产于黔东南一带。**【威宁火腿】**来自乌蒙山区，肉色微微泛红，肉质细嫩，可以存放多年。**【贵州蜡染】**安顺石头寨的蜡染有2000多年的历史。**【丹寨卡拉鸟笼】**卡拉村位于丹寨县城东北3公里处，鸟笼工艺精湛。

加油站

▲ 中国石油甲秀加油站

地址：南明区观水路18号

电话：0851-85892753

▲ 中国石化南明大成加油站

地址：南明区解放路318号

音乐同行

▲ 朱哲琴《阿姐鼓》

神秘的旋律将车辙掩埋，有故事的地方就有向往。

玩转贵阳 为您推荐②日行程

Day1

▲ 傍晚自驾到达贵阳

推荐酒店：贵阳民族大酒店

▲ 游览贵阳市标志甲秀楼

推荐理由：甲秀楼在清代是贵阳八景之一，称作“鳌矶浮玉”，因甲秀楼是修建在南明河的一块鳌矶石上的。甲秀楼景区由甲秀楼主体，两座浮玉桥，以及翠微园三个部分组成。甲秀楼的三层三檐四角攒尖顶阁楼为中国唯一，明代万历年间巡抚江东之修筑以连接南明河两岸，后王阳明再传弟子马廷锡在此建栖云亭讲学。翠微园是由拱南阁，翠微阁，龙门书院组成的明清古建筑群，最早建于明代宣德年间。到翠微园可以品茗茶，回廊中走走，吹吹南明河晚风，在摇曳的河景灯火中体会一下竹唱风吟的小雅致。

地址：贵阳南明区翠微巷 8 号

电话：0851-85555508

参观须知：8:00~22:00 开放。

▲ 晚餐时间

推荐餐厅：二七路鸿通城小吃街

推荐理由：贵阳的著名小吃在二七路小吃街都能找到，而且做工品质都有保证。肠旺面，花溪牛肉粉，青岩卤猪脚是二七路小吃街的主打品种。

如何到达：翠微园乘坐出租车到二七路鸿通城小吃街，距离 2.7 公里。贵阳近年一直在建设地铁，城内游玩推荐出租车出行。

Day2

▲ 自驾出发黔灵山

推荐理由：黔灵山，黔南第一山，国家 4A 景区。从黔灵山顶“瞰筑亭”可一览整个贵阳市，是一座林幽水清的市民公园。黔灵山是第四纪冰川遗址，贵州名刹弘福寺的寺址属于冰川“冰窖”。由于地质结构复杂，黔灵山的地下水分布广泛，公园内形成了众多的泉水湖泊，最著名的当属圣泉。黔灵山是野生鸟类的迁徙地，公园内还有大量野生猕猴。山上的麒麟洞曾经关押过张学良将军。

全程路况：距离 7 公里，行驶时间 40 分钟。

自驾线路：瑞金南路—瑞金中路—延安西路—头桥路—黔春路—黔灵山。

参观须知：门票 5 元，缆车 20 元。6:30~22:00 开放，游览时间 2 小时。

▲ 青岩古镇

推荐理由：青岩古镇与隆里，丙安，镇远并称贵州四大古镇。青岩镇建于明代洪武年，是冷兵器向热兵器时代过渡的军事古堡典范。青岩古镇现存 37 处明清古建筑，3 座牌坊，以及佛教寺庙，基督教堂，古城门城墙。抗战时期青岩古镇还是八路军的交通站，许多领导的家属曾经青岩转移疏散。周恩来父亲，邓颖超母亲，博古、李克农的家属都曾在青岩居住。

全程路况：距离 36 公里，行驶时间 1 小时。

自驾线路：三桥南路—西二环中段—甲秀南路—明珠大道—田园南路—北部环线—青岩古镇。

参观须知：0851-3200400，门票 10 元，通票 80 元，游览时间 3 小时。

▲ 状元府

推荐理由：主人赵以炯是贵州文状元第一人。状元府由两进四合院组成，气派不张扬，充满书香氛围。

▲ 背街

推荐理由：因电影《寻枪》而出名。长 200 米，用石片垒砌的高墙，以及磨得光亮圆润的石板路，使背街显得幽暗深邃，仿佛走在时间凝固的过去。

▲ 其他景点

迎祥寺、慈云寺、定广门古城墙、文昌阁、石牌坊。

▲ 青岩美食

青岩卤猪脚、辣椒鸡、状元蹄、玫瑰糖、苗王酒。

拉萨老陈

西藏 8844 自驾游策划有限公司法人，拉萨 8844 自驾游精品客栈掌柜。越野 e 族，爱卡汽车西藏大队老会员，十年藏地自驾经历，足迹遍布四川、云南、青海、新疆各条深度线路，穿越四大无人区，N35°北北线。行程过八十万公里，藏地自驾旅行老专家，人称西藏活地图。

一个省就是一个公园，在中国只有贵州敢有这个自豪，敢这么赞美自己。文明和生态永远是一个矛盾，我到希望贵州手中握有的这些自然美景资源，贵州人民能把他当做一个财富，握紧一点，不要让所谓的经济发展剥夺了你们的美。因为这是唯一的，不可以失而复得的。

贵州东线自驾线路

贵阳—千户苗寨—镇远古镇—黔阳古城—洪江古商城—黎平县—榕江县—贵阳

Day1

贵阳 200km 3h 雷山县西江镇千户苗寨

▲ 自驾线路

贵阳市—G60 沪昆高速—X886 县道—雷山县西江镇千户苗寨。

▲ 苗族

苗族是蚩尤的子民，最早居住于黄河中下游地区的山东一带。苗族的第一次南迁是在黄帝战败蚩尤以后，蚩尤先民迁至今天的鄱阳湖洞庭湖一带，并建立了三苗国。后尧舜帝征讨三苗。苗族再迁，一部向西迁移与古羌族融合，一部向南进入贵州云南以及东南亚一带。

▲ 西江

这个地方最早属苗族赏氏族，西氏族是从赏氏族那里讨来的这个地方，“江”有讨要的意思，故称作西江。

▲ 西江千户苗寨

推荐理由：西江千户苗寨是目前规模最大的苗寨。由于土地稀缺，这里的民居吊脚楼从山脚到山顶层层叠叠，煞是壮观。每当夜晚广场都有民俗歌舞表演，漫山的苗寨吊脚楼灯火闪烁，把雷公山点缀成一幅立体的画卷。

参观须知：0855-3348699，门票 110 元。

▲ 美食集中营

推荐餐厅：阿秋家私房菜

地址：千户苗寨观景台

电话：13985285923

推荐餐厅：西江饭店

电话：0855-2867770

▲ 酒店任你挑

推荐酒店：西江千户苗寨

推荐理由：西江千户苗寨的高端酒店不少，住在苗寨的感觉非常不错，可以体验当地风情，但价格较贵。

Day2

凯里市雷山县西江镇千户苗寨 120km 1.5h 镇远古镇

▲ **自驾线路**

西江千户苗寨—G60 沪昆高速—S25 沿榕高速—镇远古镇。

▲ **镇远古镇**

推荐理由：镇远古镇是中国历史文化名城，贵州四大古镇之一，至今有 2300 年历史。镇远古镇是荆楚进入贵州的必经之地，历来兵家必争。古镇建有战神庙，烽火台，炮台，城墙。镇远由于地理位置偏僻，很少为外界打扰。这里的居民生活依然古朴恬静。舞阳河从镇远穿镇而过，民居就修在江的两岸，大量的吊脚楼以及镇中的石板木屋，让这里显得与时代非常脱节，你会觉得仿佛回到了三十年前的过去。镇远和平街有二战时期日本反战同盟工作队驻地，现在是镇公安局办公区。

▲ **青龙洞古建筑群**

推荐理由：青龙洞古建筑群是贵州规模最大的集儒释道三教合一的历史建筑遗存。

▲ **美食集中营**

镇远的小吃以滋味浓烈见长，熟油辣子醇香扑鼻，辣味非凡。

推荐餐厅：新大桥酸汤鱼

电话：0855-5711377

推荐网络平台：吃在贵州网

推荐理由：多彩贵州频道推荐品牌。

▲ **酒店任你挑**

推荐酒店：圆泰昌古民居

推荐理由：民居是全木结构的老宅古韵盎然，房间设施现代。

RAV4 真体验

论攻山的正确姿态

车队进入 X886 县道之后，两旁的风景比 G60 高速更加迷人。滔滔赤水，行道树掩映着车队，丙安古镇在河的对岸，昭示着一段红色的历史。X886 道路很窄，但路面质量较高。当车队速度提起来的时候，就开始考验 RAV4 的弯道控制能力。队员们开得很享受。

每次进入弯道 RAV4 的 DTC-4WD 就起到了其强大的作用，过弯时四驱介入，进行动力分配，这样后轮也有足够的动力，保证良好的抓地力，提高过弯极限，避免转向不足

Day3

镇远古镇 200km 3h 湖南省洪江市黔阳古城

▲ 自驾线路

镇远古镇—G60 沪昆高速—转 G65 包茂高速—湖南省洪江市黔阳古城。

▲ 特别提示

湖南省怀化地区黔阳古城所在地叫洪江市，洪江古商城所在地叫洪江区，当地人称“雄溪”。两地相距 27 公里。

▲ 黔阳古城

推荐理由：黔阳古城唐朝叫做“龙标”。诗人王昌龄就被贬谪这里做过龙标县尉。王昌龄的著名诗句：“一片冰心在玉壶”，就创作于黔阳古城的芙蓉楼。黔阳古城的历史比丽江早 1400 多年，比湘西凤凰古城早 900 多年。黔阳古城内有大量年久失修的四合院。这些历时数百年的古四合院至今仍然居住着人家。都市人很难想象，偏于一隅的古城，一扇木门，回廊天井，粉墙青瓦，生活气息依然浓厚。古老的中山路上有张家老屋，旁边是黔城基督教堂，古县衙的一侧是一个叫做“拖尸巷”的小巷子。当年监狱的囚徒死后就是从这条巷子拉走的。听了都瘆得慌。从中正门出来，古城墙外沅江滔滔，轩辕宫万寿宫旁书声琅琅。好想停下来，把历史重新抚摸一遍。

▲ 节孝祠

推荐理由：抗战时期军统特训班驻地，也是戴笠的公馆。祠堂内部还保存着当年军统的培训器材和文字史料。节孝祠旁边是文庙，大清考棚。

▲ 钟鼓楼

推荐理由：初建于宋，重建于明成化年，古城历史活化石。

Day4

湖南省洪江市黔阳古城 27km 洪江区洪江古商城 170km 4h 贵州黎平县县城

▲ 自驾线路

湖南洪江市黔阳古城—洪江区洪江古商城—X061—X062—G65 包茂高速—G209—S222—黎平县县城。

▲ 洪江古商城

推荐理由：洪江古商城是中国明清建筑真正的博物馆，是明代以来 700 多年浩繁历史长河最完整真实的记载。因为偏远，资本一直没有进入开发，使得这里的古迹保存相当完整。古商城还保存着清代至今未做翻新的诸多建筑，在现代化进程的今天简直难以想象。清代药房，镖局，青楼妓院，清代县衙，厘金局，钱庄，烟馆以及美孚洋行，民国时期的商会商号。我要说的是，它们都还是几百年前的样子，许多院子荒草丛生，但依然不减当年的气势。洪江古商城起源于春秋，鼎盛于明清。湘西出产桐油，木材和鸦片。这里正靠沅江，水运发达。同时洪江所处位置可以将物资转运到西南各地，是一个大的中转码头，水运枢纽。有学者认为中国的海上丝绸之路应该起源于商代。即四川物资从长江到达今天重庆酉阳的酉水，从秀山进入沅江，在洪江古商城换装苗船运至贵州黄平后，换马帮进入云南，经过云南缅甸到印度。据统计，洪江古商城现有完整的清代建筑 380 栋。民国时期这里依然是千帆相竞，商贾云集，活生生的清明上河图。古城还有真人模拟当年生活场景的表演。比如表演满清镖局是如何接镖和押镖的。表演厘金局（税务局）是如何办理偷漏税案子的等等。

参观须知：湖南省洪江市雄溪路，0745-7632798，门票 120 元。

Day5

贵州黎平县县城 150km 3h（不含游览时间） 榕江县

▲ 自驾线路

黎平县—翘街—S15 黎洛高速—洛香镇—Y012 肇兴侗寨—G76 厦蓉高速—榕江县。

▲ 翘街

推荐理由：位于黎平县城内二郎坡。翘街除了保存大量明清建筑，还因为著名的黎平会议而著名，是贵州少有的历史文化名街。黎平会议上毛泽东说服了中央放弃在湘西建立根据地的想法，改向遵义转移；并且大会第一次指出李德、博古军事策略的错误。

▲ 肇兴侗寨

推荐理由：中国第一侗寨。肇兴侗寨全为陆姓，分为五大房，所以肇兴乡就修建了五座鼓楼，分别以仁义礼智信命名，肇兴更以它的民族歌舞而闻名天下。

▲ 酒店任你挑

推荐酒店：东滨江大道附近酒店

推荐理由：酒店集中地，生活方便，而且距离景点不远。

WAITING FOR YOU IN GUIYANG.

Day6

榕江县 300km 4.5h 贵阳市

▲ **自驾线路**

榕江—榕江车江三宝侗寨—G76 厦蓉高速—S62 余安高速—丹寨南皋乡石桥村，石桥古法文化旅游景区—贵阳市。

▲ **车江三宝侗寨**

推荐理由：车江三宝侗寨距离榕江县城 3 公里，是侗语标准发音地，也是侗族人口最密集的地区。车江景区有章鲁，寨头，莫堂三个村组成。景区的 38 株榕树根系相连，成为一个天然的森林，是世界罕见的古榕树群。

▲ **丹寨**

推荐理由：丹寨拥有众多的非物质文化遗产。苗族古歌，苗族服饰，芒筒芦笙，苗族鼓舞，苗绣等是国家级非物质文化遗产。

▲ **丹寨南皋乡石桥村石桥古法造纸**

推荐理由：石桥造纸的制作工具经过与明代宋应星的《天工开物》的图解对比，如出一辙。而且石桥造纸所用的原材料构皮麻，杉根，也与《后汉书·蔡伦传》所记载文字一致，于是认定石桥造纸是中国保存时间最悠久的古法造纸术。至今凯里，剑河一带还流传着《造纸歌》。石桥古纸分为白皮纸和花纸，特别是花纸是赠送朋友的上佳礼品。

贵州西线自驾线路

贵阳—织金洞—黄果树瀑布—扁担山石头寨—晴隆二十四道拐—马岭河峡谷—紫云格凸河—贵阳

Day1

贵阳 240km 4h 安顺市

▲ 自驾线路

贵阳市—G60 沪昆高速—G76 厦蓉高速—X748—织金县织金洞—G76 厦蓉高速—G60 沪昆高速—安顺市。

▲ 织金洞风景区

推荐理由：位于织金县官寨乡。织金洞是世界溶洞之王，又有世界溶洞博物馆的之称。它是中国迄今发现的规模最宏伟的喀斯特溶洞。

参观须知：0857-7812018，门票 120 元。9:00~17:00 开放。

▲ 美食集中营

推荐餐厅：鱼来鸿

地址：体育路天马小区

电话：0851-33688859

▲ 酒店任你挑

推荐酒店：安顺市西秀区新天地附近酒店

推荐理由：附近美食很多，很多当地特色餐厅在此聚集。

Day2

安顺市 260km 5h 兴义市

▲ 自驾线路

安顺—G60 黄果树瀑布—X460 扁担山石头寨—G60 晴隆县城—G320 晴隆二十四道拐—G60—S65 晴兴高速—兴义市。

▲ 黄果树瀑布景区

推荐理由：黄果树瀑布景区位于安顺市镇宁县。黄果树瀑布是亚洲第一大瀑布，世界第一大瀑布群，也是全世界唯一可以从上下左右前后各方位观赏的瀑布。黄果树瀑布已经成为贵州省的标志性景点。

参观须知： 0853-33592136，门票 180 元，8:00~18:00 开放。

▲ 石头寨

推荐理由：位于安顺市镇宁县扁担山。石头寨是布依族村寨，寨子的建筑几乎都用石头砌成，构造复杂，难度极高的石头建筑不用粘合剂即可完成。石头寨还是著名的蜡染之乡。

▲ 晴隆二十四拐

推荐理由：位于晴隆县城西南 3 公里处。 晴隆二十四拐修建于二战时期，是滇缅公路的一个组成部分。滇缅公路以盟军司令史迪威将军的名字命名，是二战后期盟军从陆路支援中国战场的唯一交通生命线。

▲ 美食集中营

推荐餐厅：顺水鱼馆

地址：兴义市瑞金大道兴义商城横店影城楼下

Day3

兴义市 6km，在 G324 国道旁 马岭河风景区 兴义市

▲ 自驾线路

兴义市—兴义马岭河峡谷—兴义万峰林—兴义市。

▲ 马岭河峡谷

推荐理由：马岭河把这段的喀斯特熔岩切割成一个峡谷，高耸的绝壁在雨季形成千瀑飞流，两岸顿时如珠帘悬挂，瀑布如水银泻地。进入景区后，乘坐观光电梯到谷底，沿着河谷两岸步行游览。环形步道需要 3 个小时。还可以乘坐皮划艇漂流，漂流里程 20 公里，需要 2 个小时。马岭河峡谷平均深度在 200~400 米之间，最窄处 50 米，两岸还有古战场，营盘，古驿道等人文遗址，被称作“世界最美丽的伤疤”。

参观须知：0859-3110055/3122666，景区门票 80 元，漂流 198 元，观光电梯往返 30 元，7:30~16:30 开放。

▲ 兴义万峰林

推荐理由：位于兴义市南 6 公里处，属锥形喀斯特地貌，在“最美中国”的十大峰林中排名第三。远处眺望，峰林如阵，万山如林，气场极大。徐霞客至此赞叹：“磅礴数千里，为西南形胜”。万峰林分为东西两处峰林。目前主要开放的是下五屯镇的西峰林。地下水冲刷喀斯特地底，石灰岩溶解于水，地面下沉，于是形成漏斗型塌陷。这种塌陷天长日久，会形成一个一个的天坑。万峰林著名的“八卦田”地貌，就是天坑的最早雏形。

参观须知：门票 80 元，观光车 50 元。

Day4

兴义市 370km 贵阳市

▲ 自驾线路

兴义市—G69 惠兴高速—S209 紫云格凸河风景区—贵阳市。

▲ 格凸河穿洞风景区

推荐理由：格凸河穿洞风景区位于紫云县东南 30 公里处。“格凸”苗语的意思是“跳花的地方”。“跳花”是苗族歌舞盛会，男女未婚青年聚在一起，载歌载舞以此为媒介相互结识。跳花活动如果在晚上延续进行，就叫“跳月”。跳月一说其实并非只有苗族，以前有个著名的舞蹈“阿细跳月”说的是彝族青年的社交盛会，与苗族跳月完全类似。法国地理学家贝昂三次到格凸河考察，他认为：“世界最美的喀斯特在热带国家，中国喀斯特集中在贵州，安顺喀斯特是贵州最多的地区，紫云格凸河是世界上最美的喀斯特。”

参观须知：0853-5236171，门票 150 元，7:00~17:00 开放。

▲ 燕子洞

推荐理由：格凸河著名的景点是燕子洞。溶洞深 12 公里，与河湾相连可以泛舟入洞。洞内有数万燕子居住，故得名燕子洞。燕子洞内有世界第二大的喀斯特洞厅叫做苗厅。燕子洞每 30 分钟会有蜘蛛人表演徒手攀岩摘取燕窝，极为惊险刺激。

游览线路：鹰燕观景台—浮桥—蜘蛛人表演攀岩—燕子洞—悬空索道—观光电梯—盲谷原始森林—穿上洞—乘船游览格凸河—一线天—大河苗寨。

RAV4 真体验

按中国市场需求而研发的全新 2.0L 双 VVT-i 发动机与 S-CVT 超智能无级变速器这一动力组合，更为车辆带来极好的燃油经济性和驾驶舒适性。

在高速上，RAV4 拥有强劲的动力表现

2.5L 双 VVT-i 发动机 与 6AT 手自一体变速器

密切协作，从而带来快捷的起步速度与平顺的加速感

车辆驶至高速弯道处，全新 RAV4 展现出敏捷的转弯能力及优异的操控性。在 Sport 运动模式下过弯，该车根据速度自动调节后轮的扭矩分布，获得良好的通过性。在盘山路段时，我们更切实地感受到全新 RAV4 优异的山路操控，RAV4 搭载的 HAC+DAC 上下坡辅助控制系统，在翻越障碍、应对复杂路况时能保持堪比轿车的舒适性，令人称赞。

RAV4 荣放论坛 > 世家荣耀 ---- 跨越百城写一本两万里的厚书　　点击：29093 | 回复：400

千家峒的围炉 V　楼主

发表于 2016-4-25 19:29:51

世家荣耀 ---- 跨越百城写一本两万里的厚书

又要出发了，从南国到北疆，13000 公里，60 天，将突破我的极限记录。

精华：4 贴
帖子：6 贴 | 394 回
来自：四川 成都
爱车：认证 RAV4 荣放

贵州北线自驾线路

贵阳—茅台镇—佛光岩景区—丙安古镇—赤水市—自贡市—成都

Day1

贵阳 330km 5h 赤水市

▲ 自驾线路

贵阳市—G75 兰海高速—转 G56 杭瑞高速—G4215 蓉遵高速—茅台镇—土城下高速—四渡赤水纪念馆—X380—佛光岩景区—X378 丙安古镇—赤水市。

▲ 茅台酒博物馆

推荐理由：茅台镇酿酒历史最早见于司马迁《史记》载：汉武帝刘彻饮一种叫“枸酱”的酒，赞不绝口。元明期间茅台镇的杨柳湾形成了规模化酿酒作坊，并且开创了特有的“回沙”工艺。康熙年间，“回沙茅台”，“茅台烧春”行销市场。茅台镇最早的三家酒坊，叫成义酒坊，荣和酒坊和恒兴酒坊。成义酒坊是华姓开办，就叫华茅，荣和酒坊是王家开办的，叫王茅，赖家开办的恒兴酒坊叫赖茅。这三家酒坊的粮仓，曲药房，窖池，烤酒坊，成了茅台酒的工艺遗产群。茅台酒有几大区别于其他酒的工艺特点。选材独特：茅台酒所用赤水河水质优良，硬度低。粮食采用糯高粱颗粒饱满坚实适合多次翻烤，并在酿酒前产生了单宁，儿茶酸这类丰富的前体物质。制造流程温度高，制曲温度，蒸馏温度，发酵温度比其他酒都要高，更多地去除了发酵产生的副产物。最后是周期长：曲子储存周期长，基酒的酒龄长。茅台酒与中国革命的历史渊源，以及在世界外交史中的传奇故事，使其能够脱颖于中国其他白酒，成为当之无愧的国酒。

参观须知：门票 10 元。

▲ 四渡赤水纪念馆

推荐理由：土城战役是工农红军长征中最为惨烈的一战，此役几乎所有的开国元帅和大将都参与了战斗。黎平会议后中央听从了毛泽东的建议放弃在湘西建立根据地，改从遵义北上进入四川，在通南巴根据地与红四方面军会师。军阀刘湘的郭勋祺部三个旅在土城与红军会战。由于红军对川军的作战能力严重低估，川军人数情报有误，遭至重创。土城战役后，红军不得不选择向西穿过彝族区，经雪山草地北上。从土城至赤水的X380 一直沿着赤水河北上。此段路于 2016 年完成了重新铺装，路面极好，沿途美酒河，十丈洞，丙安古镇，佛光岩一串靓丽的人文自然景观。路旁植被茂盛，翠竹掩映，X380 成为穿行于苍翠树木中的景观大道。

电话：0851-22661958

▲ 佛光岩景区

推荐理由：赤水丹霞地貌是世界自然遗产，其中佛光岩是赤水丹霞地貌核心景点。佛光岩是一面形似马蹄，刀劈斧削的半环形绝壁，宽度 1 公里，高度 400 米，岩壁为红色。一柱瀑布自岩顶而降，落差达 200 米，飞珠溅玉。日落时分是拍摄佛光岩的最佳时间。血红色的岩石，飞流直下的瀑布，阳光中的五色彩虹，犹如佛光普照。

参观须知：门票 90 元，8:00~17:00 开放。

▲ 丙安古镇

推荐理由：贵州四大古镇之一，重要的军事要塞，赤水河航道中的主要码头。红军第一军团的驻扎地，现有中国工农红一军团纪念馆。

▲ 美食集中营

推荐餐厅：腊香笋餐馆

招牌菜：竹笋腊猪脚清汤火锅、烧肥肠、豌豆炖猪脚、黑豆花。

地址：赤水五星路步行街

▲ 酒店任你挑

推荐酒店：赤水市延安路香樟林广场附近酒店

推荐理由：停车方便，酒店集中，干净整洁。

Day2

赤水市 315km 4h 成都市

▲ 自驾线路

贵州省赤水市—G4215 成自泸高速—四川省自贡市—自贡盐业历史博物馆—S206 自贡恐龙博物馆—成自泸高速—成都。

▲ 自贡盐业历史博物馆

推荐理由：秦朝蜀郡太守李冰在修筑都江堰水利工程的同时，在成都的双流用开凿水井的方式挖掘了我国的第一口盐井—广都盐井。这项凿井技术影响到后来的中国盐业凿井技术。自贡的燊海井深度达到 1000 米，它不仅产盐，还产出天然气。燊海井采用的顿凿技术最早使用是在北宋年间的四川大英县开凿的卓筒井。英国科学家李约瑟将“卓筒井”称为“中国的第五大发明”，这也是世界石油钻井技术的首创。

参观须知：四川省自贡市自流井区解放路 107 号，0813-2202083，门票 24 元，8:00~17:00 开放。

▲ 自贡恐龙博物馆

推荐理由：世界三大恐龙博物馆之一，馆藏恐龙标本涵盖了 2 亿至 1 亿 3 千万年前侏罗纪时期所有已知恐龙种类。

参观须知：自贡市大安区大山铺收费站侧，0813-5801235，门票 42 元，8:30~17:00 开放。

市政府驻地
天府立交桥
高新区法院
高新区管委会
成都市纪检委
成都市发改委
市政府
灌锦立交桥
成都铁路技工学校
省结核病防治所
四川师范大学电影电视学院
成彭立交桥
成都安络工业园
鹏基石材展销馆
四川易园园林艺术博物馆
天奥工业园
中国中铁八局
济宏医院
金牛区青年(大学生)创业园
交大立交桥
金牛立交桥
茶店子客运站
羊犀立交桥
诚信达汽修
新生堂妇产医院
金牛区国土局
金牛区旧城改造中心
西南交通大学
交大路口
五块石汽车站
城北客运站
沁苑休闲庄
成飞医院
成航医院
苏坡公园
金牛区人民医院
市第四人民医院
国际会议展览中心
金牛区
天祥骨科医院
金沙遗址博物馆
省妇幼保健院
营门口立交桥
市铁二局中心医院
红梅苑休闲山庄
青羊工业总部基地
成飞集团会议度假中心
曼府休闲庄
省档案局
金牛区第二人民医院
敦煌飞天国际大酒店
青羊区
苏坡立交桥
日月大道一段
苏坡西路
苏坡东路
清江西路
天仁大酒店
四川艺术职业学院
满地可医院
西南财经大学
协和医院
中医大省医院
市地税局
市第三人民医院
市精神病院
青羊区第六人民医院
省人民医院
文化公园
宽窄巷子步行街
市第五人民医院
FF体育公园
青羊区苏坡万家工业园区
人民公园
天府广场
市第九人民医院
百花潭公园
永龙汽车修理厂
成都武侯外国语学校
省妇幼保健院
清水河桥
锦城宾馆
省政府
四川广播电视大学
锦园度假村
草金立交桥
成通医院
南郊公园
成道医院
锦江宾馆
西蜀森林酒店
鹭岛国际商业街
武侯区
武侯区第二人民医院
华西医院
武侯区南医院
永康森林公园
桑莱特科技
武侯区大学生(青年)创业园
市产品质量监督检验院
武侯工业园管委会招商服务中心
红牌楼广场商业街
武侯立交桥
波尔多新酒店
现代医院
永丰立交桥
成都中医药大学
西南民族大学太平园校区
华西普济医院
新纪元医院
太平园西路
川藏立交桥
华勋汽车工业园
新东方千禧大酒店
紫杉路步行街
七里商业街
人民医院
成都南站
武侯区第五人民医院
武侯区第三人民医院
武侯高中
省体育中心举摔柔管理中心
天府立交桥
蓝天立交桥
石羊立交桥
益州大桥
江安河郊野公园
余氏浴霸
武侯区计划生育服务室
石羊工业园
新成科技园
成都绕城高速
成都机场高速

成都
北湖公园
成绵立交桥
双龙万盛汽修
宏伟汽修
唐骏汽车
海蓝天幼儿园
同仁幼儿园
锦福汽修
成华区第七人民医院
龙潭立交桥
成都电气检验所
沪汉蓉高铁
成南立交桥
成南客运站
张家坟山
来龙大酒店
兴和汽修
鑫海汽修
天兴医院
长江医院
新阳光医院
成都大学
十陵立交桥
市园林局
森林公园
源兴汽修
东来龙汽修厂
成渝立交桥
苗苗幼儿园
省人民医院城东病区
桃源大酒店
上东阳光游泳馆
四川师范大学东区
洪河中学
四川城市职业学院
航天立交桥
科析生态科技园
成都行政学院
川陕立交桥
白莲货运广场
内燃机厂职工医院
动物园
昭觉寺汽车站
成华区第三人民医院
四川农大成都教学部
成铁分局东站医院
青龙立交桥
成都交通医院
星光幼儿园
东风医院
和林汽修
府青路二环立交桥
二仙桥
市建筑工程质量检验测试站
电子科技大学
恰东国际酒店
成都理工大学
成南立交桥
成都工业文明博物馆
四川电力医院
华川医院
九星医院
成华区
锦江区
新华公园
双桥子立交桥
市求助管理站
塔子山
市体工队
金城酒店
四川出入境检验检疫局监管场站
塔子山公园
乐乐幼儿园
成都东客站
成都汽车总站
四川大学
校史展览馆
外国语学院
四川大学科技创新中心
望江楼公园
东湖公园
四川师范大学
沙河堡医院
师范大学医院
四川师范大学文学院
绵阳艺术学校成都校区
凯伏威尔酒店
狮子山
桂溪立交桥
锦江体育公园
玻璃立交桥
市城市排水监测站
前方汽修
蜂子立交桥
万厚医院

RAV4 与 成都

CHENG DU

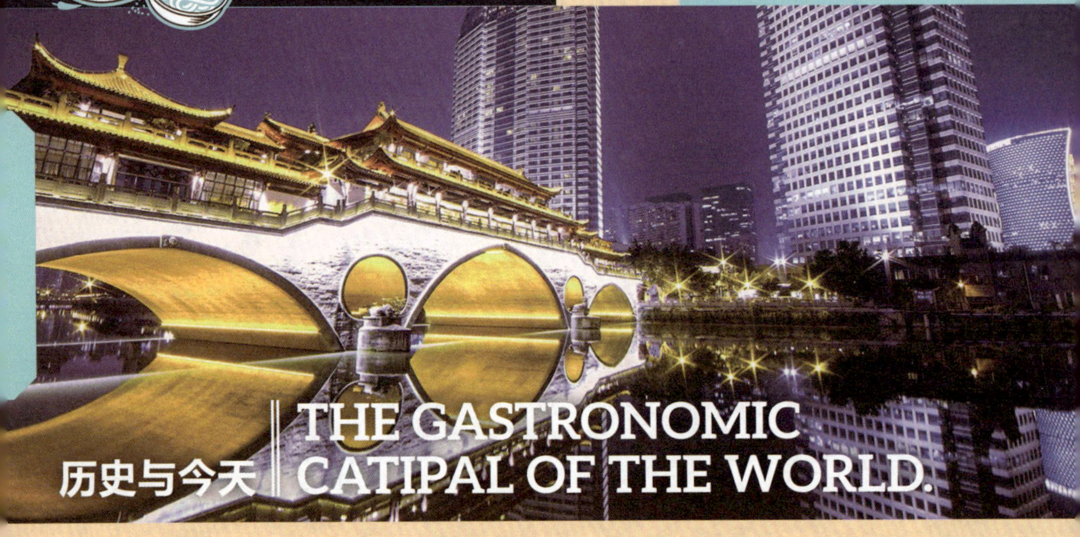

历史与今天 THE GASTRONOMIC CATIPAL OF THE WORLD.

2010 年联合国教科文组织授予成都“世界美食之都”称号，使这座著名的休闲城市得以名至实归。金沙遗址的发掘使成都的历史可以追溯到公元前 3200 年。成都地名的来历出自周王迁岐，一年成聚，两年成邑，三年成都。秦朝李冰父子建造的都江堰水利工程，是迄今仍在使用的世界最早的水利灌溉工程。岷江自西北而东南，滋润成都平原，使这里沃野千里，有天府之国，扬一益二的美誉。公元前 141 年，成都建立了中国最早的官办学堂“文翁石室”。 汉代成都是世界漆器工艺的中心和中国茶文化的诞生地，西汉成都织锦技术十分发达，政府设有“锦官”，成都别称“锦官驿”由此而来。西汉成都人口就达到了 40 万。

北宋时期成都经济达到鼎盛。世界第一张纸币就诞生在成都的“交子街”，并诞生了世界最早的官方管理储备银行“交子务”。官府开始印刷并发行纸币“交子”。北宋时期的成都，蜀绣的织法多达 40 多种，成为中国最主要的丝绸制造地。后蜀后主孟昶亲笔书写了中国第一幅春联“丰年纳余庆，嘉节号长春”。

今天，成都是中国的四大航空枢纽之一，人口 1500 万。在世界经济合作与发展组织认证的中国特大城市中，成都排名第六。成都还是苹果手机的全球最主要产地，世界奢侈品消费中国第三城市，私家车保有量中国第二城市。中国人评选的最幸福和最宜居城市，成都名列前茅。这里不仅有美女，美食，更有诗情画意的美景，田园牧歌的心态，数不清的闲情逸致。这是一座茶馆的城市，一座小吃美食的城市，一座来了就不想走的城市。

一汽丰田成都越野基地

▲ **地址：**成都市龙泉驿区车城西五路龙泉驿区敬老养老中心旁，与成都后花园三圣乡荷塘月色一路之隔

玩，才是最正经的生活态度

和很多朋友说起成都的时候，他们会第一时间想到火锅。麻辣鲜香的火锅，是对慢节奏，以及轻歌曼舞悠闲生活的补足，让南方的成都具备北方的豪爽，激情和冲劲。

这是一座无辣不欢的城市，“辣”是形式，“欢”才是他们的重点。

成都人很感性，直接又洒脱，总是有种“玩”的态度，其实却是深谙生活的快乐之道。与 RAV4 追求快乐而惬意生活品质的取向不谋而合。

你说它只能在城市里驰骋，它却有 20.7 度的接近角、17.7 度的离去角、500 毫米涉水深度，专业的越野底盘和四驱锁定功能，偏偏用专业的数据证明自己的野外越野能力；你说它是性价比高的越野车，它却更注重你的驾驶舒适，各种智能系统保证驾驶的酣畅淋漓。

它好像并不是一款独有所长的车，却“玩”心很重地集各类优点于一身，这就是 RAV4 的态度，谁说“玩”就是不专业了？

在最后一天的收官仪式中，不仅有全程车友和贵阳车友参加，同时一汽丰田相关领导也参加了活动。

2016 年 5 月 11 日成都一汽丰田越野基地汇集各方英豪。四川普拉多车友会，当地经销店报名参加活动的车主以及“一路闯天下”全程车队车主，大家欢聚一堂。与此同时，“一路闯天下”第二条线“烽火传古城”将来这里举办隆重的发车仪式。

在越野基地，各位车友也纷纷踊跃试车，挑战各个科目后都对 RAV4 的表现赞不绝口。

参观四川一汽丰田生产车间

这次活动中，不仅让所有车友品尝和观赏到最具当地特色的美食、美景
同时还安排所有车友以及四川普拉多车友会的车友们参观四川一汽丰田生产车间

在这里所有车友可以近距离接触和感受一汽丰田的 **企业文化**

精湛的**生产工艺**

四川一汽丰田汽车有限公司成立于 1998 年，是丰田汽车公司在中国的第一个整车合资项目，先进的制造工艺、标准化的质量体系一直为人称道。2010 年，从成华区搬迁至经济技术开发区，目前生产车型为 COASTER 柯斯达、PRADO 普拉多 4.0L 以及最新的 PRADO 普拉多 2.7L。

关于 质量

秉承了日本丰田对产品质量的严谨态度和精益求精的精神，成都工厂生产各个环节的工艺及制造标准均采用国际化的标准，保证制造出来的每一辆车都质量过硬。

一辆 PRADO 普拉多 2.7L 国产车型要经过冲压加工、焊接组装、车身涂装、在总装线上搭载发动机、座椅等最终经过一系列的严格测试，一辆被认可的 PRADO 普拉多 2.7L 国产车型才算走完自己的诞生之旅。

城市速览 成都 CHENG DU

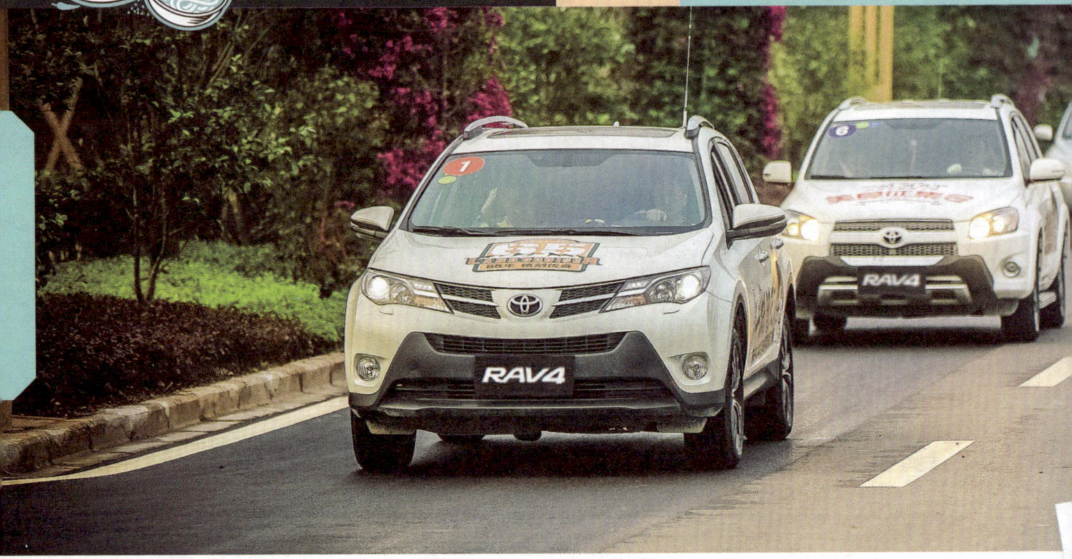

地理气候特征

▲ 成都平原是岷江的冲积平原，平均海拔 500 多米。这里不仅沃野千里，而且地理地貌类型丰富。距离成都西行几十公里，便是海拔 5000 米的邛崃山脉，龙门山脉，大雪山山脉。5·12 地震的中心位置汶川，就在成都市都江堰的西部 70 多公里处，近在咫尺。成都四季分明，冬天阴冷而潮湿，容易形成冻疮。夏天湿度大，比较闷热。春秋则是成都的旅游黄金季节。成都还是 318 国道进入西藏的自驾游起点。

自然景观

▲ 三圣乡荷塘月色、三圣乡白鹭湾湿地公园、浣花溪公园、龙泉山桃花故里、都江堰青城山、大邑县西岭雪山、彭州市龙门山风景区。

人文景观

▲ 大慈寺、武侯祠、杜甫草堂、金沙遗址、三星堆遗址、大熊猫基地宽窄巷子、锦里、文翁石室、锦江剧场、四川省博物馆、都江堰水利工程。

古镇一览

▲ 双流黄龙溪古镇、龙泉驿洛带古镇、崇州市元通古镇、崇州市街子古镇、浦江县西来古镇、邛崃市平乐古镇、大邑县安仁古镇、双流彭镇。

美食集中营

▲ **玉林美食一条街**

推荐餐厅：王妈手撕烤兔、玉林串串香。

▲ **羊西线一品天下美食一条街**

推荐餐厅：红杏酒楼、大蓉和。

▲ **科华北路美食一条街**

推荐餐厅：老成都公馆菜、祖母的厨房。

▲ **武侯祠美食一条街**

推荐餐厅：锦里小吃街、钦善斋药膳馆。

▲ **华兴正街美食一条街**

推荐餐厅：盘飧市、龙抄手。

▲ **龙抄手**

推荐餐厅：春熙路步行街联升巷店

（028-86666606）

华兴正街店

（028-86851009）

浣花北路店

（028-87326868）

▲ **小谭豆花**

推荐餐厅：西大街店

（028-86252753）

华兴正街店

（盘飧市对门）

▲ **夫妻肺片**

推荐餐厅：总府路 23 号

（028-86736508）

▲ **赖汤圆**

推荐餐厅：总府路 27 号

（028-86629976）

▲ **盘飧市**

推荐餐厅：华兴正街

（028-86750609）

▲ **五厨火锅**

推荐餐厅：武侯区长城西一路 151 号

（028-65259959）

▲ **上席国菜馆窄巷子店**

推荐餐厅：青羊区窄巷子 38 号院

（028-86699115）

酒店任你挑

▲ **春熙路商圈、武侯祠商圈**

推荐理由：交通便利、购物吃饭都方

便，属于较为繁华热闹的地段，能感受成都的人文和夜景。

时尚购物

▲ 春熙路步行一条街、春熙路 IFS 广场、大慈寺太古里时尚广场。

茶馆

▲ 大慈寺禅茶堂、人民公园鹤鸣茶社、百花潭公园露天茶园、宽窄巷子茶坊、支矶石街茶坊。

酒吧

▲ 九眼桥丝管路酒吧一条街

推荐酒吧：隔壁子

推荐理由：因为范冰冰在这里拍摄过《观音山》而声名远扬。

电话：028-85433111

▲ 水津街酒吧一条街

推荐酒吧：兰桂坊 fix 酒吧

推荐理由：文艺而高端，小白领的天堂帅哥靓妹的打望点。

电话：028-67866633

▲ 音乐房子

推荐理由：成都非常老的酒吧，张靓颖曾经的驻唱酒吧，现在依然是成都最有实力唱将的驻唱地。

地址：玉林南路玉林生活广场三楼

电话：028-85558569

外埠车辆 Attention!

▲ 成都三环路与二环路之间形成一个封闭的环形限行区间。周一限行尾号 1 和 6；周二限行尾号 2 和 7；周三 3 和 8；周四 4 和 9；周五 5 和 0。以上限行时间为 7:30~20:00。

加油站

▲ 中国石油加油站

地址：成都一环路东三段（祥和里）

电话：028-84397255，84330659

▲ 中国石油武侯加油站

地址：成都一环路西一段

电话：028-85063806，85052088

玩转成都 为您推荐③日行程

Day1

▲ 傍晚自驾到达成都

推荐酒店：春熙路区域的酒店

▲ 晚餐时间

推荐餐厅：华兴正街盘飧市

推荐理由：店名来自杜甫诗句“盘飧市远无兼味”。盘飧市创建于1925年，其卤菜是成都美食的顶级代表。卤菜的美味来自于商家秘而不宣的香料搭配。盘飧市的卤鸭软糯，香料的搭配醇厚绵长，具有很强的穿透力。樟茶鸭作为中华美食，一度是成都卤汁鸭的代表。

▲ 时尚购物

琳琅的奢侈品，以及地道的成都美女，在春熙路的IFS广场和大慈寺太古里广场的华灯中摇曳着夺目的光彩。太古里的方所书店还是小资们的场所。春熙路IFS广场的7楼正是美食家们饕餮的时刻。IFS和太古里是成都最顶级奢侈品云集的综合商业体。

▲ 川剧夜场

推荐剧场：华兴正街的锦江剧院

推荐理由：川剧《芙蓉国粹》，川剧技法滚灯，变脸，矮子功表演。凭票在隔壁的悦来茶馆免费品尝正宗的四川盖碗茶。剧院内还有一个成都川剧博物馆。变脸是川剧所独有的舞台技艺，刘德华曾拜师于川剧大师彭登怀，一位顶级的变脸艺术家可以变出14种不同的脸谱，需要高超的手法和十年磨一剑的辛劳。

参观须知：028-66112699，每晚20:00夜场，票价150元。

Day2

▲ 大慈寺

推荐理由：唐玄奘与其兄弟于622年在大慈寺剃度出家。安史之乱，唐玄宗李隆基逃难至此，为大慈寺敕书匾额。唐武宗灭佛，因为玄宗御赐匾额，大慈寺得以躲过一劫。新罗国王子曾在此出家修行。大慈寺最鼎盛时曾占据了成都东城的一半面积，僧人过万。当时僧人寝舍有专门的一条街叫做和尚街，因修建太古里商圈拆毁了。大慈寺曾经是国内各路画师的聚集地。有六七十位大家在这里绘制壁画千余幅，苏东坡观后称其“精妙冠世”。

如何到达：酒店步行至大慈寺。

▲ 大慈寺禅茶堂

推荐理由：大慈寺禅茶堂与唐朝茶艺并无关联。唐朝饮茶方式在黄姚古镇篇有详细介绍。大慈寺禅茶多为绿茶，四川的这类绿茶均产自海拔500~800米的成都平原与西部山脉接壤的丘陵地带，如雅安名山的蒙顶山，成都邛崃的南宝山等。四川绿茶也是国内诸多顶级绿茶的原茶产地。听晨钟暮鼓，品盏中乾坤。大慈寺位于成都最核心商圈的中心位置，有大隐于市的从容不迫。他非常像上海的静安寺。

电话：028-86658341

▲ 午餐时间

推荐餐厅：龙抄手中华老字号

推荐理由：创建于1941年的悦来场，就是现在的锦江剧场。创始人张光武在取名的时候借用了悦来浓花茶园的“浓”字谐音。抄手又叫馄饨，龙抄手选用的是特级面粉，加入私家秘籍配料，将面皮擀至可透光亮，细腻滑嫩的肉馅从外面可以直视。龙抄手熬制的高汤加入青翠的葱花，使这道美食达到了色香味感官的至极。

如何到达：春熙路步行街联升巷龙抄手。

▲ 宽窄巷子

推荐理由：成都历史的篇章是从秦朝张仪修筑少城开始。成都一大一小两座城的格局一直延续了2000多年，少小同义，所以成都第一次建设城市的那个小的城池就被称作“少城”。康熙平定准噶尔叛乱后，从西藏回撤的八旗兵丁驻扎在了少城，并在此基础上修筑了满城。少城八旗兵最多的时候可达两万人，家属有数万之众。满清规制森严，满族官兵是不允许出城经商的，每年的少城公园（人民公园）是春秋比武大会的地方，八旗官兵根据比武成绩领取皇粮。宽窄巷子翻新打造后，引入了一大批文化人，使商业中的文化气氛更为浓厚。比如著名诗人翟永明的白夜酒吧（028-86695671）。与宽窄巷子平行的是支矶石街的茶坊和井巷子的咖啡馆，把成都的慢生活渲染得无以复加，让成都人成为一种城市理想生活的标杆。推荐碎蝶咖啡小坐和蜀绣蜀锦采购。

如何到达：从总府路公交站乘坐58路车至金河宾馆下车。

RAV4

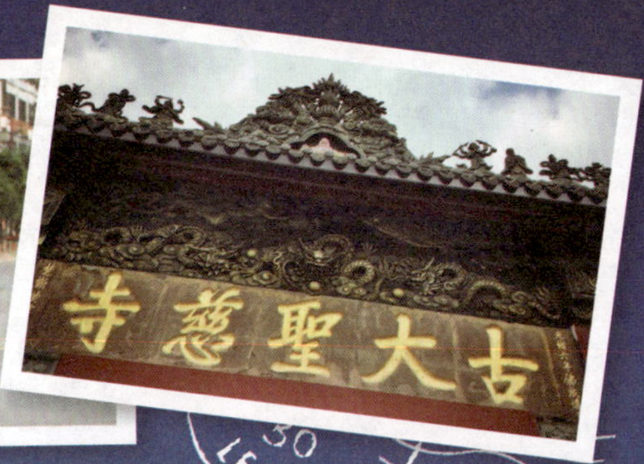
古大聖慈寺

▲ 鹤鸣茶社

推荐理由：文豪沙汀说："没有茶馆就不叫生活"。茶馆在四川人生活中不仅是市井习俗，还承载了很多的社会功能。茶馆是四川人是非评理的地方。当遇到纠纷，茶馆内则成为一个民间公众"法庭"，双方摆明各自立场，德高望重者从中调停。人声鼎沸中，你可以还享受一次掏耳朵的服务。

▲ 保路运动纪念碑

推荐理由：清政府将商办的川汉铁路收归国有并转卖给英法财团，引发屠杀成都保路民众的血案。清军调兵镇压，导致武昌空虚，为辛亥革命的武昌起义创造了条件。

如何到达：步行至人民公园（少城公园）。

▲ 文翁石室

推荐理由：文翁石室原址现在是成都一所著名中学——石室中学。从公元前 141 年建造至今的 2000 多年校址从未变动。创建者是西汉的蜀郡太守文翁，学校最初的名字叫做"石室精舍"。

如何到达：步行至文翁路。

▲ 四川省博物馆

推荐理由：1942 年张大千赴敦煌莫高窟千佛洞临摹壁画，并成为第一位给莫高窟壁画整理编号者。两年半后张大千带回了巨幅的莫高窟壁画摹本展出，为抢救敦煌壁画做出了杰出贡献。四川省博物馆张大千馆保存的壁画摹本都是尺幅巨大的摹本精品。敦煌之行，为张大千日后形成"金碧青绿"山水技法打下了坚实的基础。

▲ 杜甫草堂

推荐理由：杜甫为躲避安史之乱迁居成都，并在浣花溪畔搭建茅舍称作"成都草堂"。在此居住的四年是杜甫文学创作的高峰期，《闻官军收河南河北》、《茅屋为秋风所破歌》等名篇均出自这个时期。"窗含西岭千秋雪，门泊东吴万里船"就是草堂生活环境的写照。草堂匾额为清果亲王所书，杜甫的青铜雕塑是雕塑家刘开渠先生的作品。

如何到达：乘坐出租车至青华路。

参观须知：周一闭关，9:00~16:00 放票，出示身份证参观免费。

▲ 浣花溪公园

推荐理由：杜甫草堂是浣花溪公园的一部分，成都市内规模最大的城市森林公园。公园人工修建了适合飞禽生活的湿地环境，流水缠绕，万木葱茏，公园内的诗歌长廊，记载了 300 多位古今诗人的作品，是成都市民休闲吐纳，晨练聚会的好去处。

▲ 青羊宫

推荐理由：我国道家重点宫观。观中青羊特征奇特，鼠耳，牛鼻，虎爪，兔嘴，为十二动物特征集合。大年初一抚摸青羊可消百病。老子出函谷关留下《道德经》，并许诺在青羊肆讲解道义，这是青羊宫的第一由来。唐僖宗入川避难，入住青羊肆，因护驾有功，青羊肆更名为青羊宫。青羊宫与大邑县的鹤鸣山，都江堰的青城山，留下诸多道教发源于四川的重要史证。青羊宫最有价值的是一部《道藏》经典，是目前世界上保存最为完整的版本。《道藏》是道教经典及其相关书籍的百科全书，它包含周秦以下道家子书及六朝以来的道教经典。中国最早的《道藏》是编著于唐朝的《开元道藏》。

如何到达：从浣花溪公园可步行一站地至青羊宫。

参观须知：028-87766584/7710035，门票 10 元。

▲ 晚餐时间

推荐餐厅：五厨火锅

推荐理由：五厨创始人是一位与歌手刀郎闯荡歌坛的摇滚前辈，其祖上为川菜名厨。成都桂王桥一带曾经云集了各路军阀豪门的公馆。二战中，逃难至四川的达官贵人也将自己的饮食文化引入，并以相互攀比私家厨艺为能事。公馆菜便是五厨文化的最早出处。四川美食文化渊源可追溯至苏东坡、张大千，文化人引导饮食文化在成都的巴国布衣和五厨火锅彰显得尤为突出。五厨在上海已开了两个分店，其菜品原材料挑选之苛刻，制作程序之精到，十分罕见，价格中等。

电话：028-65259959。

如何到达：打车前往董家湾长城西一路《五厨火锅》。

Day3

▲ 成都大熊猫繁育研究基地

推荐理由：熊猫基地饲养有 100 多只大熊猫，基地模拟建设了适合大熊猫野外生存栖息的环境，是一座典型的熊猫生态公园。每天的早上 9:30 以前是大熊猫早餐时间，你可以看到他们憨态可掬的进食场景。如果运气，你还可以看到刚出生尚在培养箱中的熊猫宝宝。特别提示，这里的小熊猫（另一物种）是野外散养的，这些小家伙一点也不怕人。他们会大摇大摆在你的身边走来走去。

行驶距离：15 公里。

自驾线路：新鸿路—杉板桥—十里店路—成华大道—龙潭立交左转进入东三环二段—蜀龙路—熊猫大道。

参观须知：028-83510033，门票 58 元，7:30~18:00 开放。

▲ 广汉三星堆博物馆

推荐理由：三星堆的发掘将巴蜀历史推进到 5000 年前，证明了在中原文明的同时甚至更早就存在一个高度文明的文化中心。印证了古代文献中对巴蜀国记载的真实性。三星堆发掘的青铜制品，与黄河流域文明的青铜器在形制，风格上大相径庭。人物脸谱的造型也与中原人相去甚远。青铜脸谱印证了蜀国“蚕丛纵目”的历史说法。他们更像是古羌族人。历史学家认为，由于北方游牧民族的侵扰，古羌族人南迁，从四川西部的凉山，到云南西部的大理丽江，直至红河地区，相当数量的少数民族都是古羌族人的后裔。国宝级文物：金杖，青铜立人，青铜神树，青铜纵目面具，青铜太阳轮。

自驾线路：熊猫基地—三星堆 40 公里—城北高速—京昆高速—广汉收费站下高速—中山大道—向新路—西安路。

参观须知：德阳市广汉市西安路 133 号，0838-5500349，门票 80 元，8:30~18:00 开放。

▲ 夜游锦里

推荐理由：成都别称“蓉城“、“锦官城“或“锦城”。成都的养蚕业发达，西汉时期的织锦就名闻天下。锦里号称巴蜀最古老的商业街，历史可以追溯到秦朝。在唐朝李商隐《筹笔驿》中就有：“他年锦里经祠庙，梁父吟成恨有余”。锦里 2005 年被评为中国十大城市商业步行街，与北京王府井，武汉江汉路齐名，被誉为“成都的清明上河图”。锦里很接地气，是采购成都特产的首选地：蚕丝被、张飞牛肉、织锦丝绸。夜游锦里的主要内容是小吃，三大炮、肥肠粉、凉面、豆花，再转个糖饼，捏个泥人，剪个剪纸。

自驾线路：三星堆博物馆—武侯祠大街—锦里。

参观须知：免费全天开放。

此去经年，不舍旧梦，不忘初心

西起成都，东至上海，浩浩荡荡的一汽丰田 RAV4 车队再次穿越历史。从成都出发往东行驶，这一路不仅体验了美食美景，还遇到了各种路况，但更值得说一说的还是 RAV4 车队里的故事。

这个车队是一个玩家聚集的集体，这个队伍有太多的资深自驾游玩家。老杨在 1990 年就在古格王朝穿越进出。一号车的程教授是第一批 RAV4 的中国用户，他的 RAV4 至今还在使用，已经 15 年了。我们在优酷网搜索“RAV4 崇州坦克基地”，有一段程教授驾驶第一代 RAV4 飞身跃上陡坡的视频，那个视频是我们迄今见过的 RAV4 最令人不可思议的越野经历。车队的赵阳是数次带领 RAV4 车队进入西藏大北线的领队，2015 年他率领的 20 车 RAV4 队伍越过藏北的色林措北岸，到达了苯教发源地当惹雍措。

RAV4 荣放论坛 > 【一汽 RAV4 成都—上海】不畏浮云遮望眼，神思飞越去远方　　点击：6143 | 回复：343

苍山微雪 V

楼主

精华：2 贴
帖子：4 贴 | 223 回
来自：四川 内江
爱车：认证 RAV4 荣放

发表于 2016-4-30 20:34:33

【一汽 RAV4 成都—上海】不畏浮云遮望眼，神思飞越去远方

何谓“旅行”？旅行不仅是一次出行，旅行也不仅是去不同的地方，见识不同的文化与风景。旅行是心灵与外界的对话，是看清自己在这个世界上位置的一场经历。它让我们找准了在渺小与尊严之间的坐标，也让我们在见天地、见众生之后，终于发现了自己。从这个意义上讲，最好的旅行是：独自上路！

“一路闯天下”车队第二段：成都——上海的主题是“烽火传古城”。这是一个很有想象和象征意味的主题。在古代，烽火意味着战争的消息。而在现代，它可能是一个点燃激情的想法，也可能是个连接古代与现代文化传承的一种方式。不论怎样，我们已经在路上……

成都西线自驾线路

成都—都江堰—卧龙—四姑娘山—丹巴—康定—周公山—峨眉山—乐山—成都

全程路况

▲ 此线路仅适合 SUV 及越野车通行。映秀卧龙路段，海螺沟路段路况很差。

穿衣提示

▲ 巴郎山，四姑娘山景区，海螺沟景区夏天夜间温度仅为 5℃，需穿羽绒服保暖。

自驾线路

▲ **Day1**

成都—成灌高速—都江堰水利工程（世界最早的水利灌溉工程，至今仍在发挥重要作用）—青城山（道教发祥地之一，道教圣山）—住青城山镇。

▲ **Day2**

青城山镇—G213 在映秀镇向西转 S303—卧龙镇（大熊猫自然保护区）—巴郎山(著名的巴郎山云海)—四姑娘山（四川西部著名的高山，幺妹峰攀登难度五颗星）—长坪沟风景区。

▲ **Day3**

四姑娘山—小金—S211 丹巴（梭坡古碉楼，甲居藏寨，美人谷，墨尔多神山。嘉绒藏族的聚居地）。

▲ **Day4**

丹巴—S215 八美（东方的瑞士）—塔公草原塔公寺（雅拉雪山，塔公寺释迦摩尼等身金像）—新都桥（摄影家的天堂）—G318 康定（二道桥温泉）。

▲ **Day5**

康定—雅家梗—海螺沟冰川（世界距离大都市最近的冰川，燕子沟风景区，雅家梗红石滩）—S211 石棉—G5 京昆高速雅安市—周公山温泉。

▲ **Day6**

这条线路是川西最美的一段自驾公路

雅安周公山—雅赵路—洪雅县瓦屋山（道教认为是中国最大气场所在，可远眺峨眉山金顶）—瓦屋山镇—洪瓦路—赵河乡—峨洪路—高庙镇—七里坪—峨眉山风景区。

▲ **Day7**

峨眉山风景区（佛教普贤菩萨道场，佛教四大名山之一）。

▲ **Day8**

峨眉山—S44—G93—乐山市乐山大佛（乘船游览世界最大的石刻大佛）。

▲ **Day9**

乐山—G93—夹江千佛岩（秦朝古栈道，摩崖石刻）—眉山三苏祠（苏东坡故里）—彭山—X062—双流黄龙溪古镇—双黄路—成都。

尤争朝

爱卡汽车贵州分会版主，2012 年度国家旅游局全国十佳自驾游达人，贵州省无线电委员会副秘书长，高级摄影师，自由作家，户外运动爱好者，雪山攀登爱好者。

走进成都与走进江南一样，需要轻手轻脚。这个慵懒的城市血液里隐藏着很深的铮铮铁骨。从望江楼下的薛涛诗词，到草堂的茅屋为秋风所破歌，成都的闲适与愤世嫉俗同样浓烈。

成都人聪明，洒脱干练，肯奉献，懂享受。他们会从烟熏火燎的火锅店逃出来，然后在鹤鸣茶庄的椅子上打一个小盹，回到家里写出一首唯美动情的现代派诗歌。

成都东线自驾线路

成都—安岳佛教石刻群—大足—武隆仙女山—龚滩古镇—北碚区—阆中—成都

全程路况

▲ 此线路大部分路段为高速公路与省道，路况良好，轿车可以通行。

自驾线路

▲ Day1

成都—成渝高速资阳转遂资眉高速至乐至—安岳—安岳佛教石刻群圆觉洞、华严洞、千佛寨、卧佛院、毗卢洞（东方维纳斯紫竹观音，精美的唐宋佛教石刻群，多达10万尊）。

▲ Day2

安岳—成安渝高速至大足（可与中国四大石窟媲美，宝顶石刻、北山石刻列入世界遗产名录，唐宋摩崖石刻精品）。

▲ Day3

重庆市大足—成渝高速—G65重庆市南川区—重庆市武隆县（武隆天坑，芙蓉江芙蓉洞）—武隆仙女山。

▲ Day4

武隆仙女山—彭水—乌江十里画廊—龚滩古镇。

▲ Day5

龚滩古镇—重庆市彭水—重庆市涪陵区—涪陵白涛镇816地下核工程（世界最大的人工洞体，对外开放）—北碚区（北碚温泉）。

▲ Day6

重庆北碚区—合川钓鱼城（蒙古大汗蒙哥折戟处，世界历史由此改变）—四川南充—四川阆中（中国保存最完整的四大古城之一，唐袁天罡最推崇的风水宝地）。

▲ Day7

阆中—升钟水库—梓潼县—七曲山大庙（求学考试必去）—G5京昆高速—成都。

成都北线自驾线路

成都—剑门关—唐家河风景区—广元千佛崖—汉中

自驾线路

▲ Day1

成都春熙路—G5京昆高速—剑门关景区（从北进入四川的最后一道大门）—剑阁县城。

▲ Day2

剑阁县城—唐家河风景区—G5京昆高速广元市昭化古镇—广元市千佛崖风景区—青木川风景区—汉中。

2016/5/11-5/22

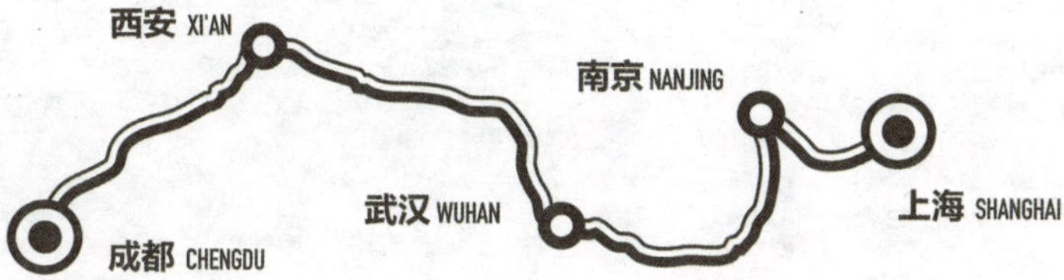

烽火传古城
演绎古韵情怀

为探索古城文化的神秘，我们翻山越岭，一路勇闯。
读懂一座古城，就像看一本书，
浑然置身在历史的瞬间，从时间的褶皱里品读沧伤和喜悦。
与古城执手相牵，演绎古韵情怀！
路漫漫其修远兮，相伴求索古城韵味。

成都到上海的旅程，是巴蜀到浦东的穿越，是传统与文明的传承！途径西安、武汉、景德镇、婺源、南京、苏州，尽览沿途风光，品味从传统文化到现代文明的变幻。

咸阳北站
石桥立交
市第二人民医院东郊分院
金旭大道
廉租住房
化纤小区东区
渭城区人民法院
林场村
渭河大桥
西安清水庄园
陕西国防工业技术学院
西安交通大学城市学院
清水园温泉度假村
绘锦创业园
经开医院
职工医院
绘锦园
大普工业园
长安大学
长安大学医院
朱宏路立交
农场2号中心小区
西安机动车驾驶培训学校
郑西客运专线
兴隆宾馆
吴高墙村
高中村
东席村
后所寨村
感业寺小学
汉长安城横门遗址
六村堡立交
八兴滩村
渔王村
棉花庄
北营村
八家村
前刘
二府营村
西坡村
杜家村
南关村
社马
西安路正机动车驾驶员培训学校
直城门桥
相家巷村
袁家堡村
通达宾馆
曹家堡村
中宫亭
桐鑫源水族生活馆
山猫户外运动联盟
周家堡
黄家寨站
西安小镇
火烧寨村
西贺村
八家滩村
建章桥
铁锁村
黄家庄
施家寨村
窦寨
北玉丰村
西安市第五十中学
汉长安城遗址
夹城堡村
南徐寨村
1号线
陕西师范大学奥林匹克花园学校
西柏梁村
东柏梁村
西安美都艺术博物馆
汉都医院
南仁义庄
孙围墙村
柯家寨
大刘寨村
讲武殿小学
西唐寨村
朱宏桥
户家口
张家庄
迎宾宾馆
北沙口村
后围寨立交桥
李下壕村
李上壕村
蝴耳刘立交
南庄
沣赵村
三家庄
七渠村
西安医药科技学校
艺蕾双语幼儿园
东南马寨
西叶寨村
汽车博览中心
三桥立交
大兴立交
西北国棉七化工城
陕西师范大学
西安大兴医院
方欣·风情餐街
新农村
黄堆坊村
陕西金穗国际汽车学院
武警医院
荣辰商业街
西安西站
星火立交
闫十小学
小苏村
西苏村
高窑村
西安市第五十一中学
西安冶金医院
华亿商业街
中航工业西安医院
城西客运站
开远门
王家庄
李家庄
中隆寨村
西郊纺织医院
开远门桥
西开职工医院
劳动路
跃进村
丁家寨
天翼新商务酒店
莲湖协和医院
人民医院
南庙庄
和平村
阿房宫立交
和平工业园
西安生物医药学院
石桥立交
3507家属院
金光门桥
金光门
西京口腔
金汇宾馆
5号线
周吴村
西安工业大学南校区
和平工业园南区
北堡子
落水村
南沣镐村
下泉村
上泉村
岳旗寨村
鱼化工业园
鱼化桥
3号线
陕西信息工业技术学院
汽车工程学院
日化医院
健桥医院
西北大学现代学院
桃园桥
西安机电科技学院
西北化工城
铁路高架桥
南丰村
双旗寨小学
西安外事学院
唐都医院
本北武术学院
花园德立小学分院
辛白店
国家光电子基地
西安职业技术学院
王家寨
漳浒桥
北白家庄
北常村
常白庄村
西曹村
东曹村
小白店
梦白店村
新丰村
西安市第三十一中学
同济医院
省第三人民医院
太平庄村
新常庄村
阳光宾馆
宋家寨
镐京中学
刘旗寨
西太平庄
东太平庄
西漳浒寨
老烟庄小学
先锋小学
水晶岛酒店
科技七路
三桥欧洲街
荣辰商业街
衰其寨
万村
白家巷
丈八立交
黄沙岭
科技八路
齐家曹村
杨家庄村
五星村
鑫源宾馆
南湖村
天意宾馆
西安高新技术产业开发区
南寨子
袁旗寨
河池寨立交
下店村
咸阳国际机场张村希望小学
里花水立交
西高新立交
木塔寺桥
北沈家桥小学
石匣口村
西安市第六十一中学

西安
北苑桥
吕小寨立交
红旗厂高架桥
北辰立交
依水新居小区
泰灞桥
王家庄
王家围墙
杏园立交
上双寨村
兰家村
西安国际港务区展示馆
国际港务区
新寺村
陆旗营
谢一村
谢二村
谢王桥
谢王立交
骏马村
贺韶西村
潘罗村
新农村
张法寺
高寨村
教义庄
熊家湾村
许王村
雾庄立交桥
雾庄西村
定安堡
许家庄
吕家堡村
新兴村
张家庄
段家庄
下桥村
3号线
文景百货商店
凤城八路
凤城五路
行政中心
张家堡新区
未央路
百花村
余家寨
大明宫桥
辛家庙立交桥
辛家庙
三星电子
安邸立交
北牛寺村
灞桥站
官厅立交
西安世园公园
西安世园艺博览会
海景北部湾2期
永城路
绿地香树花城
未央区教育局
未央工商局
大明宫
大明宫国家遗址公园
含元殿
太元路
东元桥
西安东站
华清路立交
新兴·康景园商业步行街
十里铺骨科医院
西安站
省政府
新城区
长乐桥
长乐坡
长乐坡小区
西安半坡博物馆
半坡立交
半坡
灞桥区
1号线
香王立交
石家道村
苏家营村
纺织城立交
穆将王立交
向阳沟小学
神峪寺沟村
和家沟
北殿村
三殿桥
南殿村
互助路桥
咸宁桥
兴庆宫公园
兴庆桥
太乙立交
雁塔立交
雁塔区
马腾空桥
雁翔桥
曲江桥
曲江立交
五典坡村
西安植物园
毛泽东散览馆
时新工业园
5号线
曲江国际会展中心
会展中心
长安立交桥
高新商业步行街
长安路
牛角尖村
南江村
赵庄村
古沟村
北大康村
南寨村
江村
灞桥高桥小学
浐河小区
西安市第四人民医院
方家村立交
东渠村
西渠村
田王立交
北程村
曹堡村
安家村
香王村
马家村

RAV4 与 西安

XI 'AN

三秦大地物华天宝，人杰地灵。关中是中华文明的发祥地，也是中国最为璀璨历史的书写地。先秦雍城，始皇咸阳，汉唐长安，一脉相承，生生不息。北山汉九陵唐十八陵，掩埋着中国的文明密钥，临潼秦陵兵马俑把中国的精气神浓缩成银河星汉。关中大地，你要阅读的不是寺庙，陵墓，碑志，馆藏，是这个国家最涓涓细流的文化积淀，以及他在世界文明长河中的洪钟大吕。所以来到西安，我们每一个人都应该用一颗虔诚和谦卑的心态，用心感受，接受滋润。

一汽丰田西安越野基地

▲ **地址：**西安咸阳市秦都区西兰路北上召汽车产业园东 300 米（农家院）

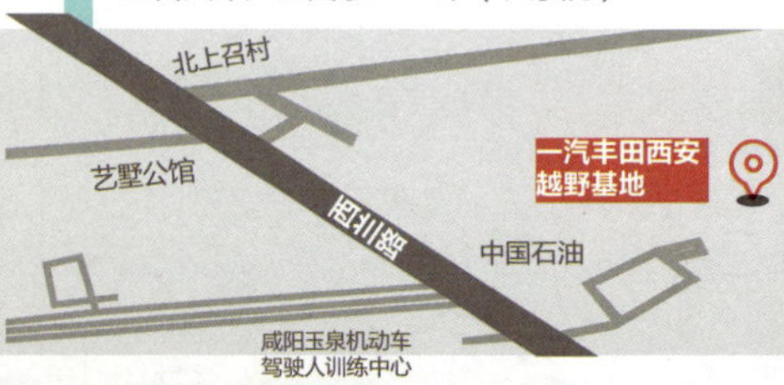

越野，是需要传承的

西安是我国首批历史文化名城，更是世界四大古都之一。曾经作为中国首都和政治、经济、文化中心长达1100多年，不仅是旅游胜地，更是我国文明的发源地。

西安民风淳朴，注重文化传承，在历史不断的更迭中，仍能够将文明传承下来，留下属于自己的民族特色、地方特色。

对于传承，RAV4也一直秉承着这种精神。虽然不是硬派越野车，但RAV4仍然继承了“同门兄长”普拉多和兰德酷路泽的“越野基因”，依靠20.7度的接近角、17.7度的离去角和500毫米涉水深度，RAV4在陡坡、崎岖野地及涉水科目中均有不错的表现；同时，凭借低速下的四驱锁定功能，RAV4也完全能应付“交叉轴”等复杂路况。虽然定位为城市SUV，但越野能力依旧是RAV4值得一提的亮点。

西安市境内海拔高度差异悬殊位居全国各城市之冠，城市周边也常有不平的道路，RAV4专业的底盘和四驱完全能够驾驭西安城市的复杂道路，平常去郊区自驾游也是游刃有余。

西安越野基地联谊会

在西安站联谊会上，成都 RAV4 车友与西安 RAV4 车友欢聚一堂，互相交流用车之道与心得。在整个联谊会上不仅有美食品尝，还有一汽丰田西安越野基地特别准备的试乘试驾活动。广大车友更直接体验了 RAV4 的越野性能。

在**试驾**环节中

很多老款 RAV4 车主是第一次试驾现款 RAV4，试驾后对它赞赏有加。作为城市 SUV 的鼻祖，RAV4 在各方面的表现都相当出色。外观比老款更显年轻，彰显自由，活力；同时，在动力上十分给“力”，2.5L 自然吸气双 VVT-i 发动机搭载 6AT 变速箱，为车辆的动态性能提供稳定支撑，纵使面对泥泞等复杂路况，起步和加速的感觉也能顺畅自如；它的 4WD 系统，采用了**动态扭矩**分配控制

实现了良好的操控性能

RAV4 最大 500mm 的涉水深度

无论是面对城市道路还是复杂的越野路况

RAV4 都能**应对自如**

城市速览 西安

XI 'AN

地理气候特征

▲ 陕西的北部是黄土高原，那里是中国水土流失最为严重的地区。关中平原从宝鸡、咸阳至西安、临潼，为渭河所滋养，是陕西秦岭以北最风调雨顺的宝地。

▲ 秦岭是中国南北地理与气候的分水岭。汉中平原是川陕历来的缓冲地带，三国故事出产最多的地方。

▲ 陕西的气候有三个显著的区域划分：黄土高原少雨干旱冬季寒冷；关中平原四季分明，冬季有雪；汉中平原属于典型的亚洲带季风气候，雨水丰沛，河流密布，草木茂盛。

路况提示

▲ 秦岭虽然高速公路全线贯通，但依然是中国自驾游危险系数最高的地区。终南山隧道群、秦岭隧道群是中国高速公路隧道最为密集的地方。所以秦岭自驾，特别是秦岭山区的驾驶，需要特别小心。

自然景观

▲ 华山风景区、洋县朱鹮国家自然保护区、佛坪国家级自然保护区及熊猫谷、皇冠镇朝阳沟川金丝猴栖息地、终南山隐居地、黄河壶口瀑布、骊山森林公园、华清池景区、观楼台国家森林公园、秦岭太白山风景区。

人文景观

▲ 关中八景

华岳仙掌、雁塔晨钟、骊山晚照、太白积雪、曲江流饮、灞柳风雪、草堂烟雾、咸阳古渡。

▲ 陵墓

秦始皇陵及兵马俑、汉武帝茂陵、唐太宗昭陵、唐高宗武则天乾陵、唐睿宗桥陵。

▲ 博物馆

陕西省历史博物馆、西安市博物馆(小雁塔)、碑林博物馆、大明宫国家遗址博物馆、宝鸡青铜器博物馆、宝鸡民俗博物馆、含光门遗址博物馆、汉中博物馆（古汉台）。

▲ 寺祠

大雁塔（大慈恩寺）、法门寺、罔极寺、勉县武侯祠。

▲ 历史遗迹

楼观台、草堂寺、秦岭古栈道、西安钟鼓楼、西安古城墙永宁门、回坊。

▲ 民俗

凤翔县六营村泥塑、宝鸡社火、秦腔易俗大剧场、高家大院皮影戏、户县农民画、大雁塔民俗大观园大秦腔。

美食集中营

▲ 贾三灌汤清真包子馆

推荐理由：鲜牛骨髓原汤做出的灌汤包子，西安名头最响的小吃。

（湘子庙 55 号 029-68893666）

（回民街北院门 93 号
029-87257507）

▲ **老孙家饭店**

推荐理由：著名的“中华老字号”，创建于 1898 年。羊肉泡馍百年老店，羊肉泡馍“天下第一碗”。

（东大街端履门十字路口咿呀 BOX 时尚购物广场中心 5 楼
029-87214438）

▲ **魏家凉皮**

招牌菜：秘制凉皮

（碑林区大南街 3 号 029-87239211）

▲ **西安饭庄**

推荐理由：创建于 1929 年。中华老字号，陕西省非物质文化遗产，以弘扬陕西菜为己任，是陕西菜的最经典餐馆。

（东大街 298 号　029-87680880）

▲ **秦豫肉夹馍**

推荐理由：号称西安最好吃的肉夹馍，每天只卖一锅，一般下午 13:00 前就打烊收工。

（东木头市街 19 号）

▲ **子午路张记肉夹馍**

推荐理由：西安肉夹馍名店，游览完陕西省历史博物馆午餐的第一选择。

（翠华路 227 号，大雁塔小学附近）

▲ **回文人家回坊大牌档（北院门店）**

推荐理由：北院门回民街口碑极好的一家店，红柳烤肉、羊蹄、回文肉夹馍是特色菜。

（北院门二府街　029-87211466）

▲ **老碗**

推荐理由：专营陕西菜的一家馆子，陕味干烧鲤鱼、老碗三合一面、葫芦鸡是招牌菜。

（湘子庙街　029-87242253）

酒店任你挑

▲ **大雁塔北广场附近酒店**

推荐理由：距离大雁塔和陕西省历史博物馆一步之遥，周边美食丰富。

▲ **西安钟楼湘子庙街附近酒店**

推荐理由：距离回坊，古城墙近，与贾三灌汤包子店在一条街上。

外埠车辆 Attention!

▲ 西安没有外地车辆限行政策，但西安机动车保有量已经突破 250 万辆，近年城市正处于地铁建设的高峰期，城市拥堵十分严重。

玩转西安 为您推荐③日行程

Day1

▲ 傍晚自驾到达西安

推荐酒店：如家快捷酒店（西安钟鼓楼湘子庙店）

▲ 晚餐时间 北院门回民街美食街

推荐餐厅：北院门孙家老铺羊肉饼、老白家泡馍、平娃烤肉店、贾三清真灌汤包子店、回文人家回坊大牌档。

如何到达：酒店步行 5 分钟至钟鼓楼和北院门回民美食街。

▲ 采购特产

北院门回民街工艺品店：华县手工皮影、凤翔泥塑、西羊市石榴柿饼大枣。

▲ 回坊

推荐理由：从北院门到大麦市街的这一带是乾隆年间御批的回民居住地。唐代“坊”的城市原生态规划，在回坊可以领略。走进回坊，能够切身感受唐朝的长安。李唐王朝的皇室属于鲜卑族，所以在民族政策上相当包容，心态开放。我们见到的唐代壁画服饰与汉宋大有差别，保守内敛的汉民族，到了唐代着装暴露，以胖为美，就是这个原因。他们与西域及中亚来往密切，如安禄山，其实是亚历山大名字的音译。回坊大小学习巷的来由，是因为唐代“顺应民俗，保全部落”的政策，大量的西域人口移民进入长安，开始学习汉族礼仪习俗，因此得名。大学习巷清真寺是西安最早的清真寺，为唐代尉迟敬德监制，明郑和主持重修。

▲ 钟鼓楼

推荐理由：钟鼓楼位于西安古城内的最中央位置，初建于明洪武年。鼓楼的高度超过天安门 1 米，是中国目前最大的鼓楼。钟楼上的景云钟为仿制，这口唐代大钟原物在碑林博物馆内。晨钟暮鼓，文武盛地，当西安华灯初上时，钟鼓楼流光溢彩，飞檐在灯光的映衬下犹如飞翔的翅膀，渲染着蓬勃向上的气场。所以我们推荐在北院门回民街游玩就餐后，再夜游钟鼓楼。古时晨钟报晓，夜间击鼓报时。敲击一声是一更，夜间报时 5 次。钟鼓也代表文武之道，古代战争擂鼓助阵，鸣金收兵。所以，鼓代表的是武，钟代表的是文。鼓楼的“文武之道”四个字雄浑磅礴，为明万历巡抚赵可怀书写。

参观须知：钟鼓楼登楼游览联票 50 元，029-87288397，8:30~21:00 开放。

▲ 高家大院夜赏皮影戏

推荐理由：钟鼓楼游览后再回北院门。高家大院门匾上书“榜眼及第”，高家七代为官，且在明清出过两位榜眼（殿试第二名）。祖上高岳崧是江苏镇江人，明崇祯年间曾中榜眼。高家大院就是他从崇祯帝那里受赐的。在都市的核心位置，能完整保存历时 400 年的明代建筑实属罕见。高家大院的“大风唐”古戏台每晚的民俗表演还原了古代官宦人家堂会，皮影戏《三打白骨精》很受小朋友喜欢。皮影戏的国际正式称呼是“华剧”，因其起源于汉文帝时期的华县。它是中国最早的有故事情节的戏剧表演，也是第一个由人声配音的活动影画艺术，因此皮影戏被认为是世界电影鼻祖。在《清明上河图》中就已经有皮影戏的描绘，而对皮影戏最早的文字记载见于《汉书》记载的关于汉武帝思念李夫人，从而造就了皮影戏的历史。

参观须知：北院门 144 号，门票 15 元，皮影戏 15 元，9:00~22:00 开放。

Day2

▲ 含光门遗址博物馆

推荐理由：西安地名最早的出处是明代大将徐达在此设立的西安府。现在的西安古城仅仅是隋唐鼎盛时期西安古城的皇城部分。盛唐时期的长安城面积是现在西安古城的 7 倍。西安古城墙是目前世界上保存最为完整的规模最大的古代城墙。城墙上宽 15 米，可以并行 4 辆小车。每年的 11 月的第一个周末，会举办西安古城墙马拉松比赛。这可能是世界上最为别致的马拉松比赛了。含光门是明代的城墙大门，从中发掘出了唐代的城门遗址。遗址显示晚唐的城门设计规划是，中间门道达官贵人行走，使用率低，遗址几乎没有发现维修的痕迹。两侧门道平民百姓行走，维修频繁，门道上还保留着车辙。门道的过梁，柱础都保存完好。西厅展出的是古城墙的横切面，展示了从隋唐至元明，城墙的演变过程。博物馆的镇馆之宝是：隋唐的过水涵洞遗址。它是城市下水网管系统的一部分，可以看出隋唐时期长安城的城市排水系统就已经相当发达完善了。含光门内还设有鸿胪寺，是唐代管理外使朝觐，诸藩朝贡，外来进京人员管理接待的地方。

如何到达：酒店步行至含光门遗址博物馆。

参观须知：029-87272792，与古城墙联票 40 元，8:00~22:00 旺季开放，8:00~20:00 淡季开放。

▲ 永宁门

推荐理由：永宁门建于隋朝，是西安古城墙的正南门，也是城门中使用时间最长的一个。南面属火，为避火灾永宁门是轻易不会开启的，这也成为西安的城市常识。2016 年的春节联欢晚会最大的一个分会场就设在西安的永宁门的瓮城。

如何到达：从含光门遗址博物馆登古城墙步行至永宁门。

▲ 碑林博物馆

推荐理由：碑林始建于北宋，有 900 年历史。博物馆由三部分组成：文庙，碑林展区，石刻展区。入东门，过泮池，进入碑林景区。古礼天子之学宫叫“辟雍”，诸侯之学叫“泮宫”，缺东，所以泮池是一个半圆。《石台孝经》是碑林的第一块迎客碑，为唐玄宗李隆基隶书书写并作注的孔子《孝经》，唐肃宗题写碑额。《孝经》一侧即是名闻遐迩的“景云钟”，春节联欢晚会除夕的新年钟声，就出自景云钟。钟身有唐睿宗李旦书写的骈体铭文 292 字，以宣扬道教教义。国宝《圣教序碑》又称“三绝碑”，因唐太宗作序，高宗作记，僧怀仁从内府王羲之墨宝中辑字而成，碑文歌颂的是高僧玄奘。国宝《大秦景教流行中国碑》，记载的是古波斯传教士从西域来到长安，请求唐太宗准许传播基督教聂斯托利教派的经历。碑文虽为波斯传教士撰写，但作者汉语功底十分深厚。颜真卿《多宝塔碑》，《争座位帖》，《家庙碑》，柳公权《玄秘塔碑》，均是少小习字的范本，亲眼得见，三生有幸。石刻展区的精品是《昭陵六骏》，传说为阎立本设计，其中两件真品现存于美国宾夕法尼亚大学博物馆。唐代汉白玉老子塑像神态亲切，面容慈祥，雕刻流畅栩栩如生，是少有的古典写实作品。碑林还出售现场拓制的米芾，黄庭坚拓片。一幅米芾的对联价格 800 元。碑林博物馆外的咸宁学巷到有一家出售碑帖，瓦当，石刻拓片的店铺。其中也有米黄的拓片作品，价格低廉。碑林西侧的书院门因为卖碑帖和古玩形成的一条步行街，西安的拓片在这里应有尽有。

如何到达：从永宁门城墙步行至文昌门，下城墙至碑林博物馆。

参观须知：三学街 15 号，029-87210764，门票 75 元，8:00~17:30 售票。

▲ 午餐时间

推荐餐厅：秦豫肉夹馍

如何到达：步行至东木头市

▲ 小雁塔（西安博物院）

推荐理由：小雁塔是为存放高僧义净从天竺带回的经卷而建，小雁塔所在地是荐福寺的一部分。小雁塔钟楼内有一金代古钟，僧人会定时清晨鸣钟，悦耳的钟声在古长安城中飘荡，十里可闻。这就是著名的雁塔晨钟—“关中八景之一”。小雁塔还是武科举人金榜题名的地方。

参观须知：友谊西路 72 号，029-87889170，西安博物院及小雁塔门票免费，登塔 30 元。

▲ 荐福寺

推荐理由：荐福寺曾经是隋炀帝和唐中宗的潜邸，就是皇帝登基前的居所。唐高宗驾崩百日，武则天敕令修建为高宗祈福，武则天亲自书写了“敕赐荐福寺”寺额。义净高僧曾在此翻译 32 部佛教经典，荐福寺因此成为当时的国家三大译经场之一。唐代的三大译经场分别是：玄奘译经的法相宗祖庭大慈恩寺；善无畏，不空，金刚智译经的密宗祖庭大兴善寺；义净译经的荐福寺（小雁塔）。如果算上南北朝时期的鸠摩罗什译经的草堂寺。西安地区保存的古代著名译经场应该是四处。

▲ 西安博物院

推荐理由：西安 3000 年城市变迁通过以下三个景点可做全面了解：大明宫遗址公园，含光门遗址博物馆，西安博物院。西安博物院推荐重点游览负一楼的“古都西安”展厅。中央部分是按比例 1：1500 制作的唐代长安城的模型。环绕模型的周边布展的是周朝丰镐，秦阿房宫，汉长安，隋唐长

安和明清长安的各朝长安城的城市规模，布局的变化演进。

参观须知：029-85238032，029-87889170，门票免费，9:00~17:30 开放，14:30 停止售票。

▲ 易俗社剧场 秦腔

推荐理由：易俗社是著名的秦腔班子，与莫斯科大剧院和英国皇家大剧院并称为世界艺坛最古老的三大剧社。 陕西同盟会会员孙仁玉等创建于 1912 年。易俗社招收学员从小学教育到戏剧专业深造，一共六年，毕业后发给证书，并提供专业戏曲演出。易俗社在剧目编选上力求寓教于乐，教化民风，其保留剧目是《吕四娘》、《三滴血》、《柜中缘》等。1920 年国民政府教育部奖励易俗社对社会的贡献，鲁迅在西安讲学期间还为易俗社题写匾额“古调独弹“。西安事变当晚，杨虎城邀请蒋介石的随同要员在易俗社看戏，以此为捉蒋争取到了时间。如果想体验西安民俗味更浓，更接地气的秦腔，推荐碑林博物馆东侧的柏树林街的秦腔茶社。

特别提示：易俗社剧场和易俗大剧院临近，但风格内容有较大差别。易俗大剧院是上演 4D 现代剧目秦腔《梦回长安》的地方。易俗社剧场才是我们首推的观赏秦腔剧场。西安当地人把易俗社剧场称作“易俗小剧场”。

参观须知： 西安西一路 258 号，案板街易俗大剧院旁，19:45 开始演出。

Day3

▲ 大明宫国家遗址公园

推荐理由：大明宫国家遗址公园是一处世界级的遗址公园。其发掘投资巨大，抢救遗址规模空前，涉及到的拆迁人数达 10 万之众。目前大明宫已经发掘的遗址不足实际的 1%, 预计大明宫的整个发掘将历时 200 年之久。大明宫在唐代是著名的“三大内”之一，其余为兴庆宫和太极宫。大明宫是唐太宗李世民为高祖李渊修建的夏宫，尚未完成高祖驾崩。后高宗李治扩建并将大唐皇宫搬迁至此，此后的 200 年大明宫一直是唐朝的政治中心。大明宫的面积是北京故宫的 4.5 倍，白金汉宫的 15 倍，面积相当于 500 个足球场。南门的丹凤门大街 176 米宽（当时长安城的最宽街道可以达到 400 米），大明宫是迄今为止世界最为恢弘的皇家宫殿，唐朝之盛通过大明宫可观其一斑。**【含元殿】**千官望长安，万国拜含元。含元殿是正殿，朝会及庆典的场所，称作“外朝”。**【宣政殿】**皇上每天临朝听政的地方，叫做“中朝”。**【紫宸殿】**皇帝召见官员入见的地方，是“内朝”。**【麟德殿】**皇帝举办宴会，观赏歌舞，接见外国使臣的地方。麟德殿的面积是故宫太和殿的三倍，是中国历史上最为复杂的单体建筑。

游览线路：丹凤门为中国历史可考据的最大的一座城门—3D 影片《大明宫传奇》（30 元）了解大明宫的相关史料—含元殿—《晁恒在大明宫》情景剧表演—太液池—宣政殿 —紫宸殿—麟德殿。

自驾线路：湘子庙街—环城南路—环城东路—太华南路—自强东路博物馆停车场，步行至丹凤门售票处。

如何到达：乘坐地铁二号线永宁门站—龙首原站，步行至大明宫遗址售票处。

参观须知：029-82200808，门票 60 元，9:00~18:00 开放，游览时间 3 小时。

▲ 陕西省历史博物馆

推荐理由：陕西省历史博物馆的国宝级馆藏极为丰富，个别馆藏甚至不输国家博物馆。中国最顶级的十大国宝陕西历史博物馆占了两席，为中国故宫以外的第二大博物馆。**【利簋】**在国家博物馆征用之前，利簋一直是陕西博物馆的第一镇馆之宝，现在展出的是复制品。武王伐纣历来无法确认，有 44 种关于时间的不同说法。利簋的出现不仅证实了这一史实的真实性，而且提供了最为明确的时间，也为我国历史纪年提供了非常重要的参照。**【镶金兽首玛瑙杯】**号称价值“半个香港”的玛瑙杯形似牛角，是唐代做工最为精致的一件玉器。其材料是极为罕见的红色玛瑙，如此形制起源于西方，希腊人叫做“来通”。经过考证此物并非舶来品，而是出自唐代中国工匠之手。可见当时的贸易往来已经非常频繁了。**【鎏金舞马衔杯纹银壶】**舞马是世界最早的盛装舞步马。唐玄宗训练舞马用于生日时跪拜献寿。唐代张说的《舞马词》中写到：“屈膝衔杯赴节”。可惜安史之乱玄宗出逃，舞马落入他人之手，被责打而死，由此舞马失传。这件银壶是仿照游牧民族的皮囊水壶而作。**【馆藏国宝】**鸳鸯莲瓣纹金碗、青釉提梁倒注瓷壶、人面鱼纹碗、饕餮纹四足鬲、五祀卫鼎、多友鼎、黑釉油滴碗、三彩载乐驼俑、吕后玉玺。

自驾线路：大明宫太华南路—环城公路—太乙路—西影路—文娱巷—陕西历史博物馆停车场。

如何到达：大明宫—地铁二号线龙首原站—小寨站，步行 5 分钟至陕西省历史博物馆。

参观须知：小寨东路 91 号，029-85254727，如直接购买 20 元大唐珍宝馆门票则无需排队，8:30~19:50 开放， 游览时间 3 小时。

▲ 大慈恩寺 大雁塔

推荐理由：西安城最宏伟的皇家寺院，唐高宗李

海鸥

上海外滩观光隧道副总经理

一只背包、一部电脑、一台相机走天下的旅游文化人。已走了 30 多个国家，祖国 34 个省、自治区、直辖市、特别行政区和 18000 公里的海岸线。《旅游时报》全球文化观察员。

在爱卡汽车网著《行摄世界——海鸥旅游文集》，发表了《海鸥看世界》、《海鸥祖国行》、《海鸥杂谈》等 500 篇游记。

“三进西安，每次都被一股浓浓的历史韵味所感染。首去西安是为“唐乐宫”而去，这台表现唐代“五音八乐”的“唐宫乐舞”至今让我陶醉，是我踏入西安的第一感受。二进西安那一定是冲着兵马俑而来，这座六朝古都每一个地方都有他的故事，每一个地方都充满了历史遗迹，带给我深沉的思考。三到西安专程去拍回民街的，西安的小吃各具特色，绝不比上海少，走在街上边品尝小吃，边欣赏街景文化，在那里可以找到时代侵蚀的痕迹，可以悠然的遐想 ……”

治即位前为母亲文德皇后所建造的寺院。玄奘法师印度取经归来后，出任大慈恩寺首任住持，并创建法相宗。玄奘入寺升座当日，长安城万人空巷，大慈恩寺盛况空前。大雁塔是玄奘向高宗李治提出的建造设想。高宗准允并提出三点建议：石塔改为砖塔，费用从宫中衣物折钱捐建，塔形仿照印度制度。大雁塔立有两碑，太宗李世民的《大唐三藏圣教序》，高宗李治的《述圣教序记》，两块碑均为大书法家褚遂良书写。塔内的吴道子，阎立本绘制的壁画是艺术瑰宝。大雁塔是文科举人中举后金榜题名的地方。九九重阳节雁塔登高眺望是盛唐的一个重要风俗。文人登大雁塔吟诗弄墨，是一雅趣。岑参曾登塔留诗：“塔势如涌出，孤高耸天宫。”我们现在看到的大雁塔其实是两层塔。外塔是明朝修建，塔的内层才是唐塔，也就是说明代为了保护大雁塔，在唐塔的外面又加了一层砖。

如何到达：陕西省历史博物馆步行 5 分钟至大慈恩寺（大雁塔）。

参观须知：029-82485375，门票 50 元，登大雁塔 50 元，9:00~17:00 开放。

▲ 大雁塔音乐喷泉广场

推荐理由：大雁塔广场是亚洲最大的雕塑广场，大雁塔音乐喷泉是世界上最大的变频方阵喷泉。

参观须知：喷泉开放时间 20:30。

▲ 晚餐时间

推荐餐厅：大雁塔广场东秦汉唐天幕广场。天幕广场不仅拥有曾经亚洲最大的 LED 天幕，也是一个美食广场。明辉楼清真餐馆、四川会馆川菜、乐度主题餐厅、美西地西餐厅、黄记煌三汁焖锅。

一路阅天下 趣驾任你游

RAV4 真体验

惊喜，这就是爱 RAV4 的理由

车队从咸阳出发，经过西安北绕城高速进入京昆高速，到达蓝田。
蓝田和元谋都是中国史前遗址的发掘地，中华文明的溯源地。
蓝田至南阳一段会进入商洛山。

车队的正前方是一片蒸腾的雾气，山峦与公路之间是舒展的农田和点缀的农庄，天气并不是很好，但这更是考验 RAV4 的好时机，尽管大雨突至，在 VSC 系统的保驾下， RAV4 安全平稳的行驶在高速湿滑道路上。

在雨中 RAV4 表现得让车友们惊喜：6AT 变速箱，纵使面对泥泞等复杂路况，起步和加速的感觉也能顺畅自如；不得不说的还有它的 4WD 系统，再加上 VSC 系统，为车身稳定性提供了保障，确保湿滑路面您都可以游刃有余地驾驭。看来 RAV4 之所以为我们所喜爱，是因为它的每一步，都能让人意外，它的步伐总能超越我们的预期和想象．这就是每一个 RAV4 车友喜欢它的理由．

S107
Yushan
RAV4

西安西线自驾线路

郑国渠首遗址—唐乾陵—法门寺—周公庙—宝鸡—咸阳

Day1

▲ 郑国渠首遗址

推荐理由：郑国是韩国的一位水利专家，他被派往秦国，向嬴政献上一计，将泾河水引入洛河。此计本来是韩国为消耗秦国力而设计的"疲秦间谍"计划，后来也被嬴政揭穿。但秦国依然采纳了郑国的工程思想。可见嬴政的智慧和胸襟非常人可比。郑国渠长300里，灌溉面积4万顷（相当于现在2.8万顷），使关中一举成为丰饶的米粮仓。

全程路况：90公里，1.5小时。

自驾线路：湘子庙街—丰庆路—昆明路—连霍高速—西咸北环线—G69银百高速—S107—泾阳县王桥乡郑国渠首遗址。

▲ 昭陵博物馆

推荐理由：昭陵是唐太宗李世民与文德皇后的合葬陵墓，陪葬墓108座，是中国帝王陵墓面积最大，陪葬墓最多的一座。有长孙无忌、尉迟敬德、魏征、陈咬金、秦琼、房玄龄等陪葬墓。陵墓工程是唐代工部尚书，著名美术家阎立德和阎立本设计建造。陵墓放弃了过去一贯的形制，按照长安城的宫城，皇城和外廓城形式建造。陵墓中的国宝《昭陵六骏》，雕刻的是六匹伴随太宗征战疆场的爱驹。其中的"飒露紫""拳毛騧"，目前存于美国宾夕法尼亚大学，其余存于碑林博物馆。出土的40多方墓志、60多方碑石，均为国家一级文物。昭陵荟萃了所有初唐书法大家和王公大臣的作品，这使昭陵为我国的三大碑林之一。历代风水学家均认为唐昭陵是中国所有帝王陵墓中风水最好的一处。

全程路况：10公里，20分钟。

自驾线路：郑国渠首遗址—S107—礼泉县烟霞镇—昭陵博物馆。

参观须知：陕西省礼泉县烟霞镇，029-35767009，门票30元，8:30~18:00开放。

▲ 唐乾陵

全程路况：36公里，50分钟。

自驾线路：烟霞镇昭陵—S107—G70福银高速乾县北下高速—G312—S107关中环线—乾陵。

参观须知：乾县城北6公里处，029-35510222。

▲ 午餐时间

招牌菜：乾县四宝

推荐理由：乾陵山脚的农家乐餐馆均有叫卖。这四宝是挂面、锅盔、馇酥和豆腐脑。乾陵修筑的时候，士兵用头盔烤制面饼，这就是锅盔的来历。豆腐脑也是乾陵建筑时的发明。早晨工匠熬制豆浆的时候，不小心将石膏掉入锅内，豆腐脑诞生了。乾县豆腐脑制成后雪白柔嫩 ，形固不散。几乎每一户农家乐的女主人都是乾陵的专业资深讲解员，可以请她们做导游，价格几十元不等。

▲ 乾陵

推荐理由：从乾县西大街经过 S107 关中环线，是一条笔直的正对乾陵的 7 公里道路。这条公路也是乾陵神道的一条延长线，从这开始你就会感受到帝王陵墓的强大气场。乾陵是唐高宗李治和武则天的合葬墓。它的被盗挖历史与陵墓本身一样充满传奇。黄巢的农民起义军的 40 万人在梁山西侧挖出一条深达 40 米的黄巢沟，未能得手。五代耀州刺史温韬挖掘过十几座唐陵，但在乾陵的盗挖中差点被吓死，最后放弃。国民党孙连仲部队用炸药大炮也没能找到乾陵的墓道。1960 年一个农民偶然炸出了乾陵的墓道口。郭沫若是发掘陵墓的最积极支持者，支持他发掘的理由就是武则天的百卷《垂拱集》《金轮集》，以及上官婉儿的手迹等，但周恩来总理始终未能准许。所以乾陵是罕有的从未被盗挖过的皇陵。《述圣记碑》由武则天撰文，唐中宗李显书写，歌颂高宗李治的文治武功。旁边武则天的无字碑则是中国碑志的千古之谜。

▲ 法门寺

推荐理由：法门寺始建于东汉，寺名为唐高祖李渊所赐，北魏的时候称作“阿育王寺”。法门寺是盛唐时期的皇家寺院，高宗曾迎请佛舍利至皇宫供奉。唐武宗灭佛，法门寺将佛指舍利等诸多宝物以密宗的格局安放于地宫，衣物账记碑记载了详细的清单，得以让大量佛家重器免于涂炭。历史上仅见于文史诗词的秘色瓷在这里一并掩藏。合十舍利塔周末会展示佛指舍利真身，法门寺地宫展示的是三枚影骨舍利。**出土圣物及宝藏如下**：释迦牟尼佛指舍利一枚及八重宝函、三枚影骨、16 件失传千年的秘色瓷、双轮十二环锡杖、唐僖宗鎏金茶具、千件唐代宫廷丝织品包括武则天的绣裙服饰、鎏金双峰团花纹镂空银香囊（最早的陀螺仪技术应用）、玳瑁币、伊斯兰琉璃器皿、2.5 万枚唐代货币。

全程路况：40 公里，1 小时。

自驾线路：乾陵—S107 关中环线—法门寺停车场。

参观须知：扶风县城北法门镇，0917-5258890，门票 120 元，9:00~18:00 开放。

▲ 酒店任你挑

推荐酒店：法门寺佛光阁酒店

推荐理由：在法门寺景区内的酒店观光非常方便，而且车票加上导游费还有折扣。

Day2

▲ 岐山北郭村 周公庙

推荐理由：周公 ,名姬旦 ,西周政治家。“周公吐哺，天下归心”说的就是他。《周公解梦》的周公也是他。周公是周文王的第四子 ,周武王的同母弟弟。他先后辅佐武王伐纣灭商，后协助成王治国。他还是中国封建典章礼乐的制定者，儒学的开创者。初唐之前的文庙供奉的都是周公，而孔子等仅为陪祠。唐太宗因玄武门之变与周成王时期的管蔡之乱有难言的近似，遂改文庙为孔庙。

全程路况：行驶 33 公里，50 分钟，周公庙距离北郭村 3 公里。

自驾线路：法门寺—S107—岐山县城—转入 S104—北郭村。

电话：0917-8110075

▲ 午餐时间

招牌菜：岐山臊子面

推荐理由：路过岐山不吃一碗正宗的岐山臊子面如何对得起这声名远扬的美食。八国联军入侵北京慈禧太后西逃中吃过一碗岐山臊子面赞不绝口，赐予面馆“龙凤旗”一面，岐山臊子面因此声名远扬。据说岐山臊子面起于周朝，诀窍在于臊子。黄花木耳和豆腐，海带是底菜，臊子用骨头加汤煮烂，捞出后去骨将肉剁碎。面要细长均匀。岐山臊子面讲究“煎汪”，就要是烫嘴，油要多。出来的效果是臊子鲜香，油汤红润。非常像四川成都的柏合豆腐皮。

▲ 凤翔泥塑 凤翔县六营村

推荐理由：凤翔泥塑被联合国世界儿童组织称为“给孩子们的礼物中最好的一种”。兽类泥塑有老虎、牛、兔子、狗，色彩鲜艳，形态可掬，深受孩子们喜欢。立人泥塑以传说戏剧为题材，如《西游记》《三国演义》等。六营村里家家户户都是泥塑作坊，游客交费可以亲手参与制作。

全程路况：25 公里，40 分钟。

自驾线路：周公庙—S104—周文北路—六营村。

▲ 先秦陵园博物馆

推荐理由：秦统一中国之前叫做先秦，国都就在凤翔的雍城。秦公一号大墓是中国发现的迄今最早的规模最大的“黄肠题凑”椁椁。所谓“黄肠题凑”，就是用柏木开成大的方料，然后码起来作为墓室的四壁。秦汉的黄肠题凑木料大多来自四川或以南地区。东汉后如此大的木料越来越稀缺，遂放弃黄肠题凑的墓葬形式。

全程路况：10 公里，20 分钟。

自驾线路：六营村—S210—先秦陵园博物馆。

电话：0917-7585520

▲ 宝鸡中国青铜博物院

推荐理由：宝鸡之所以成为中国的青铜器之乡，是因为周朝的建都最早就在这里。具体位置在今天扶风与岐山之间一个叫做“周原”的地方。博物院不仅有大量的国宝级青铜器馆藏，还模拟作坊，详细介绍青铜器的制作过程。最近有科学界非常权威的微量元素分析发现，宝鸡的青铜器与中原地区发掘出的青铜器在元素成分构成上区别极大，相反与非洲出土的青铜制品极为近似。这将成为宝鸡青铜器来源又一重大研究课题。**【何尊】**122 个铭文记载的是周成王修造东都洛邑的历史，其中“宅兹中国”，是中国称谓的最早文字记载。**【胡簋】**唯一的西周王器，属周厉王。上面的铭文颠覆了人们对周厉王的暴虐看法。院内石鼓阁可以登高俯瞰整个宝鸡市与渭河。**【石鼓】**唐贞观年发现于陈仓山上，一共十个。每个石鼓上分别刻有四言诗一首，共计十首，718个字，记述的是秦王游猎的故事。其书写字体是一种介于西周金文和秦朝小篆之间的字体，即籀文，又叫大篆。由于刻在形似鼓的石头上，所以叫石鼓文。唐朝对石鼓的保护相当得力，并对石鼓文进行了透彻的研究。石鼓现在收藏于故宫博物院内。石鼓文是中国的九大镇国之宝之一。

全程路况：38 公里，50 分钟。

自驾线路：先秦陵园博物馆—石莲路—三王路—西府大道西段—宝汉高速—G30 连霍高速—金台大道—石鼓隧道—滨河大道—中国青铜博物院。

参观须知：宝鸡市滨河大道，0917-2760916，免费参观。

▲ 宝鸡民俗博物馆

推荐理由：宝鸡民俗主要指：泥塑、社火、年画等民间艺术。**【社火】**社是大地之神，火代表喜庆热闹。社火是民间在每年的正月举行的祈求社神保佑，驱鬼祈福的活动。西安的社火包括：芯子社火、竹马社火、高跷社火、旱船、龙灯、舞狮等。比如芯子社火，打扮成《三国演义》《西游记》中的人物画上脸谱，穿上戏装，被固定在“刀锋”“宝剑上”花车巡游。宝鸡的社火脸谱很有地方特色，值得购买作为礼品。

参观须知：宝鸡市公园南路，0917-3306912，9:00~17:00 开放，免费参观。

▲ 酒店任你挑

推荐酒店：金台大道附近酒店

推荐理由：靠近商圈，停车、购物、吃饭非常方便。

▲ 晚餐时间

推荐餐厅：宝鸡民族饭庄

地址：英达路三号

电话：0917-3531088

推荐餐厅：小六汤包

地址：安居路金九商务楼

电话：0917-3157211

Day3

▲ 咸阳兴平市茂陵博物馆

推荐理由：汉武帝在位期间每年把国家赋税的 1/3 用于茂陵的建设，连续 53 年。汉代帝王都是生前就为自己修建陵墓，所以，汉武帝执政的后期国库空虚不得不修好于匈奴。除了连年战争，茂陵的建设也是一笔巨大的投入。汉代皇陵附近会建有规模巨大的陵邑，就是守陵的城市，达官贵人都以迁入陵邑居住生活为荣耀。当时茂陵的陵邑中就住着司马迁、司马相如、董仲舒等官宦。茂陵陵邑人口最多的时候达到了 27 万人。馆藏“鎏金铜马”是按照汗血宝马打造的，属国宝级文物。

全程路况：140 公里，2 小时。

自驾线路：宝鸡—金台大道—连霍高速—兴平收费站下高速—S104 咸兴路—X104—Y040—茂陵博物馆。

参观须知：咸阳兴平市茂陵村，029-38456140，门票 80 元，8:00~18:00 开放。

▲ 咸阳古渡遗址博物馆

推荐理由：咸阳古渡为秦中第一大渡，闻名几千年，是著名的关中八景之一。渭河是关中东西大道的分界线，往来者需要渡过渭河，然后才能东出函谷关或者向西进入河西走廊，于是这里成为一个重要的交通枢纽。“往来名利之客，络绎不绝。黑鳗赤鲤，沉浮于绿水之中，白鹭青鸟，出没烟波之上。”可以想象当年的世俗繁华。

参观须知：渭阳东路 15 号，029-33268268。

一路闯天下 趣驾任你游

RAV4 真体验

你只要有梦想，其他的交给 RAV4

由于下过雨，路上大多不是很好走，
但这更激起了车队们的驾驶乐趣。
不得不说，RAV4 真的很给力，路上遇见的很多突发情况都一一化解于无形。

和大哥普拉多不同，RAV4 这套四驱系统在良好的铺装路面上动力主要由前轮输出，只有系统检测到前轮有打滑的迹象才会把动力向后轮传输，一定意义上提高了燃油的经济性。而且 RAV4 四驱动力分配系统匹配良好的通过性能，泥泞道路不在话下。

RAV4 的上坡辅助能够轻松越过山丘，良好的四驱抓地力面对碎石路面也是游刃有余。

王维晚年曾经遁世于蓝田的辋川以及终南山，对他来说，他关注的是风月、星空，是出世的心态，而所谓“志在摩诘”，也体现了后世大诗人徐志摩对这种精神的向往。RAV4 选择这条路作为烽火传古城的路段，无意之中灌输了一种超脱的精神：放弃有时就是积极的争取，只不过取舍不同。显然，我们要比徐大诗人幸运，因为我们有 RAV4 的陪伴， 20.7 度接近角、17.7 度离去角以及 177mm 底盘离地间隙，一个个山丘轻松跨过，而且感觉不到强烈的颠簸，乘坐感舒适，真正的带我们“行到水穷处、坐看云起时”。

出发吧！带上憧憬

把其余的交给 RAV4 ！

西安东线自驾线路①

秦兵马俑—秦始皇陵—骊山风景区—华清池—华山

Day1

▲ 秦始皇兵马俑博物馆

推荐理由：兵马俑坑是秦始皇陵墓的陪葬坑，目前发掘出的部分仅为实际兵马俑坑的 1/6。其余 5/6 还深埋地下。兵马俑坑发掘出的三个坑，1 号坑规模最大，有两个足球场面积，是庞大的步兵和战车方队，有 6000 勇士。2 号坑是将军带队的混合作战方队，有跪射俑、骑马俑、立射俑。3 号坑是军队指挥部。兵马俑刚发掘出的几分钟面部色彩与真人十分接近，真实感极强。随后会立即氧化成现在我们看到的样子。秦朝士兵战斗力强，以前一直被认为与商鞅推行的军功爵制有关。但考证得知，商鞅之前就存在着军功爵制，且其他六国也都推行了这个制度。出土的馆藏青铜马车构造之复杂，做工之精湛，令人叹为观止。铜马车构件 3400 多件，总重量 1.23 吨。所有零件均为一次性铸造而成。马车的华盖铸造是最大亮点，其厚薄随幅度而变化，且不同部位厚度不等，一次浇筑成功，非常不易。秦兵马俑的战马没有马鞍，士兵上马均为飞身而上，需要相当的技巧。中国古代战马配备马鞍是东晋才有的。秦俑都没有头盔保护，所以称作“科头锐士”。出土的 19 把青铜宝剑有八个棱面，误差不超过一个头发丝。测试发现剑的表面有铬盐氧化物，这个发现轰动了世界。要知道铬盐处理技术是德国 1937 年才发明的。考古工作者发现一柄被陶俑压弯了 2000 年的宝剑，弯度达到 45 度。当工作人员移开陶俑后，宝剑突然反弹平直。这个“金属记忆合金”竟然出现在秦代真是让人大开眼界。铬的提取十分不易，而且铬的熔点在 4000 度。是什么让当时的秦朝实现这一技术的应用，至今依然是一个谜团。

全程路况：45 公里，1 小时。

自驾线路：湘子庙街—环城南路—咸宁东路—G3001 西安绕城高速—G30 连霍高速—兵马俑专线—秦俑馆公路—兵马俑停车场。

参观须知：西安临潼区秦陵北路，029-81399174，门票 150 元（秦始皇陵墓联票），8:30~17:00 开放。

▲ 秦始皇陵遗址公园

推荐理由：秦始皇陵最全面的介绍是司马迁的《史记》。陵墓占地为 3300 亩。司马迁讲述的陵墓是：穿过三道泉水深埋地下，棺椁的四壁用铜汁浇筑而成，水银模拟出江河，棺椁漂浮其上，地宫穹顶用宝石镶嵌出星河。根据对陵墓的微量元素测试，确定地表的水银含量严重超标，“水银说”似乎成立。要了解秦始皇陵墓的规模，可以通过兵马俑的规模来推算。

参观须知：秦始皇陵墓与兵马俑是联票，可参观完兵马俑坑后乘坐区间摆渡车至秦始皇陵墓。029-83914462。

▲ 骊山风景区 华清池

推荐理由：骊山属于秦岭分支，在广袤的关中平原上骊山犹如一道风水屏障，护卫着秦陵。与骊山相关的历史遗迹有：周幽王戏诸侯的烽火台，玄宗与杨玉环盟誓的长生殿，西安事变的捉蒋亭。骊山晚照是著名的关中八景之一。建议乘坐索道上山，俯瞰华清宫。华清池也名华清宫，西周开始骊山即为皇家夏宫，最早的骊宫据说就是周幽王修建的。华清池是皇室温泉浴池，华清池温泉的最早利用可以追溯到 6000 年前。世界上最早利用温泉灌溉农田，就是从这里开始的。

全程路况：10 公里，20 分钟。

自驾线路：兵马俑停车场—秦唐大道—华清路—华清池景区停车场。

参观须知：临潼区华清路，029-83820601，套票 150 元。

Day2

▲ 华山风景区

推荐理由：华山的山体是一个整体完整的花岗石构造。这个花岗岩石长20公里，宽7公里，高2000米，据说花岗石形成的整体山体，非常罕见。四川宝兴县一座山是整体的汉白玉，解放后仅在毛主席纪念堂建造的时候开挖过一次，其规模远逊于华山。华山是周武王的狩猎场，秦晋诸侯经常为华山的祭祀权诉诸武力，这就是所谓"华山论剑"的历史渊源。

全程路况：100 公里，1.5 小时。

自驾线路：骊山风景区—连霍高速—华岳大道—华山镇。

游览线路：华山线路及门票，套票设计令人眼花缭乱，登山线路也因为徒步与索道、大巴或三者结合而种类繁多，归纳后认为两种方案可行。

▲ 锻炼意志体验真正华山的西线徒步

徒步线路：西山门售票处—千尺幢—百尺峡—在北峰的"华山论剑"处合影—经过擦耳崖—苍龙岭（苍龙岭是华山的标志景观，一条窄窄的山脊，用两根铁链作为攀登的扶手，不足一米的陡峭天梯外侧是绝壁悬崖）—到达金锁关后可以领略关中八景之一的"五岳仙掌"—从西峰乘坐索道下山。

▲ 浅尝辄止的东线徒步

徒步线路：东山门—黄甫峪进山公路大巴—北峰索道—北峰—擦耳崖—苍龙岭—金锁关—西峰索道下山。

参观须知：渭南市华山镇，0913-4361979，门票180 元，西线西峰往返索道 280 元，东线北峰往返索道 150 元。7:00~19:00 开放。

▲ 酒店任你挑

推荐酒店：华山镇集灵路关中风情山庄

推荐理由：这个地方的山庄性价比都很高。院内绿化优美，停车场巨大，是从东门登华山的住宿好选择。

西安东线自驾线路②

商洛山—河南内乡县衙—南阳卧龙岗—南阳知府衙门博物馆

自驾线路

▲ Day1

西安—G40 沪陕高速—商洛山—河南省内乡县衙—河南南阳市。

▲ Day2

河南南阳市—卧龙岗—G40 河南信阳—G4 京港澳高速—武汉。

游览景点

▲ 商洛山

推荐理由：商洛山古往今来一直是非常重要的战略要地，位于陕西关中平原的东部，是陕西的东部唯一屏障。由于商水和洛水经过，而得名。春秋秦孝公将此地（商邑）封赏给了公孙鞅，封地位于现在的商洛市丹凤县古城村，他因此改名商鞅。唐朝王维的《终南别业》写的就是他在商洛山隐居的生活。

▲ 内乡县衙博物馆

推荐理由：北有故宫，南有县衙，说的就是内乡县衙。这是我国保存的封建社会遗留最完整的县衙官署，也是中国的第一座衙门博物馆。

参观须知：内乡县衙东大道，0337-6533488，门票 80 元。

▲ 卧龙岗武侯祠

推荐理由：国内有三个武侯祠，其中一个就在卧龙岗。这是诸葛亮出山前的最后一个隐居处。祠内的 600 幅楹联碑刻是三个武侯祠中最丰富的，岳飞手书《出师表》写得气壮山河，书法功力极深。

参观须知：河南省南阳市卧龙路 766 号，0337-63511299，门票 60 元。

▲ 南阳知府衙门博物馆

推荐理由：南阳知府衙门建于元代，可考历史近 800 年，是我国保存十分完善的知府衙门官署，馆内有关于封建社会地方政府运作以及古代刑罚的详细介绍。

参观须知：南阳市民主路 100 号，0377-63232861，门票 30 元，8:00~18:00 开放。

28. AUG 2003

西安南线自驾线路

楼观台—佛坪熊猫谷—石门古栈道遗址—朝阳沟金丝猴栖息地—户县草堂寺

Day1

▲ 楼观台国家森林公园（说经台、大秦寺塔）

推荐理由：楼观台公园的看点是老子的“说经台”和“大秦寺”。楼观台这个地方据记载是春秋函谷关令尹喜的居住地。他将老子延请至此写下了《道德经》，后老子在此讲经传道。所以，楼观台是道教圣地。在说经台可以西眺著名的“大秦寺”，又叫“景教寺”。国宝《大秦景教流行中国碑》就是在那里发掘的。说经台的唐代《德经》《道经》碑，以及元代状元高文举的《道德经》碑是碑刻珍品。

全程路况：72 公里，1.5 小时。

自驾线路：湘子庙街—含光路—太白南路—西安绕城高速—G5 京昆高速—涝峪口收费站—S107 关中环线—周至县楼观台国家森林公园。

参观须知：029-85180545，门票 45 元，9:00~17:00 开放。

▲ 佛坪熊猫谷

推荐理由：虽号称熊猫谷，但熊猫谷的熊猫寥寥无几。熊猫聚居在秦岭地区佛坪国家级自然保护区凉风垭保护站。除了四川卧龙自然保护区，这里是中国大熊猫分布密度最大，可遇见熊猫几率最高的地方。推荐从熊猫谷徒步一个小时，进入金丝猴大峡谷。金丝猴大峡谷有种群 6 个，60 多只金丝猴。有专人给金丝猴定时投食，时间是：11:30、14:30、17:30。秦岭山脉看金丝猴，我首推的不是这里，而是皇冠镇，后面会涉及。

全程路况：100 公里，2 小时。

自驾线路：楼观台国家森林公园—关中环线—G108—佛坪熊猫谷—洋县朱鹮生态园。

自驾提示： 这条路是从关中平原翻越秦岭的一条景观大道，自驾将穿越周至金丝猴保护区、黑河国家森林公园、观音山大熊猫自然保护区和佛坪熊猫谷，秦岭风光在此得以充分展示。G108 建设后路况很好，但弯道较多。

参观须知：0916-8992044，门票 60 元，8:00~18:00 开放。

▲ 洋县朱鹮生态园

推荐理由：朱鹮被称为鸟中的东方宝石，日本皇室的圣鸟。朱鹮的存世量大大低于熊猫，野生的朱鹮只有 700 只。洋县党河一带的农民为了保护朱鹮，都主动放弃给稻田喷洒农药，因为稻田的鱼和泥鳅是朱鹮的最佳食物。首先推荐在朱鹮生态园周边的田野瞅瞅，或者让当地的农民带你去野外栖息地。如果实在看不到野生朱鹮，就只好买票看生态园的这几只人工喂养的了。

全程路况：126 公里，2.5 小时。

自驾线路：熊猫谷—G108—G5 京昆高速—洋县洋大路—周家坎村朱鹮生态园—洋县。

参观须知：洋县周家坎村附近，0916-8319567，门票 40 元，8:00~19:00 开放。

▲ 蔡伦墓 蔡伦纸博物馆

推荐理由：蔡伦，中国四大发明之一造纸术的发明者。

参观须知：洋县龙亭镇，0916-8442317，门票40元。

Day2

▲ 石门栈道风景区

推荐理由：陕西跨越秦岭进入汉中和巴蜀的栈道主要有四条，褒斜道是其中最便捷的一条。褒斜道是眉县的斜峪口至汉中的褒谷口，全长 400 公里。项羽封刘邦为汉王的时候，刘邦进入汉中后烧掉了子午栈道和褒斜栈道就是想给项羽一个定心丸。后来刘邦明修栈道，就是修的褒斜道，暗渡陈仓走的陈仓道。石门的来历是，修建褒斜道的时候遇到山体阻挡，工匠用火烧山体，然后再泼冷水的办法在山体上挖出一个长 16 米，高宽 4 米的隧道，这就是世界上最早的公路隧道。石门栈道还刻有世界上最早的交通法规，即唐朝的“仪制令”：“贱避贵，少避长，轻避重，去避来。”汉隶代表了中国隶书书法的最巅峰，蔡邕、钟繇等均为隶书之大家。石门栈道的“石门十三品”是指汉唐的石门石刻中的书法神品。王升《石门颂》、曹操“衮雪”、张良“玉盆”，以及中国历史上第一份建设竣工报告《重修山河堰》均藏于汉中博物馆（古汉台）。中国最大的辞典《辞海》封面的“辞海”二字，就是出自《石门颂》。石门栈道风景区按照古法修建了 4 公里的栈道，在褒河边上走走古栈道，吃顿褒河河鲜美味，将十分享受。

全程路况：70 公里，1 小时 20 分钟。

自驾线路：洋县—G5 京昆高速—G7011 十天高速—褒城收费站—G316 石门水库—汉中石门栈道风景区。

参观须知：勉县河东店镇，0916-2294212，

门票 80 元。

▲ 午餐时间

招牌菜：著名的褒河河鲜

推荐理由：河东店镇的石门大道两旁都是褒河河鲜餐馆。褒河的鱼没有腥味，肉质有嚼头，为河鲜中的极品。

▲ 汉中博物馆（古汉台）

推荐理由：古汉台是汉王刘邦的行宫，也是当时汉中的制高点。馆藏有《石门十三品》等汉唐宋碑刻，以及褒斜古栈道沙盘。长安与古蜀国的重要栈道分别是：陈仓道、褒斜道、子午道、米仓道、金牛道。陕西和四川的分界线历史上是以秦岭为界，秦岭以南的汉中平原以及米仓山属于四川。三国时期，汉中是诸葛亮的封地，所以诸葛亮死后就葬在汉中定军山下。黄忠当时镇守汉中，斩魏国大将夏侯渊于定军山。诸葛亮的六出祁山都是以汉中为根据地。祁山是指现在甘肃南部的成县、礼县一带。汉中在语言、生活习俗等方面都更接近四川。汉中其他景点：定军山、武侯祠，拜将坛。

全程路况：17 公里，30 分钟。

自驾线路：石门风景区—G316—天汉大道—东大街—汉中博物馆古汉台。

参观须知：东大街 26 号，0916-2231536，9:00~17:00 开放，免费参观。

▲ 小贴士

钟繇是东汉的著名书法家，他不仅是隶书书法大家，还是小楷的创始人，是中国书体楷书的鼻祖。

▲ 小贴士

连接川陕的古栈道有一条叫子午道，又叫“荔枝道”，因为运送荔枝而得名。四川的涪陵地区有为大唐皇室专门开辟的荔枝园，杨贵妃吃的荔枝就是来自那里。

▲ 酒店任你挑

推荐酒店：芒果酒店

推荐理由：位于汉中市东大街，靠近饮马池美食一条街。

Day3

▲ 宁陕县皇冠镇朝阳沟金丝猴栖息地

推荐理由：金丝猴种群数量 4 个，金丝猴最大群只数 80 只。这里是秦岭山脉观赏金丝猴的绝佳处。投食喂养时金丝猴距离不过 10 米。该栖息地正在建设，估计 2017 年将正式对外开放。

全程路况：175 公里，2.5 小时。

自驾线路：汉中古汉台—G5 京昆高速—宁陕县皇冠镇下高速—X302 旬黄路—朝阳沟金丝猴栖息地。

自驾提示：皇冠镇进入朝阳沟的山路比较崎岖，路面较窄。金丝猴栖息地正在建设中，观赏暂时免费。

参观须知：皇冠镇朝阳沟金丝猴栖息地，投食喂养时间 12:30 和 17:30，免费参观。

▲ 草堂寺

推荐理由：草堂寺是我国最早的国家译经场，盛时译经者多达 3000 人。鸠摩罗什是中国四大佛经翻译家，新疆库车人。前秦苻坚在公元 382 年派大将吕光率 7 万大军出兵迎接鸠摩罗什。淝水之战苻坚惨败被杀，吕光于是在武威建立了后凉，鸠摩罗什就在武威传法 17 年之久。后来后秦国王姚兴战败后凉，将鸠摩罗什迎接至长安。鸠摩罗什翻译的《妙法莲华经》《金刚经》对中国佛教产生了极其深远的影响。他也是三宗论的创立者，草堂寺也就是三宗论的祖庭。草堂烟雾为关中八景之一。

全程路况：100 公里，1.5 小时。

自驾线路：朝阳沟金丝猴栖息地—X302—G5 京昆高速—户县涝峪口收费站—S107 关中环线— 户县草堂营村—草堂寺。

自驾提示：秦岭一号隧道群有众多的电子眼切勿超速。

参观须知：户县草堂营村，029-84953437，门票 25 元，8:00~18:00 开放。

▲ 户县农民画展览馆

全程路况：22 公里，30 分钟。

自驾线路：户县草堂寺—关中环线—户县草堂路—画展路—农民画展览馆。

参观须知：户县画展路 14 号，029-84812871，免费参观。

▲ 户县农民画

推荐理由：1974 年国家邮政局专门为户县农民画出过一套邮票。户县农民画是最有代表性的关中民俗之一。喜欢中国风的可以买来作为家庭局部装饰。

全程路况：43 公里，时间 50 分钟。

自驾线路：户县画展路—西安湘子庙街。

风光万里，庆幸有你

大雨一直从西安下到南阳，20 辆 RAV4 的车队跑得队形不乱，队员们很有纪律。RAV4 就是这样的多变，给我们惊喜，不仅在复杂山路中它穿行的游刃有余，在现代化的都市中它也一样别有风采，年轻运动的风格让它如此拉风。

泥泞中 **RAV4** 英姿飒爽

黑夜中 它犀利的**尾灯造型** 也同样亮眼！

2 天 900 公里的行程

艰辛的路程，RAV4 没有丢下我们任何一个人

不管是在瓢泼大雨中，还是在坑洼泥泞中，始终陪伴着我们

一路有它真好！

金银湖
黄龙港
金银湖湿地公园
黄狮海旅游开发区
黄石海
黄鹤楼科技园
海口电力工业园
东西湖区
东西湖区展览馆
五环大道
吴家山台商投资区
市东西湖区应急救援大队
额头湾立交桥
金银湖医院
竹叶海
小天鹅工业区
市烟草专卖局
省交通厅道路运输管理局
产品质量监督检验所
汉兴都市工业园
江汉经济开发区
汉口站
汉口火车站
天顺园商业街
常码工业园
雄翔工业园
武汉博物馆
希梦莎工业园
武汉工业学院金银湖校区
三金潭立交桥
跃进工业园
姑嫂树立交
市体育局
竹叶海工业园
龙腾服饰工业园
常青立交桥
江岸西站
市审计局
市汉口医院
江汉区
江岸区
市政府
万松都市工业园
青年路服饰工业园
市公安局公共交通分局
汉西站
硚口区
汉正街都市工业区机电园
市硚口区长源工业园
古田二路
古田三路
古田四路
玉峰工业园
汉阳区江北河道堤防管理所
市硚口区水务局
中国地质大学
湖北地质博物馆
武汉科学技术馆
武汉长江隧道
天鸣工业园
米粮山立交桥
米粮山
仙女山
锅顶山
孟家铺立交桥
永丰街磨山创业园
扁担山
永丰街铁桥创业园
张之洞与汉阳铁厂博物馆
武汉船舶职业技术学院
龟山
汉阳站
汉阳火车站
琴台立交桥
汉阳区
省地质环境总站
汉桥中兴集团工业园
三环汽车工业园
省高等级公路管理局
墨水湖
中华奇石馆
区农业局
月湖
武汉长江大桥
长江港监站
武昌
武汉音乐学院
复兴商业街
鹦鹉洲长江大桥
东龙湖
渣滓湖
区水务局
建港医院
武昌华菱工业园
湖北财税职业学院
长江航道工程局管线工程处
长江航运管理局
中国物资储运武昌分局
蔡甸区水产局
水杂湖
三角湖
法国街
东风大道高架桥
江城大道立交
洲际物流园区
北太子湖
黄麻湖
后官湖
三角湖度假村
江汉大学医院
江汉大学
体育中心
科创工业园
国博中心
鹦鹉立交
武昌站
余家湾站
武昌建材工业园
长征工业园
江汉大学武昌校区
武汉市交通科技学院
洪山区水务局
武金河道堤防管理所
青菱立交桥
武昌南站
华源商务广场
中国普天工业园
经济技术开发区东区
出口加工区
鑫科工业园
金湖工业园
成功工业园
万久扬中西医结合医院
永丰医院
张达湖
太子湖
长江
汉江

谌家矶站
红桥集团工业园
武汉忠德心理医院
都市工业区
丹水池站
武汉科技学院汉口校区
市江岸区河道堤防管理所
二七长江大桥
天兴岛度假村
武钢工业港
新集工业园
中国青山海事处
市石化医院
武汉天兴洲长江大桥
武汉工程职业技术学院(工贸校区)
湖北公共学院
青山港
和平大道立交
青山公园
青山环保科技工业园
工人村都市工业区
青山区
和平公园
武汉科技大学
青山汽配城
铁路山
友谊大道立交
武汉站
杨春湖
青山客运站
武汉仁康骨科医院
和平嘉仁医院
杨园劲士工业园区
武汉理工大学余家头校区
紫林饮食街
市新和医院
市武昌医院
武汉市广播电视大学武昌校区
中国铁通铁四院工程勘察院
东湖和平汽车园
仁和路
工业四路
杨春湖
杨春湖路客运中心
青化路立交
武东医院
武汉工程技术学院
武钢职工二医院专科住院部
武钢第二职工医院
武东大桥
武东科技发展工业园
武汉东湖和平医院
武汉科技大学城市学院
市医疗救治中心东湖分院
武汉外语外事职业学院
武昌东站
沈家湖
张公山
武鄂高速
S7
武家湖
红庙立交
罗家港
园林路
铁机路
湖北财经高等专科学校
湖北省荣军医院
东湖楚风园
武汉光明万丽酒店
湖北大学
湖大医院
岳家嘴立交桥
凤凰工业园
东湖牡丹园
东方国济医院
省版权局
湖北省博物馆
省文物总店
省旅游局
武汉大学医学部
省国土资源厅
东湖生态园
团子山
芦洲工业园
武东医院
普仁广惠医院
严西湖
长山
庙山
鼓架山
市地方海事局团湖水上安全监督站
武汉东湖风景区落雁景区
东湖
磨山
磨山景区
东湖樱花园
中国科学院武汉植物园
东湖梅园
湖北方志馆
省政府
首义公园
省直属机关医院
洪山公园
珞珈山
武汉大学医院
风梦山
市东湖医院
武汉大学
武汉大学口腔医学院
中国地质大学
中国地质大学医院
中国地质大学逸夫博物馆
华中科技大学医院
华中科技大学
武汉体育学院
体育学院医院
武汉科技会展中心
马鞍山森林公园
武汉城建学院
磨山环保生态科技园
湖北开放职业学院
武九线
九峰国家森林公园
九峰森林动物园
石门峰名人公园
名人文化公园
东湖新技术开发区
九峰医院
老武黄立交
洪山区
洪山区中医医院
卓刀泉立交桥
老鼠街
虎泉
湖北艺术职业学院
武汉工程大学
光谷广场
世界城光谷步行街
紫松民营科技工业园区
工程大学医院
湖北省肿瘤医院
关山村工业园
湖北经济管理大学
创业光谷步行街
留学生创业园
上下步行街
湖北国家农业科技园创业中心
武汉交通技术学院
关山路立交
南湖
中南民族大学医院
中南民族大学
民族学博物馆
风尚服饰街
武汉职业技术学院
长江融达医院
关南科技工业园
武汉语言文化职业学院
龙王山
省植物保护总站
华中农业大学
华中农业大学医院
中南财经政法大学
中南财经政法大学医院
武汉政务商业街
清水源商业街
奥比特科技工业园
湖北科技职业学院
中国光谷·关南工业园
南湖站
时尚风情街
黄龙山
武黄立交
关豹高速
野芷湖大桥
野芷湖
S8

城市速览 武汉 WU HAN

历史与今天 | WU HAN IS THE WORLD OF FOOD

没有哪个城市能像武汉那样，把几千年的历史与今天浓缩到一个画面中，黄鹤楼做到了。

自战国始，历史上的楚国处处以强者姿态出现，不甘居人后是每个湖北人的潜在品质。

武汉是千岛之都，江汉汇合处，水网密布，路通九州。武汉是中国近代工业文明的摇篮，辛亥革命、二七罢工、国民政府，武汉人具备敢为天下先的勇气。飞架南北的八座长江大桥、南北动脉的京广线、繁忙的长江航运、超级资本打造的楚河汉街，武汉用大手笔打造 21 世纪的“清明山河图”。

一汽丰田武汉越野基地

▲ **地址**：洪山区白沙洲观庭．金色世家旁

▲ **电话**：15572636707

当匠心之作走进工业摇篮

武汉是一座大开大阖的城市，由 166 个湖泊滋养，从江汉合流、三镇鼎立，到九州通衢、八桥飞架，不愧是中国近代工业文明的摇篮。在鸦片战争之后，张之洞从两广总督调任湖广总督，在武汉工作了二十年，他是洋务运动的首领，所以在武汉这二十年让它成为中国近代工业文明的发祥地。当时武汉超越了广州和天津，成为仅次于上海的中国第二个工业重镇，成为“东方的芝加哥”，如今汽车工业已经成为武汉的最重要支柱产业之一。

虽然如今的汽车工业已都是流水线生产，但依然不乏匠心之作，RAV4 就是城市 SUV 的一款匠心之作。作为城市 SUV 的鼻祖，RAV4 历经二十多年的车市变化，始终保持着城市 SUV 风向标的地位，凭借卓越的性能以及过硬的品质得到全球消费者的认可和追捧。

RAV4 的名称来自“Recreational Active Vehiclewith 4-wheel drive”的缩写，意为“四轮驱动的休闲运动车”。其实最初丰田研发 RAV4 的目的很简单，就是希望能有这么一款车型，能比以往的 SUV 车型操控性和经济性要更好，同时相比普通轿车也要有更大的空间及一定的越野性能，在如此初衷的促使下，第一代 RAV4 诞生了。之后的二十多年里，RAV4 始终保持着很高的产品水准，成为城市 SUV 里一款高品质的匠心之作。

一路闯天下武汉站发车

接过西安车队的旗帜，武汉车队一大早从武汉出发，途径景德镇、婺源、宏村文化古镇，最终抵达古都南京

从千岛之城的武汉出发，再到婉约精致的江南

古城依旧 烽火不再

物是人非

岂料世间万物可曾停留，哪容江山千秋片刻疏忽
这是中国人文最悠远绵长的一段，每一步都承载着古昔往事

【我见青山多妩媚 料青山见我亦如是】

这唯美的诗句概括出了这段旅程的美妙

城市速览 武汉 WU HAN

地理气候特征

▲ 湖北的西部是大巴山、秦岭、商洛山和巫山山脉，长江三峡的大部分在湖北境内。西部山高谷深，神农架国家自然保护区依然是中国内地最神秘的地方。长江过荆州入洞庭，进入广阔的江汉平原，使这里成为鱼米之乡。湖北属于南方气候中反差较大的地区。冬天西部山区以及北部大别山地区与北方近似。而武汉三镇的夏天有中国四大火炉的盛名。夏季的江汉平原潮湿而燥热。

路况提示

▲ 湖北自驾主要分东西部两大区域。西部以武当山、神农架和三峡为代表，崇山峻岭路况极为险要。新近打通的沪蓉高速湖北段是中国桥梁隧道最密布的地区，终于结束了湖北西部与重庆万州鸡犬之声相闻，老死不通公路的历史。湖北荆州是夏季长江水位猛增的河段，长江防汛最艰险段就在荆州。武汉地区湖网密布，雨季自驾游应远离河道与低洼地区。

自然景观

▲ 武当山、神农架国家森林公园、东湖、汉阳江滩公园、西陵峡。

人文景观

▲ 世界遗产武当山古建筑群、明显陵。其他有湖北省博物馆、黄鹤楼、晴川阁 、古琴台、三国赤壁遗址、古隆中、荆州古城、襄阳古城、三峡大坝景区 、江汉关、归元寺、张之洞与近代工业博物馆。

美食集中营

▲ 武汉美食街 户部巷

推荐理由：“过早户部巷，宵夜吉庆街”。户部巷是武汉人吃早点的地方，长不过百米的一条小街，汇聚了武汉几乎所有名小吃。蔡记热干面、四季美汤包、老谦记豆丝、多乎斋豆皮、德华酒楼、徐嫂糊汤粉 、李桃烧麦、大中华酒楼、今楚汤包。清代这里曾经与藩台衙门相近所以得名。 户部巷非常类似于成都的锦里，南京的夫子庙和西安的回民街。

▲ 吉庆街

推荐理由：户部巷走的是传统美食的路子，而吉庆街作为宵夜的地方，就是大排档为主了。吉庆街的热度是在夜晚，白天很冷清，晚上 8~9 点是上客的高峰期。除了烤羊排、炖鱼、铁板烧大排档，还有糯米包油条、豆腐脑、锅贴之类的小吃。

▲ 蔡记热干面

推荐理由：武汉美食的标杆， 除了热干面，别忘了来一杯桂花糊米酒，再要一份三鲜豆皮。

（户部巷 027-88841196）

▲ 小桃园瓦罐鸡汤（杨铭宇黄焖鸡米饭）

推荐理由：小桃园是著名的煨汤专家。武汉做月子的据说都以小桃园的鸡汤为烹制标准。

（胜利街 116 号）

▲ 徐嫂糊汤粉

推荐理由：糊汤粉的汤汁是用小鲫鱼熬制的，套餐 8 元。武汉人的“过早”必备，吃的时候都要点一根油条。

（户部巷）

▲ 四季美汤包

推荐理由：创建于 1922 年。最受喜爱的是五彩汤包、蟹黄包、虾仁汤包、香菇汤包、鸡茸汤包和什锦汤包为一笼屉。价格实惠，一笼屉 10 个包子，一般 15 元。最贵的蟹黄汤包 30 元。（户部巷）

▲ **老通城三鲜豆腐皮**

推荐理由：创建于 1931 年。三鲜豆腐皮色泽金黄、口感脆嫩。据说毛泽东品尝过四次，每次都大加赞赏。（户部巷）

▲ **五芳斋汤圆**

推荐理由：五芳斋集“汤圆大王”“粽子大王”“糕团大王”的三王于一身。五芳斋是浙江嘉兴的中华老字号，是嘉兴的城市名片，但因为屈原的原因，粽子与武汉的关系似乎应该更为密切。

（汉口中山大道 723 号）

酒店任你挑

▲ **黄鹤楼中华路附近酒店**

推荐理由：离户部街 200 米，近武汉长江大桥，轮渡夜游长江的好选择。

▲ **江汉路地铁站江滩步行街附近酒店**

推荐理由：距离江汉关钟楼，武汉港码头 200 米。乘坐地铁 2 号线，以及轮渡方便。距离江滩公园、晴川阁、古琴台很近。

时尚购物

▲ **汉正街**

推荐理由：汉正街的历史可以追溯到明代万历年间，是汉口历史最早的一条中心商业街道，号称“天下第一街”。这里是小商品的大市场。

▲ **江汉路步行街**

推荐理由：江汉路曾经是英国租界区，这里汇集了三十年代大量银行洋行建筑遗址，是旧时武汉繁华的缩影。

▲ **楚河汉街**

推荐理由：楚河汉界是武汉的新文化中心和新的城市名片。这里汇集了中外最顶级的 200 个品牌商家入驻。建设有全球唯一的室内电影主题公园。“汉秀剧场”是世界上最顶级的舞台剧演出剧场。

酒吧

▲ **浪漫一生**

地址：江岸区沿江大道江滩 60 号

电话：027-82789041

▲ **VUEBAR**

推荐理由：沿江大道的两家酒吧都位于江滩公园内，长江的晚风吹拂着江滩公园的植被，发出淡淡的芬芳。山川与美景在杯中只是一道霓虹的闪烁，读懂一杯酒和读懂这个喧哗的世界同样重要。

地址：江岸区沿江大道江滩观景楼 2 楼

电话：027-82917777

外埠车辆 Attention!

▲ 武汉长江大桥以及部分城市桥梁对本地及外地车辆实行：单双号对应车牌号尾数限行。收费桥梁指示标示不明显，外地车辆需注意。

加油站

▲ **中国石化积玉桥加油站**

地址：中山路

电话：027-88846190

▲ **中国石油龟山北路加油站**

地址：龟山北路

电话：027-84718526

玩转武汉 为您推荐③日行程

Day 1

▲ **傍晚自驾到达武汉**

推荐酒店：速 8 黄鹤楼中华路码头店

▲ **晚餐时间**

推荐餐厅：户部巷

招牌菜：蔡记热干面、四季美汤包。

如何到达：步行 2 分钟至武汉第一美食街户部巷。

▲ **长江轮渡**

推荐理由：浩浩荡荡的长江在武汉江面开阔，从中华路到武汉关之间的江面可以看到武汉长江大桥、黄鹤楼，以及江对岸的武汉关码头旁的江汉关钟楼。

乘船码头：中华路码头乘坐轮渡至长江对岸武汉关码头。

参观须知：029-88871575，船票价格 5 元，6:30~24:00 开放 。

▲ **江汉关博物馆**

推荐理由：江汉关是内河海关，中国的四大海关之一，它的建造是因为英国单方面宣布从镇江进入中国内河的贸易规则，导致外国商船的内河贸易增大。当时武汉已经是仅次于上海的第二大港口。江汉关按照折衷主义风格建造。这种建筑风格在上世纪 30 年代非常流行。上海的外滩以及哈尔滨的中央大街基本都是这类建筑。江汉关钟楼落成时是武汉的最高建筑，用作瞭望江面和给船只提供旗语导航。钟楼的报时音乐与英国的大笨钟一致，采用的是威斯敏斯特曲。

参观须知：位于武汉关码头，沿江大道 95 号，027-82768112，免费开放。

▲ **江汉路步行街**

推荐理由：江汉路曾经是英国租界。江汉路的建造是围绕着“江汉关”的存在而进行的。江汉路上一共有 13 幢文物级建筑，从沿江大道进入依次是：江汉关大楼、日清银行、日信银行、台湾银行、上海银行、大清银行、中国实业银行、四明银行、中信实业银行。这些银行都是为海关的支付结算设立的。江汉路的上万只灯光把充满历史韵味的古老建筑烘托得生气盎然。

如何到达：步行前往。

▲ **江滩公园**

推荐理由：汉口江滩公园沿着长江边打造，是武汉著名的江景带。夜晚长江两岸灯火摇曳，船只往来，汽笛声声，这个城市尚未入眠。

▲ **“浪漫一生”酒吧**

推荐理由： 音乐让疲惫的内心沸腾起来，再让长江的风吹散心中的尘埃。沿江大道的江堤酒吧是武汉夜生活的奢侈去处。

如何到达：步行前往。

Day2

▲ 早餐时间

推荐餐厅：户部巷“过早”。

招牌菜：徐嫂糊汤粉、油条，最地道的武汉早餐。

如何到达：酒店步行至户部巷。

▲ 黄鹤楼

推荐理由：黄鹤楼与湖南岳阳楼、江西滕王阁并称为中国的三大名楼。黄鹤楼建于三国，是古代的军事瞭望楼。站在楼上可以眺望对岸的龟山，俯瞰武汉长江大桥，以及对岸的汉江与长江的汇合处。蛇山是武汉的制高点。今天的黄鹤楼依然器宇不凡，武汉长江大桥将龟蛇二山飞架相连，中国铁路的南北大动脉京广铁路从黄鹤楼蛇山下飞驰进入长江大桥。黄鹤楼共有5层，最值得一看的是历代黄鹤楼的建筑模型陈列厅。每个朝代各有不同风格。唐崔灏《黄鹤楼》诗句“黄鹤一去不复返，白云千载空悠悠”，让黄鹤楼名声大噪。李白过黄鹤楼写下：“眼前有景道不得，崔灏题诗在上头”，后人因此建造了“搁笔亭”。后李白送孟浩然赴广陵时，写下“故人西辞黄鹤楼，烟花三月下扬州”，应该是有备而来。黄鹤楼与古琴台、晴川阁是武汉的三大名胜。

参观须知：武昌区蛇山西山坡特一号，027-88877330，门票80元，7:30~18:30开放，游览时间2小时。

如何到达：户部巷步行至黄鹤楼，时间5分钟。

▲ 湖北省博物馆

馆藏国宝：越王勾践剑、吴王夫差青铜矛、曾侯乙墓编钟、郧县人头骨化石、元代青花四爱图梅瓶。

馆藏精品：沈周、文征明、仇英、扬州八怪金农、郑板桥作品。元代青花四爱图梅瓶，四爱图即王羲之爱兰、陶渊明爱菊、周敦颐爱莲、林和靖爱梅鹤，是元代青花陶瓷精品。

藏品介绍：【曾侯乙墓编钟】曾国是战国时期的一个小国。这套编钟共有65枚，重2.5吨，加上辅助件，共计5吨。经过测试，它有5个八度音和12个半音，只比现在的钢琴少一个八度。我国发掘的编钟有100多套，但是像曾侯乙墓编钟这样数量众多、音律丰富、音色优美的，仅此一套。当年中国第一颗卫星播放的《东方红》就是这套编钟演奏的。曾侯乙墓编钟的发现震惊了世界，也改写了世界音乐史关于中国的诸多空白。**【越王勾践剑】**勾践是春秋越国国君，姓姒，从姓氏看他应是大禹的后人。这柄剑与吴王夫差的青铜矛一并出土于望山汉墓。据记载，越王勾践有5把绝世宝剑均出自铸剑大师欧冶子之手：胜邪、纯钧、湛卢、鱼肠、巨阙。这把剑采用了1937年才在德国发明的铬盐技术，使得剑身2000年不锈。剑身的菱形花纹既不是铸造的，也不是刻画上的，也没有打磨过的迹象，菱形花纹可以看到但是手触摸感受不到，它和剑的青铜金属部分融为一体，这也是一个谜。该剑的8个鸟篆是郭沫若识别出的，上书：越王鸠浅自作自用。

全程路况：行驶9公里，时间30分钟。

自驾线路：临江大道—中山路—公正路—楚汉路—二环线—黄鹂路—湖北省博物馆。

停车提醒：湖北省博物馆北门停车场。

参观须知：9:00~15:30放票，凭身份证免费参观，游览时间2小时。

▲ 东湖

推荐理由：东湖在让位于武汉汤逊湖之前，一直是国内最大的城市中心湖泊。东湖面积是西湖的六倍。湖区建有樱园、荷园、梅园。其中梅花品种居世界第一，腊梅品种有 100 个，占世界的 90%。东湖的荷花园有 700 个品种，占全世界的 80%。东湖的樱花园与日本弘前、美国华盛顿樱花园并称世界三大赏樱地。毛主席 44 次到此，并写下诗句："东湖暂让西湖好，今后将比西湖强"。东湖历史上与屈原、楚庄王、刘备、李白、均有渊源。

骑行游览：湖北省博物馆所在的东湖叫做听涛景区，建议步行至黄鹂路，租借自行车骑游东湖。听涛景区是免费游览区。

▲ 楚河汉街

推荐理由：楚河汉街是雄厚资本打造的商业娱乐文化精品，楚河汉街的目标是成为世界第一商业步行街。这里有中国最大的万达广场，六星级酒店，以及各种高档奢侈品商店。有世界唯一的室内电影文化公园，世界一流的舞台剧演出剧场"汉秀"，湖北最大的书店"文华书城"，以及中国著名的正刚艺术画廊、杜莎夫人蜡像馆。汉街的设计采用民国建筑风格，青砖道、石库门，穿行其中，俨然"二十一世纪的清明上河图"。

全程路况：行驶 5 公里，时间 20 分钟。

自驾线路：二环线—东湖路—中北路—松竹路—万达广场。

停车提醒：万达广场地下停车场。

▲ 晚餐时间

推荐餐厅：黄记煌三汁焖锅（汉街店）

地址：汉街三街区 1 层

电话：027-88997777

推荐餐厅：香秀馆中餐厅

地址：汉街第一街区 62 号

电话：027-87338088

▲ 武汉汉街万达城 4D 电影

推荐理由：看一部 4D 电影。武汉汉街万达城不仅是万达影院旗下的最大电影城，也是中国目前规模最大，设施最先进的电影城。

地址：汉街万达广场 5 层

电话：027-87713677

Day3

▲ 外埠车辆特别提示

外埠车辆行驶武汉长江大桥极容易因为忽略限制而被罚，所以至汉口一般推荐出租车或者轮渡出行。

▲ 晴川阁

推荐理由：晴川阁位于汉水与长江的交汇处，是著名的三楚胜景之一。晴川阁由晴川楼、禹稷行宫、铁门关三大主体构成。其中禹稷行宫建于南宋。晴川楼明代嘉靖年修造，名字取自唐崔灏"晴川历历汉阳树"之诗句。铁门关是三国时期的军事要塞，为吴魏两国战争而建，唐初汉阳城建城后，铁门关的军事价值消失。

游览线路：黄鹤楼码头轮渡—晴川码头，船票 5 元。

参观须知：汉阳区洗马长街，027-84710413。

▲ 古琴台

推荐理由：古琴台为武汉三大名胜之一。景区内有一汉白玉石台，伯牙抚琴处。台上为北宋襄阳人米芾书写的"琴台"二字。古琴台最早建于宋代，清嘉庆年毕沅重建，毕沅是大清才子、状元、《续资治通鉴》的作者。《列子.汤问》："伯牙善鼓琴，钟子期善听。伯牙鼓琴，志在高山"。钟子期曰："善哉，峨峨兮若泰山"。

如何到达：从晴川阁乘坐出租车前往古琴台。

参观须知：龟山琴台大道，门票 15 元。

▲ 归元寺

推荐理由：清代顺治年创建，取名于《楞严经》中"归元性不二，方便有多门"一句。归元寺的藏经楼收藏的佛教造像来源于敦煌、云岗、龙门、麦积山等，1935 年缅甸赠予归元寺的释迦牟尼佛玉石造像重一吨。清光绪年书写的《金刚经》《心经》共 5400 字，书写于 6 寸纸张上。还有民国武昌僧人用血调和金粉抄写的《华严经》和《法华经》。馆藏珍品中还有王蒙、倪瓒、石涛、董其昌、郑板桥的作品。宋代的拓本《禹迹图》《华夷图》记载的是汉武帝至唐宋的中国版图与历史大事。

如何到达：从古琴台步行至归元寺，距离 1.5 公里。

参观须知：汉阳区归元寺路，027-84841434，门票 40 元，8:00~17:00 开放。

▲ 张之洞与近代工业博物馆

推荐理由：当地人又叫"张之洞与汉阳铁厂博物馆"，修建于汉阳铁厂的旧址上。汉阳是中国近代工业文明的摇篮。满清洋务运动向西方学习先进的工业技术，武汉是当时的楷模。张之洞任湖广总督期间在武汉创办湖北铁路局、湖北枪炮局（著名的汉阳造）、大冶铁矿。其中汉阳铁厂是当时亚洲第一的钢铁联合企业，被视为中国觉醒的标志。博物馆内有日本人拍摄的《武汉三镇风光》影展、卢森堡援建专家拍摄的《武汉百年民风》影展、《张之洞在湖北》画展。馆藏珍品还有一段汉阳铁厂生产于 1914 年的铁轨。了解张之洞与洋务运动，对认识武汉很有帮助。缺少张之洞，武汉的历史是不全面的，有了对武汉近代工业史的了解，才知道武汉的历史地位。

如何到达：乘坐出租车前往，距离 3 公里。

参观须知：琴台大道 169 号（钢材市场南区），027-84582013。

▲ 黎黄陂路街头博物馆

推荐理由：这条路的建造者黎元洪总统是黄陂人，所以这里就叫做黎黄陂路。这是一条精致的小街，17 处欧式建筑昭示着曾经俄租界的过往，以及东方芝加哥的辉煌。华俄道胜银行、俄国巡捕房、基督教信义大楼、美国海军青年会、顺丰洋行、万国医院，一个名副其实的街头博物馆。与之相邻的兰陵路还保存着老武汉的味道。

如何到达：【乘坐公交 801 路】琴台大道龙灯堤站—中山大道合作路口站—步行至黎黄陂路。**【乘坐出租车】**琴台大道张之洞博物馆—黎黄陂路，8 公里。

▲ 晚餐时间

推荐餐厅：莲池厨房

推荐理由：小资情调的私厨西餐，美女老板和菜品的颜值都很高，不想被打扰的首选幽静就餐地。

地址：沿江大道 162 号，宋庆龄故居旁。

王维忠

西安大风车队创始人，超级精英汽车场地越野联赛创始人
西安大风汽摩运动有限公司总经理

"我注重旅途的感受，切身的体验以及自我的超越，喜欢去一般人到不了的地方，喜欢探索未知的领域，10 年越野生涯，将自己的工作与生活融为了一体，将陕西民间越野打造成为具有国内高水准的品牌赛事。让更多的人喜欢上越野，这是我毕生追求的标。每年从陕西回老家福建，都会在武汉住上一晚，20 年来，每次一进武汉，感觉家乡就不远了。武汉，这个九省通衢的城市，独特的地理位置赋予了这里的一切更多的包容性，无论什么，看起来都那么的接地气，车水马龙的市井中，不经意间会发现法式的小洋楼，从近代到现代，融入了过往的人群中。这里的美食成为了南北分界的过渡带，北方的厚重与南方的汤水，在湖北菜中都发挥得淋漓尽致。

武汉西线自驾线路

武汉—襄阳—武当山—重庆巫山神女峰—三峡大坝风景区—荆州

Day1 武汉 320km 4.5h 襄阳市

▲ 自驾线路

武汉和平大道—武汉长江二桥—武汉大道—S1 岱黄高速—G70 福银高速—G4213 麻安高速—G55 二广高速—襄阳市。

▲ 襄阳古城

推荐理由：襄阳自古是兵家必争之地，因为它是陕西关中平原和武汉江汉平原的一个中间地带。春秋战国秦楚两国均为军事力量最为强大的国家，秦国越过商洛山后的第一个军事要塞就是襄阳。历史上襄阳最惨烈的战争是与蒙古大军长达六年的拉锯战。张献忠和李自成在襄阳有过数次与明朝军队的恶战。襄阳是一座易守难攻的城市，三国时期几乎所有进攻襄阳的大战全部以进攻方失败告终。孙坚进攻襄阳而亡，关羽进攻襄阳败走麦城而亡。因此有“铁打的襄阳”的说法。

▲ 襄阳城墙

推荐理由：推荐襄阳古城墙的“夫人城”。南北朝时期前秦的苻坚（就是淝水之战风声鹤唳的那位，也是他派七万大军迎接鸠摩罗什）攻打襄阳。东晋守城朱序的母亲韩夫人发现城墙西北角最薄弱，就组织城内的妇女家眷在城墙内又修了一道内城墙。后西北角果然被攻破，韩夫人的第二道内城墙挡住了苻坚大军。临汉门出去就是汉江，这里曾经是蒙古大军激战的地方。襄阳古城北面的汉江是天然的屏障，其余三面的护城河宽 180 米，是世界上最宽的护城河。

参观须知：城区北街 128 号，门票 55 元，8:00~22:00 开放。

▲ 晚餐时间

推荐餐厅：到俺家吃石爆鱼

地址：沿江大道与汉江路交叉路口

电话：0710-3770699

▲ 酒店任你挑

推荐酒店：襄阳人民广场附近酒店

推荐理由：城市中心，酒店、饭馆有很多的选择。

▲ 其他景点

【米公祠】建于元代，是纪念北宋书法家米芾的祠堂，内有苏黄米蔡四大书家的碑刻。**【古隆中】**诸葛孔明隐居之所，刘备三顾茅庐之处。**【襄阳博物馆】**襄阳古城内。

Day2 襄阳市 140km 1.5h 武当山

▲ 武当山

推荐理由：道教始于东汉四川大邑鹤鸣山的五斗米教，兴于汉中的张鲁。老子尊为道教先圣是唐高祖李渊开始的，所以武当山的建筑，从唐一直延续至明从未间断。明永乐帝朱棣是一位心气很高的帝王，迁都北京建造故宫，修建长城，编《永乐大典》，派遣郑和下西洋，还有一件大事就是在武当山大兴土木。**【金顶金殿】**位于武当山绝顶天柱峰处，是我国最大的鎏金铜铸大殿，建于永乐年间。金殿用铜 20 吨，黄金 30 公斤。金殿奇观是每逢雷电金殿四周会出现雷暴火球，但不会伤及金殿。这个奇观被叫做“火炼金殿”。**【紫霄宫】**建于北宋，曾为贺龙红军三军团的司令部，是武当山最完整的古建筑群，为武当山八大宫殿之首。明代只有皇帝能进紫霄宫，这里是皇家道场。张纪中的《倚天屠龙记》的很多外景都是在紫霄宫拍摄的。**【逍遥谷】**有武术表演，前两排有茶座，4 人收费 110 元。**【太子坡古建筑群】**建于明代永乐。其建筑有四大绝："一里四道门""一柱十二梁""九曲黄河墙""十里桂花香"。其中"一柱十二梁"堪称中国建筑的绝无仅有。

自驾线路：襄阳—人民西路—卧龙大道—邓城大道—二广高速—G70 福银高速武当山出口—武当山风景区大门售票处。

游览线路：车停景区售票处外停车场—观光车至琼台—琼台索道至太和宫—步行至金顶金殿—步行至乌鸦岭—乌鸦岭观光车至紫霄宫—逍遥谷品茶观武术表演—太子坡—太子坡观光车至景区售票处停车场。预计游览时间 5 小时。

参观须知：武当山风景区及古建筑群，0719-5665396，含观光车票240元，索道票上山单程90元。

小插曲：中国最俗不可耐的圣旨居然是永乐皇帝朱棣为武当山签发的。朱棣了解武当山工程进度后，发了一道圣旨内容简洁明了："快干，快干，快点干，干完了早回家歇着。钦此！"晕死宝宝了，这是圣旨吗？

Day3

武当山 190km 4h → 神农顶

▲ 神农顶风景区

推荐理由：提到神农架几乎所有的人都会联想到"神农架野人"，以为荒山险峻林密幽暗，其实这里是一个打造得十分精致而安全的景区。神农顶风景区的面积很大，著名的有神农顶和大九湖，需要分别开车前往。神农顶海拔 3000 米，号称华中的脊梁。大九湖是著名的高山湖泊，与大九湖近在咫尺的是非常著名的重庆市巫溪县兰英大峡谷。两个省的著名景区相距不过 10 公里，但至今不通公路。可见神农架地区的地质结构的复杂。

自驾线路：武当山风景区—福银高速—G59 呼北高速—南宁路—G209—神农顶景区木鱼镇。

参观须知：木鱼镇，0719-3335609/33452143，门票 300 元，游览时间 5 小时。

Day4

神农顶 180km 4h → 巫山神女峰 53km 1h → 白帝城

▲ 巫山神女峰

推荐理由： 巫山处于大宁河与长江的交汇处。毛泽东有诗"神女应无恙，当惊世界殊"，舒婷有诗"与其在悬崖展览千年，不如在爱人肩头痛哭一晚"，都是写的神女峰。中国第一次知道神女峰是因为战国辞赋家宋玉写的《神女赋》，神女峰也因此成为中国最多情的一块石头。神女峰和夔门是长江三峡的两个最著名的标志。

自驾线路：神农顶风景区—G209—S312—G42 沪蓉高速—巫山县县城。

应急咨询：巫山县旅游局

地址：巫山县广东中路

电话：023-57681843

参观须知：巫山县码头有游览神女峰的旅游游船专线，游览往返时间 1 小时，船票 100 元。当地私人船家也在码头招揽神女峰游览，因为存在安全隐患，不予推荐。神女峰最佳观景点是在长江的游轮上，不必登岸进入新打造的风景区。

▲ 午餐时间

推荐餐厅：百味鲜

招牌菜：万州烤鱼

推荐理由：地道的重庆江湖菜风格。

地址：净坛二路 24 号

电话：023-57688417

▲ 酒店任你挑

推荐酒店：重庆市巫山县平湖西路附近酒店

推荐理由：靠近长江边，晚上看长江江景，非常漂亮。

▲ 白帝城夔门风景区

推荐理由：夔门是人民币十元背面图样地，长江三峡的起点，也是自古水路进入巴蜀的最后一道门户。在三峡大坝修建之前，夔门是一处高数百米的江岸绝壁，江面收窄，水流湍急。所以自古夔门就是一道鬼门关。白帝城是一个孤岛，位于长江夔门天险的长江江心。从地理位置看，白帝城就像是长江上的一个堡垒。对古代巴蜀国而言，夔门和白帝城是战略位置十分重要的双保险。中国历史上有一个著名的后发制人的战役叫"夷陵之战"。刘备为报关羽被杀之仇举国伐吴，在湖北宜昌这个地方被陆逊火烧连营 800 里。退回白帝城后刘备身染重病，于是在这里托孤于诸葛亮。三峡大坝修建后，白帝城成为真正四面环水的孤岛，江面变宽后，白帝城的地理位置越发明显。

▲ 赤甲炮台

推荐理由：乘坐渡船至赤甲炮台。这里可以东望滚滚长江，南瞰白帝城，是一个重要的军事要塞。赤甲炮台的两门大炮可以直接封锁长江，即便抗战时期，赤甲炮台依然发挥着战略作用。

自驾线路：巫山县—G42沪蓉高速—夔门收费站—S103—重庆市奉节县白帝城夔门风景区。

参观须知：重庆巫山县白帝镇，023-56721279，门票120元，6:30~18:00开放。

▲ 晚餐时间

推荐餐厅：三国苑酒店

招牌菜：干烧长江河鱼

▲ 酒店任你挑

推荐酒店：奉节县宝塔坪诗城东路附近酒店

推荐理由：附近当地特色饭馆较多，吃饭很方便。

Day5

奉节宝塔坪 66km 1.5h 奉节天坑地缝风景区

▲ 奉节天坑地缝

推荐理由：重庆有两个天坑地缝，一个在武隆县，一个在奉节县，都是世界级的自然景观。奉节天坑又叫“小寨天坑”。奉节天坑是已知的世界最大的漏斗喀斯特天坑，漏斗直径522米，深度达到666米，相当于200层的高楼。

自驾线路：奉节宝塔坪—诗城东路—梅溪河大桥—诗城路—夔门大桥—S201—奉节县兴隆镇小寨—奉节天坑地缝国家风景名胜区。

参观须知：奉节天坑地缝国家风景名胜区，023-56529399，门票100元。

Day6

奉节天坑地缝风景区 100km 3h 恩施市 260km 4h 宜昌三峡大坝

▲ 恩施土司城

推荐理由：中国西部广大地区，在国家政权鞭长莫及的地方，政权的实施实际上是由地方豪门代行。这种豪门就是我们俗称的土司。恩施土司是土家族人。土家族是巴人后裔，他们在江汉平原被楚人打败后，退至今天的西陵峡一带，并沿着长江向西进入今天的湘西与重庆东部地区的乌江流域。恩施土司城是我国目前规模最大的土司城。

自驾线路：奉节天坑地缝景区—S340—G209—湖北省恩施市。

路况提示：奉节天坑的S340路段山高路线，弯道极多，自驾需十分谨慎。

参观须知：土司路138号，0718-8458166，门票50元，8:00~17:30开放。

▲ 午餐时间

推荐餐厅：巴人堂

招牌菜：关张合渣、红糖糍粑、红烧黄骨鱼、炸小鱼。

推荐理由：喝完米酒以后要体验一把摔碗的民俗，1元一个随便摔。

地址：土家女儿城8号楼

电话：0718-8289777

▲ **宜昌三峡大坝**

推荐理由：长江进入秭归段江面变宽，水势平缓，这里是建设大坝的绝佳位置。但是三峡的重力坝需要坚实的地质基础。而三斗坪的地下正好是一块长几公里的花岗石岩层。世界水利专家都说这是上帝赐予中国的最大的礼物。没有这块花岗石岩层作为大坝的基础，三峡大坝是不可能建设的。三峡大坝是世界上最大的人工建设工程，历时 17 年，耗资数千亿。三峡大坝船闸分为 5 级，上下游水位落差高达 110 米。观景位置推荐坛子岭园区、185 观景平台、长江截留纪念园。

自驾线路：恩施航空大道—土司路—恩施土司城—G50 沪渝高速—高家堰收费站—G318 丹水大道—S323—S68 翻坝高速—S334—西陵长江大桥—秭归三斗坪三峡大坝景区—S58 三峡大坝专用公路—宜昌市。

参观须知：三峡大坝景区，位于宜昌市秭归三斗坪，门票 105 元（含观光车）。

▲ **晚餐时间**

推荐餐厅：谭氏纸包鱼、369 私房菜、小雨天和平土菜馆。

地址：宜昌陶珠路餐饮街。

▲ **酒店任你挑**

推荐酒店：宜昌市伍家岗区桔城路附近酒店

推荐理由：这一片的酒店都比较新，近一两年都进行了装修和设备更新，免费停车。

Day7

宜昌 100km 1.2h **荆州**

▲ **荆州古城**

推荐理由：中国的七大古城墙荆州排名第二，可见荆州古城墙在中国城垣建筑史的地位。其余六个为西安古城墙、南京古城墙、襄阳古城墙、平遥古城墙、北京城墙、辽宁兴城城墙。李白的“朝辞白帝彩云间，千里江陵一日还”提到的江陵，就是荆州。荆州城墙是中国跨越朝代最多，延续时间最长，并且由土城逐步原址演变为砖城的唯一古城墙。从考古得知，荆州古城从周厉王始，至三国时候的土城，再到五代和宋的砖城，历时 2800 年，考古发现的城墙位置变动才不足 50 米。荆州和中国古代历史的关联相当密切。屈原、伍子胥、张居正都是荆州人。而大意失荆州，刘备借荆州，是中国人耳熟能详的三国故事。

自驾线路：宜昌伍家岗—G50 沪渝高速—荆州古城。

参观须知：荆州古城墙门票 35 元。

▲ **晚餐时间**

招牌菜：荆州麻鸭、雪里藏凤、八宝饭、鱼糕。

▲ **其他景点**

【重庆巫溪大昌古镇】古代巴人的都城，秦末汉初这里就是巫溪县城所在地。大昌古镇还是最袖珍的古城，三峡蓄水后整体搬迁至新址，也是三峡库区最完整的整体搬迁。**【巫溪宁厂古镇】**世界历史上著名的“上古盐都”，世界手工业作坊的鼻祖。盐制品通过大巴山和终南山古栈道运至关中，古栈道遗址今天依稀可辨。1506 年爆发的盐场工人起义比欧洲的产业工人运动早了 300 多年。宁厂古镇的盐场运作至 1950 年代，也是世界上运行时间最长的盐场。宁厂古镇已人去镇空，但是盐场作坊等依然保存十分完整。**【巫溪宁厂鱼泉】**CCTV 推出的纪录片完整介绍了鱼泉发现过程。鱼泉位于宁厂古镇南 2 公里处的大宁河边。一白衣仙人给村民李大爷托梦，说他家屋下有宝藏，于是李大爷倾其所有掘地十米，耗尽家资也未见宝贝。但李大爷挖宝不止，终于打通了一条暗河，找到里一种溶洞冷水鱼“云南盘鮈”，每年产鱼几千斤。如果不是亲眼所见，你很难相信这是发生在 21 世纪的今天。**【巫溪兰英大峡谷】**与湖北省神农架大九湖隔山相望。峡谷长 48 公里，最深达 2400 米，是中国最峻拔的峡谷之一。**【湖北恩施大峡谷】**长 8 公里，其间暗河，地缝密闭，大小溶洞 200 多个，其中沐抚大峡谷的地下暗河长 50 公里，是世界最长的地下暗河。**【湖北钟祥市明显陵】**湖北省的四大世界遗产之一。中国明代最大的单体陵墓，也是中国陵墓中唯一的“一陵两冢”的结构，其金瓶形的外罗城，回环蜿蜒的御河等都是帝王陵墓中仅有的。**【巫山县大溪遗址】**长江流域古文明的发源地之一，是母亲氏族到父系氏族的过度遗存。

RAV4 真体验

管它暴雨与泥石，我都如履平地

五月正值南方的多雨季节，在前往襄阳的路上，
一场大雨不期而至，在雨中 RAV4 表现得让车友们惊喜。

6AT 变速箱，纵使面对泥泞等复杂路况，起步和加速的感觉也能顺畅自如；不得不说的还有它的 4WD 系统，再加上 VSC 系统，为车身稳定性提供了保障，确保湿滑路面您都可以游刃有余地驾驭。看来 RAV4 之所以为我们所喜爱，是因为它的每一步，都能让人意外，总能超越我们的预期和想象 . 这就是每一个 RAV4 车友喜欢它的理由 .

在去往神农架国家森林公园的途中，我们选择了一条风景更优美的蜿蜒小路，这条乡间小路，弯弯曲曲，盘旋曲折，多条小径众横交错，像顽皮的孩子在捉弄人。幸好，我们开的是 RAV4，麦弗逊式前悬架，双叉臂式后悬架，有效减轻了坎坷路上行驶的颠簸和噪音，同时我感觉到操控的轻松，即使是驶过坚硬的碎石，感觉也比较柔软顺畅，“越野世家”的基因果然名不虚传！

武汉东线自驾线路

武汉—江西庐山—江西景德镇—婺源—皖南世界遗产西递、宏村—南京

Day1 ~ Day2

武汉 250km 4.5h 庐山牯岭镇

▲ 庐山风景区

推荐理由：庐山的发展价值是英国传教士李德利发现的，1864 年他从政府手中租用了牯岭镇的 4500 亩土地，租期长达 999 年。随后李德利分块转手出让给洋人，从此牯岭镇开始了它长达 40 年的别墅建设期。牯岭镇在 1930 年代由国民政府收回作为政府要员的避暑夏宫，美庐就是那个时候修建的。

自驾线路：武汉—G50 沪渝高速—G70 福银高速—小池收费站—九江长江大桥—庐山大道—S213—庐山风景区售票处—购票进入庐山风景区—庐山牯岭镇。

自驾提示：庐山风景区收费站设置于牯岭镇，庐山游客的住宿就餐在牯岭镇，庐山各二级景点的游览均从牯岭镇开始。

▲ 牯岭镇散步游览

徒步路线：美庐—庐山会议旧址—庐山电影院。

推荐理由：【美庐】蒋介石与宋美龄的公馆，欧式建筑，内部设施特别是卫浴设备都是当时欧美的顶级产品。毛主席在美庐居住的时候，在美庐阳台有过一张著名的照片，现在这个拍摄点对外商业拍摄。**【庐山会议旧址】**最早是国民政府军官训练团的建筑。解放后中共在那里召开过三次会议，彭德怀的《万言书》就是在庐山交给毛泽东的。**【庐山电影院】**世界上唯一仅放映一部电影的影院——《庐山恋》。

▲ 牯岭镇附近徒步游览

徒步路线：花径—仙人洞。

推荐理由：【花径】唐朝大林寺所在地，是“匡庐第一境”。白居易任江州司马的时候在这里赏花，所以取名“花径”。白居易《琵琶行》写道：“座中泣下谁最多，江州司马青衫湿”，写的就是在江州（九江）的经历。**【仙人洞】**“天生一个仙人洞，无限风光在险峰”。去仙人洞的徒步线路可以眺望整个九江。

▲ 自驾或者观光车游览

自驾线路：含鄱口—五老峰，徒步至三叠泉。

推荐理由：【芦林一号（庐山博物馆）】面积 3000 平米的芦林一号有唐宋著名书法家的碑拓，明清瓷器精品。主席的卧房面积超大，卧榻因为

主席有躺着阅读的习惯，设计得非常宽大，可放置书籍。**【含鄱口】**庐山观赏日出的最佳点，也是神州九大日出观景点，因为能从此远望鄱阳湖而得名。**【五老峰】**庐山日出和云海的观景点，二峰奇、三峰险、四峰美。徒步五老峰需要 2 小时。**【三叠泉】**一叠和二叠泉是免费的，第三叠需要另收费 64 元。去三叠泉的那 1000 级台阶是需要有很大毅力的。如果还想回来开车回牯岭，你要好好考虑一下是不是要挑战一下自己。

自驾提示：牯岭镇至芦林一号别墅 3 公里，芦林号至含鄱口停车场距离 3 公里，含鄱口至五老峰停车场 3 公里。

参观须知：庐山风景区，0792-8287906，门票 180 元。

▲ 趣味知识

李白诗句“飞流直下三千尺，疑是银河落九天”，很多人以为写的是三叠泉的景致。其实李白诗歌的第一句已经交代了地方，“日照香炉生紫烟”，原来他写的是香炉峰瀑布。三叠泉位置很偏，估计李白是没有到过这里的。不到三叠泉，枉为庐山客，看来李白也有骄傲不起来的时候。

▲ 庐山美食

石鸡 、石耳、石鱼是庐山的著名“三石”。

推荐美食：石鸡

推荐理由：庐山岩洞中的一种青蛙，叫声像鸡。“黄焖石鸡”是庐山第一名菜。

推荐美食：石耳

推荐理由：生长于峭壁上的一种菌类，采摘石耳是一项非常辛苦的劳动，非常人可为。

推荐美食：石鱼

推荐理由：庐山山泉中一种通体透明的小鱼，即使生长 7 年体长也不过一寸。“石鱼炒蛋”是庐山名菜。

省钱妙招：庐山旅游淡季这些山珍在农家餐馆的价格都不贵，每份 30~50 元。

▲ 酒店任你挑

推荐酒店：牯岭镇是庐山风景区的集中住宿地

推荐理由：旅游淡季牯岭镇的 4 星级宾馆可以讲价谈成 300 元以内。

▲ 黄梅戏

推荐理由：黄梅戏起源于唐朝采茶调，元代在安徽形成剧种。严凤英的《天仙配》给了黄梅戏一个飞跃的台阶，使其成为中国家喻户晓的剧种。

▲ 九江浔阳楼

推荐理由：九江是长江重镇，汉朝刘邦的女婿英布曾封王九江，三国这里是柴桑，东晋陶渊明的隐居地，“结庐在人境，而无车马喧，采菊东篱下，悠然见南山。”其实九江没有陶渊明写的这么世外桃源，这里是历史上著名的古战场，几乎每一个朝代都会在这里发生恶战。浔阳楼因为白居易的《琵琶行》而闻名天下，“浔阳江头夜送客，枫叶荻花秋瑟瑟”。宋公明在浔阳楼题写反诗是后来的事情：“他日若遂凌云志，敢叫黄巢不丈夫。”

▲ 白鹿洞书院

推荐理由：中国四大书院之一，位于九江星子镇，唐李渤任九江刺史的时候，在这里种花养鹿，因此得名。宋朱熹在此讲学确立的《白鹿洞规》成为中国 700 年的教育宗旨。

Day3

庐山牯岭镇 172km 2h 景德镇古窑民俗博览区

▲ 景德镇古窑民俗博览区

推荐理由：景德镇这个名字是宋朝御赐的，之前这里叫“昌南”。注意了：CHINA 就是来自于“昌南”。昌南在唐朝的时候因为能烧制洁白如玉的贡品瓷器而名声大噪，这得益于它出产一种洁白的高岭土。景德镇的飞跃是在元代，因为蒙古人崇尚洁白，这里烧制的瓷器很符合蒙古人的喜好。蒙古政权在这里设立了一个政府机构“浮梁磁局”。随着蒙古大军的西进，大量的波斯和土耳其订单由浮梁磁局监制，叫做“外贸瓷”。现在我们能看到的最好的元青花，是在土耳其的国家博物馆。景德镇古窑博览区，我认为是中国最好的博物馆。博览区分成以下大区域：一个是演示区。年龄 70 岁的老窑工被请了回来，按照古法工艺现场演示古瓷的全制作流程，炼泥、拉坯、印坯、利坯、晒坯、上釉、刻花、烧窑、彩绘。第二个就是各个时期的窑口，这是博览区的最精华之处。元代馒头窑、宋代龙窑、明代葫芦窑、明清御窑、清代镇窑。话说宋朝窑口南方是龙窑，北方是馒头窑。馒头窑的烧制温度高，北方著名的钧窑、定窑都是馒头窑。南方的龙窑温度在 1200 度以下，比馒头窑温度低。南宋都城从汴京（开封），迁到南方的临安，这些北方的窑工也来到了景德镇。就产生了南方龙窑和北方馒头窑的结合——葫芦窑。葫芦窑之所以名气很大，是因为它烧制出了著名的“鬼谷下山”的元青花罐子。这件作品在英国拍卖到了 2.3 亿人民币。而明代的三百年，几乎所有的瓷器巅峰作品，都是出自葫芦窑，比如 2014 年拍卖过亿的明代斗彩鸡缸杯。明代宋应星的《天工开物》对葫芦窑有详细介绍。 博览区的葫芦窑是 2010 年复原动工并且复烧的。**博览区的第三个看点是：**历朝督陶官的介绍。像大名鼎鼎的清代雍正督陶官年希尧，他可是年羹尧的亲兄弟。还有就是年希尧的后任著名的唐英。唐英任督陶官 30 年，是中国陶瓷制造的集大成者，他监制的作品叫做“唐窑”。

自驾线路：庐山牯岭镇—S213—S212—S37 九江绕城高速—G56 杭瑞高速—景德镇收费站—西山路—古窑路。

参观须知：景德镇古瓷路，0798-8534444，门票 95 元。

▲ 晚餐时间

推荐餐厅：八大碗

招牌菜：糟香冬瓜夹、饶记神仙鸭、淋汁小黄鱼、碱水粑。

推荐理由：景德镇最好的美食餐厅，菜品精致，餐厅设计为民国风格。

地址：瓷都大道都市绿洲一号楼

电话：0798-8677799

▲ 酒店任你挑

推荐酒店：瓷都大道附近酒店

推荐理由：距离古窑博览区一步之遥，停车方便。

▲ 游客参与制作瓷器

游客可以在师傅的指导下制作瓷器，然后写上自己想写的字，一个月后烧出成品后快递给游客。价格 80 元，邮资到付。亲手做一对碗，写上祝福，给自己一个留念是很好的自驾游收获哦。

▲ 小贴士

博览区的清代镇窑是我国目前保存得最完整、最有价值的古窑。镇窑的作坊里有严格按照古法制作出的小茶杯，质地紧密，敲击有金属声，声音悦耳具有穿透力。每个价格 60 元，非常值得收藏。

▲ 趣味常识

【如何判断窑温】古代瓷器烧制的技术总监叫做“把桩”。把桩师傅从窑的顶端吐一口吐沫，根据吐沫下坠时的蒸发速度来判断窑内的温度。

▲ 浮梁

唐朝白居易《琵琶行》“商人重利轻别离，前月浮梁买茶去”提到的浮梁，就是景德镇最早的窑厂所在地。

中國景德镇
古窑民俗博览區

Day4 ~ Day5

景德镇古窑民俗博览区 100km 1.5h 婺源思溪延村

▲ 江西婺源古村落

推荐理由：婺源在 1949 年之前大部分时间属徽州管辖。从人文风俗归纳婺源更多属于安徽。就像汉中与四川的关系。这里是古徽商的起源地，徽州文明重要的构建者。

自驾线路：景德镇西山路—金岭北大道—G56 杭瑞高速—婺源北下高速—江西婺源思溪延村。

路况提示：从景德镇方向自驾婺源，大部分人走高速公路线路。现在推荐一条捷径，路况好，车辆行人少，还节省 20 公里。最最关键的是别人还在高速公路赶路，您就已经进入了婺源美丽的乡村。此路经过两个风景区，世界上最大的野生鸳鸯越冬栖息地鸳鸯湖，以及著名的清华镇。

捷径：景德镇—景德西大道—S308 新厂东路—S304—X719 县道—鸳鸯湖景区—清风仙境风景区—清华镇—思口镇—Y381 乡道—思溪村。80 公里，1 小时 40 分钟到达。

▲ 婺源自驾 1——思溪村出发的北线

推荐理由：【延村】延村是古徽商的发源地，被尊为儒商第一村。徽州商人的生意大多集中在以下四类：木材、文房四宝、茶叶和盐。延村现有 56 幢古建筑。徽商建筑观赏有两看：一看建筑布局体量，比如安徽宏村的牛型布局；二看三雕，就是石雕、木雕和砖雕，比如安徽卢村的木雕。**【余庆堂】**大茶商金文谏的老宅，南京经商期间是江宁商会会长。商人在以前是富而不贵的，没有地位，房子的正门是不允许坐北朝南的，这是徽商建筑的统一格式。余庆堂的大门是一个“商”字造型。**【明训堂】**主人是在广州与英国人做生意的茶商。英国人对祁门红茶推崇备至，英国贵族的下午茶多为祁红。明训堂被称作延村的“乔家大院”。**【敬序堂】**位于思溪村，是电影《聊斋》的外景拍摄地。**【百寿花厅】**位于思溪村。百寿花厅建于清代嘉庆年间有 99 个篆体寿字，是承志堂接待宾客的地方。事过百年，最后一个寿字在凤凰卫视航拍制作节目的时候才从天空发现。原来这个厅的整体造型就是一个寿字。当时徽州建筑可谓煞费苦心。**【清华镇】**唐朝开元年间设置的婺源县县衙所在地。镇北的彩虹桥被称为“中国最美的彩虹桥”，建于南宋。**【理坑】**理坑是明清官邸集中地。明崇祯广州知府余自怡的“驾睦堂”为敕建，其牌楼为五层重叠，这种五凤楼是等阶地位较高的官宦才能建造的。其他建筑为明万历户部侍郎余懋学的“尚书第”、清顺治司马余维枢的“司马第”、明朝天启吏部尚书余懋衡的“天官上卿第”。明代不设宰相，只有六部，其中吏部排在第一，权利最大，一人之下万人之上，所以尊为天官。

自驾线路：思溪延村—清华镇—彩虹桥—查平坦—理坑。

特别提示：第一条北线线路中有一个小村没有进入我们的名录，但并不意味这它不著名。它号称中国最圆的村落，建于宋代，是中国著名的风水大师何溥亲自规划设计的。何氏祠堂还有一块明崇祯皇帝钦赐的御匾“黄阁调元”，它叫菊径村。

▲ 婺源自驾 2——婺源县城出发

推荐理由：【婺源博物馆】中国第一县级博物馆，唐宋名砚和茶文化陈列是馆藏重点。【月亮湾】S201 婺源县城至李坑之间，婺源的外景拍摄第一选择，是婺源的第一地标。【李坑】南宋著名武状元李知诚故居，奉直大夫李文进大夫第，李瑞材故居。【汪口】李家巷大夫第门楼石雕，懋德堂砖雕，以及代表婺源最高水平的俞氏宗祠木雕。【江湾】江湾宋代至清出过状元进士 38 位，是清朝经学大师江永祖籍。【萧江宗祠】江南最大的宗祠。婺源的江姓以前是萧姓，他们的祖先是西汉的萧何。萧何协助刘邦灭了英布和韩信，自知伴君如伴虎，其后人逃至婺源改名隐居，所以婺源的萧江实为同姓氏，故此取名为萧江宗祠。江仁庆宅的砖雕精美绝伦，门楼横坊的砖雕多达六层，十分繁复。三省堂，德庆堂是文脉传承的标志。江湾古戏台每天都有徽剧傩戏的表演。江湾雪梨、江湾炉饼是著名美食。【晓起】中国第一茶文化村，至今保存着完好的中国唯一以水为动力的捻茶机。下晓起继序堂的门罩砖雕为“江南第一雕”、其余荣禄第、进士第、江氏宗祠、千年红豆杉、古樟树群。晓起毛峰是茶中极品。【江岭】油菜花的拍摄地。别的时间乏善可陈。

自驾线路：婺源博物馆—月亮湾—李坑—汪口—江湾—晓起—江岭。

▲ 婺源美食

招牌菜：粉蒸肉、糊豆腐、清蒸荷包红鲤、糖醋鹅颈、气糕、糯米子糕。

婺源菜主要有三种做法：粉蒸、清蒸、糊菜。

▲ 婺源特产

婺源特产用绿、红、黑、白四种颜色来概括。

【婺源茶叶】婺源一直没有自己的茶叶品牌，以至于人们认为婺源的茶叶不入流。其实婺源的绿茶在明清一直是贡品。婺源茶叶被称作“茶叶味精”，有“祁红婺绿”之说。1935 年美国的《茶叶全书》称赞婺源茶叶是“中国最优质的绿茶”。【中华荷叶红鱼】中华荷叶红鱼是国宴珍馐，也是观赏鱼。【砚台】黑就是指的砚台。中国四大名砚歙砚的矿产地其实在婺源的龙尾山。龙尾砚唐代问世后，就一直是贡品，也是诸如苏黄等书家的心爱。【雪梨】白，是指江湾的雪梨。

▲ 酒店任你挑

推荐酒店：婺源思溪村聚宝轩酒楼农家客栈

推荐理由：思溪延村有一种不被打扰的宁静，客栈主人的哥哥是全国十佳优秀警察。酒店大厅特意挂了一副照片，是主人哥哥与习大大握手的照片。

▲ 省钱妙招

如果你想在婺源呆上三天，并且将婺源的重要景点游遍的话，推荐购买婺源旅游套票。套票 210 元，这要比你分别购买门票节省不少钱。

Day6 婺源县城 135km 2h 安徽皖南世界遗产西递、宏村

▲ 西递

推荐理由：西递是皖南民居的精华浓缩，与宏村同为世界文化遗产。西递的溪水是向西流淌的，所以最早就叫西溪，水往西流吃穿不愁。西递在朝廷做官的即便告老还乡，政府的公文依然需要送达至此，于是设置了一个铺递所，这就是西递的由来。西递最早的村碑还珍藏在西园。西递的胡氏叫做“假胡”，他们本姓李，是李唐皇族的后裔，现在西递宗祠还有文字记载着“自古胡李一家”的这段历史渊源。**【胡文光牌坊】**嘉靖四品大夫胡文光遵旨敕建，为西递十三牌坊仅存的一个。赵朴初说，这是他见过的最有气势的牌坊。**【西园】**清代开封知府胡文照建造的园林式建筑，其砖雕是徽雕的经典代表。西递最早的村碑就存放在这里。**【大夫第】**胡文煦府第，绣楼是该府第的亮点，也成为西递民俗表演抛绣球的地方。

自驾线路：婺源县城—G56 杭瑞高速—G3 京台高速—S42 黄祁高速—黟县西递宏村收费站—S326—S218—西递—宏村。

参观须知：黟县西递镇西递村，0559-5155444，门票 104 元。

▲ 宏村

推荐理由：宏村是世界文化遗产，电影《卧虎藏龙》的外景地，是中国最美的村庄。中国人理想中完美的生活都装在宏村，绵延的缓丘竹海、曲折缠绵的溪水、粉墙青瓦、山风酒旗、耕读传家。宏村是中国堪舆的典范杰作，村庄似牛型，因势利导引入山泉回环其中，并根据牛反刍特点挖掘了南湖、月沼。**【南湖和南湖书院】**南湖把宏村装进一池碧水，青山入画，这是宏村的醉美景致。**【月沼】**是宏村建造后期挖掘的，是为补风水不足而建。村民浣衣淘菜，孩童嬉戏，老人闲聊就在月沼。**【承志堂】**被称作民间的故宫。其实中国真正的民间故宫是山西的王家大院。许多人知道山西乔家大院，对王家大院知之甚少。承志堂有房 60 余间，正厅气宇轩昂，木雕工艺极为精湛。前厅横梁的木雕是承志堂最可看处。古时候建筑是先上梁，再雕刻，所以对工匠的要求十分苛刻，一刀错误，前功尽弃。横梁雕刻的是《唐肃宗宴官图》，内容是宴会前文武百官的娱乐活动，人物面部表情生动，细节惟妙惟肖。连掏耳朵这样的细节都有刻画。**【树人堂】**建于同治年，现在是 95 代传人汪森强兄弟两人的私人博物馆。汪先生精神矍铄，笔耕不辍，前后写了 5 本有关宏村的著作。每天汪先生在此坐堂签名售书。可买几本请先生签名留念。

参观须知：黟县宏村，0559-5541158，门票 104 元。

▲ 宏村美食

推荐美食：**【宏村火腿】**提到徽菜都会说臭鳜鱼、毛豆腐。我就纳闷宏村满村晾晒的火腿为何视而不见。其实火腿在徽菜中有着坚不可摧的地位。宏村第一菜当是“笋衣蒸火腿”，据说周润发拍摄《卧虎藏龙》的时候，最爱吃的就是这道菜。**【蟹黄壳烧饼】**饼子会烤得油亮金黄，色似蟹壳，徽州的特色点心。走在歙县大街上，这种烤饼店一家挨一家，关键是价格超级便宜。**【糊豆腐】**皖南宴席的第一道下酒菜。**【花菇石鸡】**徽菜中的名菜。石鸡配上黄山的山珍花菇上锅蒸，红烧石鸡也是一道美味。

▲ 晚餐时间

推荐餐厅：得月楼

推荐理由：得月楼在月沼旁，因为上过《舌尖上的中国》而闻名。老板当年的做菜手艺可是有口皆碑的，自从做了扩建和外请了厨师后，菜品质量有所下降，且价格不低。但得月楼附近的几家食店因为刚刚起步，到是做得认真地道。

电话：0559-5541480

▲ 酒店任你挑

推荐酒店：聚缘轩

推荐理由：客栈的小院子空间较大，便于活动。客栈的厨师手艺不错。

▲ 徽文化秘籍

【民间土空调】皖南民居一般会在前厅的地下挖一个地窖，就是地下水窖，这个地窖与外面泉水相通，是一个活水储水池。池子的顶上有一个碗口大的盖子可以揭开。地窖的流水可以带来凉气，打开小盖子就可以降低室内温度。游客很难想到这居然是一个民间的土空调。**【合欢桌】**皖南民居的前厅会有一张由两个半月桌合二为一的圆桌，叫做合欢桌。它们有时候是分开两边摆放，一边一个半圆桌，有时候又是合在一起。当合欢桌分成两边摆放的时候，表示男主人不在家，外人入内需避嫌。合欢桌拼成圆桌的时候，就表示男主人在家。**【徽派民居的外墙没有窗户】**徽派民居建筑的外墙是不开窗户的，原因有两个，一是考虑安全，二是窗户外透会泄财。徽派建筑的采光是靠院内的天井。

▲ 卢村

推荐理由：卢村的木雕楼是徽州木雕的巅峰之作，为中国第一木雕楼。卢家的 6 处老宅为六房姨太太分别居住，每一栋均不同特色。其木楼雕工十分精湛，细腻入微。后人卢百万经商至德国又按照德国风格修建了玻璃厅。彩色玻璃上的气泡说明此物还是当年的德国制造。

参观须知：距离宏村 2 公里，门票 50 元。

Day7 宏村 72km 1h 棠樾牌坊群 9km 20min 安徽歙县徽州路

▲ 棠樾牌坊群含鲍家花园

推荐理由：自古富不过三代，鲍家在此繁衍兴盛18代而不衰，必定有其严谨的齐家之道，棠樾牌坊群体现的是封建社会“忠孝节义”的优秀伦理基础。棠樾牌坊群有七座。游览的时候有讲究的，官员游览至第5个牌坊骢步亭便不再前行。因为忌讳“做官到头”。牌坊上刻有“圣旨”“御制”“敕建”，他们区别是很大的。圣旨，是皇上正式下文批准建造，资金个人自筹。敕建，是皇上口谕批准不正式下文，资金个人自筹。御制，是指皇上正式下文批准，内务府出资建造。鲍家花园是我国目前最大的私家盆景园林，建于乾隆年间，为“东方园林之母”。高1.2米树龄160年的榕树是镇园之宝。

自驾线路：宏村—S218休宁县—G3京台高速徽州区歙县出口—Y045—X010—唐模景区—棠樾牌坊群。

参观须知：歙县郑村镇，0559-6750225，门票100元，游览时间1小时30分钟。

▲ 徽州古城

推荐理由：古徽州是中国人文与自然相得益彰，尽善尽美的理想王国。徽州在战国时期属于楚吴越的争夺地盘，到宋朝，因为镇压方腊农民起义，从歙州改为徽州。徽有捆绑的意思，宋徽宗把这个名字赐予徽州，也留给了自己。**【许国石坊】**许国是嘉靖至万历的三朝重臣，这个亘古第一的八脚牌坊是明显越制的。他把平面的四脚牌坊做成了四方形的八只脚。牌坊上的所有文字均为许国的门生大书法家董其昌书写。**【斗山街】**保存最完整的古徽州小街。不少荒废的小院杂草丛生，从门缝望进去，依稀可见当时的精雕细琢。一个占地半亩的小院，目前售价仅百万左右，很值。斗山街口有一叶氏贞洁门坊。这个门坊说的是一段朱元璋逃难的故事，相声“珍珠翡翠白玉汤”说的就是这段历史。叶氏救了朱元璋，为表谢忱，朱当了皇上后传旨将叶氏召入宫中封为嫔妃。叶氏守寡中，不能两全便自尽守节，朱元璋懊恼不已，就建了这座门坊。解放前徽州的第一商号志合商号的后人王老先生还居住在斗山街。推开一扇斑驳的木门，健谈的老爷子还能聊起徽州的许多往事。

其他景点：徽州府衙、徽州博物馆、渔梁坝、徽州古城墙、徽园、南谯楼、渔梁街。

自驾线路：棠樾牌坊群—X010—紫阳路—太平桥—徽州路。

参观须知：0559-6531586，门票80元，游览时间2小时。

▲ 晚餐时间

推荐餐厅：披云徽府菜馆

推荐理由：徽菜的十大名店。

地址：披云路5号

电话：0559-6530000

推荐餐厅：徽苑一楼

地址：徽州路与小北街口，徽州路807号。

电话：0559-6531717

▲ 酒店任你挑

推荐酒店：格林豪泰歙县黄山中路徽商大宅院店

▲ 省钱妙招

徽州古城目前也是歙县居民的生活区，进入徽州古城如果从小北街进入是无需门票的。

Day8

歙县县城 290km 4h 南京

▲ 宣纸文化园

推荐理由：宣纸因宣城而得名。蔡伦死后他的一个叫做孔丹的弟子发明了宣纸的造纸方法，宣纸中有一种叫做“四尺丹”的就是为了怀念孔丹。宣纸文化园有宣纸作坊，如果幸运你可以得见44个人合力完成宣纸制作的过程，你也可以做一张带有自己生肖的宣纸留作纪念。

自驾线路：歙县县城—S215扬之南路—S217泾县—G205—G50沪渝高速—G4211宁芜高速—南京。

参观须知：泾县乌溪，门票46元，8:00~17:00开放。

特别提示：徽州文化是由以下几个元素构建的：新安画派，代表人物查士标；新安医学，徽州名医，撰写了355部医学著作；徽剧；徽派朴学（也称考据学），代表人物江永、戴震；程朱理学，代表人物陈颐、陈颢、朱熹。

▲ 黄山风景区

推荐理由：黄山市、黄山区、黄山风景区是三个不同的地方。自驾游黄山，你只需要记住“汤口”这个名字即可。黄山汤口镇的每一个客栈酒店均有招揽游客的一日游旅行团，推荐参加，可省去很多的繁琐。早上8点参加旅行团，下午2点即可完成游玩。

游览线路：云谷索道上山—白鹅岭—始信峰—北海—光明顶—鳌鱼峰—一线天—玉屏缆车站—下山至佛光阁。

参观须知：黄山市汤口镇，0559-5561111，门票230元。

▲ 新安江画廊风景区

推荐理由：新安江是千岛湖的水源上游，每至春季4月，两岸菜花金黄，山野茂盛，村落点缀于远山，波清浪白，是摄影的黄金季节。

自驾线路：歙县县城—徽州路—黄山东路—S324—X003—黄山大道—深渡镇码头。

参观须知：0559-6812333，门票118元（含船票），7:00~17:00开放。

乘船游览路线及时间：发船时间8:30（深渡—漳潭—深渡），12:30（深渡—坑口—深渡）。

@ 张鹏摄影

就算你年入花甲 仍能以时速 60 公里过弯

进入江西之后，徽派的白色民居精心点缀两旁的山路，我们钻进塔川的竹海县道，向古徽州歙县前进。

RAV4 走这种山路非常游刃有余，切弯精准，油门响应心随人愿，RAV4 的 4WD 系统，再加上 VSC 系统，为车身稳定性提供了保障，哪怕地面有水的山路，驾驭 RAV4 也能游刃有余。

开车走山路，一般司机会开得很爽，但乘客就吃苦了，会容易被晃得翻江倒海，好在 RAV4 的麦弗逊式前悬架，双叉臂式后悬架有效减弱了走山路车身侧倾的情况，让乘客舒适的欣赏窗外的风景。我们 9 台车在山路的弯道上以 80 公里的时速整齐前进，最长年龄的驾驶员 65 岁。有技术，还得拥有一辆好车。

在休息间隙，我们驾驶着 RAV4 绕到了宏村的背后，这里有一个形状像靠背的山，前面是蜿蜒的溪流。在这里，RAV4 良好的四驱得到了力证 ，在充满较大颗粒的碎石环坡上，RAV4 的四驱系统自动调节发动机输出和各个车轮上的制动力分配，有效缓解了路面上的打滑。

后面，在奔往婺源的路上，RAV4 凭借着优秀的发动机性能与我们一样“欢快”地驰骋在道路上，一路上超越了好几辆车，让我感到非常自豪！用一句歌词概括来说就是“这种 feel 倍儿爽！”

RAV4 荣放论坛 > 一路闯天下，烽火传古城！一汽丰田 RAV4 百城荣耀接力赛（武汉站） 点击：518 | 回复：11

一路闯天下武汉站

楼主

精华：0 贴
帖子：4 贴 | 17 回
来自：湖北 武汉
关注：RAV4 荣放

发表于 2016-5-22 12:32:01

一路闯天下，烽火传古城！一汽丰田 RAV4 百城荣耀接力赛（武汉站）

期待已久的一汽丰田百城荣耀接力赛终于来到了武汉，在万分期待中，开始了
武汉——景德镇——婺源——西递——宏村——歙县的行程
全程 1400 公里，一车两人四天三夜的行程
第一站，武汉到景德镇，全程 450 公里左右
第一天，武汉到景德镇，入住瑞豪国际酒店
第二天，景德镇 5A 风景区，古窑民俗博览区，婺源江湾

RAV4 荣放论坛 > RAV4 "一路闯天下之" 景德镇、婺源、宏村、歙县篇（一） 点击：566 | 回复：7

微风淡墨诗情浅

楼主

精华：15 贴
帖子：87 贴 | 177 回
来自：湖北 武汉
关注：昂科威

发表于 2016-5-28 16:23:21

RAV4 "一路闯天下之" 景德镇、婺源、宏村、歙县篇（一）

荐

素胚勾勒出青花笔锋浓转淡
瓶身描绘的牡丹一如你初妆
冉冉檀香透过窗心事我了然
宣纸上走笔至此搁一半
釉色渲染仕女图韵味被私藏
而你嫣然的一笑如含苞待放——周杰伦《青花瓷》

自打听过这首周伦的《青花瓷》后，我的心里就住了一个景德镇。

"China"——瓷器，"China"——中国！

正好，这次有机会可以和 RAV4 的车友们一起去景德镇玩一玩，看一看。其实，还不止于是景德镇，这一次我们从武汉出发，沿经黄梅——景德镇——婺源——宏村——歙县，四天三夜的下江南。

江南，可能在人们的心中是指苏、杭、沪。其实，广义上来说，江西、安徽都可算在其中。所以，我也把这一次的旅行，当作是我和 RAV4 的下江南之旅。

沿途不仅看美丽的风景，还遍尝各地美食，是文化之旅，也是美食之旅。

RAV4 荣放论坛 > RAV4 "一路闯天下之" 景德镇、婺源、宏村、歙县篇（二） 点击：531 | 回复：7

微风淡墨诗情浅

楼主

精华：15 贴
帖子：87 贴 | 177 回
来自：湖北 武汉
关注：昂科威

发表于 2016-5-28 19:58:58

RAV4 "一路闯天下之" 景德镇、婺源、宏村、歙县篇（二）

荐

我打江南走过
那等在季节里的容颜如莲花的开落
东风不来，三月的柳絮不飞
你的心如小小的寂寞的城
恰若青石的街道向晚
跫音不响，三月的春帷不揭
你的心是小小的窗扉紧掩我达达的马蹄声是美丽的错误
我不是归人，是个过客……
——郑予愁《错误》

南京
南汉大桥
南京长江大桥
长江
夹江
八卦洲
燕子矶公园
乌龙山公园
南京经济技术开发区
南京高新技术产业开发区
南京站
南京西站
南京北站
南京东站
栖霞区
鼓楼区
省政府
玄武湖隧道
九华山隧道
南京国际展览中心
钟山风景区
林场站

玄武区
秦淮区
建邺区
雨花台区
江宁区
南京南站
中华门
夹江大桥
将军山风景区
南京长江隧道
高桥门枢纽
东山枢纽
南京国际博览中心

RAV4与南京
NAN JING

历史与今天 | NANJING IS A FAMOUS HISTORICAL CITY.

南京是一个反差极大的城市，她的温婉柔情、血性坚毅，在历史长河中呈现得淋漓尽致，中国都市少有能如此昂首挺胸且绵柔似水。

南京建城始于越王勾践，范蠡筑城于秦淮河畔。后楚国在石头城设置金陵邑，也即楚国在广州设置楚庭的年代。始皇帝东巡见金陵颇有王气，遂凿秦淮以泄王气，改金陵为秣陵以贬之。至孙权筑石头城，南京迎来第一个帝都的辉煌，东晋兴旺得益于王谢氏族的聪明才智，至南朝宋齐梁陈建康已成为世界上第一个人口超过百万的都市，并与古罗马并称世界两大古典文明中心。

南京的位置使其在历史冲撞中屡屡首当其冲，以至城池齑粉，生灵涂炭。每每至此，南京都充当着中华文明的最后呵护与休养生息地，衣冠南渡生命不息。南京的第二个城市辉煌来自明朝开国，我们今天得以见到的南京历史遗迹多为当时留下，城墙后湖、黄册云锦、贡院瞻园。孙中山先生评价南京是："其位置乃在一美善之地区。有高山、深水、平原，此三种天工钟毓一处，在世界之大都市诚难觅如此佳境也"。

一汽丰田南京越野基地

▲ **地址：**南京市江宁区蟠龙湖汽车公园内

一座古城，一驾良驹

“南朝四百八十寺，多少楼台烟雨中”。南京的中华门的历史可以追溯到吴王夫差，越国灭吴后范蠡又在现中华门位置修筑了越城。城墙的最大亮点是，砖头上每一块均烧制上了“督导官、提调官、烧制府衙的名字”，并且具体到官员本人。这是世界上制造业产品的第一个问责的记录，它比欧洲的问责制整整提前了 300 年。当这些官员的名字被晾晒在中华门城墙上的时候，每一块砖都是精品，就像一汽丰田的每一款车型，每一台 RAV4。

第一代 RAV4 在 1994 年亮相之后，国内的越野粉开始抓狂，这位程教授是中国进口 RAV4 第一批用户，他是本次一路闯天下的领队工作组成员。1998 年，他就驾驶 RAV4 小公主，通过 318 国道，进入西藏。1990 年代的成都—拉萨的 318 国道，是今天的自驾游爱好者无法想象的。其难度如何，可以走走现在的成都—都江堰卧龙 --- 甘孜 --- 昌都的 317 国道。优酷搜索“RAV4 崇州越野基地”，可以看到这台 RAV4 是如何纵身一跃，跳上一个难度极大的陡坡的，这台 RAV4 至今还在正常工作。

一汽丰田南京越野基地开营

南京越野基地是一汽丰田全国 12 个越野基地中最为诗请意化的一个，基地周边是起伏的山峦，山被修整得很有章法，平缓舒展，婀娜多姿，周边流水的缠绕，仿佛置身于黄公望的《富春山居图》里。

一路闯天下车队冒着暴雨来到南京时
正巧赶上一汽丰田南京越野基地正值开营

南京越野基地拓展了它的功能

周末休闲的好去处 成为南京车友

越野的**豪情**
诗情画意的风光美食 真是生活中的一大美事

南京人做事很认真，体验馆的细节到了儿童活动区，点心做得别致丰富，服务生特别告诉我们拍了照才能享用。南京是一个让人感受十分舒适的地方。

城市速览 南京 NAN JING

地理气候特征

▲ 江苏位于长江中下游平原，水网密布，里运河、中运河南北贯通全省，洪泽湖，太湖为中国最大内陆淡水湖之一。江苏气候南北差异较大，苏北更接近北方气候，冬天阴冷；而南京位于长江边，是中国著名的四大火炉城市之一，夏天潮湿闷热。所以春秋之际，才是江苏与南京的旅游黄金时段。

自然及人文景观

▲ 夫子庙片区

夫子庙、南京科举博物馆（江南贡院）、秦淮河、王导谢安纪念馆、中华门、瞻园（太平天国历史博物馆）、乌衣巷。

▲ 玄武湖片区

总统府、南京 1912 休闲街区、江宁织造博物馆、鸡鸣寺、玄武湖（黄册库）、台城、明城墙城门遗址、颐和路公馆区。

▲ 紫金山片区

南京博物院、明故宫遗址公园、中山陵、明孝陵、紫金山天文台。

▲ 清凉山片区

石头城、清凉山、莫愁湖、南京云锦博物馆、南京长江大桥。

美食集中营

▲ 盐水鸭

推荐理由：南京又别称“鸭都”，关于鸭肴的记载最早见于南朝的《陈书》。就是宋齐梁陈的那个“陈”。也就是说，南京有 1500 年的鸭肴历史传承了。我国最早的一本地方志的书叫做《吴地记》，里面就写道春秋战国时候吴国人就喜欢放养鸭子，让田螺鱼虾野外喂养，这样鸭子才会肉质紧密。南京盐水鸭在明代的时候就与国子监、世界奇迹大报恩寺，以及名扬天下的云锦并称南京四绝。南京盐水鸭是中国历史上唯一的低温烹制的禽类菜品，据说这么制作可以最大限度保留鸭子的鲜美。盐水鸭的关键是腌制，盐和八角，花椒一起炒熟后涂抹在鸭身上，盐要多，然后把鸭子用保鲜膜裹住，放冰箱冷藏室放两天，注意是冷藏室，不是冷冻室啊。将鸭子放入沸水锅中，加入香料，大火煮开后 10 分钟，转小火慢炖半小时。筷子可以插透鸭子就可以了。据说朱元璋要每天吃一只盐水鸭。

推荐餐厅：韩复兴盐水鸭老东门店（秦淮区箍桶巷 102 号）

推荐餐厅：韩复兴盐水鸭总店。

推荐理由：各类鸭子制品十分齐全，盐水鸭、辣鸭胗、鸭翅、鸭肠。南京买鸭子之首选地，千万别忘了买鸭油烧饼，这可是著名的南京小吃“秦淮八绝”之一。

（山西路与中山北路之间的山西路百货大楼）

▲ 板鸭

推荐理由：板鸭（南京板鸭）、镇江香醋、苏州刺绣是江苏的三宝。板鸭是用盐水卤制后风干而成。板鸭的历史可以追溯到明朝，恰恰是朱元璋每日一只鸭子的那段岁月。所以板鸭也叫“贡鸭”，官员串门的时候都不忘手里提上一只板鸭，因此板鸭还叫“官礼板鸭”。初冬时节腊月的板鸭最好，称作“腊板鸭”。

▲ 鸭血粉丝汤

推荐理由：鸭子性平和，不燥，所以吃鸭子适合各种年龄段。鸭血粉丝汤是用鸭血、鸭肠和鸭肝制作而成，口感鲜美。

推荐餐厅：回味鸭血粉丝汤夫子庙店。回味品牌创建于 1996 年，在 2009 年获得全国小吃名店称号，是南京餐饮后起之秀的典范。

（秦淮区健康路与太平南路交叉口，邮政局旁 025-52314585）

▲ **夫子庙美食街**

店家主要集中于贡院西街、贡院街乌衣巷、平江府路一带。

推荐餐厅：晚晴楼美食轩店

招牌菜：晚晴楼的招牌拿手菜是鸭血粉丝汤和对刀工火候要求很高的鸡汁干丝。

（贡院西街 150 号 025-86626950）

推荐餐厅：珍宝舫

招牌菜：天下无敌的“珍宝酱鸭头”。

推荐理由：夫子庙最著名的老字号餐厅。

（平江府路 135 号白鹭洲公园附近 025-52300777）

推荐餐厅：奇芳阁

招牌菜：鸭油酥烧饼、麻油干丝、什锦菜包、鸡丝面。

推荐理由：主要经营著名的秦淮八绝小吃。

（贡院西街 12 号 025-86623159）

▲ **狮子桥步行美食一条街**

推荐理由：狮子桥美食街位于玄武湖西 500 米处，是 2000 年打造的美食街。

推荐餐厅：尹氏鸡汁汤包

招牌菜：汁汤包、鸭血粉丝汤。

推荐理由：百年老店，口碑很好，价格实惠。

（鼓楼区狮子桥 2 号 025-83241696）

▲ **南京大排档**

推荐理由：南京大排档是南京美食口碑第一餐馆，这里可以把南京佳肴，特别是秦淮八绝一网打尽，价格也十分亲民。最主要的是餐厅的装修风格走怀旧路线，各种元素很有年代感，店内有小二迎宾，晚间还有评弹表演。狮子头这道菜是周总理的最爱，也是国宴名菜。

（狮子桥 2 号 025-83305777）

酒店任你挑

▲ **平江府路附近酒店**

推荐理由：在南京核心商圈，附近有加油站，紧邻白鹭洲公园，至夫子庙步行距离 500 米。

▲ **中山东路附近酒店**

推荐理由：紧邻明故宫遗址，距离中山陵、玄武湖、南京博物院近。

时尚购物

▲ **新街口商业街**

推荐理由：新街口在中国十大商业街中排名第三，其商家密度居十大商业街第一位。1929 年国民政府建都，开展首都建设，新街口成为衔接秦淮区、玄武区、鼓楼区的的一个新的商业中心。

如何到达：地铁一号线、二号线—新街口商业街。

新街口商业区是指：东到洪武路，西到王府大街，南至淮海楼，北到长江路的区域。

推荐商家：南京新百、中央商场、大洋百货、东方商城、万达广场。

酒吧

▲ **南京 1912 休闲街区**

推荐理由：南京 1912 休闲街区位于总统府北，长江后街以南的小小街区。这里的 17 幢民国建筑还深深记载着那个时期的鼎盛繁华。“1912”这个名字是从几百个方案中脱颖而出的，说明南京对往事的怀念还是那样深情。在灯红酒绿和摇曳飘忽的音乐中，背靠总统府的厚重墙壁，那个年代又穿越回来了。

地址：位于长江后街与总统府之间

推荐商家：蓝枪鱼、苏荷、王后屋、乱世佳人、ENZO。

加油站

▲ **中国石油南京平江府路加油站**

地址：平江府路 156 号

电话：025-52304410

▲ **中国石油蟠龙路加油站**

地址：蟠龙路 96 号

电话：025-85414918

玩转南京 为您推荐③日行程

Day1

▲ **下午自驾到达南京**

推荐酒店：莫泰连锁平江府路店。

▲ **游览中国科举博物馆**

推荐理由：江南贡院是中国科举博物馆的核心部分，建于宋代，占地450亩，是中国最大的科举考试的考场，规模最大的时候考棚就达到20644个，可以同时容纳2万名考生。江南贡院出过58位状元，唐伯虎、郑板桥、文天祥、林则徐、施耐庵、曾国藩、左宗棠、李鸿章，都曾经是这里的考生或考官。中国目前保存最完整的科举考场有四个，其余三个是北京的国子监、四川阆中贡院和河北定州贡院。贡院内的明远楼是制高点，可以监督整个考场，是目前贡院保存最完整的古建筑。

如何到达：平江府路步行经过小石坝街、文源桥。

参观须知：秦淮区金陵路1号，025-52236971，票价25元，9:00~22:00开放。

小插曲：中国科举考试一般考几天？考生的试卷是直接拿给考官审阅的吗？清代科举考试的日子是三天，中间要间隔4天的休息，总共是9天7夜的考试。考生的试卷是不能直接拿给考官的，要由誊写员用朱笔誊写后再拿给考官阅卷。

▲ **晚餐时间**

推荐餐厅：南京大排档平江府路店

▲ **夜游秦淮河**

推荐理由：傍晚时分是秦淮河夫子庙的黄金时间，《桨声灯影里的秦淮河》讲述了那个柔情似水的岁月。秦淮河的出名最早因为杜牧的诗《夜泊秦淮》，“烟笼寒水月笼沙，夜泊秦淮近酒家。商女不知亡国恨，隔江犹唱后庭花”。咏唱秦淮者众，并与中国历史相关甚密，因此秦淮河被称作“中国第一历史文化名河”。秦淮河开凿于秦代，据说始皇帝冬巡的时候路过秣陵，看到这里王气甚旺，于是开凿一条河以泄王气，秦淮河诞生了。看来秦始皇首先确实会看风水，因为诸葛亮路过这里也建议孙权把都城迁徙至此。其次，秦始皇自从开凿秦淮河后，这里的王气确实有被泄的嫌疑。

游览路线：夫子庙—东水关往返，时间45分钟。

参观须知：025-52300870，售票点在泮池码头，船票60~80元。

▲ **游览夫子庙步行街**

采购特产：南京板鸭、盐水鸭。

CICI

美国德克萨斯南方旅游公司副总经理。来自山水甲天下的桂林，旅居美国加拿大二十余载，从五千年中华古国文明，到欧美异域情怀的心灵之旅，一路行来，感悟大自然风景的鬼斧神工和各地人文的精彩璀璨。

“每一次到南京总喜欢与故乡桂林做一个对比。他们的相似就是柔美与梦一样的山水。南京就像一场梦，许多不如意的梦，许多正在酣睡中的梦，太多的憧憬，往昔，荡气回肠。南京像一个曾经沧海难为水的贵妇，在夕阳西下的阁楼翻阅昨日的过往，在迷蒙的相册里找到辉煌，然后报以会心的一笑。愿南京吉祥。”

Day2

▲ 游览路线

乌衣巷—中华门—瞻园—江南织造博物馆—总统府—鸡鸣寺—明城墙—玄武湖（黄册库）—颐和路民国建筑群—1912 休闲街区。

▲ 路况提示

南京交通拥堵，建议尽量选用公共交通工具。

▲ 乌衣巷

推荐理由：西晋八王之乱后的五胡乱华曾导致过中国最大的一次移民浪潮，衣冠南渡这个成语就是这么来的，士族阶层纷纷南逃。王导和谢安是当时士族阶层的代表，一位创建了东晋，一位打了中国最著名的以少胜多的淝水之战。淝水之战间接导致了鸠摩罗什在凉州居住了 17 年后才进入长安。"旧时王谢堂前燕"说的就是这两个大家族。王谢家族英才辈出，王羲之，谢灵运都是光彩夺目的后来者，他们都是乌衣巷的原住民。谢灵运发明了一种木头鞋叫做"谢公屐"，它是专门用来爬山的，后来传到日本一直传承至今。谢灵运不仅是旅行家还是中国山水诗的创始人。这是一条在中国历史上书写了浓墨重彩的小巷。

如何到达：平江府路莫泰酒店步行至乌衣巷，距离 200 米。

▲ 中华门瓮城

推荐理由：中华门是世界上目前保存最为完整的，建筑最为复杂的古城堡。中华门之所以历经炮火坚不可摧，是因为坚实的城砖和复杂的瓮城。历史上城墙多以墙面用砖，墙体夯土，中华门的每一块城砖都烧制了督造官、提调官的职务姓名，成为世界上最早的产品问责制。用打造故宫金砖的泥土精心制作而成的墙砖，每一块砖都坚实无比。城砖都严格规定了重量和尺寸，可见当时朱元璋对南京的防守颇为上心。中华门有三道瓮城，以及每个可以容纳 100 人的 27 个藏兵洞，内城守卫可以飞驰上城的马道。中华门题字是蒋中正先生的手笔，写得端正刚劲。在中华门城墙上可以随处看到烧制了制作人官职姓名的古砖，很有历史感。

如何到达：乘坐出租车乌衣巷—中华门瓮城，距离 1.5 公里。

参观须知：南京中华路，025-86625435，门票 50 元，8:30~20:30 开放。

▲ 瞻园（太平天国历史博物馆）

推荐理由：瞻园是著名的江南四大名园之一，乾隆下江南的驻跸处，"瞻园"为乾隆御题。瞻园的太湖石假山，江南式的曲径通幽，以及铜制的暖阁，都是亮点。瞻园最早为明开国元勋徐达的府邸，太平天国时为东王杨秀清居住。瞻园还是中国最权威的太平天国历史博物馆。内设茶室可以小憩，如果在夫子庙错失购物，瞻园还有云锦、板鸭、雨花石销售。

如何到达：中华门瓮城步行至瞻园，距离 1 公里。

参观须知：瞻园路 128 号，025-86623024，门票 30 元，8:30~20:30 开放。

▲ 江宁织造博物馆

推荐理由：江宁织造这个机构不仅为皇室提供衣料，更重要的是，他是皇上在江南的耳目，官阶仅次于两江总督。乾隆 6 下江南，有 5 次都驻跸于此。曹雪芹也在这里生活了 17 年，所以博物馆还专门设立了"红楼梦"展厅。东晋打败后秦，大量的长安工匠到了江南，他们将苏州的缂丝技术运用于织锦。当时江南的织布工人多达 20 万，创造的产值有 1500 万两白银。云锦位居中国织锦首席，在四川蜀锦和苏州宋锦之上。中国明清皇宫的蟒袍均为云锦制作。中国 4700 年的丝绸制造史，各种人工技术目前均可以为机器所替代，但唯一只能采用人工的就是云锦技术中的"妆花"工艺。比如做普通云锦需要 100 根挑花，而蟒袍需要 1800 根挑花，梭子需要 18000 根，每个梭子有 9 个分色，那么就需要有 16 万 5 千根耳子线，而这居然全部依赖人工完成。云锦木机妆花技术已列入世界非物质文化遗产名录。

如何到达：瞻园乘坐出租车至江宁织造博物馆，距离 2.6 公里。

参观须知：长江路 123 号，025-52243204，与总统府联票 55 元，9:00~17:00 开放。

▲ 云锦博物馆

推荐理由：如果对云锦钟爱有加，建议增加这个景点，观看现场织锦演示和云锦服饰走秀表演。

参观须知：位于茶亭东街。

▲ 总统府

推荐理由：曾经的明代汉王府，满清的两江总督府，太平天国的洪秀全天王府，以及国民政府总统府。东西朝房为满清六部的办公区，太平天国时官员等候天王召见的地方。子超楼为民国总统办公区。煦园是曾国藩重建，总统府的后花园。此外还有洪秀全文物陈列室，国民政府五院史料陈列室等。

如何到达：江宁织造博物馆步行至总统府，150 米。

参观须知：长江路 292 号，025-84578783，与江宁织造博物馆联票 55 元，8:00~18:00 开放。

▲ 鸡鸣寺

推荐理由：每当三月鸡鸣寺街边的樱花盛开，市民赶来赏花，吃过汤包，鸡鸣寺是必须去的地方。花上 10 元，焚三柱香，许个愿。鸡鸣寺是东吴的后苑，南朝梁武帝在这里修建了寺庙。这个梁武帝就是与达摩祖师聊不到一块的那位，致使达摩一苇渡江到了少林寺。如果当时梁武帝与达摩聊得来，那么很可能中国的宗教历史就会改写。今天的鸡鸣寺就是禅宗祖庭了。梁武帝萧衍是西汉萧何的 25 代孙，为数不多的堪与曹操并论才华的历史人物。他精于书法围棋，还是经史学家，诗人，沙场勇将。此人深通佛学，三次出家，以至政府拿钱到寺庙多次赎人。所以后来杜牧写的“南朝四百八十寺，多少楼台烟雨中”是有历史渊源的。

如何到达：总统府乘坐 304 公交车大行宫北站至鸡鸣寺，距离 2.5 公里。

参观须知：鸡鸣寺路 1 号，025-83361123，门票 10 元，7:00~17:30 开放。

▲ 明城墙

推荐理由：明代城墙建于开国，至今已 600 年历史。明城分为四重，最核心为宫城，向外是皇城，我们现在游览的这段是“京城”也叫内城的一部分，再外面是外廓城。明城墙的京城（内城）城墙有 35 公里，现保存完整的有 23 公里，是世界上现存长度最长的古城墙。秦淮河呈 U 字型呵护着古城，京城的城墙南以秦淮河为天然护城河，北以玄武湖为屏障，东临紫金山，西靠石头城，形成一个坚实的城市堡垒。南京地处平原无险可守，谋士朱升建议朱元璋“高筑墙，广积粮，缓称王”。韦庄有诗句“无情最是台城柳”写的是梁武帝被其收留的羯族叛将侯景囚禁，并饿死于台城的历史，朱元璋汲取了梁武帝的教训，城墙才修得这么结实。从解放门至玄武门的城墙可以俯瞰玄武湖，鸡鸣寺，眺望紫金山，是一处观景摄影的好地方。

徒步线路：鸡鸣寺解放门登城墙—游览明城垣史博物馆—玄武门下城墙，步行 1.5 公里。

参观须知：南京解放门 1 号，025-83370232，门票 30 元。

▲ 玄武湖

推荐理由：玄武湖是中国最大的皇家园林湖泊，面积 6600 亩，是颐和园昆明湖的两倍。早在秦始皇的时候这里叫秣陵湖，孙权把河水引入其中扩大面积，使其成为皇家园林后湖。到南朝的宋朝（比赵宋早 400 年），玄武湖做了一次深度的疏浚，湖底淘深，挖出的淤泥累积成三个小岛，就是我们今天看到的樱洲，梁洲，菱洲。每至春天樱洲樱花怒放，绚若火炬，白如苍雪，煞是好看。玄武湖的梁洲是梁武帝的太子萧统读书的地方，父子二人都是文学大家，往来无白丁。萧统后来组织文人编辑了一部著作《昭明文选》，是中国历史上最早的诗文总集。梁洲岛上有一个《黄册库》，是中国历史上规模最大的国家档案馆。

朱元璋立国后，对全国户籍人口、田亩、纳税，有过全国普查。其后造册登记，地方各级政府各留一套，最后一套（黄色封面）由中央政府户部保存，作为国家施政的基础数据。这个数据库的选址很让朱元璋伤脑筋，因为太重要了。找来找去，这个四面环水的梁洲成了不二之选。其后的 260 多年，梁洲一直是皇家禁地。

参观须知：玄武巷 1 号，025-83614286，湖区游览免费，6:00~20:00 开放，环湖路 24 小时开放。

游览方式：【**观光车游览**】五洲线全程 30 元，西南湖全程 20 元。【**游船游览**】脚踏小船 25 元 / 小时，脚踏大船 35 元 / 小时。【**豪华画舫船**】乘坐 20 人，30 元 / 位。

省钱妙招：玄武湖的正门是西门，就是玄武门。推荐观光车游览，因为有免费的语音讲解。观光车在明城墙与玄武湖之间的小道上通行，湖光山色，人文自然尽收眼底。

▲ 晚餐时间

推荐餐厅：狮子桥南京大排档

推荐理由：游览了一整天，人困马乏，玄武门出来 1.2 公里即是南京著名的狮子桥美食街，没有不大快朵颐的道理。

▲ 颐和路民国建筑群（公馆区）

推荐理由：1929 年南京按照《首都规划》在这个区域修建了 200 座公馆和使馆，颐和路的历史就是半部民国史。

如何到达：乘坐公交 52 路玄武门至湖南路，换乘公交 318 路至颐和路，距离 2 公里。

徒步线路：西康路和天竺路交汇处—汪精卫公馆—颐和路—顾祝同公馆—墨西哥驻民国使馆—阎锡山公馆—苏路广场—宁海路—江苏路—马歇尔公馆—陈布雷公馆—薛岳公馆。

▲ 南京 1912 休闲街区

推荐理由：1912 酒吧一条街位于总统府北，是一条保存较好的民国建筑群改造的休闲街。对于喜欢安静的人，这里可能会太闹，与南京的慢节奏格格不入。南京一半的洋酒消费是在 1912 完成的。17 幢民国建筑的斑斑驳驳，刻画着过去的迟缓放松，在喧闹中端起一杯酒，感受快节奏的今天，也是一种别致的享受。

如何到达：步行 500 米至玉泉路，乘坐公交 65 路玉泉路—总统府站，步行至 1912 酒吧街，距离 4.6 公里。

南京博物院

Day3

▲ 自驾出发南京博物院

推荐理由：南京博物院是仅次于国家博物馆的中国第二大博物馆，是 1933 年在蔡元培先生倡导下建造的。蔡先生也是南京博物院的第一任院长。国民政府南迁的时候，从沈阳和北京故宫搜罗了大量国宝精品，使得南京博物院的馆藏内容丰富，藏品级别很高。当时全国征集珍宝，南京博物院获得了二三十万件文物，其中《历代皇后像》《唐明皇幸蜀图》、毛公鼎、后母戊鼎都是重量级的国宝。现博物院分为 6 个馆，其中国宝级文物收藏于“特展馆”。**【蓝釉描金粉彩开光转心瓶】**是乾隆官窑精品，在瓶子里面还有一个可以转动的内瓶，工艺十分复杂。**【东汉错银饰青铜牛灯】**牛背部有一个灯盏连接一个烟道通往装水的牛肚，是一个环保型的灯盏。**【民国厅】**是用实物或从民间征集的民国物件打造的一条民国街景，邮局、有轨电车、福特老爷车、理发店、中药铺、戏院都是民国原样，仿佛真的置身当年。邮局还可以邮寄盖有南京博物院邮戳的明信片。**【老茶馆】**每天下午的 14:00~16:00 会有昆曲、评弹、白局表演。白局产生于明末清初，最早是织锦工人为了解乏用南京方言表演的小曲，后来逐步演变为一个曲种。

全程路况：距离 6 公里，全程行驶 20 分钟。

自驾线路：平江府路—健康路—内环东路—中山东路—南京博物院停车场。

参观须知：中山东路 321 号，025-84802119，凭身份证免费。9:00~17:00 开放（16:00 停止领票）。

▲ 明孝陵

推荐理由：明孝陵是我国规模最大的皇陵，它因为开启了明清皇家墓葬的规制，故称“明清第一陵”。明孝陵为朱元璋和马皇后的合葬墓，由于马皇后谥号“慈孝”，此陵又叫“孝陵”。明孝陵从下马坊开始，至墓室宝顶有 2.6 公里之遥。明孝陵的神道与历史皇陵差别甚大，汉唐皇陵的神道都是笔直宽阔，仪仗威严，明孝陵的神道迂回曲折，让人百思不得其解。通过航拍人们发现，明孝陵是按照北斗七星的格局建造的，曲折之谜由此解开。据说选址的时候朱元璋特嘱要让孙权为自己守陵，孝陵选址确定后，只留下了孙权墓，其余皆拆。

全程路况：距离 3 公里，全程行驶 10 分钟。

自驾线路：南京博物院—中山门大街—陵园路—明孝陵博物馆停车场。

游览线路：**【明孝陵博物馆】**免费，可通过博物馆详细了解明孝陵的相关知识。博物馆一楼是《大明孝陵》展览，360 度明孝陵电影，艺术品超市，休闲书吧；二楼有云锦博物馆，手工织锦表演；三楼是明代家具艺术馆。**【四方城】**大金门检票后进入，神功圣德碑为歌颂朱元璋丰功伟绩为立，碑文 2746 字为朱棣亲自撰写。经测量碑体重达 6000 吨，为中国少有的大体量石碑。朱棣做事情从来大手笔。在南京东郊的汤山镇的阳山上发现了三块基本开凿成型的石碑，当地人称为“孝陵碑材”，这三块石头分别为碑座、碑额和碑身，分别重 1.6 万吨，6000 吨和 8000 吨。埃及金字塔的大石头才 25 吨。为了孝陵的建设据说杀戮了 3000 工匠。**【神道】**从四方城左转进入。依次经过獬豸、骆驼、石象、麒麟、石马，在神道望柱这里右转进入立着文武百官的翁仲路。这条神道两旁，树木茂盛，樱花开时漫山红遍，是南京人春秋郊游的地方。**【孝陵】**从金水桥开始就进入入口处，过碑殿，享殿后是内红门，最后才是宝顶的合葬墓室。从探测结果分析，明孝陵的墓葬区十分完整，直至 2000 年专家才通过遥感技术找到了陵墓的真正入口。

参观须知：玄武区紫金山，025-84446111，门票 70 元，7:00~17:30 开放。

▲ 中山陵

推荐理由：中山陵是孙中山先生的陵墓，从陵墓入口中山先生手书之“博爱”拾级攀登至“天下为公”门额进入祭堂近 400 级台阶，用攀登这个词实不为过。祭堂内刻有《建国方略》全文。这个《建国方略》建议一定看看。这是中国的一本实业救国的大纲，非常详细具体，给中国描绘了一个非常绚丽的远景规划。《建国方略》涉及到：铁路、公路、港口、运河，长江治理，移民等诸多方面。比如关于中国铁路的规划，就几乎涉及到中国所有地域干线建设的谋划。以西藏拉萨至成都为例。孙中山先生的川藏铁路规划原文：“此线起自拉萨，东北向，依旧官路前行，经德庆，南摩，至墨竹工卡.... 经过托拉山，至拉里.....此线不循东南之官路至巴塘，乃向东北，而循别一商路前行......至灌县，进入成都平原，即由郫县至成都。此线行经之距离约一千英里。”川藏铁路尚未建设，但先生诸多预言已成现实，如三峡大坝，上海和广州港的建设等等。《建国方略》第一次将“民权”纳入，以至于当时起草《总理遗嘱》的汪精卫都不以为然而故意漏掉。

如何到达：明孝陵金水桥处乘坐景区 3 号交通电瓶车至中山陵。

参观须知：位于紫金山，025-84446111，免费，8:30~17:00 开放。

敢在雨天里撒野才叫真任性

雨天开车，总会让人有点不安，
如果有一台好车，你的心就会放宽很多。

一路闯天下车队在南京开往无锡的路上依然遭遇着暴雨，我们只有开启行车灯，才敢继续前行。不过幸好开的是 RAV4，让我们在这湿滑路面和雨雾弥漫的状况下也没感到一丝丝艰难。打开雨刷，再加上 RAV4 的远光灯和近光灯可以自动切换，让我们清楚掌握前端的路况，很好的保障了行驶的安全。当时，在高速公路上 9 台车形成一条水带雾龙，场面十分壮观，虽然车速不敢太快，但依然能让我们享受到雨天驾驶的快感。

作为一款城市 SUV，更显年轻，更有活力的外观简直“颜值”爆表，谁见了都想多看两眼；同时，在越野基因上也保留了荣耀世家的英气，双 VVT-i 发动机搭载 6AT 变速箱，再加上 4WD 系统，以及 VSC 车身稳定系统，为车辆的动态性能提供稳劲支撑，确保在复杂路况，操纵感也能顺畅自如。

一路上 RAV4 在各方面的 表现都**相当出色** 作为城市 **SUV 的鼻祖** 应具备的品质

RAV4 荣放论坛 > 【一汽丰田 RAV4 武汉 -- 南京】最好的时光，都在路上…… 点击：304 | 回复：0

liu2015999

精华：2 贴
帖子：3 贴 | 17 回
来自：湖北 武汉
爱车：认证 RAV4 荣放

发表于 2016-5-23 18:36:33

【一汽丰田 RAV4 武汉 -- 南京】最好的时光，都在路上……

应中南丰田邀请，参加本次全国的“铭刻传奇”RAV4 一路闯天下自驾活动武汉到南京段的活动，认识了很多各行各业，年轻的，年长的朋友，相聚即是缘，一路的欢歌笑语，一路的美食美景，最好的时光，都在路上……

这一路从武汉出发，经过，黄石，黄梅，九江，景德镇，婺源，宏村，歙县，新安江，到达南京，很多车友都去过，但 30 多台车的共同出发，共同抵达，感觉格外不同，忘记嘈杂，忘记烦恼，忘记压力，享受美景，享受美食，享受在路上的一切，我只想说，下次，我们还一起出发……

南京自驾线路

南京—无锡鼋头渚—苏州拙政园—苏州古城—昆山千灯古镇

① 南京—无锡鼋头渚

全程路况

南京 182km 3h 无锡鼋头渚

自驾线路

▲ 南京平江府路—健康路—内环东路—中山东路—G42 沪蓉高速—无锡北下高速—S229—凤翔北路—快速内环西—双虹路—鼋渚路—鼋头渚风景区停车场（充山大门）。

无锡鼋头渚

▲ 鼋头渚是太湖东岸一块深入的半岛，为太湖观景第一处。鼋头渚风水历来为名士所倾慕，早在春秋即有蠡园，后 1918 年各路达官显贵在此修筑公馆别墅，鼋头渚也成为蒋介石的私人园林。

参观须知

▲ 无锡市湖滨区大浮充山村 118 号，0510-85550384，门票 105 元，套票 170 元（含鼋头渚、梅园、蠡园、锡惠名胜区，2 天有效），8:00~17:30 开放。

游览景观

▲ 藕花深处

充山大门至“藕花深处”，此景取自李清照的“兴尽晚回舟，误入藕花深处”。“夏日荷花春日樱”是无锡鼋头渚的自然馈赠。

▲ 樱花楼

是登高赏花的地方，鼋头渚的春日三万株樱花怒放之时，3 万只风铃在飘飘落花中叮叮当当，为一派粉嫩世界鼓掌。

▲ 兰苑

有数千盆兰花，更有郑板桥、王献之、吴昌硕圣手的兰花刻画。

▲ 万浪桥

从南朝四百八十寺的广福寺下来，就是万浪桥，拱桥架于水中，听涛踏浪。

▲ 苍鹰渚

苍鹰渚是著名的太湖“湖东十二渚”之一，苍鹰渚犹如鹰嘴深入湖中，此处可眺太湖烟波浩渺，一展胸襟。

▲ 澄澜堂

澄澜堂可以小坐，一杯菊花茶 20 元不贵，推窗见湖，往来帆影点点，清风过处，又见湖中仙岛。

▲ 仙岛

仙岛的船票是包含在 105 元门票中的。

▲ 蠡园

鼋头渚东边有一蠡园值得一游。范蠡是河南南阳人，为南阳四圣之一，号“商圣”。南阳其余三圣为：医圣张仲景，科圣张衡，智圣诸葛亮。范蠡协助越王勾践立国后，隐退。做起了陶器生意，成为巨富。他与西施就在鼋头渚这个地方筑巢安家，过起了逍遥生活。我们前面说过，南京城的第一个城市建设者就是范蠡。

▲ 东林书院

位于无锡的解放东路，是中国著名的书院。明朝的东林党人，就是从这里出去的。名联“风声雨声读书声声声入耳，家事国事天下事事事关心”就撰于此。所谓东林党，是江南士大夫的集团，都是些文人，以顾宪成为代表，政治主张是“为民请命”。其政治对手是魏忠贤一帮宦官，结果可想而知。东林党人输得很惨。

② 无锡鼋头渚—拙政园

全程路况

无锡鼋头渚 60km 1h 拙政园

自驾线路

▲ 鼋头渚—中山东路—高浪路—蠡湖大道—通锡高速—G2 京沪高速—苏州收费站下高速—苏州北站高架路—东北街—停车桥—拙政园南门停车场。

苏州拙政园

▲ 拙政园是中国的四大名园之一，江南园林的典范。与北京颐和园、承德避暑山庄、苏州留园并列。第一任园主王献臣及其后的历任园主多有波折，甚至不能善终，所以这个园子的风水始终是一个谜。王献臣从仕途顶点的巡察御史，混到小小驿丞，领悟人生后给这个园子取名叫“拙政”也是对自己行走官场的检讨。王献臣的儿子在一次豪赌中将园子输给了一个叫徐少泉的，此后徐氏在此居住了一百年之久直至家道没落。明刑部侍郎王心一购得后家族在此居住至清道光年间，园子荒芜成为菜地。清大学士陈之遴入住后被贬至辽东并客死他乡。而太平天国李秀成的忠王府办公区就设在拙政园的“见山楼”。介绍拙政园的资料，没有一份提到曹雪芹的。其实曹雪芹 13 岁前的童年是在这里度过的。曹寅在江宁织造之前的任职是苏州织造，康熙下江南的时候让他住进了拙政园。曹寅升任江宁织造后将拙政园给了继任苏州织造的小舅子李煦。李煦的亲孙女叫李香玉，就是林黛玉的原型。明代大画家文征明是拙政园的蓝图规划者，园子有三十一景。文征明绘制了三十一景图并配诗。拙政园分为东，西，中三个部分。从东厅入园，第一景即为“兰雪堂”，取自于李白的“清风洒兰雪”。西园的三十六鸳鸯馆为中西合璧，是主人看戏宴请宾客的地方。男人看戏，女人只能在后围听戏。男女宾客的视野所至也迥然不同，男宾视野开阔可视园外高墙古树，女宾的视野被制约于园内。十八曼陀罗花馆是西园主体，曼陀罗又名山茶花，从翁方纲的《跋拙政园记》看，与王献臣喜欢山茶花有关。园子中部是拙政园的主景区，其主体建筑是“远香堂”。拙政园水域遍种荷花，荷香远侵，以示高洁，其卓尔不群的性格与王献臣多有相似，也是王献臣园林艺术的一种人格倾诉。

苏绣陈列室

▲ 拙政园的苏绣陈列室非常值得仔细游览，展出刺绣作品均为国家工艺大师的精品。其中作品远观似写意山水，或西洋水彩。有玉兰双面绣动态逼真，手工织绣的色彩过度与笔墨晕染无异。

参观须知

▲ 苏州姑苏区东北街 178 号，0512-67510286，门票 90 元，7:30~17:30 开放。

省钱妙招

▲ 拙政园的每天早上 8:30 分的第一场讲解是免费的，建议早去早听。

酒店任你挑

▲ **观前街店附近**

推荐理由： 苏州古城内，距离各景点很近。

苏州古城

▲ 苏州古城是一个区域概念，今天能够体现古城风貌的街道是从平江路经园林路，经过西北街到山塘街的一段。苏州古城是吴王阖闾命伍子胥建造的，这个就像是越王勾践命范蠡修建南京类似。苏州古城从公元前500年至今，历时2500多年，城市格局甚至街道走向基本未变，这在中国的城市历史中独一无二。《平江图》是宋代绘制的苏州城市平面图，这也是我国最早的城市布局图，对比今天的苏州，总体框架，水网河道，道路桥梁几乎一致。也就是说苏州可以得到明确史料证据证明，从宋代至今这个城市就没怎么变化。所以才有法国启蒙思想家孟德斯鸠“鬼斧神工”的赞叹。苏州城重要的16座城门，其中8座是春秋时期开通的。如果不知道平江路，你一定知道戴望舒的《雨巷》。“我希望逢着，一个丁香一样的，结着愁怨的姑娘”，就是写的平江路的丁香巷。这条沿着平江河的水街，藏着数不清的故事，悬桥巷、狮子巷、传芳巷、大儒巷，每一个巷子都是一本苏州的历史。悬桥巷的洪钧是同治状元，兵部侍郎，他娶了秦淮河的名妓赛珍珠做姨太太。这个赛珍珠是安徽古徽州人，娘家就在宏村附近的木坑。悬桥巷还有一位人物，叫做顾颉刚，中国著名的历史学家，苏州古城保护的最早发起人。胡厢使巷藏着唐纳的故居，他是江青的第一任老公。中国昆曲博物馆和苏州评弹博物馆在中张家巷。而丁香巷与平江路的交汇点的昆曲馆每天的昆曲表演更是宾客满座。

美食集中营

▲ 平江路

推荐理由：平江路是亲民一条街，美食多得数不过来。最著名的当属鸡爪、鸭舌。而苏州的生煎包子可以与上海的南翔包子媲美。苏州老菜馆经营的是：松鼠鳜鱼、蟹黄豆腐、糖醋排骨。茶坊里的特色点心是：月饼、桂花糕、糍粑。

推荐餐厅：宋记稻驿亭
招牌菜：海棠糕、桂花糖粥。
（平江路）

推荐餐厅：皇城秘制鸡爪
（平江路南石子街）

推荐餐厅：赵半仙排骨
（平江路104号）

推荐餐厅：枕荷小铺
招牌菜：桂花酒酿小圆子。
（平江路320号）

推荐餐厅：平江一碗燕
招牌菜：一碗燕、糟香凤爪。
（丁香巷）

推荐餐厅：鱼食饭稻
招牌菜：大骨煨萝卜、鱼头汤、红烧肉。
（平江路66号）

③ 拙政园—千灯古镇

全程路况

拙政园 — 40km 1h — 千灯古镇

自驾线路

▲ 干将东路—东环路高家—独墅湖大道—金鸡湖大道—阳光中路—秦峰中路—千灯古镇停车场。

千灯古镇

▲ 较之于充满商业气息的江南各大古镇，千灯寂寞至极。正因为此，千灯保存了江苏最古老也是最长的一条明清石板街。有“天下兴亡，匹夫有责”的顾炎武，也有“中国第一当铺”的余氏典当行。其实我认为最该来千灯的理由只有一个，这里是中国戏剧之母“昆曲”的故乡。陶渊明的第九代孙陶岘是江南丝竹的创始人，他也诞生在这里。江南丝竹，丝是指中国民族乐器中的弦乐，比如二胡；竹，是指以竹子为材料的笛，箫乐器。昆曲是中国最古老的剧种，起源于元末明初、明代万历年间，昆曲进入北京成为全国性的剧种，称为“官腔”。明末清初湖广填四川，昆曲进入四川，对川剧影响极大。中国最主要的剧种，如湘剧、黄梅戏、川剧、越剧都受到过昆曲的重要影响。

其他景点

▲ **寒山寺**

因为张继的“姑苏城外寒山寺，夜半钟声到客船”而名扬天下，建于南朝，为中国十大名寺之一。

▲ **盘门**

是伍子胥建造的 8 座苏州最古老的城门之一，也是苏州唯一的一个水陆城门。

▲ **留园**

中国四大园林之一，面积 78 亩，是拙政园的一半，太湖十二石为其看点。

▲ **虎丘**

苏州最主要的地标，每年各种节日花会的展览地。吴王阖闾将此作为离宫，阖闾战死后埋葬在剑池下，并以天下名剑“鱼肠”等三千宝剑陪葬。康熙帝多次游览虎丘并在此留住。主要景点：剑池，云岩寺塔。

上海
长江
黄浦江
上海站
上海西站
虹口区
普陀区
杨浦区
复旦大学
同济大学
上海大学
中国人民解放军海军上海博览馆
天目中路
S20
S12
G1501

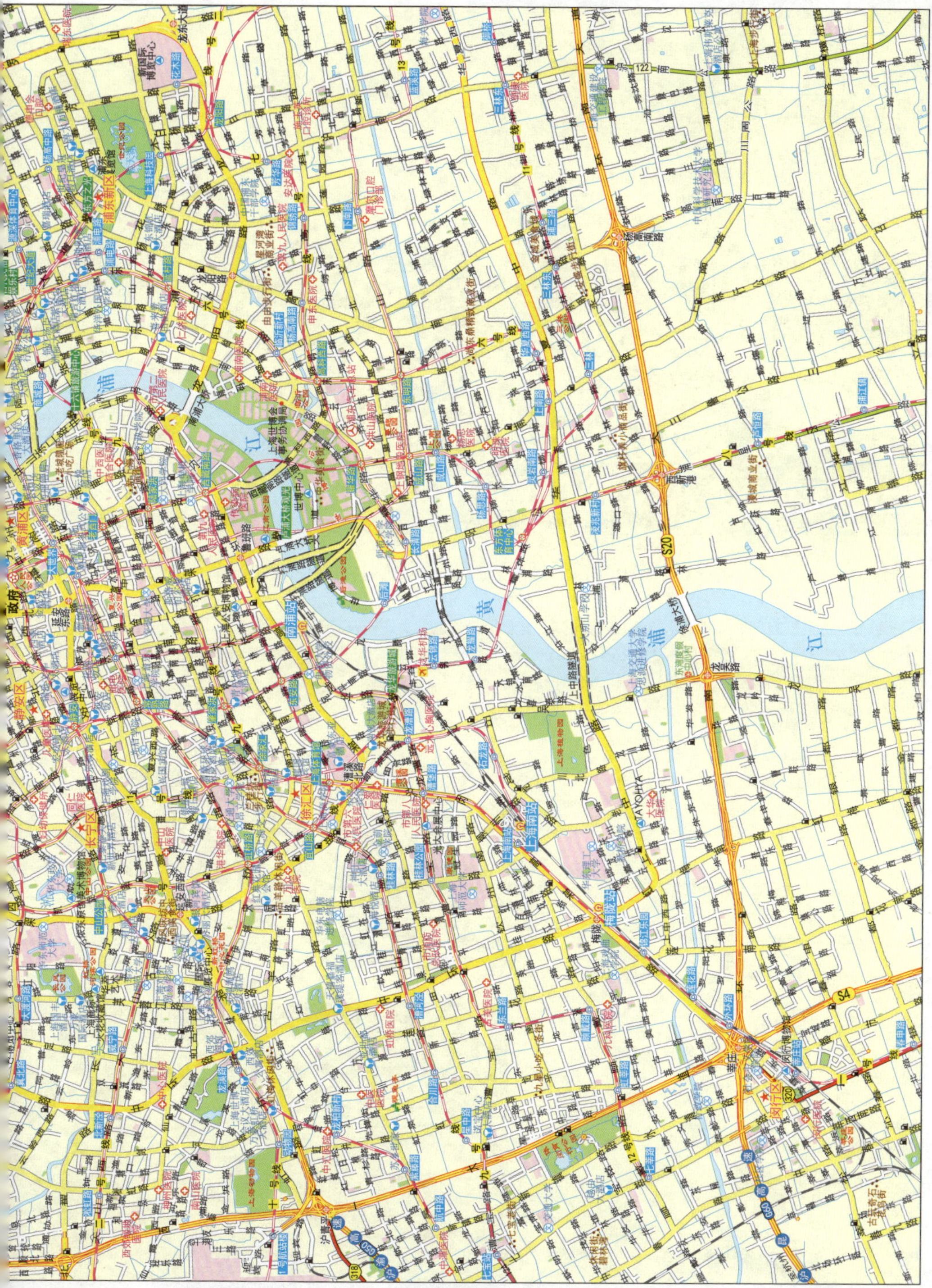
浦东新区
黄浦区
静安区
长宁区
徐汇区
闵行区
上海南站
S20
S4
G60

RAV4与上海

SHANG HAI

历史与今天 | SHANGHAI IS AN INTERNATIONAL CITY.

上海是中国开埠最晚的特大城市，作为海洋文明的见证，上海也是中国乃至世界最充满活力的国际大都市。南翔古镇、朱家角、外滩、浦东、上海可以最怀旧，也可以最新潮。田子坊的前卫艺术作坊、衡山路的酒吧、新天地的新石库门、淮海路的顶级时尚品，磁悬浮列车、东方明珠、迪斯尼游乐园是上海最有节奏的当今脉搏。豫园城隍庙、外白渡桥、思南路、龙华寺，都是窃窃私语的上海往事。如过江之鲫，每一个中国的灵魂精英都希望在上海留下他们的足迹，上海浩若繁星的名人故居证明了人往高处走的哲理普遍实用。

一汽丰田上海全车系体验营

▲ **地址**：嘉定区胜辛北路与兴顺路交叉路口

生活是用来享受的

上海这座城市总会让人贴上“时尚”、“小资”的标签。

走在上海的街上，你总能看见各种新潮的装扮，或时髦、或个性，这种装扮甚至和年龄无关，是这座城市的年轻活力，是属于它的独特魅力。

小资是什么？下午茶？琳琅满目的橱窗？夜晚的灯红酒绿？

就像是 RAV4，它总是以一种活力进取的形象出现在人们面前，它时尚的设计、灵动的颜色都符合了它年轻的定位，更符合一颗无关年龄的“越野的心”。

在享受生活这件事上，RAV4 就是如此“闷骚”！晚上，当你行驶在川流不息的马路上，把音乐调到自己最喜欢的那一首，打开 RAV4 的 LED 氛围灯，尽情享受属于自己的当下吧！

一汽丰田上海全车系体验营开营

5月22日车队正式抵达了第二赛段的终点——

【东方明珠】之称的魔都上海

自2016年4月29日启程以来，由RAV4与普拉多、兰德酷路泽组成的车队，经历了近5000公里的“烽火传古城”终于来到赛段终点上海。收官活动选择在了一汽丰田上海体验中心，活动当日，上海体验中心也正式开营。

一汽丰田汽车销售有限公司总经理姜君讲话，他说一汽丰田正在推进年轻化战略，就是要激发年轻人的热情，让年轻人参与到产品活动体验中来。上海体验中心的建立和 RAV4 车主百城荣耀接力赛都是年轻化战略的一部分。

在最为核心的区域之一，SUV 越野体验区，前来参加活动的用户纷纷参与试驾体验。上海体验中心开业后，将不定期推出体验活动用户可

免费参与体验

能在离城市不远的地方有这样的驾驶体验和汽车休闲生活场所，也算一大幸事了。

城市速览 上海 SHANG HAI

地理气候特征

▲ 上海是典型的亚热带季风气候，四季分明。上海位于长江冲积扇的入海口，周边密布的河网湖泊、京杭大运河，使上海成为水陆大通道，经济总量居全国第一的上海有充足的资本打造世界最便捷的高速公路网。世界没有哪个地区和城市的高速公路密度、建设质量可以和上海叫板。

自然及人文景观

▲ 外滩万国建筑博览区

【亚细亚大楼】建于1916年，最早为英国兆丰洋行产业，后亚细亚火油公司租赁在此办公，因此得名。由于它是中山东路一号门牌，所以被称作“外滩第一楼”。**【上海总会大楼】**建于1861年的上海总会大楼是英国侨民俱乐部。其长达34米的大理石酒吧柜台格外著名。现在是华尔道夫酒店。**【汇丰银行大楼】**原英国汇丰银行产业，建于1923年，英国人赞叹这是“从苏伊士运河到白令海峡最讲究的建筑”。现在是浦东发展银行大楼。**【海关大楼】**满清政府的海关办公大楼。大楼的大钟当时为亚洲第一大钟，与武汉江汉关钟楼有非常近似之处。**【和平饭店】**建于1854年的和平饭店是上海最老的现代酒店。和平饭店历来为名流青睐，卓别林、司徒雷登、萧伯纳曾经入住。

▲ 多伦路文化街

名人住宅密集区，有鲁迅、叶圣陶、矛盾、丁玲、孔祥熙、白崇禧、汤恩伯等名流的故居。

▲ 思南路

名人故居，法租界。

▲ 愚园路

涌泉坊，汪公馆。

▲ 华山路

丁香花园（李鸿章别墅）。

▲ 东平路

宋美龄故居爱庐。

▲ 汾阳路

法租界总董官邸。

▲ 城隍庙方浜中路

上海老街的古旧面貌的延续。

▲ 龙华寺

龙华路，建于三国时期，是孙权孝敬母亲而建造。

▲ 外白渡桥

上海的地标建筑。2007年一家英国的设计公司给上海政府寄来一份函件，提醒外白渡桥已经达到使用年限100年，并建议检修水下的桥台和桥墩。2008年外白渡桥完成了重新建造。这座桥是几乎所有上海文学艺术作品都希望触碰的点，它是上海历史始终不渝的守候者。

▲ 静安寺

三国孙权政权时期建造，上海香火最盛的一处金碧辉煌的佛家寺院。

▲ 豫园

建于明代的私家花园，上海最大的古园林，与北京潘家园、琉璃厂、南京夫子庙并称中国四大文化市场。

▲ 南翔古镇

上海四大古镇之一。

登高观景点

▲ 环球中心

94层观光大厅

▲ 金茂大厦

88层观光大厅

▲ 东方明珠电视塔

上球体观光层距离地面263米

美食集中营

▲ 美食街

推荐美食街：云南路美食街

（上海博物馆与豫园之间）

推荐美食街：吴江路

（南京西路地铁站附近）

推荐美食街：黄河路美食街

（人民广场北，凤阳路附近）

推荐美食街：天钥桥美食街

（徐家汇商圈，

肇嘉浜路与零陵路之间）

▲ 小吃

推荐餐厅：真老大房

招牌菜：油豆腐线粉汤

（南京东路与山西南路交汇处）

推荐餐厅：北万新

招牌菜：鲜肉大包

（淮海中路与老重庆中路交汇处）

推荐餐厅：鲜得来

招牌菜：排骨年糕

（云南南路与宁海东路交汇处）

推荐餐厅：王家沙点心店

推荐理由：上海名点

（南京西路，西康路）

推荐餐厅：南翔馒头店

招牌菜：南翔包子

（愚园路，南翔古镇）

推荐餐厅：小杨生煎

招牌菜：生煎馒头

（吴江路，黄河路）

推荐餐厅：万寿斋

招牌菜：三鲜小馄饨

（山阴路）

推荐餐厅：振鼎鸡

招牌菜：白斩鸡

（天钥桥路，愚园路）

推荐餐厅：沧浪亭

招牌菜：面点、糕团点

（天钥桥路）

▲ 名店老字号

推荐餐厅：上海老正兴

推荐理由：上海的餐馆中最负盛名的店铺之一，创建于清代同治年间，最能展示上海本帮菜的餐馆。

（黄浦区福州路 556 号，浙江中路与福州路交汇处 021-63222624）

推荐餐厅：老半斋

招牌菜：刀鱼面、雪菜面、狮子头、肴肉面

推荐理由：中华老字号，创建于清代光绪年间，是上海著名的老字号小吃店。

（黄浦区福州路 600 号，毗邻老正兴 021-63223668）

推荐餐厅：上海老饭店

招牌菜：八宝鸭、油爆虾、虾子大乌参、清炒脆鳝

推荐理由：上海老饭店创建于光绪年间，老招牌叫“荣顺馆”，是上海最有名的本帮菜餐馆，也是上海本帮菜的发源地，价格高端。

（黄浦区福佑路 242 号，豫园新路附近 021-63111777）

酒店任你挑

▲ 静安昌平路附近酒店

推荐理由：处于静安商圈，地铁出行方便，距离南京西路很近。

▲ 徐汇区零陵路附近酒店

推荐理由：距离 4 号线和 7 号线地铁东安路站仅 100 米。

时尚购物

▲ 南京东路

推荐理由：中华商业第一街，大量老字号的集中地，有老介福丝绸、盛锡福帽子、张小泉剪刀、沈大成点心店。宏伊国际广场、华联商厦、永安百货、上海第一食品商店、百联世贸广场、上海第一百货，也在其中。

▲ 南京西路

推荐理由：商铺主要集中于江宁路与南京西路的交汇处，是上海顶级奢侈品的汇聚地。**【梅龙镇】**化妆品和美食是主打。**【中信泰富】**小众品牌专卖店集中地。**【恒隆广场】**中国奢侈品第一旗舰店。**【久光百货】**主要销售日本商品百货。

▲ 淮海中路

（西藏南路—襄阳北路之间段）

推荐商家：巴黎春天百货、锦江国际购物中心、环贸广场、香港广场、大上海时代广场。

酒吧

▲ 田子坊

推荐理由：泰康路的田子坊是上海艺术家的工作室汇聚地，陈逸飞工作室，尔冬强工作室就坐落在此。“田子坊”这个名字据说是大师黄永玉取的。现在田子坊成为上海的文化符号，茶楼、餐厅、咖啡吧、酒店、画廊、艺术品、艺术家工作室拥塞其间。

▲ 衡山路

推荐理由：北起乌鲁木齐南路，南至华山路这段衡山路是上海最大的酒吧街。旧上海这里叫做“贝当路”，是法租界的一条干道。汪精卫政权改称衡山路。这里主要的酒吧、茶楼、艺术画廊 100 多个。衡山路也是域外风情美食的总汇，在茂盛的法国梧桐掩映下，灯火迷蒙，靓女俊男在温情与醉意中体会一把东方香榭丽榭的情调。

推荐酒吧：玛歌、福庐、贝尼、LIGHT。

外埠车辆 Attention!

7:00~10:00、15:00~20:00 外地车辆禁止驶入上海内环高架路，南北高架路等几乎所有高架桥路，以及南浦大桥，卢浦大桥和延安东路隧道。请以道路标识为准。

加油站

▲ 中国石化静安区延安中路加油站

地址：延安中路 990 号（延安中路与威海路交汇处）

电话：021-62722717

▲ 中国石化徐汇区宛平路加油站

地址：宛平路 288 号（宛平路与肇嘉浜路交汇处）

电话：021-64730492

玩转上海 为您推荐②日行程

Day 1

▲ 游览线路（以入住速 8 徐家汇店为例）

外滩万国建筑博览群—黄浦江景及浦东新区建筑群—南京路步行街—豫园—老城隍庙文化街—方浜中路上海老城厢—南翔馒头店—思南路汾阳路名人故居及法租界建筑—新天地石库门。

▲ 外滩万国建筑博览群

推荐理由：外滩伫立的 23 幢古典主义和折中主义的西式建筑是鸦片战争后，中国开放 5 个通商口岸的产物。从 1845 年英国率先抢占外滩，到法国进入，北到外白渡桥，南至金陵东路的 1.5 公里的黄浦江岸边，逐步形成了“英租界”和“法租界”，随之而至的是52幢大厦，被赞为“东方的华尔街”。外滩的黄埔江东岸是改革开放后打造的中国金融火车头浦东新区。代表 21 世纪上海实力的东方明珠塔、上海环球金融中心、上海中心大厦、金茂大厦，穿越 150 年的时间，完成了一次建筑博览群的历史对话。

如何到达：地铁 7 号线东安路站—静安寺站，换乘地铁 2 号线—南京东路站，步行至外滩。外滩游览万国建筑博览群—游览外滩黄浦江，眺望浦东新区建筑群。

▲ 豫园

推荐理由：上海唯一保存完整的江南园林，建于明嘉靖年间，园林的第一位主人是四川布政使潘允端。湖心亭和九曲桥是豫园的亮点。

如何到达：地铁 10 号线南京东路站—豫园站。

参观须知：黄浦区安仁街 132 号，021-63260830，门票 30 元。

▲ 城隍庙

推荐理由：城隍庙是中国四大文化街之一。现在像是一年四季不停歇的常年庙会，旧上海才能看到的西洋镜表演很有洋泾浜的味道。南翔馒头店是永远会排长队的，想不排队请上二楼，人均消费满 60 元就可立即得到座位。方浜中路的仿古建筑再现了上海老城厢的模样，不仅建筑复原，连经营的商铺都是赫赫有名的上海老字号。

▲ 午餐时间

推荐餐厅：南翔馒头店城隍庙路店。

▲ 思南路

推荐理由：以法国著名作曲家儒勒·马斯奈的名字命名，这位作曲家最著名的作品就是小提琴曲《沉思》。这条法租界的小路被梧桐遮蔽，两旁的老式洋房是摄影爱好者的杀手。梅兰芳的梅宅、孙中山故居、中共驻沪办事处的周公馆，还有张学良、卢汉、徐志摩的故居均在此处。

如何到达：地铁 10 号线豫园站—新天地站，步行至思南路。

▲ 东平路

推荐理由：爱庐位于东平路 9 号，是蒋宋成婚时，宋子文作为陪嫁送与宋美玲的。东平路 1 号是苏州商人席德懿的私宅。席家在太湖边有一处私家花园，占地千亩至今仍对外开放。席德懿是当时的中央银行行长。东平路 11 号是宋子文的别墅。

如何到达：步行至永嘉路—汾阳路—东平路。游览旧上海名人故居。

▲ 石库门与洋房

推荐理由：石库门的来历与太平天国有关。当太平天国大军攻打无锡、苏州一带的时候，大量的难民涌入租界。为接纳难民，租界修建了这种公共生活与私人生活空间界限不明的住宅。新天地石库门是新资本进入后重新打造的一个仿古时尚社区。新天地除了具有餐饮、娱乐、购物功能外，在北里还建造了“石库门屋里厢”博物馆，按照石库门最早的使用功能还原了家庭内部的布局构造。

如何到达：地铁 10 号线南昌路站—新天地站。游览上海石库门屋里厢博物馆，新天地石库门晚餐。

Day2

▲ 游览路线

静安寺—南京西路奢侈品购物—黄河路美食街—上海博物馆—东方明珠观光厅—陆家嘴滨江公园—游轮夜游黄浦江。

▲ 静安寺

推荐理由：静安寺的历史可以追溯到东汉三国，太平天国战乱中被毁，后胡雪岩出资重新修建。寺内藏有八大山人和文征明的真迹。静安寺是上海香火最旺的寺庙。

如何到达：地铁 7 号线东安站—静安寺站。

▲ 梅龙镇，恒隆广场，中信泰富

推荐理由：奢侈品购物的天堂。

如何到达：静安寺步行至南京西路。

▲ 午餐时间

推荐美食：黄河路美食街。

如何到达：地铁 2 号线南京西路站—人民广场站，步行至黄河路。

▲ 上海博物馆

推荐理由：上博是我国第二大博物馆，有“半壁江山”之说。因为馆长马承源先生本人是青铜器鉴定大家，所以上海博物馆最重要的馆藏大多为马先生慧眼识珠发掘的国宝。上海博物馆很难说哪一件是镇馆之宝，藏品中不乏国之重器。青铜器有周成王的德方鼎、周孝王大克鼎、吴王光剑、春秋牺尊。字画有王献之《鸭头丸帖》、宋徽宗《千字文》等。

如何到达：黄河路步行至上海博物馆。

参观须知：人民大道 201 号，021-63723500，9:00~16:00 免费领票。

▲ 东方明珠观光厅

推荐理由：东方明珠电视塔是亚洲第一、世界第三高塔。塔内有旋转餐厅、观光层、发展陈列馆、科幻城。虽然上海中心等陆家嘴建筑高度已经超过东方明珠，但是在地理位置上东方明珠依然是最佳观景点，可 360 度一览黄浦江两岸。

如何到达：地铁 2 号线人民广场站—陆家嘴站，步行至东方明珠电视塔。

参观须知：浦东世纪大道 1 号，021-58798888，观光 160 元。8:30~21:30 开放。

省钱妙招：东方明珠观光一定要选择天气好的日子，浓雾天气是什么都看不到的。要看夜景，璀璨的浦江灯火非常迷人。东方明珠的 160 元门票，包含 263 米的观光层和 90 米的观光层，以及 1 楼的城市发展陈列厅。排队时间约 1 小时 30 分钟，游览时间需要 1 小时。请一定安排好时间。

▲ 陆家嘴滨江公园

如何到达：东方明珠电视塔步行至黄浦江滨江公园。

▲ 晚餐时间：

推荐美食：正大广场。

如何到达：滨江公园步行至正大广场。

▲ 东方明珠游船码头

如何到达：步行至东方明珠游船码头。

参观须知：浦东新区滨江大道 2852 号，021-58791888 总机转游船码头，票价 120 元。

乘船须知：每天 20:00 收船，游览时间 40 分钟。

林治平　网名：未名壶

汽车网络达人，自驾游、摄影爱好者。北京环境艺术公司副总经理，新三板上市公司监事会监事，北京市工商联环境艺术商会秘书长，爱卡花冠车友会版主。自驾出行的足迹遍布东北、华南、华东、华北、西北、西南。

完成的主题自驾游列举：晋商的成因与历史；京杭大运河溯源；显宗与密宗，大乘与小乘佛教之异同；古徽州文化遗存；大兴安岭地区地质地貌探寻。

“

这是一个庞大而有秩序的城市；
这是一个历史与现代共存的城市；
这是一个传承与创新交汇的城市；
这是一个外来文化与本土文化共融的城市。
这里曾经是冒险家的乐园，也是中国近现代民族工业、金融业、商业的摇篮。
在上海的喧嚣中可以找寻到心灵和思想上的宁静，在上海的历史与现代的时光隧道中可以憧憬时空的未来。
传承与创新交汇，她是遐想的策源地。
文化与理念的撞击，她是兼容并蓄的熔炉。
天时地利，人杰地灵。
浦江两岸，生机勃勃。
前行砥砺，扛鼎勃发。

”

上海北线自驾路线

上海—京杭大运河—扬州—淮安—徐州狮子山—郑州

Day1

上海 286km 3.5h 扬州卢氏盐商大宅

▲ 自驾路线

上海徐汇区—内环高架桥中山西路—金沙江路—杨柳青路—武宁路—G2 京沪高速—G15 沈海高速—S38 常合高速—峭岐枢纽 G2 京沪高速—G40 沪陕高速—扬州东出高速—运河东路—跃进桥—南通东路—卢氏盐商大宅—康山文化园停车场。

▲ 酒店任你挑

推荐酒店：扬州汶河北路附近酒店

推荐理由：在瘦西湖与古城区之间，停车交通十分便利。

▲ 美食集中营

推荐餐厅：富春茶社

招牌菜：魁龙珠茶、蟹黄包、三丁包子、翡翠烧麦、千层油酥、野鸭菜包。

推荐理由：扬州著名的三家茶社号称“扬州三春”，富春、冶春、共和春。富春是最著名的老字号，主营扬州名茶及小吃。冶春在丰乐下街，共和春在甘泉路。

地址：广陵区胜桥街 35 号（国庆路东）

电话：0514-87233326

推荐餐厅：扬州狮子楼大酒店

推荐理由：狮子楼因为上过《舌尖上的中国》让本来拥堂的餐馆爆棚。扬州坊间有一说法：“狮子楼称第二，食为天就不敢称第一”，这是扬州两家最著名的淮扬菜餐馆。

推荐餐厅：食为天

招牌菜：蟹粉狮子头、大煮干丝、三套鸭。

推荐理由：淮扬菜的特点是以河鲜为主，口味平和适中，刀工精湛。

地址：城东路 2 号（运河西路口）

电话：0514-87227111

▲ 卢氏盐商大宅

推荐理由：天下扬一益二，扬指扬州，益指成都，这两个城市至今依然是中国最懂得享受的地方。扬州盐商自元代后富可敌国。他们大多来自山西和安徽，因为元代降低了盐商的准入。到乾隆数次下江南，其接待用度，都是盐商支持。这个宅子当时建造用了 8 万两白银。卢氏大宅是晚清盐商最大的豪宅，叫做“盐商第一楼”。主人叫卢绍绪，是江西上饶人，基本属于徽商。大宅现在还兼餐馆。推荐在此午餐，美食豪宅，享受一下当年扬州第一富豪的滋味。淮扬菜的主打品种这里都有。由于食客较多建议电话预约订餐。淮扬菜的招牌菜是：清蒸蟹粉狮子头、大煮干丝、三套鸭、水晶肴肉、松鼠鳜鱼。

参观须知：广陵区康山街 22 号，0514-87907197，门票 20 元，8:00~18:00 开放。

省钱妙招：在园内卢氏古宅餐厅内用餐可以免去门票，早茶 7:00~10:00，中餐 11:30~14:00，晚餐 17:00~20:00。

▲ 何园

推荐理由：主人何芷舠官至道台即归隐，修了这个园子。何道台与李鸿章以及帝师孙家鼐是儿女亲家。何园的四个看点，是它的四个天下第一。第一是建筑二楼曲折回环的回廊，长度有 1.5 公里，这可能是中国最早的立交桥。第二画坛巨匠石涛的叠石，石涛不仅绘画，还是叠石高手，扬州曾有三处石涛的叠石，现在仅剩这一处了，堪称孤品。第三是复道回廊中的漏窗，空窗，是中国花窗集锦。第四是他的水心戏台。

参观须知：广陵区徐凝门大街 66 号，0514-87222353，门票 30 元，7:30~18:00 开放。

▲ 东关街东圈门历史老街

推荐理由：东圈门有大量的明清建筑和盐商老宅，是运河文明和盐商文化的历史残存。之所以称作残存是因为他们幸运地留在了尊重历史的扬州，未能毁于人类最为浩大的拆迁工程，今天扬州还一如既往叫做“巷城”。经学家刘文淇清溪旧居，汪氏小苑，还有江氏旧居依然完好。

▲ 双东古街区游览路径

推荐理由：从何园开始从南向北，经过何凝门大街进入安乐巷朱自清故居，向北进入文昌中路，再北至东圈门，从西向东依次游览江氏旧居、清溪旧居、丁氏盐商住宅、盐商汪氏小苑、马氏住宅，向北进入观巷，有清书法家学者包世臣故居。进入东关街后，从东向西依次有：东门遗址、东关街历史文化陈列室、谢馥春讲习所、皮包水茶社、赵氏叠汤圆、广陵书院、冯氏盐商住宅，个园，张玉良纪念馆、逸圃、中国剪纸博物馆。

▲ 谢馥春

推荐理由：中华老字号，中国第一家化妆品企业，创办于 1830 年。

▲ 皮包水茶社

推荐理由：每天早上的 9:30 有扬州话的评词表演。

▲ 张玉良纪念馆

推荐理由：张玉良又叫“潘玉良”，这个宅子记载了从艺妓到世界雕塑艺术大师的心酸历程。潘玉良是第一位考入罗马皇家画院的东方人。

▲ 个园

推荐理由：个园是两淮盐业总商黄至筠的园林，很有暴发户气势，可以称得上是中国第五大园林。

▲ 瘦西湖

推荐理由：李白《送孟浩然之广陵》中的“烟花三月下扬州”，这个广陵指的就是扬州。杜牧曾放浪于扬州，写有“二十四桥明月夜，玉人何处教吹箫”。瘦西湖是一条河道，也是唐宋扬州的护城河。康乾二帝六次江南之行都对瘦西湖赞不绝口，乾隆曾经在春台祝寿。**【五亭桥】**不仅是瘦西湖的标志，也是扬州的标志，是两淮盐运使为迎接乾隆南巡而修造。其他景点为**【大虹桥】**、**【锦镜阁】**、**【望春楼】**、**【熙春台】**、**【二十四桥】**。

参观须知：邗江区大虹桥路 28 号，0514-87357803，7:00~17:30 售票，3 月 20 日后开放夜游，门票 150 元（含游船票），夜游 18:30~22:00 开放。

▲ 京杭大运河便益门码头

推荐理由：扬州历史上称作“邗”，在邗沟路以南，史可法路北段依然有一条叫做“邗沟”的河道，这就是中国最古老的运河。京杭大运河是世界公认的中国三大人工工程之一，其余为长城和坎儿井。京杭大运河的开凿分为四个时期。春秋吴王夫差北伐齐国，命伍子胥修建了“邗沟”，就是从扬州的长江边一直修到淮安。大运河第二次开凿者是曹操，他在河北境内打通了黄河流域和海河流域。第三次是我们知道的课本上“隋炀帝建造大运河”的历史。他为了征讨高句丽，从洛阳向北修到通州叫“永济渠”，再从洛阳向南修到淮安叫“通济渠”。这样从北京通州到扬州的大运河完成。而运河开通至杭州的钱塘江，并裁弯取直是元代及明清的后续杰作。京杭大运河的开凿从公元前 486 年，一直持续到 1779 年的清代，历时 2200 年。**【今天我们能看到的完整的京杭大运河流经线路】**它沟通了中国 5 大水系，全长 1794 公里，是巴拿马运河的 22 倍，苏伊士运河的 9 倍。它是中国仅次于长江的第二黄金水道。京杭大运河的开凿，保证了长江中下游平原的资源源源不断流向北方。**【黄河以南的京杭大运河的特点】**人工开凿为主，并充分利用湖泊。京杭大运河流经线路：杭州之江东路的钱塘江口—西湖文化广场向北—杭州五杭镇—石门镇—浙江嘉兴南湖—江苏吴江区—虎丘区—太湖东岸—无锡市常州市穿城—丹阳市—镇江市的谏壁公园进入长江—扬州沿江公路长江北岸继续北上—过邵伯湖高邮湖—淮安由东向西跨越淮沭河—泗阳县—宿迁市进入骆马湖—黄墩湖—邳州市—徐州北—微山湖—昭阳湖—济宁与鲁运河交汇—梁山县鲁运河北段—黄河。**【黄河以北的京杭大运河的特点】**基本沿用自然河道。大运河从北京通州起为北运河—子牙河交汇—海河的金刚公园西岸称作南运河—天津西青区杨柳青—南下交汇于独流减河—青县—沧州市—德州市—故城县—山东临清市—聊城称作鲁运河—金堤河—黄河。

参观须知：高桥路与五台山大桥附近便益门广场处，0514-87321666，至康山文化园码头（何园）单程60元，便益门码头往返80元。14:00~21:00开放，行程30分钟，6公里。

▲陆琴脚艺中心

推荐理由：扬州的商品名称中包含了充分享乐的文化元素，比如皮包水茶社。“早上皮包水，晚上水包皮”说的是早上喝茶，晚上泡澡，扬州城最不缺的就是茶社和澡堂。中国城市中茶社密集度可以跟成都叫板的只有扬州。陆琴脚艺中心是扬州著名的三把刀“剃头刀、修脚刀、厨刀”中的修脚刀。这个修脚中心还出版了一本书就叫《陆琴脚艺》。

参观须知：文昌中路492号，0514-87360505。

Day2

扬州 180km 4h 淮安运河博物馆

▲ 自驾路线

扬州文昌中路—S237邵伯镇—盐邵船闸—车逻闸桥—S333远东船闸河桥—高邮市环镇路—外环路—界首镇—子婴闸桥—南水北调潼河大桥—范水路—宝应县淮江大道—老淮江路—苏北灌溉总渠—淮安市淮安区楚州大道—翔宇大道—越秀路—越河街—中洲岛淮安运河博物馆。

▲ 路况提示

S237省道有两条，一条在东又叫“新淮江公路”，我们要走的不是这条，而是在新淮江公路西面的，与京杭大运河一直并肩北上的老S237。这条长达180公里的公路，从邵伯镇开始，始终紧贴京杭大运河，并跨越数座古运河船闸。两岸绿荫蔽日，大运河由南向北贯通邵伯湖、高邮湖，典型的江南秀丽景色。

▲ 淮安运河博物馆

推荐理由：运河博物馆由御码头、南船北马登陆牌、清江大闸、淮安名人馆、淮安戏曲博物馆、淮安市规划展示馆组成，是了解淮安和大运河的重要人文景点。

地址：轮埠路北的里运河中洲岛上

▲ 清江大闸

推荐理由：建于明代永乐年间，是大运河上一个非常重要的咽喉工程，每年的粮运就是通过这里的漕运和军队运送进京。

▲ 南船北马登陆牌

推荐理由：满清的漕运十分繁忙，淮安当时有户部的皇家仓库，工部的四个漕运船厂，以及南河总督来保证漕运畅通。凡是清江大闸以北的京杭大运河只允许官方漕运船只通行，旅客到此都必须登陆，走旱路进京。这就是南船北马的由来。

▲ 淮安小贴士

淮安名人荟萃，是中国历史上人才辈出之地。汉初大将韩信、汉赋大家枚乘枚皋父子、建安七子之一陈琳，南朝诗人鲍照、《西游记》作者吴承恩、顾祝同、周恩来等。

▲ 其他景点

【周恩来纪念馆】、**【河下古镇】**诞生过中国 67 位进士，123 位举人，12 名翰林，为中国进士之乡。是巾帼英雄梁红玉，文学家吴承恩的故乡。**【中国漕运博物馆】**、仅次于保定直隶总督府的中国第二府署衙门**【淮安府署】**和著名的**【吴承恩故居】**。

▲ 美食集中营

推荐餐厅：文楼饭店

招牌菜：文楼汤包，一只包子 20 元，定制包子一只 50 元。大烧马鞍桥 88 元一份，平桥豆腐 18 元一份。

推荐理由：文楼在老字号里面算做得比较兢兢业业的，在河下古镇还有一家“老文楼”。

地址：淮安区北门大街 819 号

电话：0517-85802346

Day3

淮安 200km 3h 郑州

▲ 自驾路线

淮安市轮埠路—淮海中路—古黄河大桥—黄河西路—G2513 淮徐高速—G30 连霍高速—徐州收费站—迎宾大道—三环东路—兵马俑路—狮子山徐州汉文化景区停车场—河南郑州市。

▲ 徐州狮子山汉文化景区

推荐理由：狮子山汉文化景区分成三个部分：楚王陵、汉代兵马俑和水下兵马俑、汉代石刻长廊。楚王陵的墓主人是经过推理认定的刘戊。这座王陵的建造用时 19 年，刘戊在位时间是 21 年，基本吻合。其次，陵墓墓道的塞石随意堆放可以认为这是一个尚未完工的墓穴，而尚未完工即安葬说明出现了重大变故，这与刘戊参加七王之乱后自裁一致。再次，考古发掘的尸骨与刘戊的年龄相近。视死如生的墓葬习俗贯彻到这个楚王陵建造当中，从墓道深入下去，墓道两侧布列着与现实一致的生活起居、厨房、粮仓，甚至还有浴室、钱库。陵墓的金缕玉衣已经移至徐州博物馆，这里留有一个仿制品。楚王陵的金缕玉衣有几个第一：最好的玉片，由和田玉打造。玉片最多达 4248 片，其他的玉衣一般为 2000 片。另外制作的年代最早。以金缕玉衣的形式下葬是到曹丕的时候叫停的，因为太劳民伤财。

参观须知：徐州兵马俑路 1 号，0516-83566263，门票 90 元，8:30~17:30 开放。

▲ 汉代兵马俑和水下兵马俑

推荐理由：刘戊墓葬的陪葬护卫部队，与秦始皇兵马俑类似。汉代兵马俑体积高度都很小，面部表情不像秦兵马俑那么紧张，而是很生活化。水下兵马俑的骑兵方阵倒是制作得像一支作战部队。骑兵战士都头戴便帽，身穿布衣，马的腹部下刻有“飞骑”二字，所以叫做“飞骑俑”。

▲ 汉代石刻画廊

推荐理由：汉代画像石长廊在水下兵马俑出口的回廊中，这个是狮子山汉文化景区的一大亮点。每一个石刻工艺高超，画面古朴浑厚，故事情节生动，人物活灵活现，再现了汉代生活的诸方面。迎宾图刻画着“椎牛”犒劳宾客的场面；车马迎宾图有凤凰神兽开道，伍佰手持仪仗；进拜 · 庖厨 · 乐舞图，刻画着“汉节”，有苏武出使匈奴的场景；最具汉代生活气息的是“喜结连理图”，再现了汉代提亲婚嫁的场面。

小插曲：汉代的历史一半在徐州，项羽、刘邦皆为徐州人。徐州还是道教的发源地，800 岁的彭祖是养生学的开创者，食疗学说即从彭祖始，所以彭祖还是厨行的祖师爷，彭祖死后葬在了四川的彭山县。

▲ 徐州其他景点

【徐州博物馆】和平路 101 号，

【汉画像石博物馆】云龙湖湖东路。

▲ 美食集中营

推荐餐厅：徐州跑马汤

推荐理由：跑马汤因为在《中国厨王》争霸战中一展身手而名声在外。徐州人不知道跑马汤的太少。这里的每一道菜都有样品展示，分量实诚，味道兼顾八方。跑马汤的大堂有戏台，可以边吃边听琴戏。

地址：三环南路杏山花园南侧

电话：0516-83519999

不仅是参数，更是改变生活的方式

从上海到郑州的这段路程虽没翻越崇山峻岭，但我们穿越繁华，感受文化，走在通往与高山流水相遇的路上……

上海的繁华不必多说，虽然开埠的时间只有 100 多年，但因为长江中下游平原得天独厚的地理位置，成为中国经济的龙头顺理成章。在现代化风情万种的大都会的映衬下，我们的 RAV4 也显得妖娆多姿，妩媚撩人，成为上海道路上时尚元素之一。

在从上海去徐州的路上，前一天晚上下雨，路上的雨露还没有干透，坡度变化也很明显，还需要不断的转弯。不过 RAV4 良好的上坡辅助，很好地替我们解决了难题，不用担心斜坡起步车辆后退的问题，湿滑的复杂路况也能够游刃有余。甚至在打滑路面加速，车身表现也非常稳定。

在这一路上我们发现了一辆有故事的 RAV4 同学，那就是车队中的 6 号车，它是 2.0 两驱的 RAV4，曾经两次从成都经拉萨闯入西藏，车友回忆起当时的经历，满脸自豪的笑容和对 RAV4 在旅程中表现出优良的越野性能的满意。他说，RAV4 是一辆不仅仅是一个个参数数据令人惊喜的产品，更多的是在生活当中，艰难路况中良好性能的陪伴让人感到依赖。对它认可，也是对越野情怀的认可。这是本次活动出发以来非常愉悦的一段旅程，陌生的车友走到一起，为了一个共同的目的：“让 RAV4 改变生活”。

路上一直伴随着淅淅沥沥的小雨
经过前几段旅程，颇具经验的 RAV4
得更加**淡定从容**

即便是面对恶劣天气和复杂路况
RAV4 标配的**智能安全系统**
也能够保证行车稳定，给予车内人员充分的安全感

RAV4 荣放论坛 > 【狗游记】我是袁帅，RAV4 带我一路闯天下！ 点击：3866 | 回复：65

我是莱皮皮的皮皮

精华：1 贴
帖子：1 贴 | 28 回
来自：四川 成都
爱车：认证 RAV4 荣放

发表于 2016-5-30 20:28:39

【狗游记】我是袁帅，RAV4 带我一路闯天下！

精

峻岭极先锋
少林寺
五嶽獨尊
昂頭天外
RAV4
2016/5/25-6/5

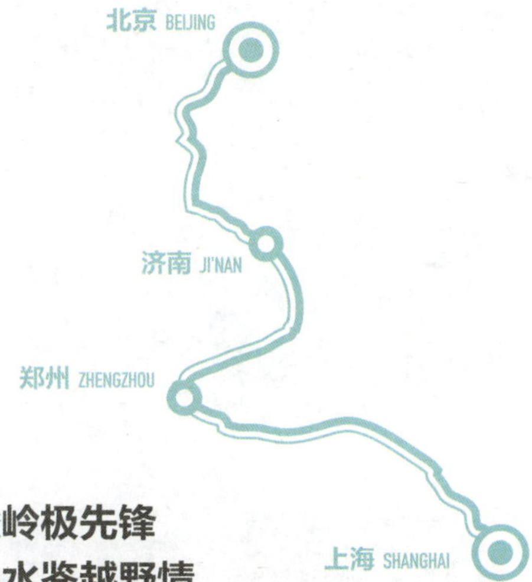

峻岭极先锋
山水鉴越野情

莫说青山多障碍，莫说水中多变幻，万水千山总是情！
风急，风也劲，吹散不了对越野的热爱！
浪大，浪也涌，退却不了征服一切的热情！
岁月已逝，越野还否？但求有山水共作证！
穿越万水千山，共享越野之快感。

上海到北京的旅程，是千山到万水的征服，是自信与实力的印证！途径淮安、淮北、郑州、泰安、济南、保定、涞源，穿越沿途的山山水水，感受越野征服的魅力。

信息工程大学
市第二人民医院附属医院
银发工业园
郑州留学人员创业园
郑州高新区创业中心6号园
郑州市质量技术监督局
快乐屋商业街
河南经贸职业学院
中原区石佛医院分院
郑州师范学院
郑州市外埠畜产品查验点
电厂南路
河南省国家大学科技园
河南电力技师学院
兴隆科技园
刘办工业园区
郑州东方肿瘤医院
惠济区妇幼保健所
远大医院
郑州北站
郑州伊斯兰教经学院
半岛老房子商业街
美食一条街
省中医院
郑州轻工业学院
河南农业大学机电工程学
河南省工业设计
大旺广场步行街
大桥医院口腔科
省对外经济贸易职
丰乐美食休闲广场
郑荣医院
市第九人民医院
妇幼保健所
水上乐园
卡丁酒城
郑州大学软件学
金水区卫生监督所
郑纺机医院
新世纪女子医院
市儿童医院
市政医院
市粮食局
中原区残疾人综合服务中心
中原区人民医院
凯安医院
市西流湖管理处
西流湖路
郑工集团医院
中原区物价局
创业孵化园
河南第二火电建设公司职工医院
郑州西站
二七区红十字医院
郑州晚晴老年病医院
郑州广意医院
市儿童医院西区医院
西流湖
西三环
一号线
郑上路立交桥
政和医院
印刷厂街
太子湾公园
同安中医骨伤科医院
客运西站
建设西路商贸街
中原区交通局
郑州财经技师学院
郑州须水骨伤医院
秦岭路
桐柏路
碧沙岗
卫生局
三棉医院
郑州三棉职工大学
万乘国际
郑州水工机械厂医院
鑫苑商业购物街
郑州大学护理学院
市电业局
和谐医院
郑州大学医学院
郑州火车站
市广播电视大学
河南工程学院
五建医院
友爱路美食广场
省现代医学研究院医院
市中医院
中心医院
中原区
市环保局
郑州工学院
市直机关医院
省交通厅
绿城广场
医学院
中原中医院
房管局
聚仙山庄
郑州二砂医院
裕达国贸酒店
市政府
市博物馆
郑州大学
郑州大学第五附
郑州大学第三附属医院
省职业病医院
中原区妇幼保健所
协和医院
仁和老年病医院
市嵩山医院
郑州理工专修学院
郑州铁路职业技术学院
郑州铁路职业技
郑州中原医院
市林业局
河南工业大学
河南工业大学医院
康桥华城商业街
交通医院
市第十人民医院
华山医院
市交通局
文理专修学院
市国税局
郑州铁路技师学院
郑州铁路局
陇海快速路
省直第三人民医院
儿童公园
郑州市技师学院
市燃气监测中心
郑州中华职业专修学院
河南省电力职工大学
金商服饰步行街
汇泰医院
市土地储备中心
市国土资源局
电力医院
市畜牧局
省地方铁路局
郑州铁路局广播电视大学
中原区粮食局
市创伤手外科医院
市版权局
美食二街
市农业局
郑州水工检测中心
二七工商局
郑州经贸职业学院
中原区国税局
市林业局
市财政局
民政局
国税局
航海医院
段庄北街
商务局
二七区
市第二人民医院
国家职业技能鉴
国土局
河南口腔医院
绿城公园
市第八人民医院
二七区审计局
郑州航空工业管理学院
金海水库
二七区商务局
广安中医院
康复中医院
中国烟草专卖稽查
长江西路
郑州金成中医风湿病医院
郑西客运专线
市二七皮肤病专科医院
郑州市精神病防治医院
德润·黄金海岸商业区
客运西南站（规划）
中原医学院
货运南站（规划）
316
310
环城公路

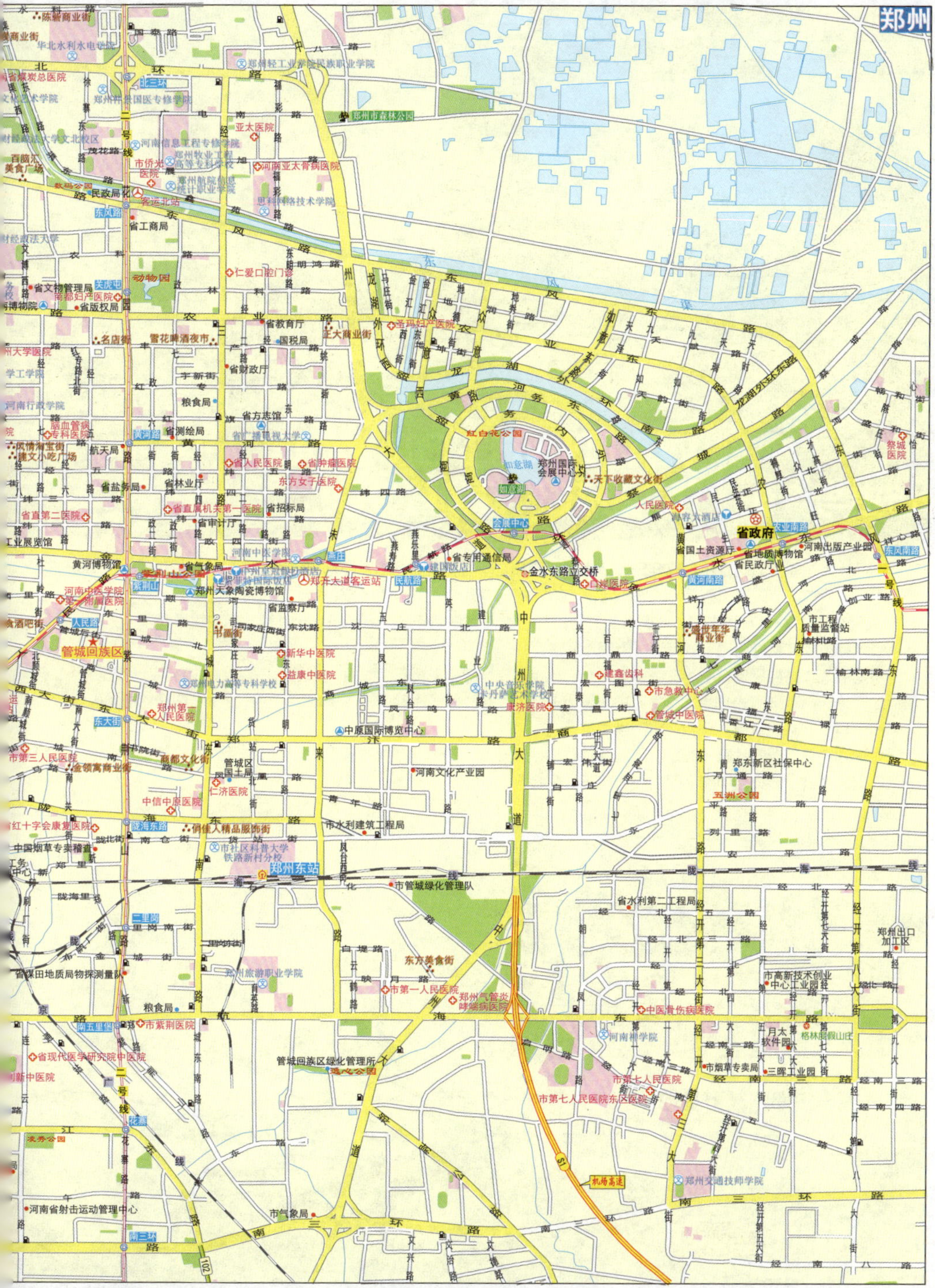
郑州
郑州市森林公园
郑州轻工业学院民族职业学院
亚太医院
河南亚太骨病医院
河南信息工程专修学院
市侨光医院
民政局
客运北站
东风路
省工商局
仁爱口腔门诊
动物园
关虎屯
省文物管理局
南都妇产医院
省版权局
省教育厅
圣玛妇产医院
正大商业街
名店街
雪花啤酒夜市
国税局
省财政厅
粮食局
省方志馆
省测绘局
黄河路
航天局
省林业厅
省盐务局
省人民医院
省肿瘤医院
东方女子医院
省直属机关第一医院
省招标局
省审计厅
省直第二医院
红白花公园
如意湖
郑州国际会展中心
天下收藏文化街
人民医院
会展中心
省政府
农业南路
省国土资源厅
省地质博物馆
省民政厅
河南出版产业园
东风南路
建国饭店
省专用通信局
金水东路立交桥
口腔医院
黄河南路
河南中医学院
紫荆山
紫荆山公园
郑州天象陶瓷博物馆
郑开大道客运站
民航路
省监察厅
黄河博物馆
人民路
管城回族区
书画街
新华中医院
益康中医院
郑州电力高等专科学校
中央音乐学院
康济医院
建鑫齿科
市急救中心
管城中医院
郑州第一人民医院
东大街
中原国际博览中心
郑东新区社保中心
市第三人民医院
商都文化街
管城区国土局
仁济医院
河南文化产业园
五洲公园
中信中原医院
陇海东路
市水利建筑工程局
红十字会康复医院
郑州东站
市管城绿化管理队
省水利第二工程局
郑州出口加工区
二里岗
东方美食街
郑州旅游职业学院
市第一人民医院
郑州气管炎哮喘病医院
市高新技术创业中心工业园
中医骨伤病医院
南五里堡
市紫荆医院
省现代医学研究院中医院
河南科学院
月太软件园
格林园假山
管城回族区绿化管理所
市烟草专卖局
三晖工业园
市第七人民医院
市第七人民医院东区医院
机场高速
郑州交通技师学院
河南省射击运动管理中心
市气象局
南三环
南三环路
陇海路
商都路
金水路
花寨
S1
107

RAV4与郑州 ZHENG ZHOU

历史与今天 WAITING FOR YOU IN ZHENG ZHOU.

中原大地是华夏文明源头，有熊氏姬轩辕建都新郑，随后夏建都洛阳，商建都偃师和安阳，形成双都。西周成王迁都洛邑，随后东周，东汉，曹魏，西晋均定都洛阳。唐朝有六帝，30 年以洛阳为都。中国的 15 个朝代，105 个帝王，1650 年的历史，都留在了洛阳。八朝古都开封的第一次都城史始于战国魏惠王，至北宋，已成世界第一个人口过百万的超级大都市，其繁荣可见于张择端《清明上河图》。

河南的人文精神是支撑中华文明的脊梁，佛教祖庭白马寺，龙门石窟，嵩阳书院，禅宗祖庭少林寺，南阳四圣，老庄哲学，无一不是文明的开源。河南还是中国历史名人大省，墨子，韩非子，商鞅，张良，杜甫，白居易群星闪烁。

追踪华夏文明的轨迹，陕西与河南当为首先。

中国两条最重要的铁路干线京广与陇海铁路相会于郑州，使郑州成为中国最大的铁路编组站。今天的河南是中国第一人口资源大省，历史再次给了河南一个腾飞的机会。

一汽丰田郑州越野基地

▲ **地址：**郑州市元和赛车场

技多不压身

不知道提起河南你会想到什么？少林寺？

你知道吗，很多河南的孩子，从小就希望自己能够练就一段武艺，至少在很大一部分当地人心里有着少林武术情怀。

也许可以说是有点异曲同工，RAV4 也有这种类似的——越野情怀，虽然定位为城市 SUV，但 RAV4 却脱不掉骨子里的越野基因，作为普拉多和兰德酷路泽的同门兄弟，RAV4 具有 20.7 度的接近角、17.7 度的离去角、500 毫米涉水深度和低下的锁定功能，越野能力尽显。

但 RAV4 又兼顾驾驶舒适，更有人性化的一面。从安全、操控到舒适等一系列智能系统，让驾驶者在驾驶 RAV4 时，更加一气呵成、酣畅淋漓。

RAV4 就是这样集多重优势于一身，是谁说技多就会压身？

RAV4
RAV4

一汽丰田郑州越野基地开营

在郑州越野基地，我们见证了基地的开营。

新车交接的同时，尝试了别样的道路体验，这里有丘陵岗地，波状平原。

为了丰富车主生活，一汽丰田克服困难，打造了

立体式、一体化的越野体验基地

虽然越野基地所处的地势复杂，但却能更好地检验 RAV4 的性能，在各项科目中轻松通过，也已经证明了 RAV4 的越野实力。

城市速览 郑州
ZHENG ZHOU

地理气候特征

▲ 河南的北部太行山，西部伏牛山是中国第二台地与第一台地的过渡。河南的自然风光多集中于这两个地区。南阳，郑州，平顶山以东为广袤的平原。河南属于暖温带与亚热带气候的过渡段，通俗讲这里再向北就是典型的北方气候了。冬天河南西部山区寒冷，多雪。自驾河南的太行山区需要多加小心。

自然景观

▲ 河南省林州市太行山大峡谷、辉县关山国家地质公园、辉县郭亮村壁挂公路、小浪底湿地自然保护区、郑州黄河风景名胜区、嵩山国家地质公园。

人文景观

▲ 嵩山少林寺、郑州商城遗址、河南省博物院、嵩阳书院、洛阳龙门石窟、洛阳白马寺、安阳殷墟、开封大相国寺、开封古城墙、开封朱仙镇、开封府、巩义市康百万庄园。

美食集中营

▲ 河南的地方美食主要有两种：胡辣汤和烩面，面食是中原大地的主要食材，陕西、山西、河南都是面食烹饪著名店家云集的地方。豫菜的名菜品是：熘鱼焙面、煎扒青鱼头尾、炸紫酥肉、大葱烧海参、汴京烤鸭、炸八块、葱扒羊肉、清汤鲍鱼、酸辣乌鱼蛋汤。

▲ **合记烩面**

推荐理由：合记烩面是“中华名小吃”

店，“全国清真名牌风味食品”，创建于 1953 年。他家的烩面面汤是地道的羊骨头汤，面皮很有嚼劲，红油辣子喷香。

（金水区花园路 92 号
0371-69122208）

▲ 萧记烩面

推荐理由：烩面的历史据说很短，从抗战至今仅仅几十年。萧记老板原来是国营长春饭店专门做伊府面的师傅，这个萧记招牌是 1986 年才创办的。

（管城区郑汴路 27 号
0371-66333494）

▲ 河南食府

推荐理由：河南食府是河南省评定的“河南省豫菜基地”，是一家小吃兼豫菜大餐宴席的餐馆，鳝鱼焙面是招牌菜。经营的豫菜有：翡翠鲈鱼丝，奶汤炖广肚，炸紫酥肉。

（二七区人民路 25 号
0371-66222108）

▲ 天泽街美食一条街

推荐理由：烩面，信阳菜，东北菜，湖南菜均有，价位的差距也比较大。

（郑新东区）

▲ 德化步行街美食广场

推荐理由：价格亲民。

推荐餐厅：蔡记蒸饺、葛记焖饼、合记烩面。

（二七区德化街步行街）

▲ 丰产路小吃一条街

推荐理由：本书推荐的郑州住宿即在这条街上。西安泡馍，新疆大盘鸡，郑州烩面，开封灌汤包均有。

（文化路与丰产路的交叉路口，紧邻河南省博物院）

酒店任你挑

▲ 农业路附近酒店

推荐理由：经七路与丰产路交叉路口附近是众多的小吃店。步行至河南省博物院约 5 分钟。

时尚购物

▲ 二七商圈

推荐理由：以二七广场为中心的周边购物广场，商城形成的商圈。著名的有二七广场旁的德化步行街，百年德化风情购物公园，北京华联。还有人民路的丹尼斯百货，东太康路的郑州百货大楼，当年名噪中华的郑州亚细亚则已沦为一般商场。

▲ 曼哈顿商业广场、万达广场

推荐理由：形成了汇聚餐饮，购物，娱乐为一体的新时尚购物中心。

地址：金水路与未来路交汇处的曼哈顿商业广场、中原中路与秦岭路交汇处的万达广场

电话：

0371-60191556 曼哈顿商业广场
0371-55189818 万达广场

加油站

▲ 中国石化农业路加油站

地址：金水区农业路与经三路交叉路口

电话：0371-65745518

▲ 中国石油经三路加油站

地址：金水区红旗路与经三路交汇处

电话：0371-65971652

玩转郑州 为您推荐③日行程

Day1

▲ 下午自驾到达郑州

推荐酒店：经七路锦江之星博物院店。

▲ 黄河风景名胜区

推荐理由：背靠邙山，北面黄河的风景区是上世纪70年代人工打造。黄河流经陕北高原带来大量泥沙，经过郑州河道平缓，泥沙沉积，这里是黄河“悬河”的起点。风景区极大，建议乘坐观光车。乘坐缆车登顶邙山，可以眺望壮观的黄河、炎黄二帝雕像、黄河碑林、星海湖等景点。

如何到达：西三环路—江山路—黄河风景名胜区。

参观须知：郑州市惠济区黄河南岸，0371-68222228，门票60元，观光车20元。

▲晚餐时间

推荐美食：黄河大鲤鱼

地址：黄河风景区附近

价格参考：一斤30元左右。

Day2

▲ 河南省博物院

推荐理由：除故宫博物院和国家博物馆之外中国最大的地方博物院之一，可与陕西省历史博物馆媲美。河南省博物院是冯玉祥主持建造的，始创于1927年，最早的河南省博物馆在开封。河南是华夏文明的溯源之地，中国近一百年来最为重要的文物发掘几乎都在河南。偃师二里头，安阳殷墟，都为博物院提供了非常丰富的藏品。其中青铜器是该博物院的主要藏品。**河南省博物院镇馆之宝**：**【云纹铜禁】**周朝把放置酒杯的茶几叫做“禁”，因为西周见证过殷商的灭亡，认为饮酒误国，所以要适当“禁止”。湖北曾侯乙墓出土的冰鉴，是已知的中国最早的失蜡法铸造的青铜器。其精美工艺与云纹铜禁如出一辙。云纹铜禁的工艺有多么精湛，没有见过的人是无法用语言描述的。它由五层结构组成，非失蜡法不能实现。所谓失蜡法，就是将要铸造的青铜器皿用蜡做成原样，然后用耐火材料或泥料填满所有的空腔和外壁。加热后蜡融化流出，一个空壳模具就做成了，往里浇注青铜溶液就成。失蜡法可以做出极为精美的金属器皿。这在以前是无法想象的。**【武金简】**1982年几个农民在游玩嵩山的时候捡拾到的。金简上写的文字内容大致是：我信奉道教，向嵩山投入这枚金简是向诸神报道，请求免除我的罪过。经考证这是武则天向嵩山投放的赎罪金简。1000年失而复得，堪称奇迹。**【妇好尊】**妇好是商王武丁的一个后妃。这个武丁就是“武丁中兴”的那位王，著名的后母戊大方鼎就是他铸造的。他从小被父亲小乙扔到民间，尝尽了各种心酸，所以他登基后是一个很勤勉的王。妇好不仅是一位妃子，还是一位将军。这个妇好尊的造型是一个猫头鹰，在商代这是战神的标志。妇好因为难产而死，武丁为怀念这位能征善战的妃子，铸了这方尊。尊的底部刻有“妇好”二字。其余六件镇馆之宝是**【贾湖骨笛】**、**【杜岭方鼎】**、**【玉柄铁剑】**、**【莲鹤方壶】**、**【四神云气图】**、**【汝窑天蓝釉刻花鹅颈瓶】**。

如何到达：锦江之星博物院店步行至河南省博物院。

参观须知：农业路8号，0371-63511237，9:00~17:30免费开放。

▲ 商城遗址

推荐理由：商朝迁都8次，明确定都的城市有7座，偃师商城，二里头遗址，安阳殷墟，郑州商城遗址是目前可以确定的四个商都。郑州商城的规模仅次于安阳殷墟。这里发掘出的文物多达万件，有各种玉器，金箔，青铜鼎。城市建筑有蓄水池，小型房基，制铜和制骨作坊，保存至今的城墙残存有7公里长。根据考古发掘文物等级分析，这里应该是商汤居住过的“亳都”。

全程路况：4公里，10分钟

自驾线路：游览完毕后从入住酒店自驾车，花园路—紫荆花路—商城路，游览商场遗址。

参观须知：郑州市管城区城南路，0371-66324705，门票5元。

▲ **晚餐时间**

推荐餐厅：虢国羊肉汤馆

推荐理由：距离住宿酒店很近。虢国羊肉汤馆在郑州口碑很好，价格实惠，分量足。

地址：农业路与经三路交汇处

电话：0371-65740678

Day3

▲ **全程路况**

94 公里，1 小时 30 分钟。

▲ **自驾线路**

农业路—桐柏北路—桐柏南路—航海西路—郑少洛高速—少林寺出口—登封大道—G207—少林寺停车场。

▲ **嵩山少林寺**

推荐理由：少林寺是公元 495 年北魏孝文帝为印度高僧跋陀尊者修建的，达摩到少林寺是 30 年以后的事情。达摩从广州登陆，被梁武帝迎接至南京。许多文字一笔带过达摩与梁武帝的“不契”，所谓“不契”就是不默契。因为达摩对梁武帝的弘扬佛法提出了异议，认为梁武帝的刻意为之与“积累功德”无关，这对虔诚的梁武帝来说打击太大。所以，达摩一苇渡江也许并非个人意愿。达摩并不是离开梁武帝直接去的少林寺，而是去了南京浦口的“定山寺”，这是达摩的第一个道场。达摩到了嵩山的少室山面壁 9 年后终使少林成为禅宗祖庭。**【少林寺山门牌匾】**为康熙帝题写，随后是明代嘉靖年建造的“祖源谛本”，“跋陀开创”石坊。入寺后两排高大银杏树留有的小坑是武僧一指功的见证。钟楼下的**【李世民碑】**是少林寺最有价值的碑刻，上面的“世民”二字是李世民亲笔，碑的正面是圣谕及表彰，背面记述了十三棍僧救秦王的故事。**【《混元三教九流图赞碑》】**有一人手捧混元图，正面为释迦牟尼佛，左侧看似老子，右侧看似孔子，这是儒释道三教合一的奇妙构思，也是佛教本土化的证明。**【方丈室】**是少林寺住持的居所，乾隆曾在此住宿。如果方丈室的灯亮着，表示现任住持释永信正在里面办公，而人走灯灭。**【立雪亭】**讲述的是“慧可断臂求法”达摩亲传衣钵的那段历史。立雪亭殿内有乾隆御书的“雪印心珠”匾额。**【千佛殿】**又称毗卢阁，殿内“法印高提”是乾隆所书，高墙之上是著名的明代壁画 500 罗汉朝毗卢壁画，有很高的艺术价值。殿内的地面上有 4 排武僧练习桩功站坑的深深足迹，这也是习武者十分醉心的少林景观。**【塔林】**是少林寺僧人的墓地，从唐至清共有 240 座佛塔，根据僧人等阶地位高低，塔的层数不同，最高为 7 级。

参观须知：郑州登封市少林寺，0371-62745000. 门票 100 元（含三皇寨，达摩洞，塔林，武术表演）。

特别提示：少林寺每天有 6 场武术表演，观看者可申请登台互动，非常有趣。

一路阅天下 趣驾任你游

RAV4 真体验

车就是你性格的最佳证明

从郑州出发，我们一汽丰田 RAV4 大军，沿着大运河从南向北，进入山东泰安。明亮广阔的天空下，我们哼着山歌，迎着盘桓的山路，随着 RAV4 车队美丽前行。

路途中不断遭遇“倔强”的土丘的挑衅，RAV4 “依仗着”自己四驱及不凡的动力系统，毫不露怯，RAV4 这份征服的自信，给我们登顶泰山树立了一个强大的榜样。途中，一位位 RAV4 车主没有喊累，没有要放弃，那种不断超越，不断去征服的精神跟 RAV4 的越野追求也很相似，正应了那句老话“什么人，买什么车”。

在泰山脚下，RAV4 梯队呈三角状排开

周围环绕的山体相融合

形成一幅 RAV4 车队穿越山体

飞驰而出的时尚大片

令人惊艳！

注：郑州在上海 - 北京的线路上。

RAV4 荣放论坛 ＞ 【一汽丰田 RAV4 上海—北京】不畏浮云遮望眼，神思飞越去远方　　点击：7271 | 回复：398

苍山微雪 V

楼主

精华：2 贴
帖子：4 贴 | 223 回
来自：四川 内江
爱车：认证 RAV4 荣放

发表于 2016-5-24 09:39:00

【一汽丰田 RAV4 上海—北京】不畏浮云遮望眼，神思飞越去远方

有一种说法是：不读书，行万里路也无异于邮差。旅行的终极目的是什么？ 旅行的过程本身是否就是旅行的目的？读书，增长的是知识，它带来深度。而旅行，增长的是见识，见识带来的是宽度。知识与见识，是拓展人生的深度与宽度的不二法门。有了深度与宽度，是否就是人生的终极目的呢？当然不是！人是需要信仰的，只有信仰，才能解决人生的终极目的这样的问题。

一汽丰田“一路闯天下”车队，在上海稍事停留，休整两天。该去哪里看看呢？

上海这座城市，最耐人寻味的是上世纪三、四十年代，其文化符号般的印记，便是那彩印旗袍美人月份牌。那个年代的上海，电影公司的默片、大世界的歌舞表演、张爱玲的小说、凯司令的西餐......1927 到 1937，民国的 " 黄金十年 " 啊！那个年代的开放与优雅、中西文化的碰撞与交融，无不融进这座城市的血脉，镌刻在这座城市的文化 DNA 里，让后人景仰、玩味......

郑州自驾线路

郑州—清明上河园—开封府—泰山—岱庙—齐长城—曲阜三孔—济南

Day1

郑州 74km 1.3h 开封清明上河园

▲ 自驾线路

郑州花园路—中州大道—G30 连霍高速—开封金明大道—东京大道—西环路北段—开封清明上河园。

▲ 清明上河园

推荐理由：清明上河园是根据张择端的《清明上河图》制作的一个仿宋主题公园。每天早上 9:00 锣鼓喧天迎接游客，园内一色的北宋生活实景画卷，作坊、店老板、小二都是宋朝服饰。园内的各种表演十分精彩。有真人表演的岳飞枪挑小梁王的马战，包公断案，东京保卫战，北宋蹴鞠表演，水师水战表演等，园内的十几种表演贯穿的都是涉及北宋军事、民俗、政务的各个方面，是全面了解北宋生活的一个窗口。晚上的《大宋东京梦华》表演 70 分钟、700 多名演员登场，以《满江红》《醉东风》《虞美人》等宋词勾画出北宋国际都会的时尚风貌。这场表演可谓视听盛宴，观众评价极高。

参观须知：开封市龙亭西路 5 号，0371-25664874，门票 100 元，夜场有《大宋东京梦华》演出，演出票 210 元。9:00~18:00 开放。

▲ 开封古城墙 大梁门

推荐理由：开封尚存 14 公里明朝古城墙，其长度仅次于南京。很多游客看过开封古城墙后与西安和南京城墙对比，总有不以为然的感受。其实了解开封的地理位置，你会重新评价并刮目相看。开封位于黄河“悬河”的起始点郑州的下游，水患不断。明朝开封有过 7 次黄河决堤，而李自成掘黄河攻城，蒋介石掘花园口以阻击日军都是人祸。开封曾经被埋在黄河泥沙之下数米，大相国寺的八角琉璃殿的大部分曾被掩埋。世界上没有哪个城市能像开封那样，几起几灭，每一次的毁灭后都能再次崛起复苏。大梁门是开封的西门，建于唐朝。大梁门发掘出三重马道，印证了民间歌谣“开封城，城摞城，城下埋着几座城”的说法。大梁门同一个区域，就曾经建造过唐汴州城，北宋的东京三城，金汴京城，明代的开封城和清代的开封城。每一次重建都是因为水患。这种“城摞城”的建筑奇观世界独一无二。

参观须知：开封市内顺城路古马道售票处，门票 15 元。

▲ 开封府

推荐理由：开封府又叫南衙，是中国历史上规模最大的府衙，现在的开封府是新建。早上开衙是包拯迎宾，然后就是府衙断案的表演，理所当然是“刀铡陈世美”。里面的历史介绍值得了解，有包拯，欧阳修、范仲淹、苏轼、蔡襄、宗泽等的生平。开封府尹这个职位一般由“储君”担任，就是太子挂名，具体做实事负责人称作“权知开封府”。所以宋朝的皇帝还在潜邸的时候，基本都做过开封府尹。苏轼在开封的官职是“开封主考官”。

参观须知：开封市延庆街包公东湖北岸，0371-23963159，门票 60 元，7:00~19:00 开放。

▲ **美食集中营**

推荐餐厅：开封第一楼

招牌菜：灌汤包、鲤鱼焙面。

推荐理由：创建于 1922 年，开封中华老字号餐馆。

地址：鼓楼区寺后街 8 号

电话：0371-25998688

推荐餐厅：鼓楼夜市

招牌菜：桶子鸡、冰糖红梨、花生糕、灌汤包、鲤鱼焙面、炸八块。

推荐理由：鼓楼夜市是开封最大的夜市。南宋有叫“孟元老”的写过一本书《东京梦华录》，有 3 万字，详细描述了宋徽宗时代东京的繁华，书中介绍了开封当年的皇宫街道，店铺酒楼，民间风俗，饮食起居等。书中写到“夜市直至三更尽，才五更又复开张，耍闹去处，通宵不绝”。当时的开封真的是一个不夜城。

地址：开封市鼓楼区鼓楼南广场。晚 6:00 开市。

▲ **酒店任你挑**

推荐酒店：鼓楼区板桥街附近酒店

推荐理由：距离推荐的三个景区均非常近。

▲ **朱仙镇**

推荐理由：朱仙镇距离开封南 20 公里。战国人朱亥在信陵君门下当食客后的封地，所以叫做朱仙镇。朱仙镇是中国四大古镇之一，其余三镇为佛山，景德镇和汉口。这里是中国木版年画和豫剧的发源地，朱仙镇清真寺为东亚最大的清真寺。岳飞抗金的最后一战就是在朱仙镇，被 18 道金牌召回后岳飞屈死于风波亭。

Day2 开封板桥街 370km 4h 山东泰安市东岳大街

▲ **自驾线路**

新曹路—大广高速—连霍高速—日兰高速—京台高速—泰安西收费站—泰山大道—东岳大街。

▲ **推荐美食**

推荐餐厅：赵记煎饼卷大葱酒店

推荐理由：到山东不吃煎饼和大葱就不算真正到过山东。

地址：泰安市迎春路

推荐餐厅：福到家老牌坊

招牌菜：泰山三美（其实就是白菜豆腐汤）、百年鸡汤、茄子虾仁、鱼渣、糯米排骨。

推荐理由：泰安本地人喜欢去的一家特色餐馆。

地址：泰安市泰山区龙潭路 7 号

电话：0538-8888678

▲ **酒店任你挑**

推荐酒店：泰安东岳大街附近酒店

推荐理由：东岳大街是泰安的主干道，交通方便，居住安全，周边餐馆众多。

▲ **泰山**

推荐理由：泰山的人文价值远高于自然景观，如以景致论，泰山无论如何不能与华山，黄山，庐山媲美，但就人文精神而言，泰山的分量很重。所以泰山游览我只推荐一条线路，就是历代君王“封禅御道”。这条线的路径是：从泰安市天外村入口起，至红门，经中天门，达到南天门，天街，登顶玉皇顶。值此泰山一条路。游览的方式我推荐 3 种：**【轻松之旅】**从天外村乘坐旅游大巴至中天门，从中天门乘坐缆车至南天门，徒步至天街，玉皇顶。然后从玉皇顶徒步回南天门，中天门，红门，在红门乘坐大巴返回天外村。泰山的最艰辛路段是上山的十八盘，现在把十八盘放在下山路段，节省了相当的体力。**【朝圣之旅】**沿着帝王的封禅之路，虔诚向上。如果早上 9 点开始游览，下午 5 点可以完成全部行程。从天外村乘坐大巴至红门，红门开始徒步，经过中天门，十八盘，南天门，至天街，再登玉皇顶。从玉皇顶折返回南天门，中天门，在中天门乘坐大巴返回天外村。估计徒步路段需要时间 6 小时。**【聪明之旅】**既体验了泰山最惊险的十八盘徒步攀登，又节省了时间。建议从天外村乘坐大巴至中天门，开始从中天门至南天门的徒步。完成南天门，天街，玉皇顶的徒步后，折返中天门乘坐大巴回天外村。**【何为封禅？】**，封天禅地，就是祭祀天地。这个仪式是春秋齐鲁的儒生们发明的。他们认为泰山是天下第一高山，天子理应在世界最高的泰山祭祀授予他神权的苍天。但是如果仅此理解“封禅”就无法解释为什么秦始皇至溥仪，仅有13位帝王在泰山有过祭祀。汉代的班固在《白虎通义》中说：“物成封禅，以告太平”。这句话很重要。它解释了为什么只有极少数帝王敢于泰山封禅祭祀的疑问。因为封禅最重要的内容其实是帝王向上苍汇报工作，是来述职的。所以，凡是“天下不太平，事没干好”的帝王，怕遭天谴，终不敢赴泰山。我们回头来看，中国帝王中到泰山祭祀次数最多的皇帝是汉武帝8次，乾隆帝10次。看来这二位对自己的成绩很有自信。而明朝没有一位皇帝敢赴泰山，朱棣成绩最大，但终究属于篡位，心里还是虚得很。**泰山封禅御道登山景点依次为：【天外村】**泰山景区售票处，在此购买门票和观光车票。如果徒步登山，应该在这里购买到红门的车票。如果想到中天门乘坐缆车或者到中天门直接挑战泰山最艰难的十八盘，建议购买到中天门的车票。**【红门】**又叫一天门，是登泰山的正式景区起点，多路公交车也在红门设置了终点站。**【渐入佳境】**、**【斗母宫】**、**【总理奉安纪念碑】**、**【观音殿】**、**【步天桥】**、**【财神庙】**、**【中天门索道】**攀登到这里你可以根据自己的体力选择是继续徒步，还是乘坐缆车了。但是一般人会两难，因为从中天门到南天门是泰山最美丽的一段，也是最有攀登意义的一段。**【天上人间】**、**【步云桥】**、**【万丈碑】**、**【十八盘】**、**【南天门】**。步云桥头的**【风雨亭】**有一副对联很好解析了封禅泰山：“因果研究积成功德敢朝山，登高极目从兹俗虑自消沉”。功德不成，不敢朝山，这就是自古君王封禅谨慎的缘由。**【十八盘】**分为三段，共计1633级台阶，虽然距离不足一公里，但是落差却有400米。这一公里，一般人需要走2个半小时。对松山的前393级叫做“慢十八”，从龙门到升仙坊的767级叫做“不紧不慢十八”，升仙坊到南天门只有150米距离，但是这473级台阶是最艰苦的一段，几乎90度垂直，叫做“紧十八”。南天门旁就是郭沫若书写的**【天街】**，雾霭笼罩时真的是天上的集市。玉皇顶因玉皇寺而得名，有碑刻“古登封台”，这里就是帝王在泰山设坛祭天的地方了，也是游客半夜爬泰山以求一观“泰山日出”的最佳揽胜处。

参观须知：泰安市泰山区红门路54号，0538-6228289/8066826，旺季门票127元，淡季门票100元，索道单程100元，全天开放。

停车提示：自驾游朋友要特别注意，旅游旺季泰山停车场爆满，这里推荐一个停车窍门。推荐车停在泰山医学院内的收费停车场。从环山路进入泰山医学院所在的龙潭路是单行道，但是如果是进入泰山医学院停车则可以右转进入单行道。

▲泰安小贴士 1——岱庙

推荐理由：我们说泰山的玉皇顶是封天之处，那么岱庙就是禅地之所。皇帝祭祀泰山，只会下榻在岱庙。泰山封禅大典的第一步仪式，就是从岱庙开始的。岱庙的碑林是继西安碑林和曲阜碑林之后的中国第三大碑林。岱庙与北京故宫，曲阜孔庙，承德避暑山庄并称中国四大古建筑群。（其实武当山古建筑群并不在四位之下）。

参观须知：泰安市泰山区朝阳街7号，0538-8261038, 门票30元。

▲泰安小贴士 1 ——齐长城

推荐理由：齐国是春秋五霸。齐长城从春秋开始建造直至战国，历时170年。其走势覆盖了整个泰沂山区，一直修到黄海边上，绵延640公里。齐国长城比古希腊的雅典堡垒早200年，比秦始皇长城早了400年，是中国长城之父，也是世界堡垒之最。如果自驾游览齐长城不便 ，我推荐济南市长清区境内的大峰山“齐长城遗址”。这里有1300米保存得最为完整的“齐长城”段。

参观须知：位于岱岳区下港乡上港境内，0538-8886626。

挺哥

爱卡汽车管委会委员、普拉多全国版主、俱乐部主席、挺哥国际互联网 CEO、互联出行创始人。曾在多个行业供职，荣获国家等各级新闻奖四十余项，带队穿越中国及世界各地十余载，深受车友的喜爱。

你好，郑州！

我紧紧捏住两侧的开关，奋力提起车窗，一股寒冷的气息扑面而来，眯着眼，头发抽打在额头……

一列八十年代北京开往郑州的绿皮火车，依稀还记得三十年前与明眸笑容的郑州乘务员内心懵懂的邂逅。拥挤的车厢，让我们有了一段敞开心扉的交谈，喜欢一个人，也许就是一瞬间和两个酒窝。那时没有电话、没有 QQ 和微信，失散了，就再也找不到了。多少次路过这座城市，悄悄伫立站台，期盼相遇，但命运的轨道由此交错不再。

郑州，华夏文明的发源地，三皇五帝之所，承载着中华文明悠久的历史和文化积淀，那种朴实与亲善，在我的眼里，其实是一双小手：妮儿，弄啥嘞，恁可带劲哩！

我想，回到过去，在冬季的阳光下沉默着喜欢，如果有人路过那里，回来告诉我，此刻我在异乡的夜里，远远地想念着……你好，郑州！

Day3

泰安市东岳大街 70km 2h **济南市黑虎泉路**

▲ 自驾线路

泰安市东岳大街—环山路—泰明路—泰佛路—X055 景云路—103 井渡口村—济南二环南路—舜耕路—朝山街—黑虎泉西路—黑虎泉北路。

▲ 泰山井渡口村农家乐

推荐理由：这条线路从泰安市区出发一直贴着泰山的东边向北，春夏水果上市可以吃到甜美的泰山杏、李子、西瓜，糖分高，价格低廉至咋舌。沿途充斥着各式农家饭馆，村民房屋建筑奢侈。自驾游至此，可享受泰山地道农家美味，农家乐有垂钓，吊床，儿童乐园。饭桌就在瓜棚李下，蔬菜摘自自家菜园，作为城市人，你可以好好感悟一番农村巨变，以及“靠山吃山”的生活哲学。

▲ 景点小贴士——曲阜孔庙孔府孔林

推荐理由：三孔景区是中国仅次于北京故宫的古建筑群，拥有西安碑林之后的第二大碑林，是儒家学说的发源地，世界文化遗产。**【何为儒家】**春秋礼崩乐坏，孔子开始致力于重新构建国家与社会秩序，以实现他心中的理想社会。所以，儒学在我看来不只是宗教，入世的儒家有很强社会参与意识。当年孔子周游列国，就是希望他的学说得到重视并采纳。儒家的理想社会是什么样的呢？鲁迅总结为“仁义”，很准确。就是仁爱和正义，这是孔子希望实现的大一统理想社会，是他的乌托邦，再扩展开就是“六德”，仁义圣智信忠。如何去实现六德呢？孔子提出“教化天下”，通过教育实现六德，所以孔子是教育先驱。教什么内容呢？“六艺”，礼，乐，射，御，书，数。通过六艺，规整人的“六行”，就是六种做人基本的行为规范：孝、友、睦、姻、任、恤。**【六行】**是一个社会人的行为举止外化标准，六德是一个社会人品质的内在标准，这就是儒家思想。

游览景点：正门**【棂星门】**。**【奎文阁】**是孔庙的藏书楼，明清曾专门为魁星阁设置了一个官职。**【杏坛】**是孔子讲学的地方。孔庙的 2000 方历代碑刻为艺术瑰宝。孔府的藏品有著名的元代**【七梁帽】**。梁帽是官员上朝带的帽子，所谓的“梁”就是帽子上面的形似房梁的棍子。一品官员的棍子有七根，叫做“七梁帽”。这顶帽子在中国属绝无仅有。**【商周十器】**，又叫做“十供”，是清代皇宫中收藏的商周的青铜器。乾隆帝后赏赐给了孔府，作为祭祀孔庙专用。**【孔林】**是孔子族人的家墓，从孔子始，至 1919 年的衍圣公，共 76 代。这是世界上延续时间最长的家族墓地。享殿内有乾隆的《谒孔林醉酒碑》，孔林中有乾隆女儿的牌坊，叫做“于氏坊”。乾隆有一个女儿是过继给了户部尚书于敏中的，后下嫁孔家，所以姓于。孔尚任是《桃花扇》的作者。康熙帝南巡路过曲阜的时候，孔尚任为康熙讲解《大学》，所以康熙破格升他为国子监博士。他也葬于孔林。

参观须知：曲阜市尼山镇，0537-4414789，联票 150 元，8:00~17:30 开放。

济南建邦黄河大桥
蒋家庄村
段家庄村
小坝
鹊山村
鹊山西村
黄河
黄河森林公园
泺口黄河爱国主义教育展览馆
泺口浮桥
济南九河美食园
济南黄河风景区
山东黄河工程集团有限公司第二工程处
济南黄河工程局第四工程处
太平庄
丁庄
李家寺村
邹家庄村
刘七沟村
小魏庄
新徐庄
济南天桥立交
大魏家庄
市盐务局
济南北立交
济南海洋极地世界
天桥区大魏工业园
现代康桥医院
药山公园
药山
济南天志医院
市天桥区水务局
山东黄河医院
省黄河航运局
山东化工厂医院
天桥保安指挥中心
西沙王庄
东沙王庄
济南民营科技产业园
新沙北路
济南槐荫工业
市黄河河务局
民生医院
市天桥区第二人民医院
南洋模特衣架展示厅
服装城中心街
济南动物园
金牛山
省小清河航道管理处
天桥区市政工程管理局
粟山
北马鞍山
济南骨矫形医院
肖家屯村
东赵村
省舞蹈艺术考级委员会
新沙王庄村
金鑫工业园北区2号
泰山医学院济南临床学院
市第四人民医院
凤凰山商业街A区
凤凰山商业街B区
济南黄桥工业
济南技师学院
市计量检定所
省气象局
济南五洲医院
匡山杨家庄
匡山绿苑广场
匡山公园
匡山
山东人民学院
天桥区教育局
省交通医院
齐鲁总站
济南清河医院
省消防产品
北园立交桥
济南中医肝病医院
省城乡建设勘察院
华夏医院
天仁医院
大桥区烟草专卖局
济南东站
大明湖公园
大明湖
明湖北路
大桥区
客运中心
中德骨科医院
山东交通学院
山东科技大学
省煤炭工业局
济南站
济南铁路局
市第一人民医院
省政府
济南卫生学校北校区
济南森林公园
大华中医骨关节病专科
省环境保护厅
省会大剧院
省地震灾害紧急救援队
市槐荫区规划局
槐荫分局
市教育局
小张家庄
槐荫区房产管理局
平热线
济南房地产管理处办事处
省立医院西院
槐荫区人民医院
省儿童医院
山东大学口腔医学院
市民族医院
济南泉兴汽车维修有限公司
张庄路市容环卫所
槐荫区妇幼保健站
济车医院
省畜牧局
兴济河商业街
省监查厅
山东中医药大学第二附属医院
省教育厅
省皮肤病医院
段店客运站
仁康中医医院
槐荫区劳动和社会保障局
市中区人民医院
段店立交桥
中铁济南设计院
槐荫区
市第五人民医院
市中区
八一立交桥
玉函立交桥
市规划展览馆
唐人客栈美食城
山东力明科技职业学院
济南公交医院
市儿童医院
山东技术学院
市按摩医院
市中区妇幼保健站
锦华村风味名吃广场
泉城公园
大舜天成
山东康华专修学院
东红庙北路
中国三农事业山东发展中心
振兴工业创业园
市中区旅游局
英雄山
天成汽修
市优抚医院
凰山
任家山口
市中区新型农村合作医疗服务大厅
白马山
丁字山
济南技术学院石化分院
市城市管理局
山东红十字会医院
市农业局
市工商行政管理局
省中小企业办公室
五里山
山东会展中心
山东广播电视大学
济南舜耕国际会展中心
西山村
商城旅社
刘长山
市中区人民医院第四分院
旅游汽车站
六里山
山东女子学院
济南华侨医院
省财政厅
山凹庄
任家庄村
韩家庄
育才小学
米山坡
金泰宏发汽修厂
市中区医院十分院
山水精品街
七新村南路
济南大学
济南南站
第四人民医院分院
济南济生医院
省水泥质量监督检验站
济南友谊医院
市地税局市中分局
省人口和计划生育委员会
省交通厅机关
克郎山
客运站
青龙山
省药品检验所
市中区卫生局卫生监督所
山东东方医院
济南爱心医院
省警官总医院
市中区房产管理局
舜玉路房产管理所
省海洋与渔业厅
山东财政学院
前魏华庄
白马山小学
金润阳光幼儿园
郎茂山
济南耳鼻喉眼科医院
市中区人民医院第六分院
簸箕山
后龙商业街
市中七贤人民医院
市中区人民政府
森林防火指挥部
山东医学高等专科学校
省医学科学院第二附属医院
大佛寺观音洞
围子山
小菠山
皇上岭
七贤庄
市中区水务局
马武寨北峰
茂新汽车修理厂
市中国家税务局
市质量技术监督局
舜城商业街
惠民中医医院
万灵山
市农业信息中心
市气象局
中国税务办税服务厅
大青山
康心双语幼儿园
军嫂小白鸽幼儿园
马武寨
九曲庄
市国土资源局市中分局
市中区人民医院
开心超市
九曲村小学
老虎洞
山东电力高等专科学校

济南
华山公园
华山
市政府
历城区
历下区
历城站
千佛山公园
济南立交
全福立交桥
燕山立交桥
龙洞立交桥
龙洞隧道
汽车东站
浆水泉水库
浆水泉风景区
孟家水库
山东大学
山东大学南校区（二环南路）
山东经济学院（南区）
山东建设学院
山东艺术学院
山东艺术设计学院
山东广播电视大学
济南国际会展中心
历下区广场管理处
济南市云顶山公墓
中国冶金地质总局山东局
齐鲁文化创意基地
市第三人民医院
济南电力医院
济南骨伤医院
齐鲁制药职工医院
黄台生平医院
历下区第三人民医院
济南中济医院
华圣医院
济南市脑科医院
历城区华山供销合作社
市地税局历城华山分局
济南高新开发区
中泰环保技术开发中心
济钢集团总公司总医院三区分院
中铁十四局中心医院
鲍山股份小学
济南高新区建筑工程质量检测站
山东小鸭集团工业园
天加工业园
济钢第二工业区
济南钢铁集团总公司职工总医院二区分院
历下区财政局
省质量技术监督局
历城电力调度中心
历城区教育局
中国济南留学人员创业园
市历城区城市管理局车队
小清河综合治理展览馆
省小清河航运局
省海河流域水利管理局
市排水管理服务中心
济南肛泰肛肠医院
大辛庄
小辛庄
黄台南路
菜园村
驴山庄
老庄
郭家庄
高家庄
后王庄
前王庄
石门李家庄
宋刘村工业园
小张马村
陈西村
宿家村
杨南村
赵仙庄
苏家庄
和顺汽修
裴家营村
刘家庄村
林家庄
北胡庄
南胡庄
小汉峪村
车脚山村
太平庄村
龙洞庄
龙洞村
西蒋峪村
老石沟村
中井庄村
小岭村
黑峪
坞西村
开家庄
大山坡
马山坡
五顶茂陵山
燕翅山
回龙山
老虎山
罗袁寺顶
山林农庄
粽子山
城外农庄
蚰蜒山
西菰山
小菰山
小狸猫山
簸箩顶
扁石山
白云山
赵牛岭
兴港路
鸿领重汽维修
309
104

RAV4与济南

JI 'NAN

历史与今天 THIS IS THE WORLD OF CONFUCIANISM.

托山东的福，让中国有了自己的教育理念和体系，孔子的儒学思想为后世塑造了精神世界的轨道，齐国的稷下学宫是世界第一所官办的高等学府。教化天下是从山东开始的，让蒙昧的洪荒有了文明的火花。中国的智慧装在很多山东人的脑子里：姜尚、吴起、墨子、诸葛亮、书圣王羲之、名相王导、匡衡、名将蒙恬、著名书法家颜真卿、文学评论家刘勰。

齐桓公任用管仲改革，使齐国实力大增，葵丘会盟齐国成为春秋五霸之首。齐国长城的建成比秦长城早 400 年，绵延 600 公里，是世界最为著名的战争防御体系。

山东是一个旅游资源十分丰富的大省。曲阜孔庙、泰山是世界文化遗产。山东漫长的海岸线为旅行提供了惬意的海滨。鲁菜为中国四大菜系之首，山东自驾游可以成为一次美食家的饕餮盛宴。今天的山东蓬勃兴旺，经济飞速发展，GDP 在全国名列前茅。

一汽丰田济南越野基地

▲ **地址**：济南市槐荫区绕城高速与滨河南路交叉口往西 150 米路南

灵动如泉水，提速如喷泉

济南，又称“泉城”，济南素以泉水众多、风景秀丽而闻名天下，趵突泉、大明湖的灵动水性闻名遐迩。济南的泉水不仅数量多，而且形态各异，精彩纷呈，有的呈喷涌状，有的呈瀑布状，有的呈湖湾状，众多清洌甘美的泉水，从城市地下涌出，汇为河流、湖泊。盛水时节，在泉涌密集区，呈现出“家家泉水，户户垂柳”、“清泉石上流”的绮丽风光。

而 RAV4 灵活的操控，轻盈的攻弯，与济南这座如泉水般灵动的城市气质颇为相符，RAV4 带电子助力转向的方向盘，路感清晰，指向准确，转向轻盈灵活，6AT 的变速箱换挡平顺，上降挡及时，油门和刹车都很灵敏，开着 RAV4 走在的济南路上，仿佛一股趵突泉的清流徜徉在大街小巷，其四驱系统更让 RAV4 如虎添翼，不管是攻弯还是盘山，都轻盈灵动。

一汽丰田济南越野基地开营

一汽丰田济南越野基地的开营仪式为“一路闯天下峻岭极先锋——郑州到济南”的路程画上了一个完美的句号。伴随着一缕缕彩带缓缓飞天，一汽丰田济南越野基地启动仪式正式开启。王建忠总经理的讲话为越野基地赋予了极大意义：

一汽丰田济南**车友之家**
让大家来这里找到家的感觉

在越野基地，当然不能错失体验专业越野试驾的机会，陡峭的坡道、落差半米的炮弹坑、细密连绵的砂石路面、怪石林立的岩石路面……都是许多越野性能一般的 SUV 车型不可逾越的障碍。当然，我们今天的主角 RAV4，面对着这个量身打造的超级越野场地，它的表现却异常从容，赢得人们掌声与认可的同时，它却依然保持着低调。不得不说，RAV4 一些新技术装备的应用，让舒适性和越野性同时存在，通俗地讲，大家终于可以舒舒服服地去越野了。

城市速揽 济南

JI 'NAN

地理气候特征

▲ 山东中部为沂蒙山区，海拔平均500米，植被覆盖率达到98%。京杭大运河从微山湖南进入山东济宁，称为鲁运河。低海拔山区和广大的平原，以及发达的经济为山东的高速公路建设提供了充足的自然和经济条件。山东自驾游除冬季山区需要注意结冰路面外，其余季节可放心驾驶。

▲ 山东纬度高于江浙，但冬季最低温度及人体寒冷体感反而好于长江中下游地区。一般冬季气温在零下3度左右，而夏季绝对温度可达35度，夏季平均温度为27度。所以山东的全年温差不大，是长江以北气温最为平和的地区，这要感谢海洋的调节。

自然景观

▲ 济南大明湖、济南趵突泉、济南千佛山、济南黑虎泉、济宁微山湖风景区、沂蒙山风景区。

人文景观

▲ 泰安市泰山、曲阜孔庙孔府、济南洪家楼天主教堂、济南清照纪念馆、山东博物馆、济南芙蓉馆、济南护城河环城公园、济南老舍纪念馆、济南四门塔、济南西更街、淄博周村古商城、淄博齐国历史博物馆、淄博蒲松龄纪念馆、潍坊风筝博物馆。

美食集中营

▲ 芙蓉街

推荐理由：芙蓉街的历史可以追溯到公元前1100年，这条长400，宽不足6米的小街一直都是济南最繁华的古老商业街。济南有个说法叫做“三山不见，一街埋金”，说的就是芙蓉街，指芙蓉街的生意爆好，挣钱容易。这条街按照修旧如旧成为济南的旅游景点。

推荐餐厅：草包包子铺、胥记面馆、爆肚卢、苓记鸭血粉丝、中央电视台专题报道过的王硕士臭豆腐、老街口济南菜馆。

招牌菜：五香油旋、糖酥火烧、臭豆腐、梅花糕、马蹄烧饼。

▲ 泉城老董家菜馆

推荐理由：菜馆上过《舌尖上的中国》，所以生意爆好。推荐蟹黄米团，黄瓜拌油条，两吃里脊。

（历下区泺文路39号 0531-86916767）

▲ 会仙楼饭庄

推荐理由：会仙楼是一家经营老鲁菜的餐馆。爆炒腰花是会仙楼的招牌菜。其他著名菜品为：葱烧海参，滑炒里脊丝，明湖酥鱼，九转大肠，干烧鲳鱼，八珍布袋鸡，糖醋鲤鱼。会仙楼在省府前街还有一家店，紧邻芙蓉街，装修豪华，对就餐环境挑剔的可以选择那里。

（芙蓉路103号 0531-86092299）

▲ **聚丰德**

推荐理由：聚丰德，中华老字号，号称"鲁菜"的黄埔军校，为北京人民大会堂输送了诸多鲁菜大师。这家餐馆还专为毛泽东做过油旋。品尝地道鲁菜，聚丰德是首选。

（经五路 11 号 0531-86162888）

酒店任你挑

▲ **泉城路商业中心附近酒店**

推荐理由：靠近著名的黑虎泉景点，在济南护城河内。至大明湖，趵突泉十分方便。

▲ **大明湖少年路附近酒店**

推荐理由：紧邻大明湖西，至趵突泉和西船闸景点都近。

时尚购物

▲ **泉城路商业街**

推荐理由：泉城路是一条东西走向，贯穿整个济南老城的商业街，位于趵突泉以北。泉城路现有恒隆广场，贵和购物中心，济南百货大楼，世茂国际广场，银座购物中心。

▲ **万达广场**

推荐理由：位于经四路，是济南仅次于泉城路商业街的第二现代商业购物广场。

加油站

▲ **中国石化历山路加油站**

地址：历下区历山路 113 号

电话：0531-86956657

▲ **中国石化明湖北路加油站**

地址：天桥区明湖北路 1 号

电话：0531-67864275

玩转济南 为您推荐③日行程

Day1

▲ 下午自驾到达济南

推荐酒店：黑虎泉北路 七天连锁酒店泉城路店

推荐理由：从酒店步行至护城河南面的黑虎泉西路与护城河外半边街之间的“黑虎泉群”游览很方便。

▲ 黑虎泉

推荐理由：黑虎泉是济南四大泉水群之一，位于济南古城护城河的东南角。黑虎泉与豆芽泉，九女泉，玛瑙泉，白石泉，五莲泉形成的泉水群是济南当地人捕鱼捞虾，取水饮用的地方。黑虎泉的喷泉量仅次于趵突泉，为济南第二大泉眼。论名气，趵突泉最大，但是与济南百姓生活息息相关且最具济南代表性的还是黑虎泉。由于黑虎泉是地上泉，泉水从三个虎头流出，景区免费，所以每天络绎不绝的济南市民来这里提取生活用水，而且在济南 72 泉中，黑虎泉是最能判断当地是否干旱的水文标志。黑虎泉在宋之前的文献中没有任何记载，可以推断黑虎泉应该是南宋后开挖深淘护城河时的意外产物。半边街的护城河边有著名的“黑虎泉茶社”。茶社一茶一坐，一泉一景，用大碗大壶，茉莉花茶冲泡。护城河边嗑瓜子，大碗茶，泉水汩汩，小桥古韵，感觉一下子融入了济南生活。

▲ 晚餐时间

推荐美食：芙蓉街

推荐理由：步行向西至荷花音乐广场，广场地下为银座购物中心，向北进入护城河内是恒隆广场和世茂广场，可以购物采买，再步行向北就是济南著名的美食一条街“芙蓉街”，可以边走边吃，挑选自己喜欢的各类小吃。

推荐餐厅：会仙楼

招牌菜：九转大肠、糖醋鲤鱼、葱烧海参。

Day2

▲ 泉城

推荐理由：济南又叫泉城，城市泉眼以及泉群多达72处。其中最大的泉群是趵突泉群和黑虎泉群。古济南的东南西三面形成一个 U 型的护城河，护城河的水源就是这两大泉群，最终护城河水向北注入大明湖。大明湖形成北面最宽阔的天然城市屏障。

参观须知：济南现在将护城河与北面的大明湖天然河道湖面，打造成一个城市循环的水上交通旅游线路。这条环形不间断的护城河船游览线路有 10 个登船码头，类似公交车一样，每站 10 元，坐完全部 10 站 100 元。景点门票不包含在船票内。黑虎泉站、泉城广场站、趵突泉站、五龙潭站、大明湖西南门站、大明湖稼轩祠站、司家码头站、超然楼站、知春桥站、青龙桥站 10 个游船站点。

▲ 趵突泉

推荐理由：趵突泉这个名字是唐宋八大家之一的曾巩取的。趵突泉的最早记载见于安阳殷墟出土的甲骨文，由此推断出趵突泉的存在。它的确切文献记载见于《春秋》中的“鲁桓公会齐侯于泺”，泺水的源头就是趵突泉。之所以称作“天下第一泉”是因为乾隆南巡的时候，一路喝的是北京颐和园旁边玉泉山的水，到了济南喝了趵突泉的水，就再也不喝玉泉山水了。济南之所以称为“泉城”，与其特殊的地质结构有关。济南地势南高北低，南面是千佛山，地质结构是石灰岩，而石灰岩空隙大，可以蓄水，水流向地势较低的北面济南城，当石灰岩结构遇到土质结构的时候，水流受阻，泉水喷涌而出。由于地下水位逐步降低，趵突泉的喷涌逐渐稀少。中国历史人物与趵突泉关系最密切的当属李清照，她的家就在济南。李清照是中国第一词人，其作品气势不如苏轼、辛弃疾，但对语言的驾驭无人可出其右，是婉约派的词宗。李清照将她的作品刊刻成集，取名《漱玉词》。趵突泉景区内有李清照纪念馆和漱玉泉。景区内还有多处泉眼，其中杜康泉深受喜爱，因为“何以解忧唯有杜康”。

如何到达：泉城第一日游览推荐泛舟护城河，环济南古城游览两大泉群及大明湖。从黑虎泉站登船，经过泉城广场站，在趵突泉站登岸，游览趵突泉。

参观须知：济南市趵突泉南路 1 号，门票 40 元，7:00~19:00 开放。

▲ 大明湖

推荐理由：大明湖是中国唯一水源为泉水的湖泊。大明湖的荷塘与垂柳甚为出名，也是点缀湖景的两大亮点。而让大明湖为中国人所共知的是《还珠格格》里面的台词：“皇上，你还记得大明湖的夏雨荷吗？”从西南门进入南岸景区的游览顺序是：藕香榭，九曲亭，山东省图书馆。山东省图书馆可能是中国选址最贴切的图书馆了，柳浪闻莺，荷蔓书香，真的是读书的好地方。推荐进入图书馆转转，出来的时候好多一点书卷气。历下亭，所谓历下，就是历山脚下，千佛山古称历山。杜甫曾与北海太守书法家李邕历下亭宴饮，留下诗句：“海右此亭古，济南名士多”。继续东行是老舍纪念馆，老舍生于大明湖，逝于太平湖，始终皆于湖，可叹。超然楼建于元代，登楼需单独买票40元。原来的超然楼号称“江北第一楼”，江指的是长江。现在的水泥建筑可登高一览大明湖。老舍先生公子舒乙题字：“今日大明湖，又大，又明，又湖。”实在不知所云。**【大明湖四怪】**大旱不涸，大涝不涨，蛇不见，蛙不鸣。大旱不涸是因为地下水丰富，大涝不涨是因为石灰岩渗水渠道多，而蛇不见是因为这里飞禽众多，蛇无法生存。而湖里有青蛙不叫，让人百思不得其解。有人专门放了一群青蛙到湖里，经过实地确认，放养的青蛙确实不叫。而在别处，这些青蛙是要鸣叫的。所以大明湖的青蛙不叫，至今无解。

省钱妙招：大明湖分为湖北面的收费景区，以及湖南面的免费景区。从趵突泉乘船抵达的大明湖西南门是收费的，而步行从芙蓉街向北进入的大明湖南门是免费的。如果你想游览免费的大明湖，就不必在趵突泉乘船了，可以上岸走古城的芙蓉街大明湖南门进入景区。

如何到达：从趵突泉船站登船继续沿着西护城河北山，至大明湖西南门船站登岸。

参观须知：历下区大明湖路271号，0531-86088910，门票30元（另超然楼40元）。

自游人

美国海归学者，旅行达人，足迹遍布祖国除内蒙古之外的各省和港澳台地区，世界五大洲的40多个国家和海岛。1989年在美国考取人生第一本驾照至今已安全行车百万公里。同时具有丰富的左行国家驾驶经验。

在爱卡汽车网四川论坛发表过游记，最受欢迎的帖子当属《我的Safari之旅——走进非洲》，《自游人系列——走进奥地利/德国》。酷爱手动四驱SUV，喜欢单车自驾，享受那份无拘无束的自由。

“足迹遍布世界各地，走过无数的山川河流，荒漠孤岛，但让我牵挂的还是济南。我把人生最美好的岁月都留在了济南，那是我难忘的大学时代。济南是一座有灵性的城市，历史的岁月感像一层厚重的尘埃，但济南可以用清透的泉水轻轻拂去。这是一个承载过去，而可以轻装上阵充满活力的城市。

THIS IS THE WORLD OF CONFUCIANISM.

Day3

▲ 千佛山风景区

推荐理由：千佛山历史上叫做“历山”，因为舜在这里耕过田，又叫“舜山”、“舜耕山”。济南一位叫李兆海的通过 GPS 卫星地图发现，济南千佛山的环山公路自然构成一个巨大的坐佛形象。而千佛山南的山体形成一个自然的鳌龟形状，“坐鳌巨佛”。千佛山是济南 72 泉的水源地，从千佛山顶向北可以眺望整个大明湖和更远处的黄河，这里也是济南市民每天早晚各 1 个小时免费登山锻炼的地方。

全程路况：5 公里，15 分钟。

自驾线路：黑虎泉北路—解放路—历山路—经十一路—千佛山风景区正门停车场。

参观须知：历下区经十一路 18 号，0531-82662321，门票 30 元，8:00~17:00 开放。

▲ 万佛洞

推荐理由：万佛洞是集敦煌，龙门，麦积山，云岗石窟雕刻精华为一体的佛教造像群。千佛洞深 500 米，内有佛教造像 23000 尊，完工于唐高宗公元 680 年。

参观须知：门票 15 元。

▲ 兴国禅寺

推荐理由：兴国禅寺，始建于唐贞观年间。寺内的“齐烟九点”牌坊是游客必去的景点。从此处可以环视周边 9 个犹如小小烟点的山峰。这是一个借用手法，以示当年齐国的强大，视九州各国如同烟点。**【千佛崖】**位于兴国禅寺内的南侧，有隋代佛教造像 130 尊，是少有的隋代佛教造像。

▲ 洪家楼天主教堂

推荐理由：亚洲最美的天主教堂，在中国三大天主教堂中规模列第一位。中国三大天主教堂另两座是江西临川市抚州天主教堂，山东平阴县胡庄天主教堂，平阴是阿胶产地。山东是外国势力最早进入中国的地区。1900 年中国有过庚子之乱，就是义和团在全国范围内杀戮洋人，捣毁教堂，直至攻打各国使馆，最后是慈禧太后向全世界宣战。中国战败后的庚子赔款本息合计约 10 亿两白银。把明代以来的几乎所有全球贸易顺差赔光。庚子之乱在中国人心中留下巨大的民族阴影，直至毛泽东在朝鲜战争中彻底改变了中国积弱的国际形象。洪家楼天主教堂就是用庚子赔款修建的，设计师是德国人，但是建筑施工是济南当地人。洪家楼的风格是典型的哥特式建筑。哥特式建筑是兴起于十一世纪的法国建筑，直至十七世纪。哥特建筑的风格是尖顶向上，牧师们希望更高的建筑能够把意志传递至天庭，与上帝沟通。洪家楼天主教堂采用的是双塔哥特式建筑，而当地的济南石匠在建造中又加入了一些细部的中国元素，如小青瓦，门柱的中国龙等。但严格参照德国科隆大教堂建造的洪家楼教堂的建筑细节及气势，规模已经超过了赫赫有名的广州石室圣心教堂。

全程路况：7.5 公里，25 分钟。

自驾线路：千佛山景区经十一路—历山路—花园路。

参观须知：历下区洪家楼 1 号，9:00~17:00 免费开放。

▲ 芙蓉馆

推荐理由：济南的芙蓉馆就像北京的德云社，东北的刘老根大剧院，是济南人戏曲消费的地方。芙蓉馆是一处四合院建筑，也是中国唯一的一处四合院戏曲舞台。馆内有明清 100 多件精品古家具，四合院的西园还可以享用地道的鲁菜晚餐。夏季的荷花荷叶宴席尤其出名，有炸荷花，荷叶酥鱼，荷叶粥，荷叶水饺。茶坊用水是取自济南 72 泉之一的“芙蓉泉”，真的很奢侈。每晚的 19:30 分演出有相声、坠子、快板、评书、大鼓轮流上演。曲艺界有一说法：“北京学艺，天津练话，济南踢门槛”，就是说在北京天津小有名气了，才敢来济南登台演出。芙蓉馆自比“曲山艺海”，到底是谦逊还是骄傲呢？

全程路况：9 公里，30 分钟。

自驾线路：洪家楼天主教堂—花园路—明湖东路—明湖西路—西工商河街—堤口路与无影山东路交汇处。

参观须知：天桥区堤口路 59 号，0531-89000117，戏剧门票 30~80 元，夜场 19:30 开始。

济南滨海自驾线路

济南—青岛八大关—蓬莱阁—潍坊风筝博物馆—青州博物馆—淄博周村古商城

Day1 ~ Day2

济南 370km 5h 青岛八大关

▲自驾线路

济南黑虎泉路—济南经十路—济南港九路—G2 京沪高速—G22 青兰高速—胶州湾大桥—青岛八大关。

▲ 青岛八大关

推荐理由：万国建筑博览园，有 20 多个国家在此修建了各种风格的建筑。最著名的有花石楼和公主楼。

▲ 青岛圣米埃尔大教堂

推荐理由：由德国设计师根据哥特和古罗马建筑风格设计建造，是中国十大最美天主教堂之一。

▲ 青岛火车站

推荐理由：始建于 1899 年，为德国文艺复兴风格建筑，作为百年火车站，青岛火车站无疑是中国最牛的车站。

▲ 青岛崂山风景区

推荐理由：崂山是中国海岸线的第一名山，崂顶海拔 1133 米，是中国海岸线第一高峰。崂山还是中国三大优质矿泉水源地。春秋时期这里就是各种方士养生之地，秦始皇和汉武帝亦至此求长生不老之仙术。

▲ 第一海水浴场

推荐理由：位于八大关海滨的第一海水浴场是亚洲最大的天然海水浴场，拥有 580 米长的沙滩。

▲ 青岛啤酒博物馆

推荐理由：青岛啤酒的历史可以追溯到 1903 年，由英德合资按照德国工艺生产。青岛啤酒在中国改革开放初期是中国少有的国际驰名商品。

▲ 青岛其他德国建筑

推荐理由：1897 年的曹州教案后德国占领了青岛，并在此修建了大量的建筑。现存完整的有德国总督府旧址、德国警察署旧址、胶州帝国法院旧址、俾斯麦兵营旧址、伊尔蒂斯兵营旧址、青岛山炮台。

▲ 青岛海军博物馆

推荐理由：是中国唯一的海军博物馆，位于八大关。

Day3

香港西路 234km 3.5h 蓬莱阁风景区

▲ 自驾线路

香港西路—福州南路—辽阳西路—G20 青银高速—S19 龙青高速—G15 沈海高速—松山蓬莱出口—S211—蓬莱市蓬莱阁风景区。

▲ 蓬莱阁

推荐理由：与黄鹤楼、岳阳楼、滕王阁并称中国四大名楼。让蓬莱阁充满神话色彩的是八仙过海和蓬莱仙境的故事。话说当年秦始皇听信了鬼谷子，让徐福带上几千童男童女和三年的粮食、衣物，去海上寻找蓬莱仙山和瀛洲。徐福的出发地应该是琅琊，就是今天的日照与青岛之间的某个港口。最后徐福到了日本的九州并在那里留了下来。这段历史的第一史料记载人是司马迁。秦始皇和汉武帝都曾求仙至此，让这段故事充满了很高的可信度。而徐福则是连云港人，他的后代后来改姓劳或崂，这让我们很容易联想徐福的出发地应该是胶州湾的崂山。蓬莱阁的位置正好是黄海和渤海的分界线。

▲ 登州古船博物馆

推荐理由：博物馆位于蓬莱阁景区内，这个位置曾经发掘出元代和明代的四艘古船。馆藏精品是元代的古战船、明代紫檀木船舵杆、明代铜炮。

Day4

蓬莱阁风景区 300km 4h 青州博物馆

▲ 自驾线路

蓬莱阁风景区—S213—G18 荣乌高速—S21 新潍高速—S16 荣潍高速—G20 青银高速—潍坊市—G20 青银高速—青州西出口—玲珑山北路—驼山中路—青州博物馆。

▲ 潍坊风筝博物馆

推荐理由：世界最大的风筝博物馆。

参观须知：位于潍坊市行政街 66 号，门票 30 元。

▲ 青州博物馆

推荐理由：中国最大的县级博物馆。婺源博物馆也号称中国最大的县级博物馆，他们之间值得 PK。

馆藏珍品：明代赵秉忠状元卷、汉代宜子孙玉璧、东汉大型跪姿石俑、北魏正光五年陆子章造像和兴安二年黄良造像、西汉铜狩型水滴、南北朝石造像、北齐临淮王像碑。

【赵秉忠的状元卷】赵秉忠的状元卷为国内孤品，属国宝级，1983 年由赵的后人捐献给国家，但 1991 年曾经被盗，后失而复得。赵秉忠是明代万历年间的状元，卷子上的“第一甲第一名”是万历皇帝的御笔。卷子上有 9 位阅卷人的署名，其中 3 人为吏户礼部尚书。考卷的题目是《问帝王之政与帝王之心》。保存殿试考卷是礼部的工作，而赵秉忠后官至礼部尚书，应该是他被贬回原籍的时候，夹带私藏回来的。

Day5

青州博物馆 25km 0.5h 齐国历史博物馆 56km 1h 周村古商城

自驾线路：青州博物馆—益州西路—S309 齐盛路—辛广路—齐都路—淄博市齐都镇—齐国历史博物馆—张皇路—雪宫路—G20 青银高速—周村收费站—正阳路—新建中路—淄博市周村古商城。

▲ 淄博齐都镇齐国历史博物馆

推荐理由：齐国的开国国君是“姜太公钓鱼”的那位“姜尚”。周王姓姬，齐王姓姜，这是中国两个最古老的姓氏。姜太公协助周武王在牧野打败了商，纣王朝歌自焚。周王朝开始了长达 800 年的统治历史。姜尚因为有功被封在了齐这个地方，他带着部队来到齐，那时商朝的附属国莱国尚存，姜尚是打败了莱国后在淄博建立的齐国。

博物馆的最大看点是：韶乐厅。1994 年淄博齐国古城发现了古韶乐古琴谱《萧韶九成凤凰来仪》，据此复原了 10 段古乐曲。现场聆听，犹如身临其境，怀古之情油然而生。

▲ 淄博周村古商城

推荐理由：周村古商城是“中国活着的古商业建筑博物馆群”。周村的主街道叫做“大街”，始建于明永乐年间，乾隆为周村御书“天下第一村”，后满清在淄博城外开通商埠，周村开始了它的鼎盛。周村景点：状元府、大清邮局、英美烟草公司展览馆、千佛寺庙群、三益堂印刷展馆、谦祥益，民俗展览馆、票号展览馆、 大染坊。

济南北线自驾线路

保定直隶总督署博物馆—白洋淀荷花大观园—野三坡风景区—白石山风景区

Day1 ~ Day2

济南 337km 4.5h 河北保定直隶总督署广场

▲ **自驾线路**

济南黑虎泉北路—明湖东路—历黄路—北园高架路—顺河高架路—G35 济广高速—G3 京台高速—S12 滨德高速—S072 衡德高速—G45 大广高速—保沧高速—G4 京港澳高速—保定南收费站—南二环—长城南大街—裕华西路—河北省保定市直隶总督署广场停车场。

▲ **直隶总督署博物馆**

推荐理由：满清的直隶省管辖范围是今天的河北省、北京、天津的全部，以及内蒙、河南、辽宁、山东的部分地区。最北管辖到了锡林浩特市的阿巴嘎旗，最南到河南省开封市的兰考县，东至辽宁的葫芦岛，西至山西的大同市。由于地处京畿要地，历任直隶总督都是皇上的心腹重臣。李卫、刘墉、荣禄、曾国藩、李鸿章、袁世凯都曾在此任职。

直隶总督署是中国目前唯一的省部级署衙，有“半部满清史”的说法。由于总督署在解放后一直是河北省的政府办公区，所以得以非常完整地保存。正门“直隶总督部院”为乾隆御题，过仪门，即是“戒石坊”。满清的官署都有“戒石坊”提醒官员为官之本。石坊南面为黄庭坚书“公生明”，北向是“尔俸尔禄，民膏民脂。下民易虐，上天难欺。”对神明的敬畏，是文明和良知社会的行为准则。官署大堂匾额“恪恭首牧”是雍正赐予唐执玉的。“恪恭”就是谨慎恭敬，“首牧”本意是第一牧羊人。老百姓是羊，牧羊人就是父母官了。大堂左右两厢是李鸿章任职内的 20 多种名头的回避牌。天下最尊贵的头衔都在李鸿章这里，兵部尚书、都察院右都御史、武英殿总裁、太子太傅、文华殿大学士、赏穿方龙补服、紫金城骑马。李鸿章在直隶总督职务上任期最长，达 25 年。三堂又叫“官邸”，是总督批阅公文的地方，侧室是总督书房，曾国藩在此为莲池书院写过《劝学篇》。最有趣的是《御题棉花图》。乾隆在保定视察王氏庄园，看了棉花种植织布过程，总督方观承就把从棉花种植到织布画成 16 幅图画，乾隆大加赞赏，就为每一幅图题诗一首。话说这个方观承曾经是一个落魄的世家子弟，在京城以算命为生。铁帽子王福彭路过算命

摊，对测字招牌的书法功底颇为赞赏，从此方观承从一个幕僚一直干到直隶总督。清文物展厅有满清官员服饰展。"衣冠禽兽"是个贬义词，但是当初可不是这个意思。"衣冠禽兽"最初是官员的代称。文官的衣服前的服补是飞禽，而武官为走兽。文官一品至三品依次是：鹤、锦鸡、孔雀。武官一品至三品依次是：麒麟、狮、豹。保定在满清的时候城市布局看起来像一只靴子，所以叫做"靴子城"，总督署有保定的城市布局图展。

参观须知：保定市裕华西路，0312-2013335，门票 30 元，8:00~18:00 开放。

▲ 保定陆军军官学校

推荐理由：保定陆军军官学校是中国现代军事学院的摇篮，它的前身是袁世凯 1902 年创办的"北洋行营将弁学堂"，第一任校长是冯国璋，教授德国和日本现代军事理论。中国现代军事理论家蒋百里也曾是校长。蒋百里曾在日本士官学校留学，这个学校是日本的黄埔军校，第一名可获得天皇御赐宝剑一柄。蒋百里拿到了最高荣誉，第二名是蔡锷。后来日本士官学校改变了奖励规则，留学生不参与毕业排名授奖。蒋百里后来写了一本对中国影响深远的军事书籍《国防论》，这本书第一次提出中日终有一战，且应该坚持"持久战"法。这本书对毛泽东影响极大。后蒋百里去欧洲后写了一本《欧洲文艺复兴史》，请梁启超作序，梁写着就收不住了，写了 5 万字。梁启超把这个超长的序单独编成一本书，反请蒋百里作序。蒋百里的女儿蒋英是中央音乐学院声乐教授，女婿是钱学森。蒋百里还有一个侄儿叫金庸。保定陆军军官学校培养了几乎所有的中国军事元老，蒋中正、张治中、白崇禧、孙传芳、李济深、吴佩孚、傅作义、叶挺、顾祝同、陈诚。1923 年学校停办，1924 年广州黄埔军校成立。

参观须知：保定市新市区东风东路，0312-5020071，门票 10 元。

▲ 保定西大街

推荐理由：西大街建于宋代淳化年间，现有满清建筑 2 座，民国建筑 9 座。是电影《野火春风斗古城》和著名电影《平原游击队》的外景拍摄地。由于这里不是旅游推荐地，所以外地人少有到此一游的。这反倒让这条街安静、空旷。街道的老字号牌匾成了名人书画展览，"万宝堂"药店由李鸿章题写，"直隶书局"由慈禧太后钦点状元刘春霖题写，"稻香村"食品店由张诗言题写，"德昌茶庄"为直隶总督方观承题写。

参观须知：位于直隶总督府裕华西路以北，市府前街以南。

▲ 古莲池

推荐理由：初建于唐高宗时代，元代汝南王张柔扩建。清代直隶总督李卫奉旨在此设立"莲池书院"。后乾隆、慈禧均将此处作为行宫。古莲池是中国十大名园，号称"小西湖"。

地址：裕华西路直隶总督府南。

▲ 白洋淀荷花大观园

推荐理由：清康乾二帝 40 次游览白洋淀，并留下 4 处行宫。白洋淀荷花大观园面积 2000 亩，是白洋淀最著名的风景点。

参观须知：位于保定安新县旅游路，0312-5561001。

▲ 野三坡风景区

推荐理由：野三坡是国家与世界地质公园，北方著名的旅游度假胜地，燕山山脉东行和太行山脉南下的起点，有百里峡、龙门天关、鱼谷洞、百草畔四个收费景区。

地址：涞水县野三坡景区

▲ 清西陵

推荐理由：世界文化遗产清西陵位于保定易县永宁山下，有雍正、嘉庆、道光、光绪的帝陵，以及 10 座公主、阿哥的墓葬。清西陵方圆 100 公里，是规模宏大、体系完整的清代皇家墓葬建筑群。

▲ 晚餐时间

推荐餐厅：保定西大街义春楼

推荐理由："义春楼"招牌是末代皇帝溥仪的叔叔溥心畬题写的。饭馆门脸小，营业厅堂只有两张桌子，墙上挂满了"中华名小吃""非物质文化遗产"等荣誉证书。义春楼的"白肉罩火烧"是保定名吃，当年冯玉祥就喜欢拉着几车义春楼美食去兵营犒劳官兵。梅兰芳、侯宝林、新凤霞等名角也都喜欢这里的吃食。堂内的"莲叶托桃"是暗指慈禧太后在八国联军进京的时候，当晚仓皇出逃。据说慈禧太后到了保定吃过"白肉罩火烧"。现在餐馆的老板是"白肉罩"第三代传人李领根，他的肚子里有很多关于保定的故事。

推荐餐厅：闫家驴肉老店

推荐理由：保定很地道的驴肉火烧，当地人喜欢的吃食。

地址：莲池南大街 480 号。（莲池南街与裕华西路交汇处）

电话：0312-5933658

推荐餐厅：保定会馆

推荐理由：创建于 1986 年，把自己的菜系叫做"直隶官府菜"，可见店家还是很有底气的。几乎每道菜都有一个很响亮的名头，比如李鸿章烩菜、潘金莲咸菜、袁世凯丸子、总督豆腐。

地址：新市区乐凯南大街 388 号秀兰饭店

电话：0312-3237777

▲ 酒店任你挑

推荐酒店：建华大街附近酒店。

推荐理由：距离西大街和直隶总督署 1.8 公里，游览很方便。

Day3

保定 140km 4h 白石山风景区

▲ 自驾线路

保定市恒祥北大街—北二环—乐凯北大街—保定市连接线—保定绕城高速西环—G18 荣乌高速—坡仓收费站—S241—X309 下银公路—鼻子岭隧道—G207—涞源县白石山风景区停车场。

▲ 白石山风景区

推荐理由：白石山是国家地质公园，位于太行山的最北段，海拔 2096 米。白石山的云海会让你想起黄山，北石山红叶貌似秦岭腹地的秋天，而白石山的峰林更是让人充满了对张家界的遐想。这就是白石山，盛夏之际的平均气温只有 20 多度，是北京的后花园和避暑胜地。白石山美在大理石峰林，这在中国是绝无仅有的。这种峰林与张家界的黄石寨峰林外型极为相似，但白石山的构造是大理石结构。之所以叫做"白石"，是因为岩浆熔岩烧灼白云岩而形成大理石，峰顶距离熔岩高温较远，还保持着原始的白云岩形态。在春秋战国白石山是燕赵两国的分界线，北宋时期这里又是宋与辽两国的分水岭。可见白石山确实是一处天然的屏障，难以逾越。现在白石山修建了石梯环山步道，由于坡道不陡，步行长度也适中，推荐徒步领略美景。白石山最有名的是玻璃栈道，景区内有两处玻璃栈道。在 2014 年之前是中国海拔最高，长度最长最宽的玻璃栈道。2016 年张家界和重庆云阳玻璃栈道投入使用后，白石山玻璃栈道就居后了。

自驾提示：前往白石山还可以走 S237 省道，会路过狼牙山镇，强烈不推荐这条路。这条连接大同和保定的老路重型卡车往来穿梭，几乎每车都是超载，很不安全。推荐走 G18 荣乌高速。X309 县道已经铺装，而且鼻子岭隧道贯通后，节省了很多翻山的时间。另外这条山路一直沿着太行山脉的东面，在鼻子岭隧道处可以极目四望太行山美景。

参观须知：保定市涞源县城南 15 公里处，0312-7313918，门票 150 元。

Day4

白石山风景区 200km 3h 北京

▲ 自驾线路

涞源县城—拒马河大桥—S66 张石高速—G5 京昆高速—京周路收费站—S317 京周路—阎村收费站—G4 京港澳高速—六里桥—西三环—莲花池东路—西便门桥—复兴门桥—北京西单。

一路阅天下 趣驾任你游

RAV4 真体验

一路闯天下车队离开保定之后，穿过 S237 省道从满城到狼牙山镇，再转入 X309。特别是 X309 县道在鼻子岭隧道，要翻越太行山的北端。那一段山高谷深，地势峻拔，山路的弯道很多。仅从照片看，很容易与青海翻越达里加山进入甘肃的那一段山地混淆。这段路程的奇险，让队员们忘记了疲乏，RAV4 表现出的普拉多越野血性基因的一面也令人惊叹，作为一个 RAV4 车主，看到道路两旁羡慕的目光，心里感到无比骄傲。

RAV4 的越野基因是继承了普拉多和兰德酷路泽 LC200 这两款一汽丰田旗下硬派越野车的传统，当你开启 SPORT 运动模式，RAV4 从房车的沉稳静谧瞬时转换到跑车的雷霆动力，仪表盘的蓝色照明也随之变成热烈的红色，营造出激昂的运动氛围。通过改变节气门的开启角度，可以提供磅礴的动力输出。过弯时，启动 SPORT 运动模式，能使动态扭矩分配控制 4WD 系统自动调节部分扭矩至后轮，EPS 的转向效果 也提高约 20%，并辅以偏航率反馈控制，给你车随心动、灵敏自如的畅快体验。

当 RAV4 行驶在干燥、泥泞、易打滑等各类路面上时，RAV4 的动态扭矩分配控制 4WD 系统可根据传感器发出的信息，预先将扭矩分配至后轮，并增加偏航率反馈控制， 从而提升抓地性，实现优良的操控性能，保持预期的驾驶路线。而 RAV4 的 4WD 车型配备的 VSC 系统，将 VSC 和 EPS 集为一体、紧密结合，提高了行驶性能、转向性能和刹车性能，车辆在湿滑、干燥路面行进或急转弯时都能稳定行驶及平稳加速。RAV4 的动态扭矩分配控制 4WD 系统和 VSC 系统相互协作，通过 CAN 整合通讯系统将 ABS、VSC、TRC、EPS 和 4WD 科技统筹控制，帮助驾驶者按理想路线行驶

RAV4 荣放论坛 > 2016 年中国 RAV4—路闯天下，济南—北京段，精彩图片　　点击：825 | 回复：5

shandongjinanlml

楼主

精华：1 贴
帖子：3 贴 | 6 回
来自：山东 济南
关注：RAV4 荣放

发表于 2016-6-4 23:56:43

2016 年中国 RAV4—路闯天下，济南—北京段，精彩图片

RAV4 荣放论坛 > "一路闯天下"峻岭急先锋！求精！求精！！求精啊！！！　　点击：318 | 回复：0

依稀的烛火

楼主

精华：0 贴
帖子：2 贴 | 0 回
来自：山东 枣庄
关注：福克斯

发表于 2016-6-3 17:28:32

"一路闯天下"峻岭急先锋！求精！求精！！求精啊！！！

5 月 20 号接到销售员打电话来通知，26 号有一个自驾游活动，RAV4 车主专享，当时还在犹豫着要不要去转转，销售说费用由他们 4S 店全包，其实费用是小事，就是怕跟不认识的人在一起无聊尴尬，听说这个活动名称叫"一路闯天下"，峻岭急先锋活动。说挺火的，就专门就问了度娘，发现这个活动有好多帖子，看上去还是很不错的，就应了下来，很期待 .....

北京
北京植物园
香山公园
八大处公园
颐和园
昆明湖
圆明园展览馆
北京大学
清华大学
海淀区
石景山区
西城区
丰台区
北京西站
北京北站
北京南站
玉渊潭公园
北京动物园
北京园博园
大宁水库
莲花池公园
丰台站
丰台西站
丰台南站
长辛店站
六里桥长途汽车站
丽泽长途汽车站
新发地长途汽车站
莲花池长途汽车站
上地信息产业基地
中国蜜蜂博物馆
北京汽车博物馆
京开高速
京良高速
八达岭高速
奥林匹克森林公园
中关村
五棵松桥
西直门桥
公主坟
航天桥
六里桥
玉泉营桥
木樨地桥
复兴门桥
天宁寺桥
广安门桥
右安门桥
宛平桥
杜家坎桥
晋元桥
香泉桥
玉峰桥
北京世界风情园
世纪森林公园
日中友好森林公园
国际街
百家水度假山庄

大屯路
北苑路北
仰山桥
北苑桥
顾家庄桥
来广营西桥
广顺桥
广泽桥
来广营桥
北湖渠桥
望京国际研发园
首都机场高速
机场第二高速
温榆桥
管头桥
京平高速
中国电影博物馆
北京航空航天模型博物馆
中国铁道博物馆
五元桥
大山桥
环铁北桥
酒仙桥北路
798艺术区
电子城创新产业园
四元西桥
四元桥
霄云桥
三元西桥
三元桥
三元东桥
燕莎桥
东风北桥
东风北桥
星火站
七棵树桥
朝阳医院
东坝医院
平房桥
朝阳公园
农展桥
全国农业展览馆
长虹桥
朝阳公园南路
朝阳公园桥
红领巾北桥
红领巾公园
红领巾桥
中科创意产业园
国美第一商城
华泰医院
东直门外大街
东直门桥
东城区
工人体育场北路
朝阳门桥
朝阳区
京广桥
光华桥
慈云寺桥
兴隆街
高碑店桥
远通桥
国际交流中心
双桥
管庄中医院
双会桥
东四十条
建国门桥
建国门外大街
国贸桥
大望桥
华贸桥
四惠桥
八王坟长途汽车站
四惠长途汽车站
中国紫檀博物馆
北京东站
百子湾桥
双井桥
东便门桥
北京站
民俗文化街
双桥站
三间房医院
大郊亭桥
广渠门桥
竞园
窑洼湖桥
景泰蓝工业旅游区
北京广播学院成教分院
远望工业园
朝阳区第三医院
天坛公园
体育馆路
光明路
光明桥
劲松桥
潘家园桥
华威桥
松榆南路
双龙路
工大桥
四方桥
厚俸桥
古塔公园
王四营桥
五方桥
京沈高速
东马各庄桥
黑庄户桥
定辛庄桥
左安门桥
十里河桥
玉蜓桥
分钟寺桥
小武基桥
方庄桥
刘家窑桥
赵公口桥
六道口桥
化工桥
十八里店桥
十八里店南桥
大红门东桥
肖村桥
小红门桥
康化桥
京津城际铁路
京津塘高速
东石村桥
九孔闸桥
榴乡桥
红寺桥
大羊坊桥
横街子村商业街
中华航天博物馆
蓝天工业园
新瀛工业园
西页工业园
光联工业园
新城工业园
国际企业文化园
旺兴湖桥
亦庄高铁站
京津高速
大红门医院
石榴园医院
华盛医院
永乐工业园
六合园

RAV4与北京 BEI JING

历史与今天 | BEIJING IS THE CAPITAL OF CHINA.

北京有城的历史可以追溯到周武王封召公于此，建立燕国。北京成为中国的都城是在 1215 年建都元大都。明永乐皇帝朱棣将明朝实际的都城设立在此并正式取名“北京”。北京的辉煌是从满清开始的。作为世界上唯一拥有 7 项世界遗产的城市，北京 1300 年的城市历史，860 年的建都史为这个城市留下了丰厚的文化遗产。故宫，颐和园，八达岭长城，天坛，雍和宫，明十三陵，1308 个历史旅游景点充满了历史的厚重。

今天的北京人口 2300 万，人均 GDP1.7 万美元。2008 年奥运会之后北京的基础设施建设有了一次巨大的飞跃，新首都机场、北京西客站、国家大剧院、奥林匹克体育中心、水立方、鸟巢、密布的地铁城市交通、国家博物馆，让北京具备了新兴国际化都市的崭新形象。

一汽丰田北京越野基地

▲ **地址**：北京市顺义区高白路 X10611 公里处

老炮儿与江湖

北京城的老百姓们见惯了风风雨雨，改朝换代，你方唱罢我登场。今天驾坐金銮，明天东奔西窜，人生不过如此。这座城里的大人物如过江之鲫，络绎不绝，每天都在上演着形形色色的传奇故事。自打新中国成立以来，老一辈无产阶级正风风光光的率领着人民一起奔小康。当工农兵成为了主导的同时，他们的孩子也没闲着。那会儿北京城里出现了两个门派，一个是以工人子弟为代表的工人阶级；一个是以机关部队为代表的大院儿子弟。这些孩子整天无所事事，当时的小崽儿，也是日后所谓的老炮儿。

什么是老炮儿？

这个词是北京俚语，以前为“老泡儿”，泛指经常进局子的流氓。当然，这里说的流氓无关道德，只是北京人对混混儿的一种称呼。所以说，这个词压根儿就是贬义词，没有人自称老炮儿。现如今，老炮儿这个词有了新的含义，尤其是电影《老炮儿》上映之后，老炮儿已经被指那些曾经风光过的老前辈，他们无论在哪个行业，一定是资格老、经验丰富，倒成为了褒义词。

说到 SUV 的老炮儿，就不得不提 RAV4，作为城市 SUV 的鼻祖，RAV4 绝对是 SUV 车界的老炮儿，而且 RAV4 凭借其强大的越野基因，也绝对是玩越野的老炮儿们的至爱。说到 RAV4 的越野基因，就不得不提它的四驱系统，RAV4 配备的是带动态扭矩控制技术的适时四驱系统，在自动模式下，RAV4 以前轮驱动为主，当前轮出现打滑时会自动将一部分扭矩分配到后轮。在 LOCK 模式下，多片离合器会压紧，使得前后轮扭矩分配达到 50:50，可以让多片离合器在时速 25 英里（约 40 公里）以下维持长时间结合状态，应对轻度越野路况；而 SPORT 模式能让车辆在弯道中根据车辆的转向角度、节气门开度以及车身姿态等数据，再结合 VSC 车身稳定系统的辅助，主动把更多扭矩分配到后轮，增强循迹性，EPS 的转向效果也增加约 20%，这是同价位绝大多数城市 SUV 不具备的。

一路闯天下【君临关外行】起航

对于北京的繁华、北京的雾霾、北京的拥挤不必多说，但是一汽丰田北京越野基地绝对会改变你对北京生活的看法。北京越野基地藏于后沙峪附近的一大片具有艺术气息的老旧工厂里，场地内植被郁郁葱葱，碧蓝的天空下，开着 RAV4 穿梭在树林间，犹如漫步在原始森林，让疲惫的身心得到释放。

不仅景色让人赏心悦目，场地内的越野科目与环境相融合，给人一种野外自驾的感觉。当天，总经理姜君先生也亲临现场，与各位车友和媒体朋友沟通交流，共同探讨越野生活，进一步了解用户们对汽车生活的内在需求。现场还举行了 RAV4 “一路闯天下”活动的北京站的授旗仪式，宣告我们第四段旅程“君临关外行”起航。

"君临关外行"即将经历的是**古都到关外**的奔袭

体验 自由与开拓的放飞 一场勇闯关外山河的自驾盛宴大片

这一切都由 RAV4 车队领衔上演

城市速览 北京

BEI JING

地理气候特征

▲ 北京的西部为太行山的最北端，北面和东面为燕山，三面群山是北京的屏障，向南则是广阔的华北平原，辽东和山东半岛像两把铁钳拱卫着首都。

▲ 北京冬季寒冷干燥，春季风沙大，出门需带口罩。北京因为奥运会及城市发展将类似首钢这样的重污染工业迁出了城市中心带，但北京依然是多雾霾的城市。秋天是北京最美的季节。

自然及人文景观

▲ 故宫—北海—南锣鼓巷景观区

故宫博物院、中山公园、景山公园、北海公园、南锣鼓巷、钟鼓楼、恭王府、宋庆龄故居、什刹海四合院胡同、中央戏剧学院剧场。

▲ 奥体中心—元大都城垣遗址—雍和宫景观区

奥体公园、水立方、鸟巢、元大都城垣遗址公园、地坛公园、雍和宫、孔庙和国子监、柏林寺、簋街。

▲ 天安门广场—前门—天坛景观区

天安门广场、国家博物馆、国家大剧院、北京音乐厅、东交民巷、前门箭楼、正乙祠大戏楼、大栅栏商业街、琉璃厂商业街、湖广会馆、天坛公园、潘家园旧货市场。

▲ 北京西部景观

圆明园遗址、北京大学清华大学、颐和园、八达岭长城、明十三陵。

美食集中营

▲ 全聚德烤鸭

推荐理由：中华老字号，中国驰名商标，始建于满清同治年间。全聚德是中国第一烤鸭品牌，是挂炉烤鸭的龙头。

（和平门店，前门西大街 14 号楼 010-63018833）

（前门店，前门大街 32 号 010-65112418）

（王府井店，王府井大街帅府园胡同 9 号 010-65253310）

▲ 便宜坊烤鸭

推荐理由：600 年历史的便宜坊创建于明代永乐十四年，是焖炉烤鸭的龙头。便宜坊店招是明朝进士兵部员外郎杨继盛所书。便宜坊的鲁菜名头很响，旗下的“都一处烧麦”“正阳门饭庄”“功德林饭庄”“哈德门饭店”都是北京有名的老字号。

（新世界店，崇文门外大街 5 号新世界百货 2 期 010-67120505）

（玉蜓桥店，东城区天坛东路 73 号 010-67020904）

▲ 东来顺涮肉

推荐理由：涮羊肉据说是成吉思汗的孙子忽必烈在行军途中发明的。东来顺起源于 1903 年东安市场的一个粥摊，创始人丁德山认太监魏延做干爹，后来魏延出资帮助丁德山在大火焚烧后的东安市场建了三间房子，开始了涮羊肉的生意。东来顺的羊肉来自内蒙锡林郭勒盟的小尾绵羊，每半公斤羊肉可以切出 80~100 片羊肉。

（新东安总店，王府井大街 138 号，新东安大厦 5 楼 010-65280932）

（天安门店，天安门广场东侧路 010-65241042）

（天坛店，天坛路 91 号 010-67016992）

▲ 姚记炒肝

推荐理由：炒肝是源自宋代的一种小吃。美国副总统拜登让中国人认识了这种北京食品。炒肝的主要原料是猪大肠，其次才是猪肝。

（鼓楼店，鼓楼东大街 311 号，鼓楼东侧 010-84010570）

（簋街店，东直门内大街，北新桥地

铁站 010-64093089）

▲ 海碗居炸酱面

推荐理由：店里播放着京韵大鼓，店小二的吆喝，摆放的八仙桌，让吃客感受到的不是炸酱面了，餐饮文化的底蕴在于文化二字。

（王府井店，王府井大街百货大楼 6 楼 010-65262118）

（甘家口总店，海淀区增光路 11 号 010-88374993）

▲ 王府井美食圈

推荐理由：王府井小吃街和老北京风情街，位于王府井大街好友世界商场的南侧，是全国各地小吃的荟萃地。一楼是地方名吃苑，有 500 种各地名小吃。二楼是“清真风味苑”，有爆肚冯、羊头马等。三楼是“燕京九绝苑”，有宫廷“燕京九绝十八吃”。老北京风情街上有“宣文楼老北京炸酱面”。工美大厦旁有东来顺涮羊肉，王府井百货大楼有海碗居炸酱面。海底捞火锅、眉州东坡酒楼和南京大牌档在王府井天主教堂南侧。东安门大街上有萃华楼饭庄生意火爆。

▲ 后海—南锣鼓巷美食圈

推荐理由：银锭桥的爆肚张，聚德华天烤肉季，老北京炸酱面，庆云楼；鼓楼东大街的姚记炒肝；地安门外大街的望德楼清真餐厅，护国寺小吃店；后海夹道的爆肚冯和京华九门小吃；南锣鼓巷的文宇奶酪店。

▲ 前门美食圈

推荐理由：天安门东侧的东来顺；前门大街的全聚德，都一处烧麦，天兴居；鲜鱼口老字号美食街的同德和，朝阳楼，果木烤鸭；大栅栏商业街的大栅栏老北京美食城。

▲ 簋街

推荐理由：簋街基本是北京之外的各种美食，是现在北京新派餐饮旺地。首推在簋街连开三家餐馆的“胡大饭馆”，这个在四川闻所未闻的餐馆在北京火了半边天；花家怡园是四合院环境的北京菜馆，适合家庭氛围的聚餐；花开素食装潢简约与素食路线很搭调。北新桥卤煮老店在北新桥地铁 D 出口，一碗卤煮配一瓶北冰洋汽水是正宗的北京吃法。

酒店任你挑

▲ 鼓楼南锣鼓巷附近酒店

推荐理由：感受最纯正老北京胡同。

▲ 三里屯附近酒店

推荐理由：感受北京的不夜城，体会现代北京的魅力。

时尚购物

▲ 王府井商圈

推荐理由：**【东方新天地】**目前亚洲规模最大的综合购物商业建筑群，有 7 个主题购物中心。从服装箱包、珠宝名表、餐饮豪车，打造出中国最顶级的奢侈品购物环境。工美大厦、王府井陶瓷城、瑞蚨祥、王府井钟表城、好友世界商场、王府井百货大楼、老东安市场。其中北京 APM**【新东安商场】**是香港新鸿基地产打造的又一处北京奢侈品商场，其中 15% 的名品是第一次进入中国市场。

▲ 西单商圈

推荐理由：由南向北的购物商场依次是：汉光百货、北京君太百货、西单商场，、百盛购物中心。**【西单大悦城】**是中粮集团打造的年轻化国际时尚商业综合体，西单最大的商业中心。大悦城有世界跨度最大的飞天梯，中国最大的影院首都影院，北京最大的化妆品超市丝芙兰。

酒吧

北京酒吧主要集中于什刹海和三里屯。

▲ 什刹海酒吧

推荐理由：以银锭桥为界的前海和后海东西两岸是充满小资情调的酒吧，文艺范是什刹海酒吧区别于三里屯的显著之处。树影婆娑，湖水荡漾，摇曳的灯火让帅哥靓女在这里寻找到值得安慰的欢愉。

推荐酒吧：集贤堂

电话：010-83227789

▲ 三里屯酒吧

推荐理由：三里屯是北京的第二使馆区，白领、外籍人士、传媒及演艺人员喜欢光顾这里的酒吧。钢管舞吧、清吧、静吧，成为北京时尚夜生活的最爱。但三里屯的黑酒吧也是名声在外，拉客宰客现象严重。

推荐酒吧：月色酒吧

电话：010-64161633

外埠车辆 Attention!

▲ 外地车辆进入北京需办理“进京证”。可通过手机 APP 下载“北京交警”。需拍摄个人驾驶证、车辆行驶证及本人手持身份证的照片办理，有效期为 7 天，到期后可通过手机 APP 续办。工作日早晚高峰 7:00~9:00、17:00~20:00 不能在五环路及其以内道路行驶；工作日 9:00~17:00，还需要遵守本市的尾号限行规定，限行尾号与北京号牌车辆相同（周一限行尾号 1 和 6；周二限行尾号 2 和 7；周三 3 和 8；周四 4 和 9；周五 5 和 0，限行尾号定期轮换，请提前查阅），限行范围依然是五环路及其以内道路。长安街及延长线从西三环的新兴桥（不含）到东三环的国贸桥（不含）之间路段、二环主路全线，每天 6:00~10:00 禁行。更多规定请查阅北京市公安局公安交通管理局官网。

加油站

▲ 中国石油广铁兆元站加油站

地址：北京市西城区广安门外手帕口街 80 号

电话：010-63405995

▲ 中国石油宣武门北汽加油站

地址：北京宣武门西大街 2 号

电话：010-63022110

▲ 壳牌月坛南街加油站

地址：西城区月坛南街甲 1 号

电话：010-68010935

玩转北京 为您推荐⑤日行程

Day1

▲ 下午自驾到达北京

推荐酒店：如家快捷酒店六里桥地铁站店

▲ 南锣鼓巷

推荐理由：南锣鼓巷位于什刹海正东，鼓楼以南，是一条南北走向，长度为780米的小巷，以南锣鼓巷为中轴，东西各8条胡同，共计16条，构成了以南锣鼓巷为主干的的蜈蚣形胡同群，所以，这里又叫蜈蚣街。南锣鼓巷与元大都同时建成，是国内保存最为完整的元代胡同建筑群，美国《时代》周刊评选南锣鼓巷为中国6处必须去的地方之一。由南向北进入以南锣鼓巷为主干的胡同群，东西走向的8排16条胡同依次装满了各色名人故居、官邸。第一排的炒豆胡同是**【僧格林沁的官邸】**。第三排的雨儿胡同曾经是**【齐白石短暂居住的地方】**，中央戏剧学院在雨儿胡同东侧的东棉花胡同。第四排的帽儿胡同在西侧，是**【婉容娘家的官邸】**。**【可园】**是满清大学士文煜仿苏州拙政园建造的，被认为是北京最有艺术价值的私家园林。与帽儿胡同平行的东侧胡同叫做北兵马司胡同，是**【明朝的城市治安管理机构】**。再向北的沙井胡同有**【北京老炸酱面馆】**，推荐在此晚餐。在黑芝麻胡同口外有著名的**【文宇奶酪店】**，15元一份的奶酪值得品尝。东面的后圆恩寺胡同曾经是**【蒋介石的行辕】**。**【南锣鼓巷的明信片销售店】**会很晚打烊，建议购买送给亲朋好友或盖个邮戳寄给自己。

如何到达：地铁9号线六里桥站—白石桥南站，换乘地铁6号线—南锣鼓巷。

▲ 钟鼓楼

推荐理由：南锣鼓巷可以看到不远处的北京钟鼓楼。钟鼓楼建于元代，直至清代这里都是北京报时的地方。敲钟是打开城门的时间，击鼓宵禁并确定是几更。

参观须知：门票20元，16:30停止售票。

▲ 中央戏剧学院

推荐理由：中央戏剧学院的实验剧场在东棉花胡同里。学生的毕业汇报演出等都在此，不妨看一场话剧，说不定其中的某个新手就是未来的戏剧大家。

参观须知：010-64017894，演出票价58元。

何永成

1967年出生，江西婺源人。大学毕业后在广东台资、日资等外企任高管。2006年有感于家乡古村落、古民居的衰败和消失，遂返乡创办了“婺源摄影公社”。利用摄影平台组织、策划、开发摄影创作基地，让现代影像技术记录即将湮灭的千年古村落。

“北京是个包容的城市，一个兼容并蓄、多种文化交融、多彩多姿的城市。从元大都，到明朝的北京，这个城市经历了从草原文明到中原文明的跨越。至满清，北京再一次展示了多民族国家的敞亮胸襟，它接纳了这个来自北方的民族。在北京，你能找到刚健与柔美，干练与圆融，多姿与固执，这个城市总有两面来完成了圆满的阴阳平衡。21世纪，这个2300万人口的大城市正以不可思议的速度前进，北京总是让世界吃惊。”

Day2

▲ 天安门城楼

推荐理由：【天安门】天安门是中华人民共和国的象征，是政治地标。天安门是永乐皇帝朱棣建造的，天安门这个名字是清顺治帝给取的。即便是皇城的正门，皇帝也很少由此出入，只有每年去天坛祭天，或者地坛祭地，才从这里进出。外金水桥，华表，与高 34 米的天安门构成了一副完整庄严的民族图腾。严重推荐登上城楼，从北向南俯瞰能容纳 100 万人的世界第一大广场、人民英雄纪念碑、毛主席纪念堂、人民大会堂、国家博物馆。从天安门向北过端门，西侧是故宫售票处，东侧是天安门广场国旗班的驻地，每天都有战士在这里练习正步走。**【午门】**跨过护城河正对的是午门。天安门是皇城正门，而午门是紫禁城正门。午门以及东西两厢的雁翅楼有 5 座阙亭，又叫五凤楼。午门的 5 个门洞，正门是皇帝出入，殿试的状元、榜眼、探花可以进出一次。文武大臣走左侧门，皇室宗亲走右侧门。民间说的“推出午门斩首”不正确，这里只是廷杖责罚官员的地方，杀人是在菜市口。**【前三殿、内三宫】**过午门和内金水桥，就是紫禁城的前三殿和内三宫了。在紫禁城中轴线上，从南向北依次是太和殿、中和殿、保和殿，过了大石雕跨过乾清门，就是后三宫，依次为乾清宫、交泰殿、坤宁宫。在紫禁城中轴线西侧是武英殿、慈宁宫和养心殿。中轴线东侧是文华殿、清史馆。紫禁城最北端是御花园，花园的东侧是珍宝馆、钟表馆和明清工艺美术馆。**【角楼】**紫禁城与护城河四个角的角楼是摄影者喜欢选择的拍摄点，秋高气爽，蓝天映射在 52 米宽的护城河上，角楼，护城河，10 米高的宫墙，形成美丽的几何图形。

如何到达：地铁 9 号线六里桥站—军事博物馆站，换乘地铁 1 号线—天安门东站，步行至天安门。

参观须知：010-63095745，门票 15 元，8:30~17:00 开放。

▲ 故宫博物院

推荐理由：故宫是明永乐帝参照南京故宫建造，这个拥有 9000 间房屋，70 座宫殿的皇宫为世界规模最大的木质结构建筑。**【太和殿】**又称金銮殿，是皇帝登基、大婚、册封、大典、授命出征、接受朝贺的地方。每天的例行早朝不在这里。**【中和殿】**是皇帝进太和殿前的休息处。每年的祭祀天地和太庙要在这里先审读祭文。举行大典前皇帝要先在这里接受大臣们的叩拜。**【保和殿】**科举的殿试，以及每年除夕宴请外藩王公的地方。**【大石雕】**长 17 米，宽 3 米，厚度 1.7 米，重大 200 吨，是一个整的石头。从房山用泼水成冰的方式拉来的，清代将明朝的浮雕铲除后重新雕刻了 9 条蟠龙，四周是缠枝莲花，下部海水江牙。**【乾清门】**是外殿与内宫的分界线，乾清门以北就是皇帝的私人空间了。所以乾清门是皇帝早朝以及“御门听政”的地方。所谓“御门听政”就是皇帝听取百官奏事，做出决断。“御门听政”在满清每月一般不少于 6 次，仪轨非常严苛。**【乾清宫】**明代皇帝的寝宫，清顺治、康熙也住这里。雍正将居所迁至养心殿后，这里成为办公地点。顺治帝书写的正大光明匾额是乾清宫的标志，“正大光明”出自朱熹，意指心胸坦荡，言行正派。康熙朝太子几立几废，皇权斗争激烈，雍正即位后深知立储的弊端，所以，其后不再立太子。皇位继承人选放在正大光明匾额后的“建储匣”。**【交泰殿】**册封皇后的地方。殿内有顺治帝书写的“内宫不得干政”铁牌。**【坤宁宫】**皇后的正宫，但皇后不住这里，而是住在后三宫东西两侧，有东六宫和西六宫都是嫔妃的驻地。如慈安太后居东宫，称东太后；慈禧居西宫，称西太后。慈安为嫡，慈禧为庶，什么事情慈禧还得向慈安太后请示。**【养心殿】**从雍正起，养心殿就是皇帝的正寝，皇帝批阅奏折和居住都在这里。养心殿中最著名的是雍正皇帝的“勤政亲贤”室、乾隆皇帝的三希堂以及东暖阁的晚清垂帘听政处。

特别提示：每周一为故宫闭馆时间，所以每周二游人爆满，建议错峰出行。地铁建议从地铁 1 号线天安门东站 A 出口至故宫，不要选择天安门西站，那里远。

参观须知：东城区景山前街4号，010-85007421，门票40~60元，珍宝馆、钟表馆分别为10元，8:30~16:30开放。

▲ 景山公园

推荐理由：从御花园向北出神武门，走过护城河就是景山公园。从南门进入景山公园，登顶南眺故宫，此时才有“不识庐山真面目，只缘身在此山中”的感慨。故宫古建筑的磅礴气势，在景山一览无余。景山的东南角，是明崇祯皇帝殉国的地方，现在的歪脖树是后来移栽的。

参观须知：010-64038098，门票2元，旺季6:30~21:00开放。

▲ 北海公园

推荐理由：北海公园是皇家后花园，陟山门街就是皇上从景山步行进入北海的御道。**【琼华岛】**岛上藏传佛教的白塔是北海的标志，所以又叫白塔岛。“琼岛春阴”为燕京八景之一。**【五龙亭】**可从白塔岛仿膳码头乘游船至北海西岸的五龙亭。五龙亭由五个亭子组成，中间最大的龙泽亭是皇上钓鱼的地方。五龙亭西临的**【小西天】**是国内最大的方亭建筑，是乾隆为皇太后祝寿所建。我们从小听的《让我们荡起双桨》，歌词中唱的就是北海泛舟。

如何到达：从景山西门出，步行经过陟山门街，由北海东门进入北海公园。

参观须知：010-64031102，门票联票20元，6:30~21:30开放。

▲ 恭王府

推荐理由：恭王府最初为和珅的私宅。和珅跌倒嘉庆吃饱后，园子一再易手。恭王府是中国规模最大，保存最为完好的王府建筑群。和珅在这个园子上颇费工夫。**【天下第一福字碑】**是康熙为祖母孝庄太后祝寿题写，上面刻的“康熙御笔之宝”为当今能见到的唯一完整的康熙大印。之所以保存完好，是因为和珅被抄家的时候，这个碑的移动会影响风水，所以藏碑的密云洞被封死。后周恩来总理视察恭王府的时候发现了这个秘密。**【恭王府银安殿】**为主殿，现有清代王府文化展。锡晋斋的楠木隔断雕工精美，是和珅僭越的罪证之一。**【郭沫若故居】**是曾经的和珅府花园，又为恭王府的马厩。郭沫若一生的最后15年在这里度过。从前海西街进入恭王府1号门。

如何到达：从五龙亭向北，沿着北海的西岸，经须弥春，过九龙壁和天王殿、迭翠楼，从北海的北1号门出北海公园，过地安门西大街进入前海西街就是郭沫若故居。

参观须知：西城区前海西街17号，010-83288149，周一闭馆，9:00~16:50开放，18:30清场。普通门票40元（只参观开放景点），套票70元（除开放景点外，另含讲解，王府戏楼欣赏节目，品尝王府盖碗茶和小吃）。

▲ 银锭桥

推荐理由：银锭桥是连接前海和后海的桥梁，游览北京四合院和胡同，大多选择在这里乘坐人力三轮车。都说“银锭观山”是燕京八景，其实大谬。“燕京八景”为乾隆御定，其中并无“银锭观山”。“银锭观山”是后人所增的“小燕京八景”之一。

如何到达：从羊房胡同经过后海西沿，进入后海北沿，从北至南要经过，宋庆龄故居，醇亲王府，摄政王府马号，望海楼，银锭桥。

▲ 晚餐时间

推荐餐厅：聚德华天烤肉季（后海店）

招牌菜：铁炙子烤羊肉

推荐理由：京城著名的百年清真老字号。

地址：前海东沿14号（银锭桥北侧）

电话：010-64042554

▲ 梅兰芳大剧院

推荐理由：与正乙祠戏楼对比，梅兰芳大剧院的价格实在是很亲民。如果不是特别的戏迷，同时对观赏京剧点到即可，该剧院是首选。

如何到达：地铁6号线南锣鼓巷站—车公庄站C口，步行至梅兰芳大剧院。

参观须知：平安里西大街32号（西直门），010-58331288，票价30~300元。10:30~22:30演出。

▲ 正乙祠戏楼

推荐理由：正乙祠是中国戏剧的活化石。在明代还是一个寺庙的正乙祠，到了清朝，浙江的商人将此处改为会馆接待江浙同行，同时建造了这个戏楼。梅兰芳曾在正乙祠长期驻点演出。正乙祠目前还保持着300年来的古韵，木质戏楼，马蹄形的两层观众区，依然是旧时大户人家堂会的设计格局。这里能容纳200人看戏。就是票价有点小贵。

如何到达：换乘2号线车公庄站—和平门站，步行至正乙祠戏楼。

参观须知：前门西河沿220号（大栅栏），010-83151650，票价280元起，19:00演出。

▲ 北京中轴线之谜

推荐理由：你注意过北京地图的话，会发现北京的整个城市街道，特别是以钟鼓楼，故宫，前门形成的中轴线是歪的。北京城整个略微向西偏了一点点。经过科学探测，北京的中轴线和城市整体确实是向西偏了接近3度。有两种解释，一种是蒙古人建造元大都的时候，刻意让中轴线指向他们原来的首都“元上都”，现在的内蒙正蓝旗的照苏奈木。照苏奈木还保存着元上都遗址，当地的地名还叫做“上都组”，“上都郭勒”。（元上都遗址0479—4225606）。还有一种说法就是在八卦的休门与生门之间需要西偏3度以达到“抢阳”的目的。

Day3

▲ 国家大剧院

推荐理由：国家大剧院外观似巨大的鸡蛋壳，这个世界上最大的穹隆建筑深入地下 32 米，是世界最深的大型建筑。18000 块钛合金板和 1200 块超白玻璃幕墙倒映在开阔的人工湖面上，让建筑显得生动而典雅。剧院分为三个部分，歌剧院、音乐厅和剧场，每个场馆由架空走廊相连接。歌剧院的入场大门设置在人工湖下面，观众要从水下通道进入剧院。歌剧院的太空座椅价值不菲。

如何到达：地铁 9 号线六里桥站—军事博物馆站，换乘地铁 1 号线—天安门西站，步行至国家大剧院。

参观须知：西长安街 2 号，010-66550000，游览门票 40 元。

▲ 人民大会堂

如何到达：步行从西长安街经过人民大会堂，进入天安门广场，经过国旗，向东进入国家博物馆。

参观须知：人民大会堂是 1959 年为国庆 10 周年献礼建造的，在不举行重要会议的时候对外开放，参观票 30 元，开放时间因季节而不同。大会堂宴会厅 10:30~13:30 有便民快餐供应。

▲ 天安门广场

推荐理由：天安门广场南北长 880 米，东西宽 500 米，可容纳 100 万人集会，至今依然是世界上最大的广场。天安门城楼前的电子显示牌会公布每日广场升降国旗的时间，升国旗与日出时间一致。天安门广场的南侧是人民英雄纪念碑和毛主席纪念堂。

参观须知：毛主席纪念堂瞻仰时间为 8:30~11:30、14:00~16:00，周一闭馆。

▲ 国家博物馆

推荐理由：中国国家博物馆与人民大会堂对称，有 100 余万件藏品，48 个展馆，是世界上单体建筑最大的博物馆。其中《古代中国陈列馆》展出的 2026 件藏品，有 521 件是国家一级文物。镇馆之宝有：人面鱼纹彩陶盆、后母戊大方鼎、大盂鼎、子龙鼎、三星他拉玉龙。国家博物馆还有个人体验区，分为美术、音乐、戏剧，科学四个门类五十个体验项目。请通过官网了解预约。暑期或六一还有专门针对少儿的活动。

参观须知：010-65116400，凭身份证免费参观，9:00~17:00 开放，15:30 止票，周一闭馆，登陆国家博物馆官网个人可手机预约或官网预约参观。

▲ 东交民巷

推荐理由：东交民巷位于国家博物馆南，元代这里是大运河漕运粮食的堆卸地，到明朝是五部六府，以及鸿胪寺所在地，以接待蒙古、朝鲜等藩属国。第二次鸦片战争后这里成为外国公使馆区，义和团当时攻打的就是这里以及西什库教堂。从西向东，1.6 公里的东交民巷还保留着当年的建筑，成为北京最有异域风情的一条僻静街道。全聚德东侧的最高人民法院办公区是曾经的**【美国使馆】**。**【花旗银行旧址】**和**【北京警察博物馆】**在正义路口。东交民巷的“静园川菜”馆是当年的**【法国邮局】**。推荐在此午餐人均消费大约 50 元。**【日本正金银行旧址】**是张恨水创办《新民报》的地方。**【日本公使馆】**是东交民巷保存的最早建筑。正义路

上的北京华风宾馆是过去的**【六国饭店】**。**【圣米埃尔教堂】**是东交民巷最有代表性的西式建筑。东交民巷最东头是当时的**【法国和比利时使馆旧址】**。

▲ 前门

推荐理由：前门又叫正阳门，在北京的中轴线上，从鼓楼到前门的这条中轴线，在以前是只有皇帝能走的御道，所以正阳门又是北京九门中唯一一个在箭楼上开一个门洞的。总不能让皇上从箭楼侧面绕着走吧。当年梁思成的奔走呼吁也没能留下北京多少城门，前门没有被拆算是万幸。

如何到达：地铁 2 号线崇文门站—前门站 C 出口。

参观须知：010-65118110，箭楼门票 10 元。

▲ 大栅栏

推荐理由：大栅栏作为商业街起于明代。明代出现很多流民，为保障安全实行宵禁，晚上这条街会放置大栅栏，所以得名。大栅栏和琉璃厂商业街也是北京老字号商铺云集的地方。从北进入前门大街的第一个看点是**【杜莎夫人蜡像馆】**（电话：010-87559666）。相邻的**【全聚德烤鸭店】**永远爆满，隔壁的**【都一处烧麦】**是乾隆御题的牌匾，生意自然不差。**【亨得利】**、**【内联升】**和**【中国冠帽博物馆】**在前门大街和大栅栏的交汇点。与大栅栏商业街对称的东面是鲜鱼口街，那是美食一条街，**【聚德天华烤肉季】**在这里也有店铺。进入大栅栏商业街的第一店铺是中国的民族品牌**【谢馥春】**，专营粉饼等化妆用品。谢馥春对门就是大名鼎鼎的**【瑞蚨祥绸缎庄】**。**【正兴德】**正兴德是有着 300 年历史的茶叶店。**【大观楼】**大观楼在大栅栏西街和煤市街交叉口，是中国电影的诞生地，谭鑫培的京剧《定军山》就是在这里拍摄成影片的。中国的第一部有声电影和第一部彩色电影都是从大观楼走出去的。大观楼隔壁是**【内联升鞋店】**和名扬天下的**【同仁堂药店】**，对门是德云社**【广德楼戏园】**。

▲ 琉璃厂文化街

推荐理由：琉璃厂文化街与大栅栏商业街隔着一条杨梅竹斜街，沈从文在这里住过。琉璃厂东街的**【萃文阁】**是人民英雄纪念碑的篆刻者。**【中国书店】**的各分店占据了琉璃厂东街的半条街。**【荣宝斋】**在琉璃厂西街上，这家 300 年历史的文房四宝经营店铺，有“民间故宫”的美称。荣宝斋收藏了大量的明清字画，其中北宋米芾的《苕溪诗》残片为国家一级文物。你可以现场观摩荣宝斋的绝活“木板水印”，据说复制的齐白石作品，连白石老人自己也分辨不出真伪。

▲ 天坛

推荐理由：天坛建于明永乐年间，朱棣是很有魄力的君王，中国历史的很多重要事件都与之有关，如明长城，郑和下西洋，《永乐大典》，北京城市建筑，紫禁城等等。天坛由两个部分组成，一是北面的**【祈年殿】**，这是祈祷五谷丰登的地方，另一处是南面的**【圜丘】**，祭祀上天。无论祈年殿还是圜丘，都有两层坛墙，如祈年殿的内坛墙是圆形的，外坛墙是方正的，构成天圆地方。把祈年殿和圜丘连接起来的是长 360 米的神道，叫做**【丹陛桥】**，这是天神走的，皇上也不敢走这条道。紧邻圜丘的是**【皇穹宇】**，这是供奉祭祀上天和皇上祖宗牌位的地方。皇穹宇殿内的**【开花藻井】**为青绿基调的金龙藻井，中心为大金团龙图案，是古代建筑杰作。围绕皇穹宇一周的环形坛墙即是著名的**【回音壁】**。三音石的奇妙之处在，站在第一块石头拍手一次听到一个回声，站在第三块石头拍手一次会听到三声回声。天坛有 3600 多棵古树，最有名的是回音壁西北侧的**【九龙柏】**，有 600 岁了。天坛的面积是故宫的 4 倍，大部分公共区域免费开放。在天坛转悠，看老人遛鸟，父母为孩子相亲，早晨练嗓也是一景。

如何到达：从琉璃厂西街经南新华街，步行至地铁 2 号线和平门站—崇文门站，换乘地铁 5 号线—天坛东门站 A1 出口。

参观须知：天坛东路甲 1 号，010-67028866，旺季联票 50 元，8:00~17:30 开放，6:00~22:00 公园大门开放。

▲ 潘家园旧货市场

推荐理由：“登长城，吃烤鸭，逛潘家园”成了北京旅游的时尚口号。潘家园满清的时候就有，家道中落人家把值钱的东西拿到这里出手。逛潘家园的人有两种，一种是爱好，一种是抱着梦想。市场上每天都在传颂哪位又捡漏的故事，就像股市。您抱着转转的心态就好。遇到价格低得让人不敢相信的“国宝”，您千万别下手。

如何到达：从天坛东门出，乘坐 34 路到北京体育馆西站—潘家园桥西站—步行 1 分钟至潘家园旧货市场。潘家园旧货市场地铁 10 号线还可以达到。

▲ 晚餐时间

推荐餐厅：东来顺涮肉（西单店）

地址：西城区西绒线胡同 51 号

电话：010-66081668

如何到达：地铁 10 号线潘家园站—国贸站，换乘地铁 1 号线—西单站 E 出口，步行至油坊胡同（国家电网公司南侧），东来顺涮肉（西单店）。

▲ 北京音乐厅

推荐理由：北京音乐厅是北京历史悠久的音乐殿堂。

如何到达：东绒线胡同经过北新平胡同，小六部口胡同，步行至北京音乐厅。

参观须知：西城区北新华街 1 号，010-66057006，19:30 演出，票价 20~680 元，有送票上门服务。

Day4

▲ 奥林匹克公园

推荐理由：奥体公园是按照龙图腾的外型打造的一处主题生态公园。公园以水系描绘出中华龙的姿态。龙头是奥林匹克露天剧场北面的开阔湖面，龙须有两根，一根从龙头向西延伸至静心池湿地，另一根向东北至仰山东的洼里湖。龙身从森林公园南门始向南延伸，经过奥林匹克塔，新奥购物中心，玲珑塔，在国家体育场南的奥运博物馆完成龙尾。如此建设可谓煞费苦心。**【奥林匹克森林公园】**占地10000亩，是为奥运会打造的人工生态绿肺，53万株乔木体现了北京治理城市污染的决心。公园游览亮点：露天剧场，奥海，仰山，湿地，大树园。奥运会的网球，曲棍球和射箭就是在这里比赛的。**【中轴观景大道】**从奥林匹克森林公园南门步行向南，是一条中轴观景大道。**【国家议会中心】**国家议会中心是击剑和射击比赛场馆。会议中心的东侧是北京工艺美术博物馆和新奥购物中心，这里可以作为午餐地点，肯德基店是首选。**【玲珑塔】**玲珑塔是奥运会的新闻中心，电视转播卫星直播就是在这里完成的。玲珑塔对称的**【国家体育馆】**是是奥运的体操比赛场馆，现在也是北京演艺中心所在地。

如何到达：地铁9号线六里桥站—白石桥南站，换乘6号线—南锣鼓巷站，换乘8号线—森林公园南门站B出口。

▲ 奥体中心水立方

推荐理由：紧邻国家体育馆南面的就是“水立方”。水立方又称国家游泳中心，门票30元。这是世界上第一个膜结构的大型场馆，像一个一个的气泡拼组而成的外墙立面有很多技术含量，首先是不沾灰，即便沾上了自然的降雨也会轻松冲刷掉。与玻璃比较，膜能够透进更多的空气和阳光，所以它还是一个可以呼吸的建筑。嬉水乐园拥有世界最先进的嬉水设施，是孩子们非常喜爱的游玩项目。

▲ 鸟巢

推荐理由：奥运会开幕闭幕式，田径，足球是在国家体育场举行的，它有个更好记的名字“鸟巢”。能容纳10万人的鸟巢是当今世界建筑的顶级技术的复合产物，一个寓意美好的想象，需要非常复杂的科技和昂贵的投入来支撑，鸟巢做到了。

参观须知：010-84373008，门票50元，空中走廊餐馆门票80元，鸟巢与水立方联票80元。

▲ 中华民族园

推荐理由：中华民族园建设时间是1992年，以传播展示56个民族文化为主题。包罗民族服饰，建筑，文字，饮食，歌舞音乐等，园内有丰富的民族表演。中华民族园的最南的景区是维吾尔族景区，紧邻南面的是元大都城垣遗址公园。

参观须知：民族园路1号，010-62063640，门票90元。

▲ 元大都城垣遗址公园

推荐理由：从嘈杂的奥体中心出来，元大都遗址

公园一下显得格外清净，这是北京人遛弯乘凉的地方，只有对历史感兴趣的才会关注这段长 6.7 公里的土城墙遗址。蒙古游牧民族择水草而居，所以他们在选择城市布局的时候，总是以水源为城市的中心点，北京也是如此。元大都建于 1267 年，从此确定了北京的城市格局，直至今日。28 公里长的城垣中间安置永定木，周围用夯土筑城。所以每到雨季，都需要军队割芦苇铺在土城上，以免被水冲刷。元大都所以又叫“蓑城”。

特别提示：在水立方南面有一座“北顶娘娘庙”，这座娘娘庙与北京的现代城市建筑还有一段颇为离奇的故事。这段故事于“堪舆学”和“神秘主义”也许有些相关。建议读者搜索自行阅读领会。

参观须知：朝阳区土城东路，010-84648252，免费开放。

▲ 雍和宫

推荐理由：雍和宫是康熙四子雍亲王的王府，也就是后来的雍正帝，乾隆帝也出生在这里。雍正帝笃信佛教，就将潜邸改作了藏传佛教寺庙。雍和宫与承德普宁寺都为皇家寺庙，因此寺庙内是明黄的琉璃瓦。雍和宫内由南向北的布局是：**【大雄宝殿】**，曾经的银安殿，是雍王爷升殿的地方。向北的**【永佑殿】**是雍正的寝殿和书房。**【法轮殿】**曾为雍亲王福晋的寝殿，现在是大经堂，供奉着格鲁派宗喀巴大师。**【万福阁】**是目前唯一保存的唐代风格“飞阁复道”式建筑。殿内供奉着**【中国最大的独木雕像】**——弥勒佛立像。这是七世达赖从尼泊尔重金收购的整根白檀香木献与乾隆帝。雍和宫珍藏的**【贲巴瓶】**是乾隆帝制定用于活佛转世“金瓶掣签”之用，另一个珍藏于拉萨大昭寺。

如何到达：地铁 10 号线北土城站—惠新西街南口站，换乘 5 号线—雍和宫站 C 出口。

参观须知：雍和宫大街，010-84191919，门票 25 元，9:00~16:00 开放。

▲ 孔庙国子监

推荐理由：进入国子监街的过街牌坊，上书**【国子监】**，这是严嵩题写的。如果不是奸臣，这位明代神童应该是了不起的书法家。其实是不是奸臣他都是一位大书法家。孔庙的元明清**【三朝进士提名碑】**，上面刻写着进士名字，籍贯，次第。一共 198 通碑刻。于谦，袁崇焕，林则徐都能在这里找到。**【御制记功碑】**有 14 座，这是明清两朝平定各地叛乱的表功碑。189 通**【《十三经》碑林】**，在刻写完整准确上超过了西安碑林。现在的国学私立学校还带孩子来这里举行**【开笔式】**，这种叫做“破蒙”的仪式，先正衣冠，然后书写下一个“人”字。就算是“人生”的真正开始了。国子监是元明清的国家最高教育管理机构和最高学府。中国的国家教育机构最早设立是在西周，叫做“太学”。国子监是从隋朝开设科举开始有的。国子监里的**【辟雍】**建造于乾隆。“辟雍”从西周始，历朝均有，皇帝登基后，必须在此做一次讲学。

如何到达：与雍和宫相隔 200 米西侧的是国子监和孔庙。

参观须知：西城区国子监街 13 号，010-84011977，门票 30 元，8:30~18:00 开放。

▲ 簋街

推荐理由：这是北京的江湖菜馆云集的地方，来自外省各地的菜馆用非常刺激的调料和辣度，来冲散都市的压力。我推荐簋街旁边的“北新桥卤煮老店”。

▲ 晚餐时间

推荐餐厅：北新桥卤煮老店

推荐理由：北京最本地化的吃食之一。大肠卤煮、酱肘花，再配上北冰洋汽水，您就是地道的北京人了。

地址：东四北大街 141 号

电话：010-84015365

Day5

▲ 颐和园

推荐理由：颐和园为中国四大园林之首。初建于乾隆，英法联军损毁后重建于光绪。颐和园由万寿山和昆明湖两大部分组成。万寿山的主体建筑是【**佛香阁**】，他背靠智慧海，整个万寿山的各建筑以佛香阁为中心两翼展开。1891 年佛香阁的重建花了 78 万两白银，是颐和园的最大工程。万寿山下【**昆明湖畔**】，沿着【**云辉玉宇牌楼**】展开的 700 米长廊，枋梁上有 14000 幅彩画，题材为花鸟虫鱼，山水风景，历史典故。1992 年被评定为“吉尼斯世界第一长廊”。佛香阁东侧的仁寿殿又叫【**勤政殿**】，是皇上理政的地方，【**乐寿堂**】是居住的寝殿，湖边是慈禧游湖的码头。【**玉澜堂**】是慈禧囚禁光绪的地方。

其他景点：十七孔桥、石舫、宝云阁铜亭、听鹂馆戏台。

如何到达：地铁 6 号线六里桥站—国家图书馆站，换乘地铁 4 号线—北宫门站 D 出口，步行至售票处。

参观须知：海淀区新建宫门路 19 号，010-62881144，门票 30 元，佛香阁 10 元，德和园 5 元，7:00~17:00 开放。

▲ 北京大学

推荐理由：北京大学的前身是京师大学堂，建于 1898 年，是由梁启超起草章程，光绪帝批准创办的。光绪下诏推行“戊戌变法”，诏书中要求全国各行省效法“京师大学堂”。蔡元培任北大校长的十年，是北大的最辉煌期。陈独秀被蔡元培聘请为文科学长，当时在校任教的几乎都是中国这 100 年最璀璨的学术大家。胡适，辜鸿铭，刘文典，李四光，梁漱溟，鲁迅。北京大学除了学生食堂，校园内外还有很多私人餐馆。也可以在颐和园路的海淀体育中心旁的“畅春园食街”就餐。

如何到达：从新建宫门路，芙蓉北路步行至北京大学。

▲ 午餐时间

推荐餐厅：畅春园食街

地址：颐和园路 8 号

电话：010-62626256

推荐餐厅：勺园餐厅

地址：北京大学校园内

电话：010-62757344

▲ 圆明园

推荐理由：圆明园这三个字是康熙给起的，雍正的解释是：“圆”指做人圆满无缺，超乎常人；“明”指为政明光普照，完美明智。圆明园和颐和园所在的位置在北京的西山一带，这里泉眼众多，形成很多的自然湖泊，从辽代起这里就在大兴土木，建造园林。辽代就有玉泉山行宫，到明代，万历皇帝的外公修了【**清华园**】。康熙南巡回来后对江南的园林喜爱有加，就在“清华园”基础上修了【**畅春园**】。此后康熙帝一年有一半的时间在“畅春园”。“圆明园”是康熙赏赐给雍正的园子，雍正登基后至乾隆，圆明园经历了 150 年的大修，直至道光皇帝。法国大作家雨果赞叹圆明园是“理想与艺术的典范”。圆明园的【**西洋楼景区**】只占园子的极小部分，却是一次成功的西洋园林艺术的尝试，而且极为成功。我们今天所了解的圆明园，几乎都是这个景区的历史遗迹。

如何到达：北京大学与圆明园，清华大学仅一墙之隔，步行至圆明园。

参观须知：海淀区清华西路 28 号，010-62616375。

RAV4 真体验

从北京出发后，我们在京承高速飞速行驶，连接着兴安岭和太行山的燕山山脉清晰可见，它将中国的第一和第二台地分割开，是北京北部的唯一屏障。清朝年间，每年的秋天就有一只皇家队伍，从紫禁城出发，在古北口长城的燕山群峰中，万人的仪仗成为一道非常靓丽的风景。我们的 RAV4 大军作为“一汽丰田世家荣耀”的一支队伍，也形成一道独特的风景，勇闯关外，跋山涉水。

进入承德之后，迎接我们的是各种盘山道，RAV4 走这种山路非常游刃有余，切弯精准，油门响应心随人愿，RAV4 的 4WD 系统，再加上 VSC 系统，为车身稳定性提供了保障。开车走山路，一般司机会开得很爽，但乘客就吃苦了，会容易被晃得肚子里翻江倒海，好在 RAV4 的麦弗逊式前悬架，双叉臂式后悬架有效减弱了走山路车身侧倾的情况，让乘客舒适的欣赏窗外的风景。

在山路上如果切换到 SPORT 模式，车辆的运动性会立马上升一个档次，在 VSC 车身稳定系统的辅助，车辆会主动把更多扭矩分配到后轮，增强循迹性，转向效果能够增加 20%，让司机开起来非常爽快。

RAV4 带电子助力转向的方向盘

操控精准 指向性强
面对九曲十八弯的山路
可谓得心应手

RAV4 荣放论坛 > （荣耀之旅）北京行 爱我想我 咱还同行 点击：434 | 回复：3

shandongjinanlml

楼主

精华：1 贴
帖子：3 贴 | 6 回
来自：山东 济南
关注：RAV4 荣放

发表于 2016-6-8 21:00:48

（荣耀之旅）北京行 爱我想我 咱还同行

身体和灵魂必须有一个在路上，而旅行是带着它们一起飞翔！有信仰、爱生活，呼吸自由的空气，让心的喜悦在大自然中透彻的释放！

——田甜日记 济南明星丰田车友 李明亮 摄影整理

精

北京自驾线路

北京—承德避暑山庄—普宁寺—辽宁锦州笔架山风景区

Day1

北京六里桥 237km 3h 承德避暑山庄

▲ **自驾线路**

北京六里桥—西三环—苏州桥转北三环—太阳宫桥转 S11 京承高速—G45 大广高速—承德收费站—迎宾路—普乐路—丽正门大街—承德避暑山庄停车场。

▲ **晚餐时间**

推荐餐厅：新乾隆酒楼

推荐理由：国家特级酒楼。消费价格适中，是承德性价比极高的餐馆。

地址：承德双桥区新华路 38 号帝景苑大厦

电话：0314-2072222

推荐餐厅：乾隆饺子馆

推荐理由：随时都是排队等号的食客。20 多种饺子关键是价格还很实惠。

地址：承德双桥区中兴路 8 号

电话：0314-20788577

▲ **酒店任你挑**

推荐酒店：承德火神庙街附近酒店

推荐理由：步行至避暑山庄正门只需要 5 分钟。

▲ **承德避暑山庄**

推荐理由：**【承德避暑山庄的起源】**满清有木兰秋狝的习俗，就是当秋天水草茂盛猎物肥壮的时候满朝文武会在皇上的带领下到围场打猎。猎场的位置就在现在的承德市围场县塞罕坝国家森林公园。这个围猎场 1681 年康熙确定至今，依然是世界第一个，也是最大的一个皇家猎场。从紫禁城到围场的距离是400公里，每次木兰秋狝的队伍多达10000人，所以沿途建立了21个行宫，承德避暑山庄是行宫之一。避暑山庄经历了康雍乾三朝89年的建设，逐步成为满清的第二政治中心。康熙每年有一半的时间居住在承德避暑山庄。**【承德避暑山庄的布局】**避暑山庄是按照中国版图的地理特征布局。高山，湖泊，平原，草场，森林，都模拟出中国的实际地理分布，东南为水，西北多山。避暑山庄以澄湖，上下湖和如意湖为整个景区的中心点，湖的南面至丽正门为宫殿区，以澹泊敬诚殿和松鹤斋为主体。湖的东面为森林区，以万树园为主体。湖的正北为平原区，遍布28座蒙古包。而湖的西面是草原区，以试马埭为核心区。**【避暑山庄外围】**避暑山庄核心的湖景区和宫殿区，更外围是东，北，西三面合围的远山。形成风水学上的最佳形制：面水靠山。东部是磬锤峰。北面的远山是著名的外八庙，普宁寺，须弥福寿庙，普陀宗乘庙，广安寺所在地。西部山区隐藏着含清斋，龙王庙等。

游览线路：丽正门—宫殿区澹泊敬诚殿—热河泉—烟雨楼。

游览景点：从丽正门进入，**【避暑山庄】**的“避”字是无法回避的错字。以前帝王或名人的错别字还有牵强附会的解释，比如乾隆的“花港观鱼”，比如大明寺的“少一点风流多一点实在”等等。但这个“避”就没法解释了。**【澹泊敬诚殿】**澹泊敬诚殿是避暑山庄的正殿。乾隆改成了全楠木结构，所以又叫“楠木殿”。重要庆典，接见使臣，都在这里举行。山墙上挂着**【《皇舆全图》】**，这是我国第一幅经纬地图，由西方基督教士与中国专家合作测量绘制，从库页岛，贝加尔湖，一直绘至海南岛和台湾。**【松鹤斋】**松鹤斋是皇上的寝殿。沿着湖的东岸逆时针游览，依次景点是：**【水心榭】**湖区的出水口。**【热河泉】**是整个避暑山庄湖区的水源。热河长度为700米，是中国最短的一条著名河流，这里曾经是火山喷发区，一年四季温泉溢出，这是中国最北的不结冰的河流。**【烟雨楼】**烟雨楼在湖心岛上，是山庄最晚的建筑，仿浙江嘉兴烟雨楼而建。湖岸垂柳，荷花盛开，开阔的水面清风荡漾，这里是皇家游玩的地方。《还珠格格》在这里拍摄后，让烟雨楼尽人皆知。每年的木兰秋狝之前蒙古王公都会敬献骏马，**【试马埭】**就是选马场。

特别提示：山庄门票要保存好，回到丽正门旁的避暑山庄博物馆还需要验票放行。

参观须知：承德市双桥区碧峰门路，0314-2029771，门票旺季145元，淡季90元，7:00~18:00开放。

▲ 普宁寺

推荐理由：避暑山庄有著名的八座寺庙，统称外八庙，满清专设了“总理堪布”驻在普宁寺的东扎仓，管理这8个寺庙，所以普宁寺是外八庙之首。由于外八庙为皇家寺庙，至今寺庙的僧侣都是蒙古族人。1755年满清平定了蒙古达瓦齐叛乱，厄鲁特四部在平定叛乱中有功，为迎接厄鲁特四部大汗来避暑山庄觐见乾隆帝，特建此寺。普宁寺是汉藏合璧的寺庙，是仿照西藏的莲花生大师的桑耶寺建造的。普宁寺的主殿大乘之阁内有一尊世界第一大的木质佛像——**【千手观音金漆木雕像】**。金漆木雕高27米，用了120立方米的5种木材，重达110吨。

参观须知：承德市双桥区普宁寺1号，0314-2024548，门票80元，8:00~17:30开放。

Day2

承德避暑山庄 **374km** **4.5h** **辽宁锦州笔架山风景区**

▲ 自驾路线

承德避暑山庄—松鹤桥—普乐路—安远庙大桥—安远路—双峰寺隧道—双峰寺收费站—G25长深高速—朝阳市—G16丹锡高速—锦州收费站—S308渤海大道—锦州笔架山风景区停车场。

▲ 笔架山风景区

推荐理由：笔架山是锦州滨海的一座岛屿，与笔架山遥相呼应近在咫尺的就是中国著名港口锦州港。笔架山是道教名山，岛上有三清阁，吕祖亭等道观。盘谷雕像为中国唯一。大部分游客到笔架山风景区是为了体验“天桥”。所谓天桥，就是连接笔架山与海岸的一个自然石子道路。每当涨潮，这条路便淹没在海水中，退潮后道路又凸显出来。游客就在惊奇与挑战中乐此不疲。涨潮的时候，有大量的摩托艇在这条天路上等着被海水阻隔的游人招揽生意。笔架山的天桥上可以购买刚刚打捞起来的海鲜，拿回城里加工。

自驾提示：去葫芦岛，锦州和沈阳，大部分北京出发车辆会选择秦皇岛的G1京哈高速。但那条路重载车辆太多。我推荐的这条线路车辆很少。

参观须知：辽宁省锦州市太和区滨海大道，0416-35811481，门票70元。

君临关外行
RAV4
2016/6/9-6/17

君临关外行
抒写 [真性情]

万里长城几回头，千程景色眼尽收！
三海关外起白浪，一瓢江湖君沉浮。
山一程，水一程，柔婉缠绵中见慷慨沉雄，抒写关外“真性情”！
征服山水间，共享关外不羁的情怀！

北京到哈尔滨的旅程，是古都到关外的奔袭，是自由与开拓的放飞！途经北京、承德、锦州、沈阳、丹东、通化、长白山，跨过关卡，越过戈壁，感受关外山河的辽阔壮美。

沈阳
北陵公园
白山立交桥
国家林业局森林病虫害防治总站
辽宁中医药大学附属二院
省邮电医院
骏马医院
城市管理行政执法局于洪分局
国土资源调查规划局
公安厅交通安全管理局
于洪区国税局陵西税务所
盛京华侨医院
阳光宾馆
种子管理局
沈阳新乐遗址博物馆
旅游局
于洪区北陵人民医院
中国刑警学院
怒江公园
煤炭工业管理局
环境监测中心站
林业厅老干部处
酒吧一条街
辽宁公安司法管理干部学院
辽宁大学
市影视艺术学院
辽宁中山专修学院
市浑北灌区管理处
于洪区就业再就业基地
都市工业电子产业园
沈阳行政学院
淮河街
沈洲医院
市城市管理行政执法局皇姑分局
塔湾街
中医药大学龙江医院
大成站
沈阳药科大学高等职业技术学院
皇姑区红十字会医院
皇姑区消杀站
皇姑区妇幼保健所
皇姑区中心医院
宁山夜市
北行夜市
市第四人民医院
皇姑区
东药医院
铸造博物馆
市固体废弃物第四管理所
市工程质量检测中心
铁西新区惠民医院
皇姑区中医院
奉天医院
如家购物街
皇姑七院
新天时国际休闲酒店
皇姑屯站
铁西规划展示馆
铁西区教育学院
皇姑区第七人民医院
中国医大一院慢性病院
市肛肠医院
储备物资管理局
市装备制造工程学校
虹桥医院
建设立交桥
铁西区地税局七路税务所
世星国际饭店
市交通局铁西分局
铁西区
铁西区教育局
沈阳铁路局投资管理中心
沈洲医院
于洪区教育局
铁西区环境卫生监察六中队
中环中医院
手外科医院
沈阳医学院奉天医院
和平区中医院
财政厅
万科新城展示中心
维康医院
东北医院
省建大中医院
铁西区中西医结合医院
铁西区国税局
铁西广场
云峰北街
沈阳站
铁西区中医院
市公安医院
辽宁宾馆
中国医科大学
中国医大学附属第一医院二分院
市第九人民医院
铁西区人力资源和社会保障局
铁西区第二医院
铁西区工商行政管理局
铁西供电局
铁西区中心医院
和平区
铁西区红梅医院
和平区中心医院
辽宁诗赋楹联文化艺术馆
劳动公园
市监政稽查大队铁西新区中队
沈阳医学院附属第五人民医院
省优抚医院
市工商行政管理局和平分局
中山公园
于洪区国税局东湖税务所
沈阳工业大学南校区
妇幼保健所
体育局
光辉实业总公司医院
铁西区地方税务局官税务所
市政工程质量监督站
沈阳广播电视大学
市体育彩票管理中心
天华医院
中国医科大学附属第四医院
西城中医院
市质量技术监督局
卫生厅
揽军路立交桥
质量监督检验中心
中国医大盛京医院
老年病医院
中共市铁西区委老干部局
滑翔
市第六人民医院
南湖公园
市和平区旅游局
省妇幼保健院
省体育运动技术学院
东北大学医院
沈阳音乐学院
裕宁大酒店
市城市管理行政执法局铁西分局
市近海经济区招商二局
市绿化工程大队
和平区红十字会医院
交通厅公路管理局
婚姻登记处
市外国语学院
沈卫和平医院
东北大学
市档案局
古力湖街
南京南街立交桥
市环境保护局和平分局
市交通局
工农大桥
长白岛森林公园
三好桥
交通规划设计院
汪河路
市政府驻地
浑南区
沈阳南站
市政府
苏家屯区
沈阳桃仙国际机场

辉山水库
前进医院
102
103
金山工业园
抗美援朝烈士陵园
大东区农村工作办公室
国际商务学校
东陵区望花医院
望花汽车产业园
望花立交桥
哈大高铁
市金山建材市场管理所
辽宁文学院
市第四人民医院
林业种苗管理总站林木种子检验中心
东陶医院
东陶路陶瓷商业街
辅仁医院
武功山路
铁山路
大东区市政工程养护管理处
大东区万泉精神病医院
轻工产品质量检测中心
北京理工大学沈阳工作站
物价局
省政府
知识产权局
皇姑区第六人民医院
中国医大四院
九一八历史博物馆
大东区第九医院
华阳医院
省朝鲜族师范学校
柳条湖
柳条湖立交桥
大东区惠滨医院
中国税务
沈阳文物古迹博览中心
首安医院
市第十人民医院
大东国税局第二中心税务所
沈阳建筑学院
皇姑区第一人民医院
沈阳大学
友好医院
市第一人民医院
沈东医院
沈阳东站
辽宁商贸职业学院
华宇布艺展示中心
吉祥街
仁济医院
沈阳北站
农业展览馆
辽宁农业技术学院
吉祥街吉祥夜夜市
市大东区招商局
市国税局东陵分局
客运站
市经济信息中心
工市大东区统计局
沈抚立交桥
地税局东陵分局
东陵区税务所
市第一人民医院
东陵区人民医院
沈海立交桥
市水文局
沈阳黎明技师学院
大北中医院
大东区
大东区第三中医院
泸江街
市中山医院
九州医院
大东区第五医院
大东区第二人民医院
沈阳航空职业技术学院
老龙口酒博物馆
广播电视大学机电分院
黎明广场
沈河中医院
大东区人民医院
省博物馆
北中街
大东区中医院
东中街
中街
市大东区城市建设局
回民医院
市大东区地税局
大东区第二医院
德济医院
黎明国际酒店
故宫博物院
大东区卫生局
大东区妇幼保健院
沈河区人民医院
沈河区
辽宁中医药大学附属医院
大东公园
大东区防汛指挥部
金融博物馆
东方医院
动物园
万泉公园
万泉公园
民航沈阳医院
中国民用航空东北地区管理局
东北服装材料城温州条街
沈河科技园
沈河区红十字会医院
仁德医院
鸿翔酒店
沈阳空鹰股骨头坏死专科医院
六合商业街
友谊医院
万莲社区商业一条街
华佗中医院
奉天中医院
沈河区环境保护局
万柳塘公园
当代医院
泉园一路
东陵区交通局
民政厅
青年公园
市糖尿病医院
省人民医院
广播电视大学东陵分校
万家巴森林公园
市东陵区公路管理所
东陵区中心医院
金秋医院
东陵区
东陵区劳动和社会保障局
长青公园
辽宁电力中心医院
文化路立交桥
药科大学
药大医院
沈河区第二中医院
东北大学基础学校
市地税局东陵分局
东陵区结核病防治所
东陵体育公园
省建材工业设计院
南塔公园
东陵区房产局
辽宁大学播影视学院
沈阳中医脉管炎病医院
长青立交桥
市艺术幼儿师范学校
市城市建设管理局
沈阳新天地
沈阳理工学院科技园
市水利局
沈河区市政排水管理处
市城市规划展示馆
五里河公园
长青大桥
万豪酒店
五爱立交桥
五爱隧道
五里河
浑河桥
富民桥
浑河
沈阳建筑大学城市建设学院
沈阳音乐学院
沈抚大道
学风路

RAV4 与 沈阳 SHEN YANG

历史与今天 | WAITING FOR YOU IN SHEN YANG.

浑河又称“沈水”。因城位于浑河之北，沈阳地名由此而来。沈阳是满清入关前的都城，叫做“盛京”，满清禁止汉人越过山海关进入东北，因此民国之前的东北地广人稀，矿产丰富，土壤肥沃。1949 年之前沈阳已经成为亚洲的重工业基地，被称为“东方的鲁尔”。丰富的煤炭资源，铁矿石资源打造出中国钢铁业的龙头鞍钢。随后几十年中国几乎所有的钢铁企业都是从鞍钢派生出去的。来到沈阳，建议参观沈阳工业博物馆和沈阳铁路陈列馆，那里有共和国骄子的荣誉。整个东北都是新中国工业革命的第一级火箭，功不可没。

沈阳是除北京以外中国拥有最多世界文化遗产的城市，这让很多人深感意外。

一汽丰田沈阳越野基地

▲ **地址**：军南区畜牧场村沈祝线和四环路交汇处

越野就是要释放

沈阳位于中国东北地区南部，地处东北亚经济圈和环渤海经济圈的中心，是长三角、珠三角、京津冀地区通往关东地区的综合枢纽城市。遇见沈阳，我们就离近了有棱角的关外！ RAV4 犹如这座城一样，虽为城市 SUV，比较好驾驭，然而并不是无棱角之作，从外观到内饰都透露着自己的脾气。

凤凰山上感受关外的胸怀；鸭绿江畔断桥边，聆听久远历史传来的声声军歌；桓仁水库沙滩，远眺一望无垠的水面，呼吸着关外无限自由的气息……RAV4 开路，我们置身在关外的棱角中，千里不惧，享受越野的自由与奔放！

一路闯天下沈阳发车仪式

4S 店对此次活动的重视程度是我们没有想到的，
高颜值工作人员站在道路两旁欢迎车队的到来，
那场面可谓是“鞭炮齐鸣，红旗招展”……
随着店领导的鸣锣声，
沈阳车队正式归入一起闯天下的 RAV4 车队，
我们的口号是 **去闯吧！** RAV4 带着你
你带着好心情……

TOYOTA
世家荣耀
一路阅天下
RAV4
一路阅天下
百城荣耀接力赛

TOYOTA
一汽TOYOTA
沈阳于洪丰田
展示厅
维修服务
零件供应
安心二手车
认证二手车
一路阅天下
RAV4百城荣耀接力赛

城市速览 沈阳 SHEN YANG

地理气候特征

▲ 沈阳位于东北平原的南部，地势平坦土壤肥沃。辽宁东与朝鲜接壤，并以鸭绿江和长白山作为两国分界。沈阳南接大连，有优质的出海通道。

▲ 沈阳冬夏温差极大，冬季最低可至零下 30 度以下。冬季是自驾游中国东北地区需要严重规避的时间段。

自然景观

▲ 怪坡风景区、沈阳世博园、棋盘山风景区、沈阳南湖公园、沈阳薰衣草庄园、方特欢乐世界。

人文景观

▲ 沈阳故宫博物院、张氏帅府博物馆、清昭陵（北陵）、清福陵（东陵）、沈阳金融博物馆、沈阳小南天主教堂、赵一荻故居、辽宁省博物馆、沈阳工业博物馆、沈阳铁路陈列馆、中山广场历史建筑群、刘老根大舞台。

美食集中营

▲ 中街美食一条街

推荐理由：中街不仅是商业步行街，也是著名的美食一条街。沈阳的各种老字号和百年老餐馆都能在这里找到身影。老边饺子馆，外婆家，大悦城的海底捞火锅，李连贵熏肉大饼，宝发园，恒隆广场的赵记老铺王府，恒隆广场的满记甜品。

▲ 马家烧麦馆

推荐理由：马家烧麦的历史起于清嘉庆年间，有两百多年历史，是沈阳名气极大的小吃。

（太原北街北四路 12 号 024-83831777）

▲ 老边饺子馆

推荐理由：2000 年大世界吉尼斯认定老边饺子馆是世界上历史最长的饺子馆，这让老边饺子的生意好得不要不要的。中国的饺子馆历史才 160 年吗？我真的怀疑。

（中街 208 号 024-24865369）

▲ 李连贵熏肉大饼

推荐理由：起源于 1908 年的李连贵熏肉是吉林四平的一种风味食品，他的创始人是河北滦县人。熏肉用 10 多种中药焖煮。大饼是用煮肉的汤油和上面粉烤出来的。

（正阳街 88 号 024-24863731）

▲ 工人大食堂

推荐理由：食堂保持了当年工厂食堂的基本原貌，米饭是用以前的铝制饭盒盛上来的，菜谱是按照年代来划分的。菜的名字是用各个工厂命名的。没有见过老的饭菜票的，这次可以好好看看。到这里吃的已经是历史文化了。推荐：3301 厂华子鱼，重型厂锅包肉，纺织机械厂鸡刨豆腐，3301 厂葱拌猪耳朵。

（卫工北街 14 号，工业博物馆内 024-25771888）

▲ 宝发园

推荐理由：主打东北菜的百年老店，招牌菜叫做“四绝菜”。说是当年

张学良就餐亲自点的四个菜，吃完了拍案叫绝，煎丸子，熘肝尖，熘腰花，熘黄花。菜品分量足，价格也实惠。

（大东区小什字街天源巷 1 号 024-24314173）

时尚购物

▲ 沈阳中街

推荐理由：沈阳最繁华的商业街，是中国第一条商业步行街，号称“东北第一街”，是各种老字号店铺集中地，也是时尚购物广场的集中地。主要的购物商场有：皇城恒隆广场，兴隆大家庭，中街新港新地商场，沈阳商业城，沈阳罕王百货，大悦城。

▲ 太原街商业步行街

推荐理由：沈阳最著名的两条商业步行街之一。有中兴商业，华联商厦，百盛购物中心，万达广场。

加油站

▲ 中国石油怀远门加油站

地址：沈阳市沈河区沈州路 29 号

电话：024-22938275

▲ 中国石油小南加油站

地址：沈阳市沈河区南关路 41 号

电话：024-24813136

玩转沈阳 为您推荐③日行程

Day1

笔架山风景区 247km 3.5h 沈阳故宫

▲ 下午自驾到达沈阳

推荐酒店：沈阳故宫附近酒店

地址：紧邻醒目的恒隆广场

▲ 自驾线路

笔架山风景区—G1 京哈高速—沈阳西收费站—沈大路—肇工北路—北一西路—东西快速干道—正阳街—沈阳故宫。

▲ 沈阳购物

奢侈品购物可选择恒隆广场或者大悦城，沈阳土特产就选择兴隆大家庭超市。

▲ 沈阳特产

中街大果、老龙口酒、克拉古斯香肠、重工菠萝火腿、康福月饼、桃李面包、麦金利苹果醋，在兴隆大家庭超市基本有售。

▲ 特色工艺品

羽毛画。

▲ 沈阳天主教堂

推荐理由：沈阳天主教堂当地人称作“南关教堂”，建于 1878 年，1900 年被义和团焚毁，1912 年法国菲波利斯主教用《辛丑条约》的庚子赔款重建，是中国最美的是十座天主教堂之一。每周五的下午 17:00 有青年弥撒。游人可以进入参观游览，并聆听悠扬的赞美诗圣歌。周六日的上午会经常遇到拍摄婚纱的青年人。

参观须知：沈河区小南街南乐郊路 40 号，024-22825578。

▲ 晚餐时间

推荐餐厅：老边饺子馆

地址：中街

推荐餐厅：宝发园

招牌菜：张少帅的“四绝菜”

如何到达：出租车至中街大悦城附近的小什字街天源巷。

▲ 刘老根大舞台正阳街分部

推荐理由：刘老根是赵本山创建的东北地方曲艺品牌。正阳街的这个分部是东北二人转剧场最贵的一家，因为赵本山旗下的关门弟子几乎都在这里演出。每晚演出组队演员是 6 组，每组演出 25 分钟。电视剧上能看到的刘能、赵四、丫蛋名角都是正阳街分部的主要演员。沈阳的其他二人转剧场的票价只有刘老根正阳分部的 1/4, 也就 30 元起价。

参观须知：沈河区正阳街 110 号，024-24849191，门票最低 180 元，19:00~21:30 演出。

Day2

沈阳故宫 → 沈阳工业博物馆

▲ 沈阳故宫博物院

推荐理由：沈阳故宫是满清入关之前的皇宫，它的建造分成三个时期，布局是由东向西分三个部分组成。最早建造的是**【东部】**，是努尔哈赤修建的**【大政殿】**和**【十王亭】**。所谓十王，就是八旗的八个王，再加上左右翼王。从努尔哈赤建造的部分可以看出，那个时候还没有建造成皇宫的计划。大政殿与十王亭的布局关系更像是草原的蒙古包主帐和附帐的关系。**【故宫中部】**就是从正门的大清门开始向北的崇政殿，凤凰楼和清宁宫，以及左右两侧的配殿，东西七间楼，东西宫，颐和殿，介祉宫，敬典阁，迪光殿，保极宫等。故宫中部已经形成了以凤凰楼为前后分界的“前殿后宫”的宫殿格局。这个时候故宫已经是一个严格意义的皇宫了。**【故宫西面】**是乾隆东巡的时候补建的文渊阁等。**【大政殿】**努尔哈赤修建的大政殿是八角形状，代表了八旗。这里是商议国事的重要场所，顺治皇帝就是在这里登基的。大政殿是用40根木柱作为支撑全榫卯结构。**【崇政殿】**是皇太极的金銮殿，皇宫的主殿。**【文渊阁】**曾经存放过《四库全书》，后被转移至北京。

如何到达：从酒店步行至沈阳故宫博物院南门，大约需要5分钟。

演出提示：每天的10:00和11:00在大政殿有《清文化主题演出》，嘉荫堂南的戏台每天下午14:00有《海兰珠归嫁皇太极》演出。

参观须知：沈河区沈阳路171号，024-24843001，门票60元，8:30~17:30开放。

▲ 张氏帅府博物馆、赵一荻故居、沈阳金融博物馆

推荐理由：**【帅府】**是东北规模最大，设施最豪华，也是保存最为完整的官邸。张作霖出任北洋陆军27师师长后开始仿照王府式样修建自己的官邸。帅府呈“目”字型，有11栋楼。著名的是大小青楼和老虎厅。**【大青楼】**是一幢罗马式建筑，其中大量的建筑材料来自海外。**【老虎厅】**是大青楼的一个重要的议事厅。老虎厅确实有两头老虎标本，当年一只被打死的时候，刨开腹中发现有簪子，看来还是一头吃过人的老虎。当年张作霖被炸死，张学良剪除异己，杀掉了“杨，常”两位张作霖的左膀右臂。这就是著名的老虎厅“枪毙杨、常，吓死郑谦，吓跑孙传芳”的一段历史。**【沈阳金融博物馆】**是边业银行旧址，其中的古钱币许多为稀世珍品不得不看。边业银行是皖系军阀所创，总部设在外蒙古的乌兰巴托，沈阳的边业银行后来逐步成为张家的私人银行。

参观须知：沈河区朝阳街山帅府巷46号，024-24842454，门票50元（帅府、赵一荻故居和沈阳金融博物馆是联票）。

▲ 沈阳工业博物馆

推荐理由：号称“东方鲁尔”的沈阳在相当长的时间是我国重工业的基地。中国的第一枚国徽就是沈阳制造的。馆内展出的展品大多是中国工业之第一。中国最早的坦克，牡丹牌双反照相机，电视机，1961年制造的江南造船厂的我国第一台万吨水压机，以及飞机，红旗2号导弹。至今这些工业底子依然在延续着生命力，比如沈阳飞机制造公司，沈阳机床，新兴铸管等企业。

全程路况：12公里，25分钟。

自驾线路：正阳路—沈阳路—东顺城街—德增街—东西快速干道—北一东路—卫工北街—沈阳工业博物馆。

参观须知：铁西区卫工北街14号，024-25702088。

▲ 晚餐时间

推荐餐厅：工人大食堂

Day3

沈阳路 13km 0.5h → 清福陵 25km 0.6h → 辽宁省博物馆

▲ 清福陵

推荐理由：清福陵是努尔哈赤与皇后，大妃的陵墓，为世界文化遗产，与北陵和新宾县永陵合称“盛京三陵”。明朝的时候，努尔哈赤的祖父是建州左卫都指挥，父亲为建州左卫指挥史。名头很响，其实就是一个小的部落头领，那个时候建州女真部落多如牛毛。努尔哈赤幼年被后母虐待，以做人参山货买卖为生，后投奔辽东总兵李成梁。25 岁时努尔哈赤统一建州的各女真部落，称号“后金”，萨尔浒战役后统一东北。努尔哈赤是一位军事天才，他的“任尔几路来，我只一路去”是典型的集中优势兵力打歼灭战的思想。神功圣德碑的赑屃在建造初期曾经是一个乌龟，康熙东巡的时候发现了这个错误。现在被换下的乌龟放弃在西门。

自驾线路：沈阳路—大东路—滂江街—东西快速干道—东陵路—清福陵。

参观须知：沈阳市东陵路，024-88031568，门票 40 元。

▲ 辽宁省博物馆

推荐理由：辽宁省博物馆是新中国的第一座博物馆，它的老馆在中街，现在基本关闭，正逐步将藏品搬迁至浑南新区的新馆。所以许多国宝级的馆藏都无法展出。与其他省级博物馆比较，辽宁省博物馆的藏品等级非常之高，相当部分的藏品甚至不亚于国家博物馆。**【新馆】**新馆尚处于开放初期，导游配备极为有限，但是每天会有一些志愿者到博物馆来做义务讲解，个别志愿者的讲解水平非常之高。如果不做说明，你以为是大学博士导师带着一帮学生在实习。**【馆藏国宝】**有唐朝书法家张旭唯一的传世狂草作品《古诗四帖》，欧阳询的《行书千字文》,宋徽宗的《草书千字文》，宋徽宗临摹张萱的《虢国夫人游春图》，唐武则天的弘文馆钩填王羲之的《门书翰》，陆游八十岁时书写的《自书诗帖》。**【镇馆之宝】**博物馆的镇馆之宝是唐代开元年间周舫的《簪花仕女图》。**【契丹皇帝皇后哀册并盖】**辽宁省博物馆还有一类藏品很少有文字涉及，即契丹皇帝皇后哀册并盖。博物馆的墓志铭从公元 690 年的唐载初二年的孙默墓志起，一直到满清 1663 年的温庄长公主墓志，共计 120 通。用契丹和汉字双语书写的契丹 6,7,8 代皇帝皇后哀册并盖为稀世国宝。**【中国古代碑志展厅】**浑南新区的新馆最早的展厅，就是“中国古代碑志展厅”。**【契丹文字】**分为大字和小字。大字是通过删减变化汉字笔画而来，现在存世的有 60 几个字，而契丹小字是一种拼音文字。史书记载的耶律楚材是最后一个能读写契丹文字的人，可见契丹文字很早就被放弃了。

自驾线路：清福陵—东陵路—新立堡东街—沈水东路—富民桥—沈本线—银卡路—天坛南路—金辉街—沈本大道—白塔河路—智慧三街—辽宁省博物馆。

参观须知：浑南区智慧三街 157 号，024-22741193，9:00~17:00 开放。

徐荣磊

北京一所高校教师，爱卡汽车网自驾达人。写这个点评的时候刚刚完成了从青海黄河源头横穿巴颜喀拉山脉至沱沱河，从那曲穿越藏北大北线，翻越昆仑，从南到北穿越塔克拉玛干沙漠至轮台的超长自驾。每次出去都是心灵的放飞，自我的磨砺。让我懂得珍惜。

“沈阳市一座饱经沧桑的城市，历经战火千锤百炼。“东方的鲁尔”为共和国的建设作出过巨大的贡献，非常期待她的第二次腾飞。每次去沈阳都会在辽宁省博物馆流连忘返，这里的国宝一点不差于国家博物馆，字画方面的馆藏为中国地方博物馆之最。我强烈推荐大家去看看这些璀璨文明的硕果。”

RAV4 真体验

这段路程从县道、高速到国道的切换，对于 RAV4 来说没有什么课题，不管你是“老司机”还是“小司机”都可游刃有余的驾驭。

50 公里左右的县道，有 3、4 段颠簸不平的“烂路”，但 RAV4 的悬挂调校偏硬，对付这样的路况，稳定的支撑性是没有问题的。

G1113 丹阜高速，傍山而开，多弯路。RAV4 面对多弯路的高速行驶，变道、过弯变现十分稳定。小 R 的调校偏硬，变道时可适当猛地一打方向，车头随着驾驶者的意愿指哪打哪，指向性这一点确实要比奇骏优秀的多。

RAV4

RAV4

沈阳自驾线路

沈阳—凤城凤凰山—鸭绿江大桥—五女山—长白山

Day1

沈阳 198km 2.5h 凤凰山 60km 1h 鸭绿江大桥

▲ 凤城凤凰山

推荐理由：凤凰山的名头会把初次到这里的旅客吓一跳。"万里长城第一山，""辽东第一山"，"中国历险第一山"，"国门名山"，"奉天四大名山"。在 1990 年代之前，人们一直认为长城最东只修到了山海关。当发现丹东市宽甸县的虎山长城这一认识才被修正。虎山长城在丹东市的北面，修在鸭绿江边。这里中朝边境界河的最窄处只有几米，可以一步越过。所以，凤凰山才有了"万里长城第一山"的说法。凤凰山的"老牛背"类似华山的苍龙岭，窄窄的一条光滑的脊背路，两侧是悬崖。凤凰山老牛背比苍龙岭还要窄，而且是笔直向上。山顶的玻璃栈道可以俯瞰整个凤城，玻璃栈道与山底的落差超过了河北涞源的白石山，所以"中国历险第一山"也不是空穴来风。让凤凰山出名的是曾经在这里拍过一部鼎鼎有名的电影《南征北战》。唐太宗李世民御驾亲征高句丽，也到过这里。太宗射出一箭，穿过凤凰山，跌入鸭绿江。"一箭定辽东"。

自驾线路：正阳路—南顺城街—沈州路—大西路—青年大道—浑河大桥—G1113 丹阜高速—凤城收费站—凤山路—凤凰山国家风景名胜区。

参观须知：丹东市凤城市南郊，0415-8126220，门票 80 元。

▲ 丹东市鸭绿江大桥

推荐理由：鸭绿江公园免费。站在鸭绿江边，鸭绿江断桥和鸭绿江大桥，两桥相距大约 50 米，游客可以步行从两座大桥的桥墩下走过，从各个角度端详这两座故事多多的大桥。要登上大桥，需要另外

买票。鸭绿江大桥是日本占领期间修建的，始建于1909年，长944米，宽11米。这座桥的第四个桥孔的桥面是可以90度旋转的，为了船舶的通行。美国人炸毁的是朝鲜界河那一侧的四个桥墩，中国一侧的桥墩至今完好。1934年修的新桥至今还在使用，大桥上下两层，分别是铁路和公路。与过去的车水马龙不同，现在的鸭绿江大桥冷清很多，难得会遇到运送物资的列车或者汽车过桥。

自驾线路：凤凰山—G1113丹阜高速—丹东收费站—G201—花园路—锦山大道—体育馆路—锦江街—滨江中路—鸭绿江大桥。

参观须知：丹东振兴区江岸路，0415-2122145，登桥费30元，7:30~17:00开放。

▲ 晚餐时间

推荐餐厅：柳京酒店

推荐理由：这是朝鲜政府的某个机构在中国开设的餐馆，服务员貌若天仙，能歌善舞。每天就餐有两场歌舞表演。餐厅内拍摄会被朝鲜服务员阻止。价格比较贵。餐桌很小，仅能坐6个人。

地址：丹东开发区佳地广场1-2层

电话：0415-3102222

推荐餐厅：丹东高丽饭店

推荐理由：与柳京酒店一样，这也是一家朝鲜政府开办的餐馆。规模比柳京酒店小一点。

地址：丹东开发区滨江中路与兴一路交叉路口（柳京酒店对门）

电话：0415-3142818

▲ 鸭绿江游船

推荐理由：游船的航行时间40分钟。沿着鸭绿江的中国一侧走一个小的来回，可以看到朝鲜对面新义州的建筑和村民，以及对岸的战士。朝鲜一侧灰扑扑的，朝鲜真实的生活需要过江体验。

参观须知：鸭绿江断桥下游1号观光码头，游船50元。7:40~17:20开放。

一路闯天下 趣驾任你游

RAV4 真体验

从桓仁收费站到桓仁水库，途经 5 公里左右砂石松土路。当到达砂石路面，RAV4 与公路上表现相比变得更加“桀骜不驯”，2.5L 的动力、扎实的底盘结构和支撑性很好的悬挂系统，让你有足够的信心“涮沙锅”。但这样的路，没有点专业驾驶技术，车速最好控制在 40-50 公里 / 小时，毕竟安全第一才是硬道理！

"小公主"在土路上飞驰，与远处的
青山和水库**融为一体**
会让你觉得是在中国西部的某个**通往沙漠戈壁**的路上

Day2

鸭绿江大桥 196km 3h 五女山风景区

▲ 五女山

推荐理由：以五女山风景区为核心的高句丽王城是世界文化遗产。在中国的45个世界文化和自然遗产中，五女山占有一席之地。这是中国自驾游爱好者最为陌生的一个世界文化遗产。五女山属于长白山脉的一部分，进入五女山风景区，要沿着桓仁水库的崎岖山路上行，路面很窄，属于水泥路面，需要注意弯道来车。很远处就能见到五女山的独特形状。四周绝壁，山顶是一个巨大的平台。这是一种典型的适合建造“卫城”的地形。而高句丽王城恰恰选择了这里。“卫城”一般需要具备以下条件：四面绝壁，山顶比较开阔适合屯兵，山顶有水源，建有城堡，驻防军营，粮仓等。根据对卫城的定义，五女山当之无愧。所以五女山又被称作“东方的雅典卫城”。**【五女山博物馆】**景区入口处有五女山博物馆，介绍卫城的建造经过以及高句丽王国的历史，还有五女山的发掘文物。登上五女山要经过十八盘，类似泰山的十八盘，这里的台阶有1000级之多，一点不输给泰山的南天门。**【高句丽】**高句丽是扶余国的其中一只，现在吉林省松原市还有一个县叫做“扶余县”。扶余最早出现在司马迁的《史记》中，史记中记载扶余国使臣还到过洛阳进贡。而高句丽在班固的《汉书》中也有记载。自有高句丽国，它与中原政权一直处于剑拔弩张的状态。东汉、曹魏都有过冲突。至唐朝，太宗李世民曾御驾亲征高句丽，战场就在今天的辽宁海城。高句丽国的最后灭亡是在唐朝初叶。**【桓龙湖】**五女山下的桓仁水库又叫“桓龙湖”，周围高山似中国第二台地的原始森林，树木高大，苍山葱郁，而桓龙湖周围的低地又似藏北高原，充满原始的野性。这里是野营野炊的上佳之选。

自驾线路：鸭绿江大桥—滨江中路—宝山大街—金山大街—丹孙线—G11 鹤大高速—桓仁收费站—五女山路—桓仁水库—五女山风景区。

参观须知：桓仁县刘家沟村，0414-8914168，门票80元（含观光车，讲解）。

▲ 晚餐时间

推荐餐厅：东来顺老铜锅涮羊肉通化旗舰店

推荐理由：在当地有较高口碑

地址：吉林省通化县同德路桃源居正门

电话：0435-5709666

Day3

五女山风景区 261km 4h 长白山自然保护区

▲ 长白山自然保护区（长白山天池）

推荐理由：长白山山区是松花江、图们江、鸭绿江三江的发源地。但长白山的天池仅为松花江发源地，其余两江的水源在长白山的南坡。这里是满族和高丽民族的发祥地，满清曾将这里封为圣山，只有官府能够在长白山采摘野物。长白山是世界动植物物种基因库，有多达 10 种国家一级保护动物，如东北虎、远东豹、金雕、白肩雕、丹顶鹤等，国家一级保护植物是人参。**【长白山天池】**是一座随时可能爆发的活火山，它的最后一次小规模喷发是在 1702 年。作为世界海拔最高的火山湖，天池的库容量巨大，有 20 亿立方米，它的湖面面积只是北京密云水库的 1/20, 但库容量却有密云水库的 1/2，也就是说天池是一个极深的湖，平均深度 200 米，最深处为 370 米。能一睹天池芳容是一件概率极小的事件，这需要很好的运气。如果有幸得见，那你对天池的赞美只有一个“湛蓝的宝石”。**【长白山瀑布】**从天池乘坐景区区间车下山的第一个必须去的景点是：“长白山瀑布”。在瀑布景区的入口，会有“温泉鸡蛋”销售，这是用长白山 83 度温泉煮熟的鸡蛋。聚龙泉的温泉冒着热气，每小时的喷发量是 28 吨。聚龙泉徒步 5 分钟就是长白山瀑布，这是长白山景区的一个标志性景点，也是长白山天池的唯一出水口。瀑布常年不断，奔流而下，这就成了长白山的一个“至今未解之谜”。因为长白山的降雨量、降雪量，以及地下水是无法支撑如此大出水量的。说明长白山的天池下面应该还有神秘的水源补充，但是长白山天池所在的白云峰是东北地区最高的山峰，是不可能有其他地下水源的，而降雨降雪是可以计算的。这个长白山之谜也许永远是一个“谜”。**【地下森林】**从瀑布再乘坐区间车下山的另一个景点是：地下森林。它生长在二道白河边的一个深山峡谷之中。景区的 LED 提示牌显示这里的负氧离子有 25000 个 / 立方米。地下森林长 3 公里。如果运气好，你会遇到野生的草狐狸跑出来向游人乞食。

自驾线路：G201—通化市新华大道—滨江西路—G201 鹤大公路—抚松收费站—S26 抚长高速—松天线—环山线—二道白河镇—白山街—X122 二道白河大街—长白山自然保护区售票处。

自驾提示：从抚松县的松江河镇以及安图县的二道白河镇均可进入长白山景区，游览长白山天池。二道白河镇更深入长白山林区，是游览长白山景区的最主要入口，推荐从这里开始游览。二道白河已经形成有相当接待能力的旅游居住区，这里酒店众多，餐饮齐备，是长白山地区土特产的集中销售地，推荐在此住宿。通化县至二道白河镇的公路几乎年年都在翻修，道路状况较差，但不影响行车安全。通化县出城往二道北河方向有大量电子眼，导致行车速度大多在 60 公里 / 小时下。

特别提示：长白山景区售票处为自驾车的最后到达点，自驾车不再深入。进入景区至各景点需乘坐各景点区间车；到达长白山天池需乘坐小型面包车或吉普车。均需另行购票。推荐乘坐景区内部车辆直接抵达天池，游览天池后再乘坐景区区间车在返回售票处停车场途中逐一游览其余景点。长白山天池极冷，建议自带羽绒服，或在售票处附近租赁，每件 30 元。长白山天池常年浓雾弥漫，游客能见到的概率极低。请做好思想准备。

参观须知：长白山二道白河“北景区”，0433-5742098/5742286，门票 125 元，摆渡车 85 元，各景点区间车 80 元，7:00~17:00 开放。

▲ 晚餐时间

推荐美食：二道北河镇冷杉路美食一条街

招牌菜：狗肉馆、饺子铺、烤鸭店、以及朝鲜美食店。

车队节油挑战赛

**RAV4 作为城市 SUV 中的“老资历”，
爱信变速箱的匹配给大家带来极为流畅的快感。**

高速行驶时，换挡很迅速，而且很平顺，对驾驶员意图的判断也比较到位，速度切换自由。从五女山上到高速，大部分路段是长的缓上坡，我们选择在这个路段举行了一个节油比赛。全程车队从广州出发的两个月，一直没有遇到过对手，而在关外遭遇到沈阳车队几位高手的正面 PK。统一将油箱加满，29 台车开始“节油”的较量。

从通化出来，沿着浑江向北走 G201，我们开始了本次君临关外行最美丽的一段：长白山之旅。到达长白山景区，必须先穿过一片茂密的树林，幽静的小路，12 辆 RAV4 列队前进，时而急转弯，时而爬坡，外形小公主的 RAV4 表现得一点都不肉，让置身于美景的车主们深深感受到了驾驶乐趣，享受关外无拘无束的越野生活。

RAV4 荣放论坛 > [北京车友] 我与小 R 一路闯天下 北京 - - 沈阳游记　点击：463 | 回复：4

szy116（楼主）

精华：0 贴
帖子：3 贴 | 180 回
来自：北京 朝阳
所属：全国老 R 车友会
关注：RAV4 荣放

发表于 2016-6-10 22:55:30

[北京车友] 我与小 R 一路闯天下 北京 - - 沈阳游记

2016 年 6 月 8 日有幸参加丰田《一路闯天下——君临关外行》北京到沈阳段自驾游活动。一大早我们的车友叮当同学据说很是兴奋，凌晨 4:30 已经睡不着了，早早起床，7 点刚过就第一个赶到了我们的集合地点北京丰田 SUV 越野基地，当时基地的工作人员还没有正式上班，临时找工作人员开门才进入了我们的集结地点。还有来自天津的车友，很是辛苦一大早驱车一百多公里来和我们北京的车友汇合。看的出大家对此次活动都充满了期待。

8:30，车友们基本上集结完毕，统一贴号牌、发放服装、手台及路书。9:00, 简短而重要的活动宣讲开始，我也很荣幸的成为本次活动北京车队队长，接过全程车队授予的大旗，舞动大旗也标志着本次活动正式启程，相信我们全体车友在享受旅程带来愉悦的同时也定能将丰田车“车到山前必有路”的情怀发挥的淋漓尽致，圆满完成最后一程的接力赛。😊😊😊

风一样的速度，也要安全

在到长白山景区的路上，遭遇了小到中雨。在湿滑的路面上，Esp 可以默默地帮你化解危险，但千万不要迷信 Esp，它只是辅助。雨中行驶，入弯前注意轻点刹车或者降档减速，切忌猛打方向盘，尽可能保证直线行驶。

在这样的天气，RAV4 的 ESP 与 VSC（车辆稳定性控制系统）配合也是可圈可点的，在湿滑路面的启动或者过弯时，即使稍微提点速，也能够确保车身稳定顺畅的行驶，给予出行极大的安全保障！

长春
吉林大学农学部
吉林大学农学部药用植物园
北方华侨外国语学校
青川路
中央民族大学法学院分院
长客医院
吉林艺术学院附属艺术学校芙蓉校区
市宽城区城市建设
大伦医院
长春市技师学院
建筑工程学院城建学院
中澳合作伊格尔学院出国预备分院
新华医院
城西医院
北方医院
林园
省民防局
省食品药品监督管理局稽查分局
运输管理处第六稽查大队
芙蓉桥
盘石医院
省气象局
前进医院
和平囊虫病医院
工商学院
市药品检验所
英平类风湿医院
天慈医院
省松苑宾
长春大学成教学院净月分院
省技师学院
省绿色食品办公室
省气象仪器计量检测站
省民族干部学校
长春站
长安桥
省中医中药研究院东方医院
省同济医院
绿园区气象局
妇幼保健院
长春公园
市土地测绘院
中医院
金都饭店
绿园区环卫设施处
绿园区环卫运输处
瑞生医院
南岭路
市第二医院
金安大饭店
一汽总医院大学第四医院
省假肢中心
产权交易所
工商学院
省地方海事局
出入境检验检疫局
普济医院
省地矿医院
工商行政管理局绿园分局
省卫生厅卫生监督所
开元名都大酒店
鑫城EBD商务街区
国健妇产医院
慈光路
西环路
绿园区
华天大酒店
传染病医院
朝阳桥
吉林大学朝阳校区
工商学院
绿园区环境保护局
省工商技师学院
市人民代表大会常务委员会
白求恩口腔医院
锦江公园
绿园区供水局
市档案局
五洲皮肤病医院
解放桥
二号线
脊髓病医院
吉林工程技术师范学院
西解放立交桥
吉林艺术学院
文化广场
中山医院
解放桥
市地方税务局直属税务局
世纪湖
市政务中心
平安医院
小南湖
吉林广播电视大学教育学院
吉大第一医院
朝阳公园
诺亚商务酒店
圣烽大酒店
市政大酒店
公交医院
新民宾
省环境监测中心
红星医院
吉大第二医院
花园酒店
湖西桥
建功医院
吉林建筑工程学院
省人民医院
省中医院
中日联谊医院三部
康弘
汽车工业高等专科学校
汽车工业高等专科学校汽车工程系
省建筑工程质量检测中心
市慈祥医院
省第二中医院
海阔天空休闲会馆
中医学院风湿医院
省环保联合会
九龙泌尿外科医院
心脏病医
宽平桥
资源监督检测中心
国土资源部矿产
吉煤医院
华厦医院
省能源局
市职业技能鉴定站
吉林大学第四医院一汽总医院
抚松路
长春工程学院
省防伪中心
南湖公园
岱山公园
益民口腔医院
二区公园
市运输管理处汽车厂运输管理所
长春南站
南湖大路
省节能监察中心
工业大学
一汽一大众汽车有限公司
国家汽车零部件产品质量监督检验中心
地质勘查局测试中心
吉林大学南湖校区医院
邮电学院展览馆
南湖宾
长春汽车产业开发区
湖光路
省第二人民医院
省肿瘤医院
X刀治疗中心
信息技术职业学院
松花江大学
省省直机关事务管理职工住宅维修处物业管
省第四人民医院
省视光教
东风南街
一汽一大众汽车有限公司
欧亚卖场会展中心
高新环卫处
戴尔特国际商学院
天然气有限责任公司燃气管理处高新管理所
交通职业技术学院工程实训中心
省行政学院
省前卫医院
长春工程学院南校区
长春理工大(北区)
省林业公安干警学院
市容环卫管理局
朝阳区
长春理工大学西校区
长春理
硅谷大街
前进大街
卫明街
卫光
质量技术监督局
长春工业大学
前进
省煤矿安全仪器检测中心
长春大学西区
市环境保护局
省产品质量监督检验
长春理工大学软件学院
百合口腔医院
吉林大学前卫医院
长春工业大学
博爱医院
文泰科技园区
硅谷医院
吉林大学
大学国家大学科技园
中化地质矿地质勘
中国长春软件园
区卫生管理局
吉林大学经济信息学院
佳林工业园
博文路
理工大学光电信息学院
市食品药品检验所
吉林建筑工程学院建筑装饰学院
大学应用技术学院实践教学基地
省国际商务学校
省防汛储运机动抢险队
省区域地质矿产调查所

长春站
长春东站
长春师范学院
长春师范学院文理学院
哈大高速铁路
长吉城际铁路
永宁桥
伪满皇宫博物院
伪满皇宫
东大桥
惠工立交桥
邮政宾馆
蓝天医院
客运中心站
省政府
中医药大学教学医院
道台府展览馆
区长通医院
大学第二医院
天泽堂中医院
市妇产医院
同春堂皮肤病医院
日升生医院
圣心医院
恒达眼科医院
市中心医院
同康医院
区中医院
吉林大学第二医院
白求恩医科大学第一临床学院
东大肛肠医院
华康医院
市纪委
咸阳路
市体育局
市交通局
市社会保险监察大队
省博物院
省展览馆
园东宾馆
吉大二院
民康医院
延边大学医院部教学医院
保元堂中医院
电业局南关供电局
省林业厅
市中医院
区耀光医院
幼氏烧伤医院
吉林大学
省商务厅
省电力医院
市教育局
宫城
友谊园
市动植物公园
省体育局
市城市规划展览馆
长春大桥
区中医院
静珠妇产医院
心脑血管病专科医院
东新路
国家汽车零部件产品质量监督检验中心实验室
吉柴医院
济康医院
动画学院
延安医院
市二道区教育局
龙达宾馆
长春师范学院分院
地方税务局
东盛大街
市残疾人联合会低视力矫治中心
二道区中医医院
吉林大学第一医院二部
白求恩医科大第一临床学院
市市政工程建材检测中心
市二道区城市管理行政执法局
康爱医院
市刑事伤害定点医院
二道区妇幼保健院
王氏中医
市二道区就业服务局
市二道区建设局
热电医院
汇锋颈腰椎医院
东圣脑病医院
君安医院
合肥路
市南关区环境卫生运输管理处
中国工商银行金融研修学院
烧伤医院
圣安医院
市环境保护局二分局
武汉路
国富集团科技工业园
经济技术开发区绿化委员会
市二道区农业水利局
市工商行政管理局二道分局
二道区
市二道区国家税务局
大华饭店
自由大桥
自由大路
市森林防火指挥部
吉大三院
大学中日联谊医院
市规划局二道区管理分局
省交通招标咨询中心
市煤田地质勘探队
中日友好会馆
金洲饭店
市种子管理站
吉大三院肿瘤大楼
欧美工业园
长白山文化博物馆
经济技术开发区地方税务局
市烟草专卖局二道分局
东北师大医院
东北师范大学
南关区
省体育系统运动创伤医院
鹏程胃肠医院
体育学院
海航紫荆花饭店
市国家税务局
市公共服务中心
百屹酒店
吉林大学南岭校区
耳聋医院
单氏中医院
市市政设施行政执法大队
市烟草专卖局
市城市公共汽电车管理办公室
中国保险监督管理委员会监管局
吉林涉外经济专修学院
中医学院
中西医结合医院
省审计厅
市市容环境卫生管理局
省工商行政管理局
市地方税务局
市卫生局卫生监督所
金瞳眼科医院
南湖假日酒店
航天医院
皮肤泌尿专科医院
省地方税务局
赛得大桥
南湖大路
省第一地质调查所
省无线电设备质量检测中心
金鹰科技园
长春经济技术开发区四区
省光电子产业孵化器
吉林广播电视大学
新吉粮大酒店
省特种设备监督检验中心
国家城市供水水质监测网监测站
净水路
经济技术开发区卫生监督所
北海公园
北方中药材特色产业园区
省水文水资源局
梁氏中医院
北海路
经济技术开发区中心医院
国际会展中心大综合馆
市宏达园林绿化处
长飞医院
金融高等专科学校
吉林体育学院临河校区
市自学考试工作委员会办公室
市经济发展软环境监测点
国际会展中心
世纪广场
吉林艺术学院现代传媒学院
净月收费站
省同仁眼科医院
仁人中西医结合医院
省地震局
市建设工程造价管理站
吉林体育学院竞教二系
省食品药品检验所
E诺眼科医院
仙台大街
会展中心
轻轨三号线
卫星广场
长春大学医院
卫星桥
省人民政府防汛抗旱指挥部
市招生委员会办公室
富奥展览馆
利浦口腔医院
长春职业技术学院
市运输管理处二道运输管理所
市罚没物资管理中心
市园林绿化局
世界雕塑公园
蓝兴医院
伊通河带状公园
吉林警察学院
东北师范大学人文学院西校区
东方大学
国惠医院
旭阳工业园区
南环城路
黑嘴子桥
南三环
吉林农业大学
人民广场
二号线
世纪大街
伊通河

RAV4 与 长春

CHANG CHUN

历史与今天 WELCOME TO CITY CHANG CHUN.

长春是中国唯一仿照外国首都（巴黎）新建的新兴城市。城市以人民广场和新民广场为两个中心点，街道呈放射状。

长春与哈尔滨类似，两个东北重镇都是因为中东铁路的建设而兴起的历史不足 200 年的城市。就长春而言，作为伪满洲国首都的历史，与新中国成立后共和国汽车城和电影摇篮的历史同样引人注目。

吉林的古代史可以追溯到西汉扶余国，以及延续至唐朝的高句丽王国。集安的高句丽王城 1775 个字的好太王碑记述了与中原东晋同时代的高句丽历史，是研究高丽与日本历史的重要文物。

长白山作为满族与高句丽的发祥地，人文价值与自然景观堪称双壁。

今天的长春以一汽集团为核心派生出中国乃至世界最大汽车制造上下游产业链。长春电影世纪城作为世界十大影视城之首，其技术含量之高，设计之精美堪与洛杉矶环球影城媲美。

长春是中国最大的汽车工业城市，是新中国汽车工业、光电子技术、生物技术、应用化学的摇篮，新中国第一辆汽车和轿车均诞生于长春的中国第一汽车集团公司。第一批进入中国的RAV4就是在这里下线的。作为汽车工业的摇篮，与RAV4"城市SUV鼻祖"的身份不谋而合，“双剑合璧”必将创造下一个工业奇迹。

百城车主参观一汽丰田长春工厂

长春是共和国第一台汽车的诞生地。从长春诞生的解放牌卡车是当年共和国公路交通的几乎唯一运输工具。这里也有我们一汽丰田的生产厂。据美女解说员介绍，目前这个工厂只生产 RAV4，作为 RAV4 车主亲眼看到同款车的下线，那种感觉也是蛮奇妙的！

我们本次参观的一汽丰田长春工厂，占地面积 75000 平方米，生产力每年达万台。美女工程师耐心为车主们讲解工厂历史、制造技术及工厂规模和配套设施，帮助车主们用心去感受一汽丰田的产业文化。

我们同时参观的 RAV4 生产车间，集焊接、冲压、涂装、动力总成为一体，自动化水平极高。据讲解员介绍，一汽丰田本着客户第一的原则，特别注重安全生产，对车的品质有一套严格的数据要求：20 台车的故障率不超过 0.2，车主们听完以后都感觉到十分的欣慰，并对一汽丰田一丝不苟的严谨态度给予高度赞扬。

一汽丰田长春工厂

四川一汽丰田汽车有限公司长春丰越公司

地址：长春 绿园区 东风大街（东工厂）

一汽厂区五号门内

城市速览 长春 CHANG CHUN

地理气候特征

▲ 吉林的东部是美丽的长白山，西部连接着科尔沁草原，中部是广袤的松嫩平原和辽河平原。长白山是世界最著名的三个矿泉水源地之一，也是三大河流的发源地。东北的五大水系都流经吉林，给这里提供了丰富的水电资源。

▲ 吉林四季分明，属温带季风气候。冬季漫长寒冷，平均气温零下 11 度。夏季高热多雨。

▲ 对自驾游爱好者来说，东北的冬季是自驾游的回避期。但东北最美的季节恰在冬季，这是一个充满矛盾的纠结点。吉林雾凇岛的雾凇，查干湖的冬季捕捞，都是吸引全国游客的冬季重要看点。

美食集中营

▲ **王记酱骨头馆**

推荐理由：酱骨头是一道东北名菜。具体做法是：将大块的猪骨头浸泡半天，洗净。大锅中加水漫过骨头，加入生姜、大葱、八角、大料、老抽、生抽、料酒、糖色、白糖。大火煮沸后转中火焖煮。

（朝阳区西民主大街 1059 号 0431-88546888）

▲ **春园烤肉王**

推荐理由：主要经营韩国烤肉，日本寿司，铁板烧，是长春就餐人气最旺的餐馆。

（朝阳区西朝阳路 215 号 0431-88560123）

▲ **福义德灌汤包**

推荐理由：1980 年创建，在 2004 年的中国食品博览会上获得过金奖。普通灌汤包 12 元 / 屉，牛肉灌汤包 18 元 / 屉。

（南关区重庆路 721 号 0431-88912188）

▲ **回宝珍饺子馆**

推荐理由：长春的历史不长，所以真正的老字号尤为珍贵。回宝珍创建于光绪年间，是长春地道的老字号餐馆。回宝珍曾经吸收了长春四家有名的清真饺子馆的员工，发展壮大。有人称回宝珍饺子是东北的“第四宝”。价格亲民的回宝珍深受市民欢迎。牛肉白菜饺子才 15 元 / 盘。

（宽城区长通路 59 号 0431-88752789）

（南关区亚泰大街 2487 号 0431-86776555）

酒店任你挑

▲ 人民广场附近酒店

推荐理由：交通便利，各种价位酒店任意挑选。

时尚购物

▲ 桂林商业街

推荐理由：桂林路商业街长春人称作“韩国街”。这里是长春时尚购物的首选地，特别是喜欢美食购物一条龙的，这里就是必须的首选。买几张手绘的长春明信片，团购两份台湾小吃，逛一逛太平洋广场，小燕莎百货，桂林商场，采购一点长春的土特产。长春不仅有人参、鹿茸啊，糕点也是不错的。桂林街旁边的吉林艺术学院美女可是最喜欢逛这条街的，准备好你的相机，来点抓拍。

▲ 重庆商业街

推荐理由：长春人把重庆路叫做“金街”，并与哈尔滨的中央大街，沈阳的中街相提并论，可见重庆街在长春人心中的分量。作为长春最重要的商业步行街，购物商场多为顶级奢侈品的卖场。从东面数过来依次是活力城，中百商厦，南山娱乐购物中心，亚泰富苑购物中心，长春百货大楼，长春国际贸易中心。还有最顶级的卓展购物中心，万达广场。购物的时候，别忘了亚泰富苑中心的福义德道口烧鸡和街对面的福义德灌汤包，还有东方时空购物中心街对面的“鼎丰真糕点铺”

电话：0431-88922626

加油站

▲ 中国石油普庆加油站（西民主大街）

地址：长春市朝阳区普庆路 1 号与建设街交汇处

电话：0431-88509748

▲ 中国石油普阳街加油站

地址：长春市绿园区普阳街 2627 号

电话：0431-87620389

张教军

四川省绵阳南山中学双语学校高级教师，招生办主任。2011 年开始驾驶 RAV4 走遍了中国的每一个大陆省份。两次参与一汽丰田西藏自驾活动，并穿越藏北无人区；多次担任西部长途自驾大型车队的副领队，并获得一汽丰田漠河拉力赛优秀组织奖。

“1986 年的冬天，我第一次来长春，白雪皑皑的北国风光让我想起来就仿佛在昨天。冰雪中的长春犹少女一样宁静、羞涩。每一次梦中的长春冰雕，还是当年那样壮观美丽，让人回味。长春第一汽车制造厂是共和国的娇子，中国工业的骄傲；而长春电影制片厂始终是那个匮乏年代的精神甘泉。我第一次看毛阿敏演出是在长春，那个时候的票价才 2 元。”

一路闯天下 趣驾任你游

RAV4 真体验

没有什么能够阻挡

你对自由的向往

天马行空的**生涯** 你的心**了无牵挂**

穿过幽暗地岁月，也曾感到彷徨

RAV4 荣放论坛 > 一汽丰田“一路闯天下”闯出山海关 点击：175 | 回复：1

1029330869

楼主

精华：0 贴
帖子：9 贴 | 0 回
来自：北京
关注：RAV4 荣放

发表于 2016-6-16 17:22:03

一汽丰田“一路闯天下”闯出山海关

北京一汽丰田越野基地，黄昏时分，一汽丰田北京越野基地开营仪式举行。北京朋友烤了 4 只大肥羊，那就不好意思了，哈哈。一汽丰田大区老总叫姜军。这个……准备这两天睡它个昏天黑地，8 号，又从北京 ~ 哈尔滨闯起！

在当下社会，尤其对于年轻人来说，“颜值”决定一切，而 RAV4 的外观虽然仁者见仁，见者见智，但绝大多数人都觉得它开出去绝对有面。丰田家族的 Keen Look 设计元素，前脸与头灯的棱角分明，使得立体感极强，带来了很强的运动气息，传达出对年轻和时尚的追求。

披着北方初夏的清凉，RAV4 车队整齐地行驶，车上放着许巍的《蓝莲花》：没有什么能够阻挡，你对自由的向往，天马行空的生涯，你的心了无牵挂，穿过幽暗的岁月，也曾感到彷徨，当你低头的瞬间，才发觉脚下的路，心中那自由的世界……将自己彻底放空，随着 RAV4 一起寻找诗和远方……

RAV4 荣放论坛 > 2.0RAV4 君临关外行 点击：2219 | 回复：77

紫蓝行走

精华：0 贴
帖子：3 贴 | 78 回
来自：四川 成都
关注：骊威

发表于 2016-6-16 22:00:21

2.0RAV4 君临关外行

人生最好的旅行，就是发现一种久违的感动。可能你有很体面的工作，但你未必有时间。可能你有很多钱，但你未必有好的身体。趁我们足够年轻，有好身体，不受羁绊，没有约束，背上包，带上好心情，有多远走多远！

此次行程十天，北京出发，历经辽宁、吉林、黑龙江。

玩转长春 为您推荐③日行程

Day1

二道白河镇 388km 4.5h → 长春锦水路

▲ 下午自驾到达长春

推荐酒店：如家快捷酒店锦水路店

推荐理由：酒店紧邻长春宾馆，在吉林大学的东侧。

▲ 自驾线路

二道白河镇—环山线—Y020—G201—抚松收费站—S26 抚长高速—长春收费站。

▲ 伪满洲电信电话株式会社旧址

推荐理由：现在的中国联通长春分公司营业大楼是当年的伪满洲电信电话株式会社旧址，建于 1935 年。现在依然在使用当中，游人可以进入免费参观。电话株式会社南侧的长春市公安局，是伪满洲国警察厅的旧址。

如何到达：从酒店步行至人民广场西侧的建政路。

▲ 伪满洲国中央银行

推荐理由：伪满洲国央行建于 1932 年，是花岗岩贴面的古希腊建筑。数十根巨大的罗马柱是建筑的最大亮点。现在这里是中国人民银行和工商银行的办公大楼。

如何到达：电话株式会社大楼与伪满洲国中央银行只隔了一条西安大路，过街就是。

▲ 关东军司令部旧址

推荐理由：现在的吉林省委办公区是当年的关东军司令部旧址。关东军是日本陆军战斗力最强的精锐部队，在东北驻扎有 22 个整编师。新发路吉林省委的隔壁是松苑宾馆，当年关东军的将领官邸就在这里，游客可以进入参观。官邸的建筑式样很古怪，像幽灵古堡。

如何到达：步行从人民广场向北进入人民大街，步行至吉林省委所在的新发路。

▲ 新京中央邮政局

推荐理由：大名鼎鼎的“新京中央邮政局”，现在是长春邮政支局的营业大厅。绿色的墙面和折中主义的西式建筑格外显眼。进入营业厅请服务员给长春明信片盖一个邮戳作为纪念。

如何到达：沿着人民大街继续向北，与天津路的交汇口，是满铁图书馆旧址，再向北前行 100 米，人民大街与珠江路的交汇处。

▲ 晚餐时间

推荐餐厅：福义德灌汤包

如何到达：步行从北向南返回人民广场的重庆路，在重庆路亚泰大饭店街对面。

▲ 购物

如何到达：从亚泰富苑购物中心由西向东逛街遛弯购物。

▲ 娱乐

推荐影城：中影国际影城

地址：重庆路 88 号活力城 4 层

电话：0431-81870809

Day2

锦水路 4km 0.3h → 伪满洲国皇宫博物馆 6.5km 0.3h → 吉林大学第一医院

▲ 伪满洲国皇宫

推荐理由：1932 年溥仪出任满洲国执政，1934 年在这里登基。算起来溥仪一生当了三次皇帝，又三次下台。游览从保康门进入，从左侧绕跑马场一周。依次经过禁卫军礼堂，营区，宫廷花窑，然后从内廷的兴运门进入皇宫。从南侧的缉熙楼开始正式的游览。**【缉熙楼】**缉熙楼是溥仪和皇后婉容的寝宫，一楼居住着宫女太监，二楼就是溥仪的卧房。缉春楼北面的**【勤民楼】**是皇宫的主体。名字取自于祖训“敬天法祖，勤政爱民”。皇宫最北的**【怀远楼】**是祭祀祖宗牌位的地方。东侧的**【同德殿】**是会议娱乐场所。再向东，就是御用游泳池和防空洞，以及溥仪使用过的专车。

馆内藏品：藏品中的经典是：内廷侍卫长上奏溥仪的奏折，伪满洲国总理张景惠签发的第 13 号政府令，以及为溥仪登基大典制作的纪念章等。

自驾线路：锦水路—同志街—重庆路—永春路—西五马路—陕西路—伪满洲国皇宫博物馆。

参观须知：宽城区光复北路 5 号，0431-82866611，门票 80 元，8:30~17:20 开放。

▲ 伪满洲国八大部旧址

推荐理由：伪满洲国的八大部分别指的是：国务院，

军事部，经济部，司法部，交通部和综合法衙，文教部，外交部，卫生部等。它们都围绕着长春的小南湖和南湖公园修建，现在大部分伪政府旧址在吉林大学校内。以新民大街为中轴，八大部从北向南依次排列两旁，这是伪满洲国的政务中心。**【伪满军事部】**新民大街 1 号的吉林大学白求恩第一医院的肿瘤治疗中心大楼，是伪满军事部。街对面的吉林大学转化医学研究院是曾经的伪满国务院所在地。**【伪满经济部旧址】**新民街 5 号的吉林大学第三医学院是伪满经济部旧址。新民街 6 号的吉林大学新民校部是伪满文教部。**【伪满交通部】**在桂林路和新民大街交汇的吉林大学再生医学研究所内。南湖旁的 461 医院是**【伪满综合法衙】**。这些建筑均为西式建筑，风格各异，但有一个共同点，就是外墙使用的是陶瓷贴面，在当时是非常奢侈时尚的。外墙陶瓷贴面的再次广泛应用是 50 年以后的事情了。**【吉林大学】**吉林大学是中国占地面积最大、在校学生人数最多的大学。由于环抱着南湖，吉大也是中国最美的大学之一。

自驾线路：伪满洲国皇宫—陕西路—亚泰大街快速路—东三道街—西三道街—平阳街—解放大路—吉林大学第一医院停车场。

Day3

锦水路 23km 1h 长春电影世纪城 24km 0.6h 长春电影制片厂

▲ 长春电影世纪城

推荐理由：长春电影世纪城被称作“东方的好莱坞”。作为世界上最先进最潮流的电影主题公园，世纪城拥有世界第一家 5D 影院，并且拥有世界上最大的 18X25 米的巨型荧屏。世纪城的星际探险采用的是最先进的动感技术与球幕电影技术，目前除了长影世纪城以外，只有美国拉斯维加斯的凯撒宫和好莱坞的环球影城能够拥有上述配置。**【星际探险】**可以前后左右上下 6 个方向移动的座椅，18X25 的巨型荧幕，游客可以感受到非常真实刺激的宇宙星际旅行。其感官视觉听觉的享受大大超过了洛杉矶环球影城的 4D 星际穿越。**【斗转星移】**火山喷发，极速穿梭，古堡惊魂，英雄秀场，都是以不同主题设计的电影模拟体验场。

自驾线路：酒店锦水路—咸阳路—民康路—解放大路—长春大桥—吉林大路—东部快速路—永顺路—长影世纪城。

参观须知：南关区净月大街 92 号，0431-84550888/0999，门票淡季 198 元，旺季 240 元。

▲ 长春电影制片厂旧址博物馆、小白楼

推荐理由：长春电影制片厂是新中国的第一个电影厂，拍摄过 900 部电影，译制过 1000 部外国影片。它的前身是株式会社满洲映画协会。《英雄儿女》，《上甘岭》，《五朵金花》，《刘三姐》，《白毛女》，《甲午海战》，《平原游击队》，《冰山上的来客》，1950~1970 年代的人们在文化沙漠的岁月，长影的影片是他们成长的精神食粮。中国的第一部动画片，第一部木偶片，第一部短故事片和第一部长故事片都是出自长影。博物馆分为棚展区和互动区。棚展区有：道具展，译制片展，以及三个摄影棚。在互动区游客可以用电影拍摄中使用过的道具亲身体验拍摄场感。比如有《甲午海战》赵丹使用过的船舵，这是撞沉吉野画面中的一幕。

自驾线路：长春电影世纪城—永顺路—天普路—生态大街—南部快速路—西部快速路—红旗路—长春电影制片厂。

参观须知：朝阳区红旗路 1118 号，0431-85953511，门票 120 元。

松北区工商局
松北区地税局
市住房保障和房产管理局
哈尔滨龙唐大厦
松北一路
文苑路
松北区
世茂大道
市政府
世纪大道
江湾路
太阳岛风景区森林植物园
阳光沙滩浴场
太阳岛公园
新景友谊园
天鹅湖
浴日谷
亭桥映柳
太阳湖
水阁云天
俄罗斯艺术展览馆
哈尔滨极地馆
太阳岛
太阳岛风景区管理局
金河桥
太阳大道
省科技馆
国际欢乐嘉年华
冰雪大世界
阳明滩大桥
松花江公路大桥
斯大林公园
航务职工医院
市内河管理处
市儿童医院
滨江
市水文局
兆麟公园
省水产局
市地方税务局
哈尔滨光计算机专修学院
市劳动和社会保障局
道里区地方税务局
道里区交通局
市政宾馆
市房管理监察大队
百里医院
安国医院
新阳路立交桥
市老年医院
道里区
市工疗医院
抚顺中医医院
哈医大一院大桥分院
宏成医院
道里中西医结合医院
友好医院
中国税务
市环境监察支队
市河松住宅开发建设指挥部
中仁医院
大东医院
红十字中心医院
北方名城土特产展示中心
市水务局
市中医医院
哈报达商务学院
哈职业技术学院
哈商业大学南区
北方艺展中心
哈理工大学远东学院
市粮油质量监测站
建国医院
市交通局信息中心
西大桥
哈尔滨商业大学
现代骨伤医院
道里区饲料及粮油食品质量监督检验中心
体育公园
市七中
市第十医院
友谊医院
和兴路
市工程质量咨询中心
市气象局
群力国家城市湿地公园
哈医大寄生虫病医院
仪兴医院
省广播电视大学
市三十三中
哈尔滨师范大学
天龙战专科医院
省第五医院第一分院
学府路
省电信技术支援中心
北方贵族度假村
市第十医院群力分院
仁济医院
黑龙江工商职业技术学院
黑龙江省管干部学院
理工大学
哈尔滨理工大学
哈齿医院
市农产品质量安全检验检测中心
学府三道街
黑龙江生态工程职业学院
哈尔滨

松花江
哈尔滨港务局
道外区水务局
道外区
省航务管理局
道外区市政管理所
市海事局
中西医结合医院
市第四医院
市老年医院
南直立交桥
太平桥站
省第四医院道外分院
哈尔滨东站
济华医院
市第二中医药院
东龙医院
省医院
道外区物价局
价格认证中心
松花江林区广播电视大学
市国税局稽查局第四分局
石油产品质量监督检验站
市国土资源局道外分局
工业美术设计学校
省冬季运动项目管理中心
哈工程大学医院
省民族博物馆
哈尔滨工程大学
国家大学科技园
滨江站
工程大学
道外区地方税务局
市社会保险局医院
省农垦总医院
市食品药品监督管理局一分局
道外区工商行政管理
省环境监测中心站
市第二医院
市结核病医院
市第一专科医院
先锋立交桥
黑龙江农垦职业学院
省盐务管理局
九洲妇科医院
和平医院
铁四处医院
省革命博物馆
南岗区
市第二中医院
大成医院
淮河东路
海河东路
哈工业大学二校区医院
省科技学院嵩山校区
民防商务酒店
省环境保护局
省妇幼保健院
哈尔滨工业大学建工新区
哈滨工业大学
省农垦管理干部学院
红博女子驾校
华旗饭店
区物价局
市电业局开发区供电局
省博物馆
国际展览中心
铁路局
南岗区中医院
省中医大附属二院
省森工总局
市电信通信博物馆
市公共电车总公司医院
省美术专修学院
东北医院
南岗中医院
省政府
文昌街立交桥
南岗区卫生监督所
哈尔滨住房公积金管理中心省直分中心
六顺科技园
省网络软件评测中心
公安消防总队医院
省地质博物馆
市知识产权局
哈医大一院
嵩山医院
香坊区地方税务局
德民医院
建成医院
市华侨医院
省农垦总局
东门站
东北农业大学
木材街
王兆屯站
省铁分局第二医院
省中医大附属第一医院
省中医药大学
东北林业大学
香坊区统计局
香坊区
香坊站
省中医医院
中山医院
省医院
汇仁医院
东光医院
市城市规划局香坊分局
香坊区人事局
香坊区中医院
市第六医院
市传染病医院
省信息中心
省地质矿产勘测绘大队
香坊区交通局
哈尔滨技师学院
哈尔滨金融高等专科学校
省工程质量基础专业检测中心
哈尔滨友谊俄语学院
省教育学院香坊校区
香坊区环卫征费稽查所
香坊区妇幼保健所
大庆医院
锅炉厂医院
黑龙江艺术学院
婚姻登记处
省建工医院
市第一工人医院
松花江公路立交桥
黑龙江警察学院
东方医院
市五院创伤中心
锅机医院
省森林植物园
哈尔滨理工大学东区
黑龙江工程学院
哈轴医院
香坊区妇产医院
先锋路
黄河路
长江路
东直路
南直路
哈平路
红旗大街
学府路
和兴路
进乡街
三大动力路
中山路
珠江路
大直街
公滨路
滨北线
滨绥线
阿什河

RAV4与哈尔滨 HARBIN

历史与今天 HARBIN IS A SEA OF SNOW AND ICE.

黑龙江历史可以追溯到战国时期的肃慎国，西汉初年的扶余国，以及唐初被灭的高句丽国。至满清康熙雍正年间，黑龙江的首府为齐齐哈尔。黑龙江首府设立于哈尔滨与俄国修建中东铁路有直接的关系。中东铁路打造出东北两个省会城市，长春和哈尔滨。上世纪大庆油田成为黑龙江甚至东北的代名词。大庆石油支撑了中国经济的半壁江山。

黑龙江三面环山，五大水系纵横，为黑龙江提供了丰富的水电资源和广袤的森林煤炭。

三江平原，松嫩平原成为中国最优质大米的产地。中国的最北北极村和最东点抚远都在黑龙江。黑龙江大兴安岭、小兴安岭林区，冬季的冰雪世界，鄂伦春族人、赫哲族人的生活方式，哈尔滨的俄罗斯风情建筑文化，都成为黑龙江的旅游看点。

一汽丰田哈尔滨越野基地

▲ **地址：**道里区太平镇先发村河马农庄绿色产业基地

哈尔滨是一座从来没有过城墙的城市。受历史上北方游牧民族传统影响，早在 20 世纪 90 年代，哈尔滨就有了野游的风俗。随着人们物质文化生活水平的提高，哈尔滨人的野游正在发展为更大规模的旅游活动，并成为生活中文化娱乐的一项重要内容。RAV4 作为世家荣耀的重要一员，良好的产品性能，让大家体验越野乐趣，感受越野魅力，为丰富人们的文化娱乐生活而努力。RAV4 在北国冰城夏都哈尔滨，一路闯天下的最后一站，一起徜徉中央大街，感受东方小巴黎的韵味；相伴在松花江边，吹吹江风，诉说一路走来“情话”。

一路阅天下 收官仪式

一汽丰田汽车销售有限公司副总经理刘振国讲述车主百城荣耀接力赛活动的意义，此次活动所引起的关注，特别是它所倡导的生活方式以及 RAV4 对整个越野文化的推动，充分展现了 RAV4 百城荣耀接力赛活动的意义所在。

在整个活动收官的同时，现场也启动了

哈尔滨巅峰体验营开营活动

现场一辆普拉多穿过台阶路、38 度陡坡、斜坡、巨石路、涉水路等各种路况带来了火种。

一汽丰田汽车销售有限公司副总经理刘振国和一汽丰田东北大区销售总监于洋用火种点燃现场烽火台的火盆，火焰熊熊燃烧也预示着一汽丰田 SUV 产品的红红火火，标志一汽丰田哈尔滨越野体验基地正式开营。

从南到北，RAV4 靠品质一路闯天下

越野挑战的“主角”RAV4，作为一汽丰田世家荣耀重要成员，不仅传承了兰德酷路泽、普拉多等家族产品的优秀越野基因，同时，RAV4 还有着城市 SUV 鼻祖之称。

RAV4 在各方面均体现出过硬实力，其时尚的整车造型，突破了从前的固有形象，引领当下设计风潮。在产品性能层面无论是主被动安全科技、丰富的舒适性配置还是优秀的动力系统，都做到了同级别车型的领先水平，可谓内外兼修。

在每个一汽丰田越野基地，均设有 38 度陡坡、500mm 深涉水路以及台阶路、巨石复杂路况等，这些项目的体验让车友大呼过瘾，而让车友意外的是，现场这些极限科目挑战本以为只有普拉多才能完成的项目，没想到 RAV4 也轻松完成。现场试驾教练表示，RAV4 动力强劲是一方面，主要是它配备了 6AT 变速箱和强大四驱系统，所以上大坡问题不大。另外这车本身拥有高达 193mm 的离地间隙以及 20.7 度接近角和 17.7 度离去角，使得 RAV4 在整个越野挑战中十分轻松。

强大动力及 6AT 变速箱
RAV4 轻松爬上 38 度陡坡

稳定的悬挂，让 RAV4 行驶在枕木路上也不在话下

城市速览 哈尔滨 HARBIN

地理气候特征

▲ 黑龙江省的西部和正北为大兴安岭，东北为小兴安岭，东部是长白山。松嫩平原处于这三个山脉的呵护当中。松花江从小兴安岭与长白山之间向北，与乌苏里江和黑龙江汇合，形成肥沃的三江平原。

▲ 黑龙江地处中国的最北端，属于中温带气候，冬季漫长而寒冷。北极村的极限温度可达零下 45 度。黑龙江夏季短暂而凉爽，是自驾游的最黄金季节。沿着长白山，小兴安岭，大兴安岭环线自驾，是一场视觉的盛宴。

自然景观

▲ 哈尔滨冰雪大世界、太阳岛公园、太阳岛东北虎林园、哈尔滨江畔公园、五常凤凰山国家森林公园、帽儿山国家森林公园。

人文景观

▲ 中央大街建筑群、果戈里大街建筑群、防洪纪念塔、圣索菲亚大教堂、索菲亚广场、龙塔、黑龙江博物馆、兆麟公园、圣阿列克谢耶夫教堂、阿城金上京历史博物馆、哈尔滨莫斯科大剧院、哈尔滨大剧院。

美食集中营

▲ **华梅西餐厅**

推荐理由：中华老字号。1925 年为俄国犹太人创办，是中国最著名的四大西餐厅之一。沙拉拌香鸡，煎牛里脊卷是哈尔滨名菜，烤奶汁桂鱼是“中华名菜”。每天中午华梅西餐厅楼下的大街上排着很长的队，是购买“中华名点”沙一克和俄罗斯大列巴的哈尔滨人。一份罐焖牛肉，一份果子酱面包，一份罗宋汤，一瓶冰镇的哈尔滨啤酒是比较正宗的华梅西餐厅单人吃法。

（中央大街 112 号 0451-84619818）

▲ **马迭尔西餐厅**

推荐理由：马迭尔西餐厅是马迭尔宾馆一楼的一家餐厅，隶属于马迭尔宾馆。但这几年餐厅外面的马迭尔冰棍的名声远远超过了马迭尔西餐厅。看过电视剧《悬崖》的观众对马迭尔西餐厅怀有浓厚的兴趣。我觉得吃西餐马迭尔不是最好的选择，我推荐在下午两点来享用下午茶。在慵懒的音乐声中，看人来人往，翻阅一下与马迭尔相关的那些名人往事，在马迭尔打发一个下午，说明你真的很小资。

（中央大街 89 号 0451-84884000）

▲ **庆丰包子铺**

推荐理由：北京旅游期间由于庆丰包子铺不在我们的设计线路的经过点，所以没有作为推荐美食。强烈推荐主席套餐：二两猪肉大葱馅包子，一碗炒肝，一份芥菜，价格 21 元。

（中央大街与西十二道街的交汇处 0451-87657549）

▲ **老昌春饼中央大街店**

推荐理由：一家地道的哈尔滨本地餐馆。大众菜谱是：春饼、京酱肉丝、嫩鸡蛋、土豆丝、酸黄瓜。

（上游街与中央大街交汇处 0451-84685000）

▲ **东方饺子王**

推荐理由：著名的哈尔滨手工饺子铺，是个连锁店。有三鲜饺子、芹菜猪肉饺子、牛肉饺子。

（端街与中央大街的交汇处 0451-84855111）

▲ **秋林里道斯**

推荐理由：1900 年俄罗斯商人秋林来哈尔滨开办秋林洋行的时候，顺便带来了家乡的红肠工艺。今天的秋林红肠还依然保持着正宗的俄罗斯风格。除了红肠外，秋得列俄罗斯全麦大列巴也是可选品种。

（中央大街金太阳新天地购物广场隔壁 13796066167）

酒店任你挑

▲ 中央大街附近酒店

推荐理由：临近松花江、兆麟公园。

时尚购物

▲ 中央大街商业街

推荐理由：中央大街是一条万国建筑博览园，同时还是哈尔滨最重要的一条商业步行街。它在哈尔滨人心中的地位甚至超过了南京路之于上海人。全国还没有哪个城市的一条大街可以做到：建筑标杆，商业购物，音乐娱乐，绘画表演，餐饮美食，汇于一条1.2 公里的窄窄街道。

▲ 中央大街购物线路

推荐理由：叶莲娜俄罗斯商城、金安国际购物广场（顶级腕表、CK、ZARA、HM 箱包、周大福首饰）、中央商城、金太阳新天地购物广场、万象城、俄罗斯商品街、百盛购物广场、万达广场、潮街购物广场。

▲ 索菲特广场商圈

推荐理由：华燕奥特莱斯购物中心，透笼国际商品城，哈尔滨新一百，人和春天购物广场。

▲ 红博广场商圈

推荐理由：国际饭店金奥购物广场，新世界百货，国展正大购物广场，跨越新天地购物广场，大世界商业步行街购物广场，远大购物中心，南岗商业步行街。

加油站

▲ 中国石油道外加油站

地址：哈尔滨市道外区承德街 150 号

电话：0451-88333023

▲ 中国石化银发加油站

地址：哈尔滨市道里区安平街 132 号

电话：0451-87620499

玩转哈尔滨 为您推荐③日行程

Day1

▲ 下午自驾到达哈尔滨兆麟街

推荐酒店：宜必思索菲亚教堂店

▲ 中央大街

推荐理由：路过马迭尔西餐厅门口的时候不要忘记买一根马迭尔冰棍，不然你就太 OUT 了。再步行至北端的工商银行中央大街支行外的街面，这里是街头艺术家为行人画头像素描的地方。几十位艺术家一字排开，带着椅子，照明的电瓶，各种画具。不知道的远远望去以为是一排擦皮鞋的，因为省会城市这么大规模的画家群集体创作，国内只此一处。人像素描 60 元一副，值得感受。从北向南步行至上游街与中央大街交汇处的老昌春饼店晚餐，或者继续向南步行至华梅西餐厅晚餐。晚餐后，继续向南步行至秋林里道斯采购红肠和大列巴，牛轧糖等。再向南步行至金安国际购物广场内的“金安国际影城”看一场电影。

如何到达：步行至中央大街。

WALKING

Day2

步行游览线路：索菲亚广场—买卖街—地段街—田地街—中央大街—防洪纪念塔。

▲ 圣索菲亚教堂

推荐理由：中东铁路建于 1899 年，随后俄罗斯东西伯利亚第四步兵师进入哈尔滨。最早的索菲亚教堂只是第四步兵师的一个木质结构的随军教堂，1923 年第二次破土动工，才修建成现在的砖混结构。作为远东地区最大的东正教教堂，索菲亚教堂与土耳其伊斯坦布尔的索菲亚教堂一致，都是拜占庭式建筑。其建筑式样以穹隆型的屋顶为标志，就是俗称的“洋葱头屋顶”。夏季的每天晚上 19:00，是广场喷泉开放时间，白天的广场散养的鸽子，吸引着逗趣的游客。**【哈尔滨建筑艺术博物馆】**现在索菲亚教堂的内部改为“哈尔滨建筑艺术博物馆”，其实这个叫法不准确。索菲亚教堂内部大量反映哈尔滨建城历史的照片十分珍贵，这个博物馆应该是最完整全面了解哈尔滨历史的一个博物馆。**【中东铁路】**中东铁路最早叫做东清铁路，是李鸿章与俄罗斯在《中俄密约》当中签订的一个共同开发的项目。铁路从贝加尔湖东面的赤塔开始，在中国的满洲里入境，经过呼伦贝尔湖到哈尔滨，再向东到达牡丹江，从绥芬河出境到俄罗斯的海参崴。双方约定到期中国无偿收回。满清的同治年间哈尔滨才刚刚形成村落，哈尔滨在满语中的意思是“晒网场”。可见哈尔滨的城市历史确实是从 1899 年东清铁路的火车开进哈尔滨的那个时刻开始的。宜必思索菲亚店对面的哈尔滨市委大院就是当年的“东清铁路交涉局”所在地。**【买卖街、地段街】**圣索菲亚教堂南侧新盛隆商厦的东西两侧分别是买卖街和地段街。**【伪满哈尔滨警察厅】**在买卖街，就是电视剧《悬崖》中主人公周乙工作的地方。建筑已经破败，现在是一处收破烂的仓库库房。地段街上有**【日本东洋拓殖株式会社分社旧址】**。田地街与兆麟街的交汇处是**【汇丰银行哈尔滨分行旧址】**，现在是中国银行兆麟分行营业厅。大楼的街沿坐着“刮大白，批墙”的揽活民工。

如何到达：宜必思酒店步行至索菲亚广场，购票进入索菲特大教堂。

参观须知：道里区透笼街 88 号（近中央大街），0451-84686904，门票 15 元，8:30~18:00 开放。

▲ 中央大街

推荐理由：中央大街商业步行街是中国最长的商业步行街，有 1.2 公里。中央大街片区集中了 75 栋 15-19 世纪文艺复兴、巴洛克、折中主义和新艺术运动风格的各种西式建筑。西方城市 300 年走过的建筑历程，在中央大街片区只用了短短的 30 年，在世界建筑史上是一个奇迹。从南进入中央大街。主街上有 17 幢西式古典建筑。**【法国万国储金会旧址】**第一个古典建筑是“法国万国储金会旧址”，1925 年法国政府组建银行旧址，现在是六桂福珠宝店。向北的中国银行隔壁是埃迭姆西餐厅。哈尔滨本地人一般不会去华梅西餐厅和马迭尔西餐厅，他们认为爱迭姆更正宗。**【满洲中央银行分行旧址】**叶莲娜俄罗斯商城的街对面是满洲中央银行分行旧址。这个折中主义建筑现在是一个名叫“哈什苏俄商行”的商店。**【犹太国民银行】**向北越过西十二道街，中央大街的东侧是原来的“犹太国民银行”。二次世界大战时，哈尔滨是继上海之后，中国最大的犹太人逃难居住地。现在达芙妮鞋店在此经营。**【马迭尔宾馆】**华梅西餐厅的街对面就是马迭尔宾馆和餐厅。马

姜野 爱卡 ID：胖野比

80 后工科男，吉林人，现居北京，就职于某外企，喜欢自驾和摄影。十几年前一次墨脱的进藏徒步，让生于冰雪之乡的我，疯狂地爱上了雪山和冰川，自驾行程也偏爱中国的西部，仅西藏就去了不下六次，川滇青甘也都不计其数。我喜欢藏区那里的人们淳朴的信仰，喜欢那里自由的生灵，喜欢那里的通透辽阔放松释然的感觉——我死后要葬在雪山和冰川脚下。

“哈尔滨通常是进入黑龙江的第一站，这里大概也是国内最能体会到异域风情的城市，除了冰灯，我首推哈市的建筑。如中央大街和索菲亚教堂这些地标建筑一定都是必不可少的，尤其是中央大街的夜色，让人流连。其实抛去表面浮华的广告招牌，整个城市遍布各式的巴洛克、古典主义风格的建筑群，各式拜占庭、哥特风格的教堂，历经战火和文革，保留下来的多国跨界的老建筑是非常值得花些时间细细品味的。

耳熟能详的马迭尔、大列巴、红肠和格瓦斯，各式高逼格的俄式西餐厅，而我个人额外推荐的是去当地人常去的菜馆品尝一下地道的东北菜，比如锅包肉、酱大骨、杀猪炖菜之类的，晚上再去街边大排档的烧烤配上冰镇的哈啤，一定不会让吃货失望。”

迭尔宾馆是哈尔滨最有名的宾馆，建于 1906 年。马迭尔在俄语是时髦的意思。当年建造的时候确实按照最时尚的标准建造，所以在俄国的哈尔滨介绍指南中，讲到马迭尔宾馆，都说它有最豪华的舞厅和餐厅，以及最舒适的客房。马迭尔宾馆在电影《夜幕下的哈尔滨》《伦敦启示录》中是重要的外景地。埃德加 · 斯诺，靳羽西，徐悲鸿，郭沫若都曾在这里入住。**【道里秋林】**在餐厅外面买一根马迭尔冰棍，北行 30 米就是法籍犹太人萨姆索诺维奇兄弟商会旧址，街对面是松浦洋行旧址。这两个犹太人是东清铁路的木材供应商，后来在哈尔滨做服装，这个新艺术运动的建筑由于萨兄的生意凋敝转手给了秋林洋行。所以这个建筑又叫“道里秋林”。**【塔道斯西餐厅】**犹太人别尔科维奇大楼里面是生意兴隆的塔道斯西餐厅。塔道斯是亚美尼亚人，他把高加索的烤肉引入塔道斯餐厅一炮走红，由此塔道斯成为“哈尔滨烧烤第一人”，东北烧烤的传统就是这么来的。而现在把东北烧烤发扬光大至极致的不是哈尔滨，而是辽宁的锦州。1930 年代世界著名的歌唱家夏里亚宾来哈尔滨巡回演出，几乎每天都在塔道斯餐厅用餐。夏里亚宾在 30 年代声乐的地位，相当于前些年的帕瓦罗蒂。

如何到达：从田地街与兆麟街的交汇处向西过西十六道街和经纬路，就是著名的中央大街。

特别提示：推荐在中央大街的庆丰包子铺或者东方饺子王晚餐。哈尔滨中央大街的晚上会有各种街头露天的官方小型音乐会。马迭尔餐厅的二楼会有 4 人组合的阳台音乐会，演奏萨克斯风。夜晚的中央大街会有至少 4 只小型乐队做露天表演。在防洪纪念塔广场更有官方组织的露天大型文艺表演。笔者在哈尔滨的时候正好是 2016 年哈尔滨之夏第四届老街音乐汇活动期间，整个中央大街像大年庙会热闹非凡。

Day3

▲ 阿城金上京历史博物馆

推荐理由：哈尔滨的建城历史不超过 200 年，但是哈尔滨却举办过“哈尔滨千年历史庆典”，为什么呢？因为阿城归属哈尔滨，这让哈尔滨的历史提早了整整 800 年。要认识东北必须了解满族历史，满族的历史传承可以上溯至唐朝的黑水靺鞨。到了北宋，这支黑水靺鞨由完颜阿骨打建立了一个叫做“大金”的国家，首都就在哈尔滨东南的阿城，称作“上京”。后来大金迁都至今天的北京，被蒙古大军压迫，大金再次南迁，到今天的开封。历史上岳飞《满江红》中的“靖康耻犹未雪”，写的就是徽钦二宗被大金掠至北方的那段历史。岳飞在开封的朱仙镇打败完颜阿骨打的四子金兀术，发誓要“直捣黄龙”，指的是大金建国前比上京更早的故都，现在吉林的农安。**【金上京博物馆】**金上京博物馆是一家专门的大金历史文化博物馆。其馆内藏品等级很高，国家一级文物多达 30 件，几乎每件都是国宝。有异形银锭“承安宝货”、战国青铜剑以及 359 件大金铜镜。皇帝辇略上的铜坐龙，被哈尔滨用作千年庆典的吉祥物。

全程路况：44 公里，1 小时。

自驾线路：兆麟街—霁虹街—红军街—中山路—三合路—三大动力路—进乡街—G10 哈牡高速—阿城收费站—X005 金上京历史博物馆。

哈尔滨自驾线路

哈尔滨—扎龙—五大连池—十八站鄂伦春民族村—漠河北极村

Day1

兆麟路 324km 4.3h 扎龙自然保护区

▲ 自驾线路

兆麟路—友谊路—松北大道—G10 绥满高速—齐齐哈尔收费站—X040—扎龙自然保护区。

▲ 齐齐哈尔市 扎龙自然保护区

推荐理由：世界重要的湿地保护区，是丹顶鹤栖息地。每年的春天至秋天会有 300 种野生候鸟会迁徙至此。

参观须知：齐齐哈尔市铁锋区扎龙乡，0452-5904068，门票 50 元。

Day2

齐齐哈尔 260km 5h 五大连池风景区

▲ 自驾线路

齐齐哈尔市区—明海公路—G10 绥满高速—S19 嫩泰高速—讷河收费站—中心大街—通江路—讷五公路—五大连池风景区。

▲ 五大连池世界地质公园

推荐理由：五大连池是 5 个火山湖的总称，景区内有 14 座火山，他们的最后一次喷发是在清代初期。景区内野生动物较多，火山喷发的熔岩遗迹以及火山堰塞湖是游览看点。五大连池镇类似于长白山风景区的二道白河镇，有相当的接待能力。

参观须知：黑龙山火山观光区，0456-7296999，门票 80 元。

Day3 ~ Day4

五大连池风景区 250km 3.5h 黑河市

▲ 自驾线路

五大连池沾五线—G1211 吉黑高速—黑河收费站—黑大公路—黑河市。

▲ 中俄民族风情园

推荐理由：是俄罗斯族，满族，达斡尔族和鄂伦春族的民俗文化园区，园内有民俗表演。

参观须知：门票 40 元。

▲ 瑷珲历史陈列馆

推荐理由：瑷珲条约是清朝黑龙江将军奕山与俄罗斯签订的不平等条约。瑷珲历史陈列馆的馆址就是当年的黑龙江将军府。就是这个条约让中俄边境第一次以黑龙江和乌苏里江为界，使中国丢掉了相当于德国法国领土面积总和的 60 万平方公里。中国从此失去了黑龙江的入海口。

参观须知：黑河市萨布素街，0456-8201907。

▲ 俄罗斯海兰泡

推荐理由：值得一看的是“俄罗斯阿穆尔州地方志博物馆”中的“瑷珲条约”和“北京条约”。

过境咨询：黑河中国旅行社，0456-8282228。

其他景点：列宁广场，胜利广场，阿穆尔州地质博物馆。

Day5

黑河市　400km　9h　塔河县

▲ 自驾线路

黑河市—S209—呼玛县—S209—X201—塔河县十八站。

▲ 十八站鄂伦春民族村

推荐理由：从黑河市向塔河县的省道一直沿着中俄边境的黑龙江江岸北上，这里是小兴安岭林区，景色极美。有人戏称车上如果掉下来一袋面粉过一周后去面粉还在。线路要经过众多湿地，其中**【南瓮河国家自然保护区】**是东北地区最大的森林湿地保护区。南瓮河地处大兴安岭林区，是嫩江的发源地，南瓮河湿地是各种鸟类的天堂。自驾线路还将经过**【呼玛河风景河段】**，**【白银纳鄂伦春风景村落】**。鄂伦春人现在还保留着用桦树皮制作服装的传统手艺，这些衣服他们可从来不穿，都是被游客当做纪念品买走的。

Day6

塔河县　327km　8h　漠河北极村

▲ 自驾线路

塔河十八站—S209—S207—漠河北极村。

▲ 漠河北极村

推荐理由：中国版图形似金鸡，漠河就是金鸡的鸡冠。夏天自驾游到北极村正是北半球北极圈的极昼。在深夜天色暗淡的时候可以偶尔看到北极光。在“我找到北了”的石碑旁拍照留念，然后去最北的邮局为自己寄一张盖戳的明信片。让这段美好的旅程在中国最北的村落画上圆满的句号。

参观须知：漠河县漠河林场，0457-2884546，门票60元。

RAV4 真体验

RAV4 荣放论坛 > 【北京 -- 哈尔滨】我和 RAV4 说走就走，我们一直在路上！ 点击：530 | 回复：33

天使之眼看天下

楼主

精华：0 贴
帖子：1 贴 | 11 回
来自：河北 承德
关注：长安 CX70

发表于 2016-6-16 22:16:53

【北京 -- 哈尔滨】我和 RAV4 说走就走，我们一直在路上！

我还做着首都北京的梦，一不留心就踏上北上的行程，第一天：承德。

承德是为皇室木兰秋狝而建造，是连接北京与木兰围场的 21 个行宫中的一个。每当秋季浩荡的队伍从紫禁城出发，万人的仪仗在燕山与古北口长城形成壮观蜿蜒的风景。燕山的规模很小，但它是连接兴安岭和太行山的重要一环，并且充当着北京的屏障，使北京不至于无险可守。承德避暑山庄按照中国版图的地理分布模仿建造，山庄的西部是山丘，东部是湖泊，草原，平原，一应按照地理分布布局。它的建造历时 89 年，跨康雍乾三朝，占地约三个颐和园面积。全金丝楠木的淡泊敬诚殿是避暑山庄的亮点。不过感觉这是一个中暑山庄，热得我们满头大汗。

RAV4 荣放论坛 > 【狗游记】风往北吹，RAV4 带我一起飞～～ 点击：4157 | 回复：306

狗眼看天下 V

楼主

精华：0 贴
帖子：1 贴 | 163 回
来自：四川 成都
爱车：认证 RAV4 荣放

发表于 2016-6-8 15:15:45

【狗游记】风往北吹，RAV4 带我一起飞～～

我是袁帅，我又来了～～

RAV4 荣放论坛 > （北京—哈尔滨）不畏浮云遮望眼，神思飞越去远方 点击：6329 | 回复：588

苍山微雪 V

楼主

精华：2 贴
帖子：4 贴 | 223 回
来自：四川 内江
爱车：认证 RAV4 荣放

发表于 2016-6-7 11:22:46

（北京—哈尔滨）不畏浮云遮望眼，神思飞越去远方

生活中，重要问题的答案往往隐藏在你熟视无睹的地方。比如，如果给你提个问题：自驾游过程中，保证安全的关键是什么？对此，你可能会有很多的答案，并且你可能觉得这些答案的重要性难分伯仲。但实际上，最重要的答案早就被归纳出来了，那就是：规则！

变道或超车打转弯灯、隧道开大灯、要与前车保持距离……这些，就是规则！不要认为这是限制了自己的自由，从本质上看：自由源于规则，无规则或不守规则只能带来混乱，而混乱绝对妨碍自由！

此次参加一汽丰田的"一路闯天下"自驾活动，目前行程已近八千公里，路上每一次的遇险，几乎都来自交通参与者对规则的无视！恶劣的天气和自然环境的变化，基本没有对行车安全产生过这样的威胁。可以这样说：一个地方的文明程度，完全可以在此地开车人的习惯当中得到准确的体现。所以，空谈一个地方是否安全、是否文明，是没有意义的。

RAV4 荣放论坛 > 世家荣耀……一路闯天下北京至哈尔滨段 点击：219 | 回复：7

BG8ALQ

楼主

精华：0 贴
帖子：1 贴 | 11 回
来自：河北 保定
关注：长安 CS15

发表于 2016-6-17 23:16:32

世家荣耀……一路闯天下北京至哈尔滨段

车队在北京的一汽丰田巅峰训练营进行了盛大的发车式，浩浩汤汤的向承德进发。

PRADO
一路闯天下
RAV4百城荣耀接力赛

结束，不代表停止
终点，亦是我们的新起点

有一种风景

源于心底对神秘的憧憬

有一种荣耀

需要用梦想丈量未知的行程

一汽丰田将坚持开展“一路闯天下”、“一路向北”类似活动

携用户共进，与用户更近

把来自“世家荣耀”家族的纯种越野文化与魅力

传递给每一个车主

特别鸣谢 / 媒体真心声

ACKNOWLEDGEMENT

特别鸣谢

车队／车主用户（排名不分先后）
TEAM/OWNERS ACKNO

广州 | GUANGZHOU

广州广保丰田	雷电、黄丽蓉、陈炳东、李晶晶、朱晓东、刘翠、王予、宋小敏、杨凯飞、李高鹏、罗丽燕、温晓锋、郭慧、何敏君、彭彦华、梁靖晴、廖志波、杜菁莹、廖婧雯、陈澄波、何治明、曾育杰、吴琼珊、曾子煜、洪忠、丘敏、刘启贤、刘佩雯、宋伟基、宋新池、郑桂泳、郑家楠、郑启明、周珠莲、杨志春、刘镜红、杨志勇、陈德强
广州广博丰田	欧海华、金菊、欧明丽、欧明梅、姚峰、陈贤枝、姚艺泽、姚锦泽
东莞南城丰田	张国华、孙杰、杨仁卫、王洪霞、杨义俊、杨义婷、李才群、何春玲、唐成波、陈冬梅、唐虞玲、吴雨松、叶群兴、吴俊樘、吕硕桂、邝丽丽、王汉强、伍鳳梅、王悦媺、王悦彤、叶玉珍、王林、李德伟、陈伟东、邓远霓、谢伟通、梁带芳、谢圳荣、谢圳华、左国友、吴丽娥、黄汉松、邓凤娟
东莞安信丰田	刘粤军、韩兰芳

桂林 | GUILIN

桂林中达丰田	陈长富、孙晓丹、陈建康、张艳琼、蒋贤云、邓春玲、蒋月红、唐振华、陈永鹅、廖凌云、张玉莲、廖伟康

贵阳 | GUIYANG

贵阳通源丰田	刘江水、马燕、李庆海、李锦云舒、黄勇、杨前芳、彭曙、彭蔚、肖波、田勇、张俊杰、黄祥、赵廷高

成都 | CHENGDU

成都启阳华通丰田	贾忠明、张继跃	成都三和丰田	郭兴素、张维炯、黄学良、毛素荣
成都锦泰丰田	张教军、赵琼、庞卫民、钟雷		
川普俱乐部	孙勇义、曹莉、刘波、林蓉、李杨、尹鸿、邓伟、陈志尧、黄月琴、童云辉、明德均、胡鹏、张莹、张林、张亚东		

西安 | XI'AN

西安航天龙腾丰田 陕西航天盛世丰田	吴杨、杨敏、赵玥晴、杨诗函、颜强、程莹、魏弟民、王勇强、薛维娜、薛俊舟、杨国顺、张梅、徐红霞、张绍阳		
西安新铭洋丰田	杨飞、冯娜	西安华通丰田	李军、王峰刚、张颖、张向东、黄林

武汉 | WUHAN

武汉中南丰田	余夏君、鲁金花、黄雪峰、黄国策、黄丽梅、向军、陈新华、佘贵云、李卫东、鲁爱红、向斌、胡四芳、朱小梅、李果、余珊珊、孟繁、崔茜雯、赵雪
武汉安利捷丰田	邹雯、方芸、赵波、袁勤学、吴安平、桂小新、李静、张天成、彭海、朱黎娜、黄振、高晶、胡超、胡圣淼、黄睿、张秀萍
武汉实华丰田	段颢、曾晶、潘琼、刘云霞、项颖、胡泽东、王娟、周际旺 、张莉、万雕、彭广兴、张东、张若
武汉骏业丰田	龚搏、严红建、叶威、张帅、叶之行、曾小宝、孔令越、张章、余利、胡昌洲、喻小英、胡巍、张喜林、刑翠红、金胜益、樊晓霞、冯广翼、熊晨欢、张丽娜

WLEDGEMENT

武汉黄浦丰田	周冬、宋佳、董梦萍、文杰、张骏、李杨鸣

上海 | SHANGHAI

上海和裕丰田	薛佳欣、程海洋	上海锦江丰田	朱云忠
上海东昌丰田	钱永刚、贾志勇	上海万兴丰田	王建强、王智刚
上海中汽丰田	吴青春、朱敬敏	上海冠松绅晖丰田	陈勇杰、高文杰
上海中升丰田	归王峰、施庆武	上海协通丰田	陆敏、庄佩芳
上海永达丰田	李明	上海冠松丰田	周芳芳、王勇
连云港天澜丰田	金昌盛、孟庆好、彭宝禹、马华、黄大龙、欧艳、王莎莎、冯飞、胡文义、王超、孙振、江滨、陈龙姝、陈守芳、孙延虎、郑翔、陆平、张晓磊、张文杰、沙周、李维、顾晓刚、夏绍华、姜凤春、于雯莉、杨美翠、于广丽、金永来、胡洪春、崔建强、李春磊、潘建业、吕子春、刘锦文		

郑州 | ZHENGZHOU

郑州裕华丰田	张明叶、訾朝真、崔福强 、汪丽萍、陈毅卿、李尚柯、贾燕浦、代石磊、朱留文、刘希文、赵亚航、邢昊
郑州世纪鸿图丰田	武堃

济南 | JI'NAN

济南明星丰田	宗铁民、李明亮、崔纪虎、李风云	济南嘉瑞丰田	冯克虎、孟海艳、隋翔宇、王诗龄
济南润华丰田	于黎明、吕军	济南鲁鹰丰田	张传娟、朱继强、朱子栋
济南迎宾中升丰田	江永亮、魏倩倩		

北京 | BEIJING

北京凯百隆丰田	张凤霞、周星辰、周建福、李淑珍
天津东联丰田	刘辉、张晓健、张少岩、刘金来、刘金栓、刘淑萍、孟祥珍

沈阳 | SHENYANG

沈阳于洪丰田	邓晓佳、朱婷婷、方建鑫、滕飞、惠宏伟、李福利、李伟、方博豪、王晔 、孙闯 、于岩、李楠楠、赵萍萍、王亮亮、赵岩、孙浩然

哈尔滨 | HARBIN

哈尔滨龙晟丰田	李瑞杰、赵萍萍、唐信勇、许惠杰、赵广平、佟媛、吴丽华、谢西、战广军、赵凤英、车文贵、姜秀卉、张文静、韩华林、商勇凯

全程车队 | JOURNEY TEAM

成都锦泰丰田	王清河、李桂英、向前明、张晓江、童南鸿、宋爱平、李嘉文、杨金廷、王慧、向前明、张晓江、童南鸿、宋爱平、张柯、袁丽丽

佳能摄影师（路线中部分照片由佳能摄影师提供）

PHOTOGRAPHER ACKNO

荣耀之旅 RAV4 美食征集令 广州 - 成都段

屈楷棠

佳能摄影师

资深商业广告摄影师

青鸟助学杰出贡献摄影师

资深专业数码影像讲师

曾拍摄众多国际知名品牌产品及一线艺人，担任摄影赛事评委

荣耀之旅 RAV4 烽火传古城 成都 - 上海段

张鹏

佳能摄影师

中国摄影协会会员

中国艺术摄影学会会员

成都康能光影学校艺术总监

佳能 EOS 体验"小篷车"讲师

荣耀之旅 RAV4 峻岭极先锋 上海 - 北京段

Steven Yu（余轶炜）

佳能摄影师

商业摄影师

国家高级摄影师

佳能 EOS 俱乐部合作讲师

万友影力俱乐部会长 / 讲师

脆饼旅行签约摄影师

去哪网合作摄影师

回家吃饭 APP 签约摄影师

上海合众文化传媒俱乐部会员

荣耀之旅 RAV4 君临关外行 北京 - 哈尔滨段

黄海京

佳能摄影师

中国摄影家协会会员

北京摄影爱好者协会副秘书长

中国新闻摄影学会会员

丰台摄影家协会副主席

WLEDGEMENT

《汽车之家》 编辑

王子平

体验营的成立让更多的消费者能够实实在在的感受到丰田越野车型在复杂恶劣的户外环境中是如何始终给人可靠的信心，同时也让大家对越野的乐趣和魅力"中毒"更深。在通过配置和造型的升级以后，RAV4 荣放的竞争力提升了不少，让整体形象在动感和硬朗方面都更为突出，还是挺讨好的。

《一财网》 主编

孙琪

RAV4 一直以来代表年轻消费者对于车的理解，驾驶着 SUV 去展开自己的探险之旅，又可以成为日常代步和生活的工具。在这一点上，一路闯天下无论从理念还是从活动安排上都十分符合这批用户对车的理解。相信能为 RAV4 在市场中的表现添彩！

《哈尔滨交通广播》 主持人

谭丰

从前我们买车都是靠朋友推荐，随着互联网的发展，我们选车的过程转移到了网上。可是，真的到买车的时候，还是得到店里试。以往的试车就是日常的路跑，没办法全面的体验车的性能，尤其越野方面的性能。一汽丰田体验营和越野基地的建立，给我们"野"的机会，让我们真正感受到丰田纯正的越野血统。RAV4 秉承了 LC 家族强大的越野性能基因，在这样的场地中才能得到真的发挥！

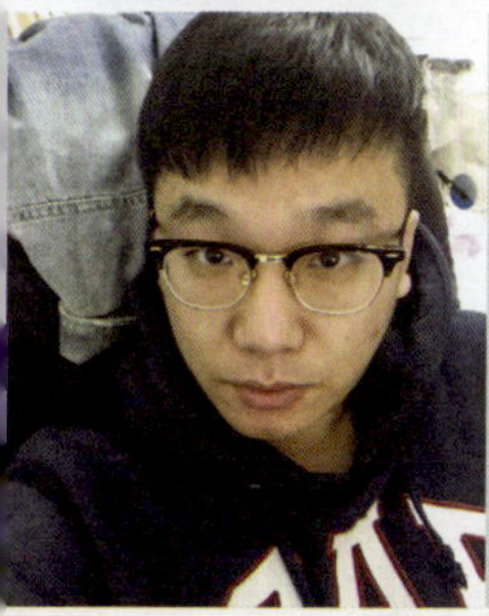

《新晚报》 记者

张靓

一汽丰田越野基地不仅为客户提供越野试驾的全路况场地，而且还为越野爱好者提供专业的越野技能培训。在这块场地喜欢越野的朋友可以充分了解车的性能，对选车、购车的人帮助极大，用户买车时就不那么盲目，能够提前看、提前试。

经销店名录
DEALER DIRECTORY

◀ 黑龙江地区

公司名称 Corporate name	公司地址 Address	销售电话 Sales call	服务电话 Service call
绥化市庞大丰雅丰田汽车销售服务有限公司	黑龙江省绥化市经济开发区六马架加油站西 700 米庞大汽车园院内	0455-3580000 0455-3584505	0455-8124700
哈尔滨华通丰田汽车服务有限公司	哈尔滨市南岗区嵩山路 87 号	0451-88868889	0451-88620088
哈尔滨龙晟丰田汽车销售服务有限公司	哈尔滨市香坊区和平路 34 号	0451-88877777	0451-82022222
哈尔滨运通丰田汽车销售服务有限公司	哈尔滨市南岗区南直路 129 号	0451-55173999	0451-55174777
哈尔滨中升丰田汽车销售服务有限公司	哈尔滨市道外区先锋路 7 号	0451-88878889	0451-85922000
大庆吉昌丰田汽车销售服务有限公司	大庆市让胡路区北方汽配城吉昌龙丰田 4S 店	0459-5911866 0459-5911788	0459-5911110 0459-5911100
大庆名派丰田汽车销售服务有限公司	大庆市萨尔图区中七路 64 号（中七路客运站西侧）	0459-6999000	0459-6972222
牡丹江名派丰田汽车销售服务有限公司	牡丹江市光华街 268 号	0453-6365555 0453-6655555	0453-6322111 0453-6337555
齐齐哈尔骏合丰田汽车销售服务有限公司	齐齐哈尔市龙沙区永安南大街 131 号	0452-6199977 0452-6199988	0452-6199955 0452-6199966
佳木斯友谊华通丰田汽车销售服务有限公司	黑龙江省佳木斯市友谊路 1177 号	0454-8889888	0454-8512068
鸡西名派丰田汽车销售服务有限公司	鸡西市鸡冠区产业园区 A-12-B9 鸡西名派丰田 4S 店	0467-6223333	0467-2683333
鹤岗东山龙晟丰田汽车销售服务有限公司	鹤岗市东山区新一二公里处路南龙晟丰田	0468-3272111	0468-3334700
双鸭山华通丰田汽车销售服务有限公司	双鸭山集贤东外环挹娄大道西侧双鸭山华通丰田	0469-6133222	0469-6131456

◀ 吉林地区

公司名称 Corporate name	公司地址 Address	销售电话 Sales call	服务电话 Service call
长春东环丰田汽车销售服务有限公司	长春经济技术开发区浦东路 2409 号	0431-84641199 0431-84677000	0431-84639226 0431-84639640
长春华阳丰田汽车销售服务有限公司	长春市汽贸开发区正阳街 3052 号	0431-87646000 0431-87642555	0431-87646111
长春金山丰田汽车销售服务有限公司	长春高新区蔚山路 3939 号	0431-85512555 0431-85802222	0431-85524999 0431-85557999
长春一汽服贸丰田汽车销售服务有限公司	长春市净月开发区生态东街与天泽路交汇	0431-81872333	0431-81872300
吉林市瑞孚丰田汽车销售服务有限公司	吉林市高新区南山街 2488 号（彩虹钢材市场对面）	0432-65086666	0432-64643188
吉林神华丰田汽车销售服务有限公司	吉林市高新区深圳街 103 号	0432-64638888	0432-64630888
延边金山丰田汽车销售服务有限公司	延吉市经济技术开发区长白山东路南侧	0433-2898188	0433-2898588
四平长久博丰丰田汽车销售服务有限公司	吉林省四平市铁东区经济开发大路 5282 号	0434-3363666	0434-3363555
松原金山丰田汽车销售服务有限公司	吉林省松原市经济技术开发区西郭尔罗斯大路 2555 号	0438-2213917 0438-2219997	0438-2813335
通化华阳丰田汽车销售服务有限公司	通化市医药高新区雪花路与鹤大公路交汇处东行 200 米	0435-3380666	0435-3380777
辽源龙福丰田汽车销售服务有限公司	辽源市车管所（3 路车终点）东 500 米	0437-3169111 0437-3169555	0437-3169000 0437-3169222

◀ 辽宁地区

公司名称 Corporate name	公司地址 Address	销售电话 Sales call	服务电话 Service call
鞍山北方丰田汽车销售服务有限公司	鞍山市千山区西环路 76 号	0412-2530088	0412-2530099

公司名称 Corporate name	公司地址 Address	销售电话 Sales call	服务电话 Service call
海城南环丰田汽车销售服务有限公司	海城市毛祁镇山后村 38 号水鸭屯立交桥东走 100 米	0412-3405111	0412-3425111
朝阳川达丰田汽车销售服务有限公司	朝阳市双塔区龙山街四段 824 号	0421-3302233 0421-3302244	0421-3303666 0421-3303333
大连中升丰田汽车销售服务有限公司	大连市甘井子区华北路 759 号	0411-39790222	0411-39792277
大连迎宾中升丰田汽车销售服务有限公司	大连市甘井子区机场前虹港路 13 号	0411-39793333 0411-39790333	0411-39793378 /3378/3333
大连裕德丰田汽车销售服务有限公司	大连市甘井子区山东路 80-1 号	0411-39505500	0411-39767896
大连新盛荣丰田汽车销售服务有限公司	大连市沙河口区太原街 357-1 号	0411-39795111 0411-39767850	0411-84355080
大连保税区华通丰田汽车销售服务有限公司	大连保税区护港路 42 号	0411-87327979 0411-87588101	0411-88018333 15542599002
丹东弘泰丰田汽车销售服务有限公司	丹东市振兴区花园路 108 号（金东加油站对面）	0415-2152345	0415-2153456
阜新全泰丰田汽车销售服务有限公司	阜新市经济开发区沙海桥西 300 米	0418-2968666	0418-2968777
抚顺沈抚丰田汽车销售服务有限公司	抚顺经济开发区春华路 26 号	024-53858111	024-53828888
葫芦岛于洪川达丰田汽车销售服务有限公司	葫芦岛市龙港区龙湾大街 60 号	0429-3187111 0429-3187222	0429-3183624 0429-3183540
锦州川达丰田汽车销售服务有限公司	锦州市高新区南广路 216 号	0416-2667075 0416-2667088	0416-2667111 0416-2667112
铁岭金惠源丰田汽车销售服务有限公司	铁岭经济开发区机动车交易市场园区帽山街 1 号	024-74291666	024-74292981 （有预约功能）
辽阳繁荣丰田汽车销售服务有限公司	辽阳市太子河区繁荣路中段（家俱城东 800 米）	0419-2566111 0419-2890555	0419-2522777 0419-2516999
本溪金廊丰田汽车销售服务有限公司	辽宁省本溪市溪湖区彩屯北路 26 号	0414-2998888	0414-2996666
盘锦利星丰田汽车销售服务有限公司	盘锦市兴隆台区赵家经济开发区	0427-2213888	0427-2213333
沈阳华通丰田汽车服务有限公司	沈阳市大东区东陵西路 2 号（沈阳沈海热电厂对面）	024-88458577 024-88458588	024-88426688 024-88458526 024-88426388
沈阳于洪丰田汽车销售服务有限公司	沈阳市于洪区沈大路 83 号	024-85830008 024-85831118	024-85831088 024-25310707
沈阳金廊丰田汽车销售服务有限公司	沈阳市浑南新区汇泉路 88 号	024-23812381	024-23818666
沈阳铁西华通丰田汽车服务有限公司	沈阳市铁西区北二东路 17-4 号	024-25111666 024-25111501	024-25111999 024-25111509
沈阳中升丰田汽车销售服务有限公司	沈阳市和平区胜利南大街九洲湾景汇南行 2 公里（165 公交车加工厂宿舍站点）	024-31805111	024-31041188
营口红运丰田汽车销售服务有限公司	营口市站前区渤海大街东段 89 号	0417-2828888	0417-2828888-2
营口川达红运丰田汽车销售服务有限公司	营口市经济技术开发区双高经济带汽车园内（熊岳高速口对面）	0417—5549999	0417-5541111

内蒙古地区

公司名称 Corporate name	公司地址 Address	销售电话 Sales call	服务电话 Service call
包头信得惠丰田汽车销售服务有限公司	包头市青山区友谊大街东段五一小区（31 号）	0472-5188011 0472-5188012	0472-5188000 0472-5188001/3
包头中升丰田汽车销售服务有限公司	内蒙古自治区包头市稀土高新区滨河新区 210 国道东侧，机场高速北侧（利丰汽车园，江淮汽车 4S 店东 200 米）	0472-6191188	0472-6191177
呼和浩特康泰丰田汽车销售服务有限公司	呼和浩特市新城区呼伦贝尔北路 3 号（新城区政府北 300 米）	0471-2217888 0471-2217666	0471-2217188 /288

公司名称 Corporate name	公司地址 Address	销售电话 Sales call	服务电话 Service call
呼和浩特金川丰田汽车销售服务有限公司	呼和浩特市金川开发区汇金路东侧	0471-8900066	0471-8900055
呼和浩特中升丰田汽车销售服务有限公司	呼和浩特市赛罕区巴彦镇黑土凹村利丰汽车园	0471-3240099	0471-3240033
通辽川达丰田汽车销售有限公司	通辽市经济开发区创业大道瑞丰汽贸园	0475-8623336	0475-8623337
乌海庞大泓程丰田汽车销售服务有限公司	乌海市海勃湾区林荫大道与沃野路交叉口东南角	0473-3018888	0473-3017777
鄂尔多斯北苑丰田汽车销售服务有限公司	内蒙古鄂尔多斯市东胜区塔拉壕镇包府汽车城 N 座	0477-8101288 0477-8101583	0477-8101616 0477-8101212
鄂尔多斯市康泰丰田汽车销售服务有限公司	鄂尔多斯市东胜区乌审东街（加气站旁）	400-0496-888	400-0496-888
赤峰康泰丰田汽车销售服务有限公司	赤峰市红山区物流园区 1 号	0476-8772123 0476-8772321	0476-8771650 0476-8771692
锡林郭勒盟利丰丰田汽车销售服务有限公司	锡林浩特市经济开发区利丰园区	0479-6919990	0479-6919333
兴安盟龙晟丰田汽车销售服务有限公司	兴安盟科右前旗工业园区武警二支队道南	0482-8395666	0482-8395999
呼伦贝尔市庞大龙盛丰田汽车销售服务有限公司	内蒙古呼伦贝尔市海拉尔区尼尔基路 87 号（庞大汽贸园区）	0470-8558111	0470-8578222
霍林郭勒市运通宏业丰田汽车销售服务有限公司	霍林郭勒市 304 国道西侧工业园区北侧	0475-2757777 0475-2757788	0475-2757755 0475-2757766
巴彦淖尔市川河丰田汽车销售服务有限公司	内蒙古自治区巴彦淖尔经济技术开发区富源北路	0478-7866777	0478-7861777

◀ **北京地区**

公司名称 Corporate name	公司地址 Address	销售电话 Sales call	服务电话 Service call
北京中新兴达丰田汽车销售服务有限公司	北京市朝阳区姚家园路甲 1 号东方基业汽车城内 J16 号店	010-85577900-888	010-85577900-803/809/802
北京首汽丰田汽车销售服务有限公司	北京市朝阳区亮马桥路 9 号	010-64365852 010-64310909-825/826/827	010-64374008 010-64384282
北京三元桥丰田汽车销售服务有限公司	北京市朝阳区左家庄路 2 号	010-84514531 010-84551752	010-84541072 010-84541073
北京东仁天宇丰田汽车销售服务有限公司	北京市朝阳区平房乡石各庄村甲 1 号	010-65469090/9999/9292	010-65469600
北京北苑丰田汽车销售服务有限公司	北京市朝阳区来广营西路 95 号	010-84928566/1325	010-84921026
北京华通丰田汽车销售服务有限公司	北京市通州区梨园九棵树西路 11 号	010-81520315 010-81520915	010-81521020 010-81520633
北京远通桥丰田汽车销售服务有限公司	北京市朝阳区高碑店乡北花园村 18 号	010-65405551	010-65405746 010-65403103-8003
北京博丰长久丰田汽车销售服务有限公司	北京市顺义区空港物流基地顺航路 18 号一汽丰田 4S 店	010-69479998-9013/9017	010-69479998-9029
北京五方桥丰田汽车销售服务有限公司	北京市朝阳区京沈高速五方桥西南侧	010-87390011	010-87390099
北京广丰通田汽车贸易有限公司	北京市朝阳区德外花虎沟 20 号	010-62916666	010-62916666
北京中业丰田汽车销售服务有限公司	北京市丰台区南四环中路 260 号（马家楼桥东南角）	010-87500028	010-87504020
北京京石丰田汽车销售服务有限公司	丰台区五里店 260 号	010-51223311	010-51223322
北京花乡桥丰田汽车销售服务有限公司	北京市大兴区海鑫北路 9 号	010-63754808	010-63754806
北京方庄丰田汽车销售服务有限公司	北京市丰台区蒲黄榆路 48 号（南三环刘家窑桥向北 100 米路东）	010-87610750-51	010-67630606

公司名称 Corporate name	公司地址 Address	销售电话 Sales call	服务电话 Service call
北京奥德行丰田汽车销售服务有限公司	丰台区南三环西路 39 号	010-83520100	010-83520100
北京森华创业丰田汽车销售服务有限公司	北京市海淀区阜石路 63 号	010-88208080-601/603	010-88208080-605/609 010-68179915
北京凯百隆丰田汽车销售服务有限公司	北京市海淀区西北旺镇永丰路百旺绿谷汽车园	010-82402662	010-82402677
北京金冠兴业丰田汽车销售服务有限公司	北京市海淀区闵庄路 6 号（西北四环“香山、玉泉山”出口西行 1 公里红绿灯左转路南）	010-890601 010-890602	010-88890606
北京花园桥丰田汽车销售服务有限公司	海淀区车公庄西路 38 号（花园桥东南角）	010-68728888	010-68713131
北京苹果园丰田汽车销售服务有限公司	北京市石景山区阜石路 175 号	010-68888200 010-68829886 13811697986	010-68829886-8105/8106/8107 13011212210
北京运通博裕丰田汽车销售服务有限公司	北京经济技术开发区文化园东路乙 6 号	010-67862866 010-67868777	010-67862966 010-67868777

河北地区

公司名称 Corporate name	公司地址 Address	销售电话 Sales call	服务电话 Service call
保定轩宇诗丰田汽车销售服务有限公司	河北省保定市朝阳北大街 1255 号	0312-3187711 0312-3187712	0312-3187715 0312-3180452
保定通泰丰田汽车销售服务有限公司	保定市南二环路 2118 号	0312-2128111	0312-2128222
沧州运捷丰田汽车销售服务有限公司	沧州市新华区东外环南路 1 号	0317-3520266 0317-3507777	0317-3520268
承德弘冀行丰田汽车销售服务有限公司	承德市开发区大石庙镇太平庄庞大汽车城	0314-2208800 0314-2201100	0314-2208222 0314-2200808
邯郸骏华丰田汽车销售服务有限公司	邯郸市开发区东环路北首路东联华汽车广场	0310-7122666	0310-7122599
邯郸庞大龙盛丰田汽车销售服务有限公司	邯郸市复兴区北环路 88 号现代（邯郸）汽贸城内 3-8 号	0310-8198558	0310-8198566
衡水裕华丰田汽车销售服务有限公司	衡水市桃城区胜利东路 1898 号	0318-6880688	0318-6882333 18632882916
廊坊奥德行丰田汽车销售服务有限公司	廊坊市经济技术开发区四海路 139 号	0316-6085188	0316-6085188
秦皇岛龙之俊丰田汽车销售服务有限公司	秦皇岛市经济技术开发区峨嵋山北路新管委会西侧	0335-5955555	0335-5999996 0335-8589886
秦皇岛东港丰田汽车销售服务有限公司	秦皇岛市海港区东港北路东侧	0335-3589999	0335-8938888
石家庄裕华丰田汽车销售服务有限公司	石家庄市裕华东路 170 号	0311-85069999 13333385630	0311-85087000
石家庄新华丰田汽车销售服务有限公司	石家庄市北二环西路 296 号	0311-87733888/3588	0311-7733688/788
石家庄纪元丰田汽车销售服务有限公司	石家庄市南二环东路 3 号付 1 号	0311-85255566	0311-85219555
唐山冀东丰田汽车销售服务有限公司	唐山市路南区永红桥西侧路南	0315-2829718/798	0315-2822066
唐山弘德丰田汽车销售服务有限公司	唐山路南区吉祥路 232 号	0315-2969788	0315-2969292
邢台威龙丰田汽车销售服务有限公司	邢台市桥西区郭守敬大道中段蓝池集团	0319-2616666	0319-2616677
邢台丰和丰田汽车销售服务有限公司	邢台市北外环龙岗东大街邢台汽车城内（森林公园东行 3.5 公里处）	0319-5250001 0319-5258881	0319-5907999
张家口华铃丰田汽车销售服务有限公司	张家口市宣化县沙岭子镇屈家庄	0313-5916600	0313-5910999

公司名称 Corporate name	公司地址 Address	销售电话 Sales call	服务电话 Service call
沧州庞大丰致丰田汽车销售服务有限公司	沧州市高新技术产业开发区西安路南侧 25 号	18231758880	0317-2176699
迁安润达丰田汽车销售服务有限公司	迁安市杨店子镇政府南行 100 米	0315-5350688	0315-7856666

◀ **山东地区**

公司名称 Corporate name	公司地址 Address	销售电话 Sales call	服务电话 Service call
滨州市鸿泰丰田汽车销售服务有限公司	滨州市滨城区北外环路 567 号（东方红路口西 200 米）	0543-2295555	0543-2193999
德州天衢丰田汽车销售服务有限公司	德州市经济开发区晶华路中段 1626 号	0534-2565555 15305445555	0534-2730000 15305449999
德州利源丰雅丰田汽车销售服务有限公司	德州市经济开发区新河路与幸福大道交叉口	0534-2738999	0534-2218600
菏泽润华丰田汽车销售服务有限公司	菏泽市开发区广州路 2888 号菏泽润华汽车园（广州路与淮河路交界口）	0530-5955777 0530-5955776	0530-5955789
济南嘉瑞丰田汽车销售服务有限公司	济南市历下区工业南路 60-8 号（丁家村地段）	0531-88923666 0531-88925666	0531-88191696
济南明星丰田汽车销售服务有限公司	济南市槐荫区经十西路 28438 号	0531-87518899	0531-87517799 0531-87585502
济南鲁鹰丰田汽车销售服务有限公司	济南市槐荫区无影山中路 289 号（北园高架与济齐路交叉口西 300 米路北）	0531-85985111 0531-85986555 400-6186-321	0531-85985000 0531-87983511
济南润华丰田汽车销售服务有限公司	济南市经十西路 239 号济南润华丰田汽车销售服务有限公司	0531-87297888	0531-87297880 /7890
济南迎宾中升丰田汽车销售服务有限公司	山东省济南市历城区工业北路 90 号济南迎宾中升丰田	0531-81251111	0531-81253226
济宁泛华丰田汽车销售服务有限公司	济宁经济开发区美恒汽车博览城	0537-5153333 0537-5155111	0537-5155122
聊城五州丰田汽车销售服务有限公司	聊城市开发区东昌路东首	0635-8881234	0635-8886789
聊城光岳丰田汽车销售服务有限公司	聊城光岳北路路西（江北汽车城对面）	0635-8763111	0635-8763222
临沂和裕丰田汽车销售服务有限公司	临沂市马厂湖镇解放路与工业二路交汇处马厂湖中学东邻	0539-8942666	0539-8946799
临沂燕华丰田汽车销售服务有限公司	临沂市兰山区义堂双岭路与京沪高速路交汇处东 200 米路北远通汽车大世界燕华丰田 4S 店	0539-8397000	0539-7068123
临沂泰华丰田汽车销售服务有限公司	蒙山大道与沂河路交汇处向西一公里路南	0539-7389888	0539-7389999
日照鸿发丰田汽车销售服务有限公司	日照开发区奎山汽车商贸城	0633-3912333 0633-3912999	0633-3912000 0633-3912111
枣庄和裕丰田汽车销售服务有限公司	枣庄市光明大道张范镇大路口	0632-8626688	0632-8626699 0632-8628866
青岛世鑫丰田汽车销售服务有限公司	青岛市开发区前湾港路 187 号（江山路与前湾港路交汇处）	0532-86826777 -518	0532-86826777 -618
青岛世泰丰田汽车销售服务有限公司	山东省青岛市四方区黑龙江南路 237 号	0532-88721666	0532-8722666
安利捷（青岛）丰田汽车销售服务有限公司	青岛市四方区重庆南路 223 号	0532-85035555 -156/157	0532)85035555 -101/102
青岛中升丰田汽车销售服务有限公司	青岛市城阳区青威路（城阳区家佳源北 900 米，春阳路交叉口北 60 米）	0532-67761777	0532-67761788 18661819595
泰安东方丰田汽车销售服务有限公司	泰安市岱岳区泰东路泰山国际汽车城内	0538-6300000 0538-8572777	0538-6363277 0538-6363166
威海大友丰田汽车销售服务有限公司	威海市世昌大道 303 号	0631-5296666	0631-5292222
潍坊玄武丰田汽车销售服务有限公司	潍坊市经济技术开发区新华路 789 号	0536-8654777 0536-8652555	0536-8654999 0536-8654555

公司名称 Corporate name	公司地址 Address	销售电话 Sales call	服务电话 Service call
潍坊广泰丰田汽车销售服务有限公司	潍坊市潍州路 369 号（金宝乐园南 4 公里路东）	0536-8556888 0536-8821886	0536-8819766 0536-8821069
潍坊丰华汽车销售服务有限公司	山东省潍坊市潍城区政府西 1.5 公里路北润华丰田	0536-8222555	0536-8902666
青州明星丰田汽车销售服务有限公司	青州市经济开发区巴黎路 2 号	0536-3789777	0536-3785666
烟台中升丰田汽车销售服务有限公司	烟台市芝罘区机场路 168 号	0535-2111666	0535-2150606
烟台东联丰田汽车销售服务有限公司	烟台经济技术开发区金沙江路 5 号	0535-6398199	0535-6398199
烟台长久丰田汽车销售服务有限公司	烟台市莱山区轸大路 38 号（午台路口东 1000 米）	0535-6727999	0535-6726511
龙口广利丰田汽车销售服务有限公司	龙口市高新技术工业园南山路 1166 号	0535-8612988	0535-8661155
莱州安利捷丰田汽车销售服务有限公司	莱州市西外环西十里堡 206 国道旁	0535-2713333 0535-2886701	0535-2886806 0535-2886807
淄博远方丰田汽车销售服务有限公司	淄博市张店区山泉路 201 号	0533-2715333 0533-2716655	0533-2711300 0533-2716660
淄博世纪丰田汽车销售服务有限公司	淄博市张店区中心路 176-2 号（中心路与联通路口向北 50 米）	0533-3172111 0533-3177700	0533-3175500 0533-3175511
淄博锦华丰田汽车销售服务有限公司	山东省淄博市临淄区凤凰镇临淄大道以南清田路以西	0533-7700888	0533-7070888
临沂翔宇丰田汽车销售服务有限公司	临沂市兰山区临西一路与金五路交汇处西南角	0539-2150666	0539-2958788 0539-2150688
东营泛华丰田汽车销售服务有限公司	山东省东营市北二路 13 号（长途汽车西站西 3.8 公里）	0546-8960000	0546-7777122
东营庞大东盛丰田汽车销售服务有限公司	东营市东营区黄河路与东八路西南侧	0546-7156188	0546-7156199
荣成市凭海西路鑫通汽车城一汽丰田店	荣成市凭海西路鑫通汽车城一汽丰田店	0631-7696777 0631-7696778	0631-7696555
章丘明星丰田汽车销售服务有限公司	山东省章丘济青路明水眼科医院西 100 米路北	0531-83111000	0531-83110555

山西地区

公司名称 Corporate name	公司地址 Address	销售电话 Sales call	服务电话 Service call
长治大昌丰田汽车销售服务有限公司	长治市长晋二级路（康宝集团对面）	0355-3522222 0355-8866666	0355-3522999 0355-3522777
大同合远丰田汽车销售服务有限公司	大同市南环路东 1 号（武警支队对面）	0352-5056622	0352-5055699
晋城华洋丰田汽车销售服务有限公司	山西省晋城市开发区兰花路北段（小笠原公司对面）	0356-2180866	0356-2181122
晋中航田丰田汽车销售服务有限公司	山西省晋中市汇通北路 387 号（鸣李段）	0354-2444888	0354-2464988
晋中中部丰田汽车销售服务有限公司	晋中市榆次区汇通南路东侧（环城南路以北 400 米）	0354-3998806	0354-3999297
临汾锦华丰田汽车销售服务有限公司	山西省临汾市尧庙镇大韩村口	0357-3166388	0357-3166399
吕梁市瑞华丰田汽车销售服务有限公司	吕梁市离石区高速西口往西 100 米（聚富汽贸园内）	0358-8337888	0358-8337666
太原金谷源丰田汽车销售服务有限公司	太原市小店区建设南路 365 号	0351-7047775	0351-7047773
太原东龙丰田汽车销售服务有限公司	太原市小店区平阳南路 153 号	0351-8596555	0351-8296333
太原大昌丰田汽车销售服务有限公司	太原市太榆路南中环桥西北角（许西村往南 200 米）	0351-8785588 0351-8728988 0351-8728588	0351-8785888

公司名称 Corporate name	公司地址 Address	销售电话 Sales call	服务电话 Service call
庞大丰扬丰田汽车销售服务有限公司	太原市万柏林区新晋祠路汇豪新能源汽车城南区 A04	0351-5687666	0351-7783000
忻州大昌丰田汽车销售服务有限公司	忻州市忻顿路大昌汽贸园（开发区汽车城）	0350-3128000	0350-3129000
阳泉联华丰田汽车销售服务有限公司	阳泉市经济技术开发区大连东路	0353-3310333	0353-3317333
运城黄河丰田汽车销售服务有限公司	山西省运城市黄河大道中段 一汽丰田运城黄河 4S 店	0359-2122222	0359-2126111
运城锦华丰田汽车销售服务有限公司	运城市经济技术开发区 22 区机场路以南	0359-3936666	0359-3939999
朔州致远丰田汽车销售服务有限公司	山西省朔州市朔城区照什八庄村（西环路与市府街交汇口）	0349-6688666	0349-6688000

◀ **天津地区**

公司名称 Corporate name	公司地址 Address	销售电话 Sales call	服务电话 Service call
天津柳林丰田汽车销售服务有限公司	天津市河西区大沽南路南头	022-88180808	022-88180666 022-88180123
天津东联丰田汽车销售服务有限公司	天津空港物流加工区环河北路 18 号	022-84905522	022-84905533
天津市中乒丰田汽车销售服务有限公司	天津市北辰区普济河东路 / 道 20 号（万科新城旁）	022-26727246 022-26727247	022-26727243 022-26727245
天津华苑丰田汽车销售服务有限公司	天津市华苑产业区梅苑路 10 号	022-83715666 022-83718371	022-83715888
天津凯达丰田汽车销售服务有限公司	天津开发区第五大街 63 号	022-66298771 022-62020888	022-62020888
天津浩物丰田汽车销售服务有限公司	天津市滨海新区塘沽河南路 1376 号	022-25380555	022-25380000
天津和裕丰田汽车销售服务有限公司	天津市卫津南路 299 号（外环线内 200 米）	022-24033543	022-24033699
天津柳林金海丰田汽车销售服务有限公司	天津市静海经济开发区金海道与津文公路交口	022-68608111	022-68608111
天津奥嘉丰田汽车销售服务有限公司	天津市武清区京津公路下朱庄街段 103 号	022-59692266 022-59692288	022-59691566 022-59691577
天津奥德行津盛丰田汽车销售服务有限公司	天津市津南区咸水沽镇津岐路 69 号	022-28766588	022-28766000
天津庞大丰雅丰田汽车销售服务有限公司	天津市北辰区双街镇京津公路东侧双江道南	022-86907112	022-86907120

◀ **河南地区**

公司名称 Corporate name	公司地址 Address	销售电话 Sales call	服务电话 Service call
信阳世纪行丰田汽车销售服务有限公司	信阳市工业城 312 国道与京港澳高速交汇处向西 1000 米路南	0376-3851111 0376-8168866	0376-3852222
郑州富达丰田汽车销售服务有限公司	郑州市航海中路 179 号（航海中路与兴华南街交叉口）	0371-68963588 0371-68963599	0371-68963566 0371-68962555
郑州豫中丰田汽车销售服务有限公司	郑州经济技术开发区航海东路中段 1388 号	0371-66782888 8008836050	0371-66785558 /6678/5518/2999 -3001
郑州世纪鸿图丰田汽车销售服务有限公司	郑州市中州大道与北环交汇处向北 1500 米路西	0371-65695000 13526651226 13526651227	0371-65690088
郑州裕华丰田汽车销售服务有限公司	郑州市郑汴路 116 号（中博汽车广场）	0371-65368866 0371-65368869	0371-65368899 0371-65368800
洛阳九都丰田汽车销售服务有限公司	洛阳市瀍河区启明南路与九都路交叉口	0379-65156666 0379-65251818	0379-65155555 0379-65251678
洛阳富源丰田汽车销售服务有限公司	洛阳市洛龙区开元大道西端（开元大道与凌波桥交叉口向西 1 公里）	0379-60602888	0379-60602999

公司名称 Corporate name	公司地址 Address	销售电话 Sales call	服务电话 Service call
平顶山世纪丰田汽车销售服务有限公司	平顶山市建设路与许南路立交桥向西 1 公里路南	0375-3988666	0375-3988688
安阳市凯丰丰田汽车销售服务有限公司	安阳市北关区光明路与人民大道交叉口向北 500 米路东	0372-3720000	0372-3667777
安阳龙达丰田汽车销售服务有限公司	河南省安阳市开发区文昌大道中段（交警支队西邻）	0372-2666666	0372-2999999
许昌豫中丰田汽车销售服务有限公司	许昌市老 107 国道与北外环交叉口	0374-4517777	0374-4517111
南阳顺达尔丰田汽车销售服务有限公司	河南省南阳市信臣路与独山大道交叉口东 2 公里路南	0377-63270000 0377-63270001	0377-63270008 0377-63270009
南阳恒信丰田汽车销售服务有限公司	河南省南阳市南新路与雪枫路交汇处往东 500 米	0377-60890000	0377-60870000
新乡冠誉丰田汽车销售服务有限公司	新乡市和平路与南环路交叉口向东 200 米路南	0373-3536600	0373-3534999
焦作博汇丰田汽车销售服务有限公司	焦作市迎宾大道与南海路交叉口西南角	0391-3638888	0391-3687999
商丘中豪丰田汽车销售服务有限公司	河南省商丘市平原南路 1011 号	0370-6060777	0370-6060666
商丘大行丰田汽车销售服务有限公司	商丘市示范区北海路与星林路交叉口南 300 米路东	0370-6976555 0370-6976113	0370-6976101 0370-6976222
周口明星丰田汽车销售服务有限公司	周口市北环路东段宏源精品汽车城	0394-8178999	0394-8178666
驻马店威龙丰田汽车销售服务有限公司	驻马店市开源大道与前进路交叉口车管所西 200 米	0396-3615888	0396-3339888
开封豫中丰田汽车销售服务有限公司	开封市魏都西路 2 号	0371-22678555	0371-22125555
濮阳市世纪丰田汽车销售服务有限公司	濮阳市中原路与化工路交叉口向南 300 米路西	0393-5398000	0393-5398800
三门峡豫中丰田汽车销售服务有限公司	三门峡市湖滨区陕州大道东高速出口北侧瑞通汽车城内	0398-2853111	0398-2853222
漯河豫龙丰田汽车销售服务有限公司	漯河市源汇区漯舞路与 107 国道交叉口西 600 米	0395-5909666	0395-5890555
鹤壁九州丰田汽车销售服务有限公司	鹤壁市淇滨区九州路与东海路东北角	0392-3638666	0392-3639666

安徽地区

公司名称	公司地址	销售电话	服务电话
安庆环丰丰田汽车销售服务有限公司	安庆市开发区中兴大道 170 号	0556-5356888	0556-5228822
蚌埠润业丰田汽车销售服务有限公司	蚌埠市迎宾大道国际汽车城	0552-3713606	0552-3713997
阜阳中源丰田汽车销售服务有限公司	安徽省阜阳市颍州区阜南路 616 号	0558-2196666	0558-2199919
阜阳豫中丰田汽车销售服务有限公司	安徽阜阳经济开发区阜颍河南侧	0558-2539977	0558-2539911
合肥风之星丰田汽车销售服务有限公司	合肥市汴河路安徽国际汽车城东 1 号专营店	0551-64236033 0551-65201065	0551-64216615
合肥通源丰田汽车销售服务有限公司	合肥市包河工业区长春街 29 号	0551-64847599	0551-64848399
六安鑫宝丰田汽车销售服务有限公司	六安市金安开发区 312 国道与先生店路交叉口东 200 米	0564-5366188 0564-5398111	0564-5366199 0564-5367999
黄山亚新丰田汽车销售服务有限公司	黄山市屯溪区经济开发区齐云大道	0559-2359188	0559-2359199
芜湖亚夏丰田汽车销售服务有限公司	芜湖市弋江北路亚夏汽车城	0553-2963626/628	0553-7511599

公司名称 Corporate name	公司地址 Address	销售电话 Sales call	服务电话 Service call
宿州市利泰丰田汽车销售服务有限公司	宿州市循环经济示范园区仁和路与凤鸣路交汇处	0557-3338811	0557-3961228
铜陵山水丰田汽车销售服务有限公司	安徽省铜陵市郊区桥南办古圣社区 4S 店集群一汽丰田 4S 店	0562-2666777	0562-2610777
池州富源丰田汽车销售服务有限公司	安徽省池州市站前区汽车服务业集聚区丰田 4S 店	0566-2220088	0566-2220770

湖北地区

公司名称 Corporate name	公司地址 Address	销售电话 Sales call	服务电话 Service call
黄石恒信东方丰田汽车销售服务有限公司	黄石市团城山开发区大泉路 149 号	0714-6390888	0714-6390007
荆州讯达丰田汽车销售服务有限公司	荆州市江津西路 425 号	0716-8089999	0716-8085555
荆门讯隆丰田汽车销售服务有限公司	湖北省荆门市月亮湖路 90 号（荆门国际汽车城）	0724-2217888	0724-2217666 0724-2215999
武汉黄浦丰田汽车销售服务有限公司	武汉市江岸区黄浦科技园特 7 号	027-65660888	027-65656528 027-85581983
安利捷（武汉）丰田汽车销售服务有限公司	武汉市汉阳区龙阳大道 102 号（陶家岭）	027-84876169 027-84674189	027-84882992
武汉中南丰田汽车销售服务有限公司	武汉市洪山区书城路特 8 号（南湖大道武商量贩农科城店旁）	027-51785178	027-88236340 027-88237086
武汉实华丰田汽车销售服务有限公司	江汉区长港路 9 号（常青路中百仓储后 100 米处）	027-65662611	027-65662633
武汉骏业丰田汽车销售服务有限公司	武汉市黄陂区汉口北大道 8 号附 4 号（汉口北汽车大世界 H-1 区四号楼）	027-88189988	027-81889977
襄阳天和丰田汽车销售服务有限公司	襄阳市春园东路 189 号	0710-3338999 0710-3338789	0710-3338123 0710-3338234
孝感黄浦丰田汽车销售服务有限公司	孝感市孝南开发区长兴路书院工业园特 1 号	0712-2598366	0712-2598368 15826825688
宜昌德龙丰田汽车销售服务有限公司	宜昌东山开发区汕头路 1 号	0717-6386111	0717-6907120 0717-6907122
咸宁黄浦丰田汽车销售服务有限公司	咸宁市咸安经济开发区咸潘公路旁（京珠高速咸宁南出口咸安方向 5 公里处）	0715-8720555 13387171711	0715-8720000 13387171717
黄冈世纪汇恒丰田汽车销售服务有限公司	黄冈市黄州区南湖农场榨舟山	0713-8340988	0713-8340966
恩施恒信丰田汽车销售服务有限公司	湖北省恩施市金凤大道 1 号	0718-8269555 0718-8283599	0718-8280399
十堰黄浦丰田汽车销售服务有限公司	十堰市张湾区浙江路万通工业园第二排黄浦丰田 4S 店	0719-8122555	0719-8122333

湖南地区

公司名称 Corporate name	公司地址 Address	销售电话 Sales call	服务电话 Service call
长沙华运通丰田汽车销售服务有限公司	长沙市开福区叁壹大道 338 号	0731-88225678 13319539988	0731-4559988 -915/925 13319559988
长沙力天丰田汽车销售服务有限公司	长沙市雨花区万家丽路中路三段 58 号	0731-85645678 85645555 13755108800	0731-85645678
长沙申湘丰田汽车销售服务有限公司	长沙经济技术开发区申湘汽车城 C 座	0731-84027388 0731-84027399	0731-84029595
长沙和信丰田汽车销售服务有限公司	长沙市芙蓉南路时代阳光大道口往南 100 米（省工商局对面）	0731-88277777	0731-88233333/ 3606/3636/3625
浏阳庆升丰田汽车销售服务有限公司	浏阳市集里平水村西站往太平桥方向 600 米	0731-83330333	0731-83839333
长沙华兴通丰田汽车销售服务有限公司	长沙市望城区大泽湖社区吴家冲路 28 号（金星北路）	0731-88602888	0731-88602918
岳阳彤达丰田汽车销售服务有限公司	岳阳市巴陵东路 276 号	0730-8872222	0730-8759666

公司名称 Corporate name	公司地址 Address	销售电话 Sales call	服务电话 Service call
衡阳和信丰田汽车销售服务有限公司	衡阳市石鼓区团结湖进步村（华源建材市场旁）	0734-8588999 0734-8581000	0734-8585858
衡阳飞宇运通丰田汽车销售服务有限公司	湖南省衡阳市蒸湘区西外环路杨柳汽贸城	0734-8161777	0734-8161678
郴州名车会丰田汽车销售服务有限公司	郴州市青年大道香雪桥南侧	0735-2197777	0735-2198800
常德华运通丰田汽车销售服务有限公司	常德市武陵区南坪路新世纪汽车城内	0736-7758888 18975600066	0736-7808601/602/603
湘潭力天丰田汽车销售服务有限公司	湘潭市岳塘区芙蓉大道岳塘区政府南 1000 米	0731-55581111	0731-55580021
株洲和兴丰田汽车销售服务有限公司	株洲市天元区株洲大道 618 号	0731-22733333	0731-22727980
邵阳华运通丰田汽车销售服务有限公司	邵阳市双清区宝庆工业园邵阳东高速联接线	0739-5241888 18975977000	0739-5241666
娄底和兴丰田汽车销售服务有限公司	娄星区湘阳街南侧与迎春路交叉口西南角	0738-8522777	0738-8688666
永州佳昊丰田汽车销售服务有限公司	永州市零陵区零陵大道旁潇湘汽车城内一汽丰田 4S 店	0746-6616777	0746-6626777
怀化凯祥迎宾丰田汽车销售服务有限公司	湖南省怀化市南环路西部汽车城内一汽丰田特约店	0745-2228222 0745-2331888	0745-2331999
益阳市佳烨丰田汽车销售服务有限公司	益阳市高新区银城大道汽车物流园	0737-3555599	0737-3555577
张家界力天丰田汽车销售服务有限公司	湖南省张家界市永定区阳湖坪张家界力天丰田 4S 店	0744-8597777	17775989090

江西地区

公司名称 Corporate name	公司地址 Address	销售电话 Sales call	服务电话 Service call
赣州同驰丰田汽车销售服务有限公司	赣州市经济技术开发区金潭大道中段	0797-8165888	0797-8165889
赣州车头丰田汽车销售服务有限公司	赣州市南康区龙岭镇赣南汽车城内（赣南大道与创科路交界处）	0797-6517666	0797-6620222
吉安富源丰田汽车销售服务有限公司	吉安青原区青原大道汽车文化产业园	0796-8117999	0796-8117333
南昌恒隆丰田汽车销售服务有限公司	江西省南昌市南莲路 465 号	0791-85295558	0791-85295568
南昌富源丰田汽车销售服务有限公司	南昌市红谷滩新区红谷南大道 2997 号（南昌大桥西桥头）	0791-83720998 0791-83720666	0791-83721966
南昌同驰丰田汽车销售服务有限公司	江西省南昌市青山湖区民营科技园民安路 88 号	0791-88166800	0791-88166600 0791-88166300 88196166-8009
宜春恒阳丰田汽车销售服务有限公司	江西省宜春市经济开发区宜春大道 1888 号	0795-3686666	0795-3690119
抚州尚仕丰田汽车销售服务有限公司	抚州市金巢开发区安石大道与金柅大道路口	0794-8300111	0794-8300222
上饶富源丰田汽车销售服务有限公司	上饶三清山西大道（月亮湾汽车城对面）	0793-8666777	0793—8666555
萍乡庞大恒运丰田汽车销售服务有限公司	萍乡市安源新区韶山东路旁 13-4 号地块	0799-6666868	0799-6666199
九江深业丰田汽车销售服务有限公司	九江市开发区九瑞大道 171 号（国际汽车城西侧）	0792-8502222	0792-8373338
新余深业丰田汽车销售服务有限公司	江西省新余市新欣北大道新长途汽车站内	0790-6288988	0790-6652999

江苏地区

公司名称 Corporate name	公司地址 Address	销售电话 Sales call	服务电话 Service call
常州天宁丰田汽车销售服务有限公司	常州市武进汽车城 A 区 6 号	0519-86522388 0519-86523988	0519-6523999

公司名称 Corporate name	公司地址 Address	销售电话 Sales call	服务电话 Service call
常州外汽丰田汽车销售服务有限公司	常州新北区黄河东路 96 号	0519--85110088	0519--5116288（救援） 0519-85120225 0519-85107785（预约）
常州世纪行丰田汽车销售服务有限公司	常州市钟楼区龙江中路 19 号	0519-83282288 0519-83903666	0519-3282288 0519-3903999
溧阳新苏南丰田汽车销售服务有限公司	昆仑经济开发区腾飞路 2 号	0519-87775588	0519-87555588
连云港天澜丰田汽车销售服务有限公司	江苏省连云港市新浦区瀛洲南路 7-1 号	0518-85917333	0518-85913333
淮安众和丰田汽车销售服务有限公司	淮安市淮阴区黄河东路 188 号	0517-84806666	0517-84806888
南京朗驰丰田汽车销售服务有限公司	南京市栖霞区栖霞大道 2 号	025-52153111	025-52153100 025-52159136
南京中升迎宾丰田汽车销售服务有限公司	南京市白下区光华路 119 号（百安居向东 200 米）	025-66626222	025-66629222 025-66606699
南京中升丰田汽车服务有限公司	南京市雨花台区软件大道 10 号	025-52458666	025-52458777 -30
南京江宁中升盈丰丰田汽车销售服务有限公司	南京市江宁区东山街道天行路 2 号	025-81031018	025-81031028
南通大生丰田汽车销售服务有限公司	南通市城港路 187 号	0513-85601999	0153-85601999
南通长江丰田汽车销售服务有限公司	南通经济技术开发区星湖大道 1081 号	051385929999	0513-85929988
如皋益昌盛达丰田汽车销售服务有限公司	如皋市惠政西路（国际车城）	0513-87228188	0513-87200999
南通先锋新城丰田汽车销售服务有限公司	江苏省南通市青年东路 618 号（市新车管所向东 3.5 公里）	0513-86329555	0513-86329698
启东市启粮金城丰田汽车销售服务有限公司	启东市城北工业园兴龙东路 666 号	0513-6803 0888	0513-6803 7999
常熟市海邦丰田汽车销售服务有限公司	常熟市青墩塘路 188 号	0512-52806666	0512-52805999
苏州康福丰田汽车销售服务有限公司	苏州工业园区金鸡湖路 188 号	0512-67620202	0512-67620200 0512-67620207
苏州汇凯丰田汽车销售服务有限公司	苏州市工业园区东兴路 15 号	0512-67167000	0512-67162999
苏州由由丰田汽车销售服务有限公司	苏州新区塔园路 388 号	0512-66620558	0512-66620019
苏州华成丰田汽车销售服务有限公司	苏州市吴中区木渎镇中山东路 152 号（木渎凯马汽车城内）	0512-66258828	0512-66259889
张家港东联丰田汽车销售服务有限公司	江苏省张家港市张杨路蒋桥	0512-58985222	0512-58294171
苏州中园丰田汽车销售服务有限公司	吴江经济开发区庞北路 188 号	0512-63009888	0512-63009999
苏州裕达丰田汽车销售服务有限公司	苏州市相城区太阳路 1988 号	0512-65869888	0512-65869688
昆山通和丰田汽车销售服务有限公司	昆山市长江中路 105 号	0512-57327777	0512-57327777
昆山昆嘉丰田汽车销售服务有限公司	昆山开发区昆嘉路（交警队斜对面，一汽马自达 4S 店东面）	0512-55218888	0512-55218777
宿迁天宁丰田汽车销售服务有限公司	江苏省宿迁市双庄汽车产业园红海路东侧	0527-84896666	0527-82996777
靖江中洲丰田汽车销售服务有限公司	靖江市城南园区中洲西路（靖江国际汽贸城）	0523-89113222	0523-89103222

公司名称 Corporate name	公司地址 Address	销售电话 Sales call	服务电话 Service call
沭阳联众丰田汽车销售服务有限公司	沭阳县常州路 18 号（经贸学院南 100 米）	0527-83801111	0527-83180000
泰州中升丰田汽车销售服务有限公司	泰州市海陵区塘湾镇东谢村东侧	0523-86862666	0523-86860366
镇江东联丰田汽车销售服务有限公司	镇江市润洲路 18 号	0511-85612222	0511-85602078
无锡常隆丰田汽车销售服务有限公司	无锡市东亭锡沪东路 232 号	0510-88252200	0510-88709988-25 0510-88709988-27
江阴市盛达丰田汽车销售服务有限公司	江阴市东外环路 8-10 号	0510-86407788 0510-86418829	0510-6407878
江阴常隆丰田汽车销售服务有限公司	江阴市夏港国际汽车城（五星路 1688 号）	0510-80662222	0510-80661919 0510-80669533
无锡中威丰田汽车销售服务有限公司	江苏省无锡市凤翔路 26 号	0510-83115555	0510-83119999
无锡市金城丰田汽车销售服务有限公司	无锡市金城西路金城湾路口（易初爱莲超市金城店北面）	0510-85073800 0510-85073900	0510-85071199 0510-85072299
无锡市新洲丰田汽车销售服务有限公司	无锡市新区行创四路 18 号	0510-85202888 0510-85202008	0510-85201100
宜兴新苏南丰田汽车销售服务有限公司	宜兴经济开发区（融达汽车城）	0510-80700000	0510-87229222
徐州润东丰田汽车销售服务有限公司	徐州市云龙区城南 104 国道西侧两山口北	0516-83209888	0516-83206800 0516-83206811
徐州常缘丰田汽车销售服务有限公司	徐州经济技术开发区城东大道北侧凯迪拉克东隔壁	0516-85781111 0516-85882222	0516-85065555 15354886667（救援）
盐城通和丰田汽车服务有限公司	盐城市盐都新区开创路 2-10 号	0515-88858000 8007109988	15365653911（救援） 0515-88858882
盐城东昌丰田汽车销售服务有限公司	盐城经济技术开发区泰山南路 11 号	0515-80891111	0515-80895666
扬州阳光丰田汽车销售服务有限公司	江苏省扬州市邗江区江阳西路 76 号	0514-82988588	0514-82980119
扬州成辉丰田汽车销售服务有限公司	扬州市邗江区荷叶东路 118 号	0514-87728772	0514-87757758
扬州仙达丰田汽车销售服务有限公司	扬州市江都区长江东路国际汽车城内一号地块	0514-86661888	0514-86661999
镇江京鹏丰田汽车销售服务有限公司	镇江市丁卯桥路 290 号	0511-85998855 0511-85998815	0511-5998822 0511-5998833
丹阳新苏南广胜丰田汽车销售服务有限公司	丹阳市云阳镇迈村工业园丹金路西侧	0511-88037788	0511-88032398
江苏冠松丰田汽车销售服务有限公司	南京市浦口区浦珠北路 36 号	025-83576888 025-83576868	025-83576800 025-83576866
海门常嘉丰田汽车销售服务有限公司	南通海门市人民西路 1688 号	0513-82181188	0513-82181199
如东众腾丰田汽车销售服务有限公司	江苏省南通市如东县掘港镇芳泉村十五组	0513-68121666	0513-68121668
太仓市森丰盛达丰田汽车销售服务有限公司	太仓市太平北路 111 号森茂国际汽车城 4S 区 3 号展厅	0512-53776666	0512-53776969
泰州中园丰田汽车销售服务有限公司	江苏省泰州市泰州大道国际汽车城内鹏举路	0523-86202666	0523-86052999

上海地区

公司名称	公司地址	销售电话	服务电话
上海协通丰田汽车销售服务有限公司	上海市嘉定区安亭国际汽车城安驰路 558 号	021-69502929	021-69502470

公司名称 Corporate name	公司地址 Address	销售电话 Sales call	服务电话 Service call
上海和裕丰田汽车销售服务有限公司	上海市沪青平公路 999 号	021-64202769	021-54496160
上海东昌丰田汽车销售服务有限公司	上海浦东新区浦建路 1289-1317 号	021-50450000 021-96800	021-50450000 13301758109
上海永达丰田汽车销售服务有限公司	上海浦东龙东大道 2865 号	021-58965678	021-58969057
上海天虹丰田汽车销售服务有限公司	上海市浦东新区沪南公路 4546 号	021-50395900	021-50395700
上海中汽丰田汽车销售服务有限公司	上海市普陀区宁夏路 711 号（轻轨金沙江路站对面）	021-62232233	021-62232233
上海中升丰田汽车销售服务有限公司	上海市普陀区金沙江路 2033 号	021-52708996	021-52708965 021-52708967
上海申晖丰田汽车销售服务有限公司	上海市普陀区真南路 818 号（中环线真北路真南路口附近）	021-62502727	021-62502628 /0871 零件张经理
上海锦江丰田汽车销售服务有限公司	上海市徐汇区吴中路 88 号（近内环线）	021-64645678	021-62702238
上海冠松丰田汽车销售服务有限公司	上海市杨浦区淞沪路 718 号（近五角场）	021-65657890	021-65116566
上海万兴丰田汽车销售服务有限公司	上海市杨浦区黄兴路 168 号	021-65398777	021-65395777

◀ **浙江地区**

公司名称 Corporate name	公司地址 Address	销售电话 Sales call	服务电话 Service call
杭州之远江干丰田汽车销售服务有限公司	杭州市江干区下沙路 1163 号（迎宾路口）	0571-86702200	0571-86702222 0571-86702223
杭州龙通丰田汽车销售服务有限公司	杭州西湖区古墩路 704 号	0571-88943888 0571-88945888	0571-88943111 0571-88945888
杭州康桥丰田汽车销售服务有限公司	杭州市萧山区通惠北路 698 号（振宁路交叉口）	0571-82877100 0571-82877800	0571-82879901 0571-82879902
杭州金丰丰田汽车销售服务有限公司	杭州市秋涛北路 381 号	0571-86993231（主）/86954599	0571-86998696
杭州和诚八下里丰田汽车销售服务有限公司	杭州市石祥路 256 号	0571-88028288（主） 0571-88293111（辅）	0571-88293999 13588879988
杭州东昌丰田汽车销售服务有限公司	杭州市富阳高桥镇新桥新路 1 号	0571-63165500	0571-63169388 0571-63169366
杭州康隆丰田汽车销售服务有限公司	杭州余杭临平藕花洲大街西段 152 号	0571-89058777 0571-86267511	0571-89276188
杭州滨文丰田汽车销售服务有限公司	杭州市滨江区聚业路 16 号	0571-56234567	0571-56234567
湖州信达丰田汽车销售服务有限公司	浙江湖州市凤凰开发区七里亭路 399 号	0572-2167666	0572-2166808
湖州金丰丰田汽车销售服务有限公司	浙江省湖州市八里店镇陆旺村松雪路 99 号	0572-2222888	0572-2165555
海宁佳禾丰田汽车销售服务有限公司	海宁经济开发区佳丰路 1 号（海宁大道与由拳路口）	0573-87017881 0573-87017882	0573-87011919 0573-87017889
桐乡常隆丰田汽车销售服务有限公司	浙江省桐乡市振东新区中华东路北侧	0573-88268888	0573-88021999
嘉兴良友丰田汽车销售服务有限公司	嘉兴市中环北路 3568 号	0573-83977666	0573-83976600
义乌市九丰丰田汽车销售服务有限公司	义乌市雪峰西路 288 号	0579-85531111	0579-85536669
金华大江南丰田汽车销售服务有限公司	金华市宾虹西路 85 号	0579-82277777 0579-82277636	0579-2277616 0579-2277619

公司名称 Corporate name	公司地址 Address	销售电话 Sales call	服务电话 Service call
义乌龙田丰田汽车销售服务有限公司	浙江省义乌市经发大道 232 号	0579-89907555	0579-85332332
永康市成长丰田汽车销售服务有限公司	金华永康市城西新区花城东路 258 号	0579-87289999	0579-87062222
东阳众运丰田汽车销售服务有限公司	浙江省东阳市世贸大道 55 号	0579-86978666	0579-86110133
宁波宁兴丰田汽车销售服务有限公司	宁波市江东区中兴南路 66 号	0574-87872555	0574-87872555-921 0574-87893338
宁波龙华丰田汽车服务有限公司	宁波市江北区江北大道 288 号	0574-86691525	0574-8669 2001
宁波轿辰丰田汽车销售服务有限公司	浙江省宁波市鄞州区下应北路 800 号	0574-87951000	0574-87951008
宁波雅华丰田汽车销售服务有限公司	宁波市雅戈尔大道 56 号	0574-88262188	0574-88262188-111
象山龙华丰田汽车销售服务有限公司	象山经济开发区城南高新创业园	0574-25738888	0574-25738866
奉化宁兴丰田汽车销售服务有限公司	奉化市江宁路	0574-88569880	0574-88569880
宁波和信丰田汽车销售服务有限公司	浙江省宁海县梅林街道平安西路 12 号（高速出口处汽车 4S 园区）	0574-83538555	0574-83526888
慈溪常隆丰田汽车销售服务有限公司	慈溪市横河镇马堰村加油站对面（余慈高速连接线）	0574-63978888	0574-63019999
余姚宁兴丰田汽车销售服务有限公司	浙江省余姚市梨洲街道东南经二路 1 号（谭家岭东路、阳光公寓东侧）	0574-62571999	0574-62816388
衢州中恒丰田汽车销售服务有限公司	衢州经济开发区凯旋西路 6 号	0570-8589666	0570-8517777
诸暨中升丰田汽车销售服务有限公司	诸暨市城西开发区北二环路 28 号	0575-87389177	0575-87389166
长兴众悦丰田汽车销售服务有限公司	长兴县李家巷镇章滨加油站东侧（老 104 国道旁）	0572-6550000	0572-6550099
绍兴五云丰田汽车销售服务有限公司	绍兴市越城区云东路 942 号（卧龙灯塔旁）	0575-88629888	0575-88649999
绍兴华润丰田汽车销售服务有限公司	绍兴柯桥（金柯桥大道与钱陶公路口）	0575-85570088 0575-85577799	0575-5571666 0575-5579379
上虞市胜康丰田汽车销售服务有限公司	浙江省上虞市小越镇新宅村（汽车城内丰田 4S 店）	0575-81266666	0575-81266999
嵊州龙华丰田汽车销售服务有限公司	浙江省嵊州市三江街道环城南路 668 号	0575-83211888	057581380308（预约） 0575-81380316（救援）
绍兴佳禾丰田汽车销售服务有限公司	绍兴市袍江新区汽车城丁港横路 39 号	0575-88158688	0575-88158686
临海大江南丰田汽车销售服务有限公司	浙江省台州市临海市靖江南路 158 号	0576-85506888	0576-85506999
台州市百合丰田汽车销售服务有限公司	台州市黄岩二环西路 288 号	0576-84128888	0576-84129999 0576-84619999
台州刚泰丰田汽车销售服务有限公司	浙江省台州市路桥区西迎宾大道 2 号	0576-82361888	0576-2361999 0576-2354011
台州椒江刚泰丰田汽车销售服务有限公司	台州市椒江区海门街道岳头村（疏港大道椒江二桥东侧）	0576-88187888	0576-88908878
温岭宇辰丰田汽车销售服务有限公司	浙江省温岭锦屏大道 7 号	0576-86186998	0576-86186999
温州华通丰田汽车服务有限公司	温州市温州大道南郊工业区 44-45 号	0577-88628888	0577-88605888 24 小时服务热线 13957799177

公司名称 Corporate name	公司地址 Address	销售电话 Sales call	服务电话 Service call
温州市瓯通丰田汽车销售服务有限公司	温州市机场大道屿田北路	0577-85621111	13282881111
乐清龙华丰田汽车销售服务有限公司	乐清市北白象镇塘下工业区 104 国道旁	0577-62863888	0577-62861999
舟山龙华丰田汽车销售服务有限公司	舟山龙华丰田汽车销售服务有限公司	0580-8668000	0580-8610333
金华大昌丰田汽车销售服务有限公司	金华市汽车城西 9 路（奔驰站旁边）	0579-82081888 0579-82082348	0579-2081918
嘉兴宝达丰田汽车销售服务有限公司	嘉兴市广益路 1338 号	0573-82671288	0573-2671222
丽水市金丰丰田汽车销售服务有限公司	丽水市岩泉汽车市场 4S 区 D 地块	0578-2137373	0578-2127770

福建地区

公司名称 Corporate name	公司地址 Address	销售电话 Sales call	服务电话 Service call
福建世纪丰田汽车销售服务有限公司	福建省福州市鼓楼区杨桥中路 277 号	0591-85337999 0591-85338999	0591-87238999
福州中升丰田汽车销售有限公司	福州市仓山区福厦高速公路连接处	0591-88038333	0591-88038021
福州玖玖丰田汽车销售服务有限公司	福州市马尾区江滨东大道 118 号	0591-83978799 0571-83978899 0571-83969699	0571-82879901 0571-82879902
福州前横中升丰田汽车销售服务有限公司	福州市晋安区前横路 199 号	0591-88008888	0591-88008899
泉州宾联丰田汽车销售服务有限公司	泉州市丰泽区华侨大学斜对面（汽车东站捷龙隔壁）	0595-22680660	0595-22671089
晋江新中利丰田汽车销售服务有限公司	晋江青阳和平中路 38 号（机场路口往石狮方向 1 公里处）	0595-85639888	0595-85631198
泉州市大长江丰田汽车销售服务有限公司	晋江市池店镇华洲村大长江汽车城	0595-22925333 0595-22926777	0595-22925222
泉州美东丰田汽车销售服务有限公司	泉州市鲤城区南环路树兜工业区 1210-1218 号	0595-36617777	0595-36615555 0595-36611777
南安室万事达丰田汽车销售服务有限公司	泉州市南安霞美镇汽贸城	27771112	27771111
三明玖玖丰田汽车销售服务有限公司	三明市三元区泉三高速三明南出口一公里处	0598-8257399 0598-8606999	0598-8602888
福建大川丰田汽车销售服务有限公司	福建省莆田市涵江区滨海大道	0594-3555999	0594-3555111
南平华通丰田汽车服务有限公司	南平市江滨南路 388 号（高速路南平出口）	0599-8893666	0599-8893777
宁德华强丰田汽车销售服务有限公司	宁德市东侨经济开发区万安东路福瑶路口	0593-2728888	0593-2728666
龙岩天润丰田汽车销售服务有限公司	龙岩市新罗区龙门镇物流大道 311-2 号	0597-2383808	0597-2383820
龙岩闽盛丰田汽车销售服务有限公司	龙岩市新罗区中城小洋新兴路（侨中新校区旁）	0597-2859999	0597-2851111
厦门中升丰田汽车销售服务有限公司	厦门市思明区湖滨北路中段外贸工业大厦（七星路中级人民法院西门对面）	0592-5122088	0592-5053297
厦门中达丰田汽车服务有限公司	厦门湖里区长浩路 1 号（麦德龙路口）	0592-5688989-207/208	0592-5688989-107 800-858-0880
厦门盛元丰田汽车销售服务有限公司	厦门市海沧区马青路（公安警察培训学校旁）	0592-6191888	0592-6197700 0592-6088995
漳州盛元丰田汽车销售服务有限公司	漳州市水仙大街与迎宾路交叉口西侧	0596-2136888	0596-2136999
漳州盛兴丰田汽车销售服务有限公司	漳州市蓝田开发区工业大道以西，横三路以北	0596-6096888	0596-6091666

◀ 广东地区

公司名称 Corporate name	公司地址 Address	销售电话 Sales call	服务电话 Service call
佛山市三水丰田汽车销售服务有限公司	佛山市三水区西南街横涌龙潭村“门口田”	0757-87771118	0757-87738208
佛山市高明南菱丰田汽车销售服务有限公司	佛山市高明区荷城高明大道与常安街交汇处	0757-88613098	0757-88613099
东莞市永佳丰田汽车销售服务有限公司	广东省东莞市厚街镇溪头村康乐南路段永佳丰田	0769-81691888	0769-85906111
东莞市南城丰田汽车销售服务有限公司	东莞市南城区白马科技大道（新南城汽车站对面）	0769-22980388	0769-22980333
东莞市东部丰田汽车销售服务有限公司	东莞市寮步国际汽车城 A0201 号	0769-83267666 0769-83522555	0769-83289777 0769-83522520
东莞龙华丰田汽车销售服务有限公司	东莞市万江大道新谷涌段	0769-22773388	0769-22773008
东莞凯润丰田汽车销售服务有限公司	东莞市虎门镇 107 国道白沙路段	0769-85132299	0769-85132999
东莞市天下行丰田汽车销售服务有限公司	东莞市常平镇苏坑村常朗路段	0769-83550666	0769-83559139 0769-83559169
东莞东美丰田汽车销售服务有限公司	东莞市塘厦镇东深二路林村段（光辉建材市场旁）	0769-82087777 0769-82087666	0769-82087888 0769-82087678
东莞市百力恒丰田汽车销售服务有限公司	东莞市长安镇振安路边锦厦一龙路河南区东侧	0769-81601266 0769-81601366	0769-81601555 0769-81601186
东莞东城丰田汽车销售服务有限公司	东莞东城区莞龙路下桥路段	0769-22019999	0769-22017777
东莞市安信丰田汽车销售服务有限公司	东莞市大岭山镇连平畔山村	0769-81870333	0769-82761777
广州广保丰田汽车销售服务有限公司	广州市天河区石牌黄埔大道西 483 号	020-38909631	020-38909632
广州沙河丰田汽车销售服务有限公司	广东省广州市天河区广州大道北 991 号	020-87054114 020-87218888 020-87054862	020-87056081 020-87222888
广州龙的丰田汽车销售服务有限公司	广州市黄埔区黄埔东路 1080 号大院 1 号	020-82494922	020-82494835 020-82394156
广州迎宾丰田汽车销售服务有限公司	广州市番禺区市桥迎宾路朱坑段	020-34800888-106	020-34800883
广州华通丰田汽车服务有限公司	广州大道南 1601-1603 号（华南汽贸）	020-84296351	020-84284066 020-84281655
广州庆丰丰田汽车销售服务有限公司	广州市白云区石井石丰路 3 号（增槎路广清高速庆丰收费站旁）	020-86028888	020-86023605 020-86023615
广州宗远丰田汽车销售服务有限公司	广州市天河区广汕二路 231 号（龙洞柯木塱路段）	020-87026378	020-87026365 020-87026376
广州市顺协丰田汽车销售服务有限公司	广州市白云区黄石路段广花路口西侧马务新街二号	020-86298288	020-86298188 020-80596338
广州新钜丰田汽车销售服务有限公司	广州市天河区广园东快速路黄村立交东北侧（珠吉路 11A 出口进入）禾镰贝路	020-82169276 020-82169273	020-82169613 020-82169319
广州市芳村丰田汽车销售服务有限公司	广州市荔湾区花地大道南沙尾桥东侧广钢开发区 1 号	020-81620308 020-81621327	020-81621913
广州南菱丰田汽车销售服务有限公司	广州市花都区建设北路南菱汽车城旁南菱丰田	020-86965788 020-28615888	020-28615889
广州广博丰田汽车销售服务有限公司	广州市黄埔大道东 742 号广州广博丰田汽车销售服务有限公司	020-82574105 020-82574106	020-82574385 020-82574386
广州骏辉丰田汽车销售服务有限公司	广州市白云大道北 1383 号	020-86059110	020-86059300 020-86059611
广州永佳丰田汽车销售服务有限公司	广州市番禺区大石迎宾路 634 号永佳丰田	020-34891888	020-34892111
广州中升丰田汽车销售服务有限公司	广州市新塘镇广园快速路与新新公路交汇口	020-82980000	020-82971508

公司名称 Corporate name	公司地址 Address	销售电话 Sales call	服务电话 Service call
广州兆方丰田汽车销售服务有限公司	广州增城市荔城街广汕公路三联路段	020-32831111 020-32832226	020-32832228 020-32832229
河源中裕丰田汽车销售服务有限公司	河源市源城区河源大道南风光加油站前 100 米	0762-3839666	0762-3689866
惠州俊峰丰田汽车销售服务有限公司	惠州市河南岸下马庄 15 号小区	0752-2530088 0752-2530098	0752-2530089 0752-2530099
惠州展通丰田汽车销售服务有限公司	惠州市惠州大道北 12 号	0752-2831980 0752-2870788	0752-2831920 0752-2870788
惠州骏爵丰田汽车销售服务有限公司	惠阳区淡水镇桥背惠南大道南（距建设局 100 米）	0752-3819198 0752-3819588	0752-3819838
揭阳合胜丰田汽车销售服务有限公司	揭阳市东山区环市北路与仁义路交界	0663-8295222	0663-8295333
梅州深业丰田汽车销售服务有限公司	梅州市梅江区三角村 206 国道旁	0753-2119999 0753-2119988 0753-2119888	0753-2119955 0753-2119966
南海桂城丰田汽车销售服务有限公司	佛山市南海区桂城桂平路与佛山一环交汇处（佛山一环 23 出口）	0757-86250289	0757-86263813
佛山骏安丰田汽车销售服务有限公司	佛山市南海区桂城海八路华南汽车城标志塔侧	0757-81232888	0757-86257888
佛山市南海合诚丰田汽车销售服务有限公司	佛山市南海区桂城桂澜路石（石肯）路段	0757-81857111	0757-81858000
佛山市强劲丰田汽车销售服务有限公司	佛山市禅城区佛山大道中 38 号北区北一号二楼市场部	0757-83963331	0757-83961180
清远南方丰田汽车销售服务有限公司	清远市清城区人民四路中汽南方国际汽车城南方丰田店	0763-3858666	0763-3858999
汕头华通丰田汽车销售服务有限公司	汕头市泰山路东侧站南小区	0754-88828298 0754-88828299	0754-8828228 0754-8828338
汕头合众丰田汽车销售服务有限公司	汕头市 29 街区 F 地块（珠江路 - 汕头海关对面）	0754-88996933 0754-88996199 0754-88896706	0754-8996939 0754-8996909
汕尾中溢丰田汽车销售服务有限公司	汕尾市区海汕公路埔边工业区路段（嶺峰集团对面）	0660-3447888	6603447666
韶关利泰丰田汽车销售服务有限公司	韶关市浈江区广韶路南郊六公里	0751-8283888	0751-8263666
潮州合和丰田汽车销售服务有限公司	潮州市潮安县浮洋镇潮汕公路新丰路段东侧	0768-6800000	0768-6800222
深圳市大兴丰田汽车销售有限公司	深圳市罗湖区宝安北路华南汽车交易中心 A35 号	0755-82122933 0755-82441880	0755-82122933 0755-82441820
深圳市华日丰田汽车销售服务有限公司	深圳市罗湖区泥岗西路 1006 号华日汽车大厦	0755-25970966 -1	0755-25970966 -2
深圳市深业丰田汽车销售服务有限公司	深圳市南山区南头街道宝安大道北双界河以东嘉进隆前海汽车城 E 区 02A 栋	0755-26710818	0755-26710686
深圳市都通丰田汽车销售服务有限公司	深圳市龙岗区横岗荷坳长江埔路 68 号（龙岗大道荷坳路口转入荷坳派出所方向，直行 500 米）	0755-28681999	0755-28611100
深圳市兆方丰田汽车销售服务有限公司	深圳市华侨城侨香路兆方汽车广场 B 座	0755-26009002 0755-26009030	0755-26009011 0755-26009010
深圳市红彤丰田汽车销售服务有限公司	深圳市龙岗区龙平西路 14 号（回龙埔）	0755-89913000	0755-89913000
深圳骏爵丰田汽车销售服务有限公司	深圳市福田区红荔西路联合华鹏汽车交易广场 B3-1B 号	0755-82899855	0755-83051997
深圳市易达丰田汽车销售服务有限公司	深圳市南山区月亮湾大道火车西站南侧	0755-26465666 /2646/5999	0755-26163351 0755-26463353 /2608/6939
深圳中升丰田汽车服务有限公司	深圳市宝安区前进二路宝田工业区	0755-27346888 /2734/6318	0755-27346718 0755-27346888

公司名称 Corporate name	公司地址 Address	销售电话 Sales call	服务电话 Service call
深圳宝安大兴丰田汽车销售服务有限公司	深圳市宝安区西乡大道西 97 区劳动村	0755-27909988	0755-27948048
深圳中升迎宾丰田汽车销售服务有限公司	深圳市宝安区沙井街道万丰中心路第六栋 1 至 3 楼	0755-27279999	0755-27272211
深圳市深业隆华丰田汽车销售服务有限公司	深圳市龙华新区龙华街道和平路 28 号	0755-28122220 0755-28159898	0755-28122377
深圳市大兴观澜丰田汽车销售服务有限公司	深圳市宝安区观澜街道田背路口（观澜大道与环观南路交汇处）	0755-28011918 0755-28019988	0755-28019618
深圳市兴业丰田汽车销售服务有限公司	深圳市宝安区沙井镇新桥 107 国道东侧	0755-29072888	0755-29072666
深圳市光明新区光明丰田汽车销售服务有限公司	深圳市光明新区公明松白路 705 号松明工业区内（旧马田收费站旁）	0755-29752666	0755-29756688
佛山市顺德合诚丰田汽车销售服务有限公司	佛山市顺德大良广珠公路新松路段 27 号地	0757-22383999	0757-22383976 0757-22383983
佛山市龙江丰田汽车销售服务有限公司	广东佛山市顺德区龙江镇龙洲西路 3-2 段	0757-23872688	0757-23872838
江门华通丰田汽车销售服务有限公司	江门市建设三路 156 号	0750-3220918 0750-3228511	0750-3228500 0750-3286852
江门强劲丰田汽车销售服务有限公司	江门市新会区会城冈州大道东 28 号（江门厨具市场正对面）	0750-6660888	18929006622 0750-6168826
江门市永佳丰田汽车销售服务有限公司	江门市江海区五邑路麻二中心里九巷 8 号	0750-3898888	0750-3893988
珠海市珠光丰田汽车销售服务有限公司	珠海市珠海大道屏东一路 2 号	0756-8695900 0756-8695901	0756-8695911 0756-8695912
珠海市腾达丰田汽车销售服务有限公司	珠海市香洲区前山工业片区华宇路 89 号	0756-8651666 0756-8651968	0756-8651222
中山中裕丰田汽车销售服务有限公司	中山市火炬开发区大岭工业区 16 号	0760-85339999	0760-85596241 0760-85596242
中山创世纪丰田汽车销售服务有限公司	中山市西区彩虹大道 91 号	0760-88552808 0760-88553808	0760-88556108 0760-88553808
中山三联丰田汽车销售服务有限公司	中山市南区城南一路 10 号	0760-23331213	0760-23331222 0760-23339322
中山小榄庆丰丰田汽车销售服务有限公司	中山市小榄镇菊城大道西	0760-22838088 0760-22838089	0760-22838001 0760-22838002
茂名华通丰田汽车销售服务有限公司	茂名市开发区站南路 345-347 号	0668-2791808	0668-2791811
云浮中裕丰田汽车销售服务有限公司	云浮市云城区城北过境公路武警大楼往罗定方向 100 米	0766-8938000	0766-8938001
阳江中熙丰田汽车销售服务有限公司	阳江市阳东县东城镇东风四路高速公路入口前	0662-6660888	0662-6890999
湛江市骏华丰田汽车销售服务有限公司	湛江市人民大道北 38 号（市体育中心北侧）	0759-3330888	0759-3201333
肇庆东联丰田汽车销售服务有限公司	肇庆市肇庆学院前过境公路北侧	0758-2716988	0758-2716989
四会市广利丰田汽车销售服务有限公司	肇庆市四会城中街道省道 263 线南面，高狮村委会林寨村公墩，四会广利丰田专营店	0758-3238688	0758-3331288

广西地区

公司名称 Corporate name	公司地址 Address	销售电话 Sales call	服务电话 Service call
北海易达丰田汽车销售服务有限公司	广西北海市上海路 2 号	0779-2068866 0779-2068822	0779-2073344 0779-2072233
广西贵港骏业丰田汽车销售服务有限公司	广西贵港市金港大道东段贵港公路局场地内	0775-4585858	0775-4575858
桂林中达丰田汽车销售服务有限公司	广西桂林市八里街工业园区（八里街农产品批发市场往北 300 米）	0773-2667888 0773-2637188	0773-2637733

公司名称 Corporate name	公司地址 Address	销售电话 Sales call	服务电话 Service call
桂林明渝丰田汽车销售服务有限公司	广西省桂林市秀峰区机场路路口村东南侧	0773-3825566	0773-3835566
柳州航盛丰田汽车销售服务有限公司	柳州市柳工大道广西汽车贸易园 3 号	0772-8803333 0772-8803222	0772-8803111 0772-8803555
柳州庆鸿丰田汽车销售服务有限公司	柳州市燎原路 23 号	0772-3108686	0772-3850015
南宁中达丰田汽车销售服务有限公司	广西南宁市白沙大道 24 号	0771-4919911 0771-4919111	0771-4916143 0771-4919111
南宁广缘丰田汽车销售服务有限公司	南宁市厢竹大道 12 号	0771-5531848	0771-5534840
南宁天下行丰田汽车销售服务有限公司	南宁市高新大道东段 9 号	0771-3819266	0771-3819299
南宁长久博丰丰田汽车销售服务有限公司	广西南宁市江南区南宁经济开发区那历路 16 号	0771-2612988	0771-2617988
钦州中达丰田汽车销售服务有限公司	广西钦州市扬州街（北部湾国际建材城西侧）	0777-3839999	
广西玉林骏业丰田汽车销售服务有限公司	玉林市二环东路 31 号	0775-2663838	0775-2689838
梧州中裕丰田汽车销售服务有限公司	广西省梧州市长洲区三龙大道 80 号（梧州职业学院斜对面）	0774-3833999	0774-3858999
百色广缘丰田汽车销售服务有限公司	百色市右江区进城大道与东环路交汇处	'07762800162	07762800190
防城港市易达丰田汽车销售服务有限公司	防城港市防城区钦防路与高速收费站之间加油站旁	0770-2217766	0770-2217788
贺州中南丰田汽车销售服务有限公司	贺州市八步区江北东路中南丰田	0774-5203338	0774-5203339

海南地区

公司名称	公司地址	销售电话	服务电话
海口日之星丰田汽车销售服务有限公司	海南省海口市南海大道西 10 号（凤凰花城南门对面）	0898-68683667 0898-68683668	0898-68683388 0898-68683399
海口嘉华丰田汽车销售服务有限公司	海口市南海大道 67 号	0898-66801155 0898-66801166	0898-66801199 0898-66801191
海口展通丰田汽车销售服务有限公司	海口市美兰区琼山大道 259 号（波上西村）	0898-65911777 0898-65726005	0898-65725881
三亚丰正华丰田汽车销售服务有限公司	三亚市迎宾路 498 号（田独镇新政府对面）	0898-38211666 0898-38211699	0898-38211678

四川地区

公司名称	公司地址	销售电话	服务电话
达州启阳丰田汽车销售服务有限公司	达州市达县杨柳工业配套园区	0818-2222166 0818-2117008	0818-2222166 0818-2117988
宜宾广汇丰田汽车销售服务有限公司	宜宾市临港经济技术开发区飞云路北段 72 号	2394666	3583366
攀枝花市正和丰田汽车销售服务有限公司	攀枝花市金沙江大道东段小沙坝	0812-6869999	0812-6860000
广元富远丰田汽车销售服务有限公司	广元市元坝区食品工业园内	0839-8737666	0839-873777
成都中升丰田汽车销售服务有限公司	成都市双流县东升街办龙桥社区成都中升丰田	028-85831111	028-85834666
成都安利捷丰田汽车销售服务有限公司	成都市高新区机场路辅道（三环路蓝天立交辅道内侧）	028-85179999-288/ 028-85134778	028-85175058 028-85185107
四川成都中达丰田汽车销售服务有限公司	成都苏坡西路 33 号（三环立交桥头）	028-87338888	028-87338888-1005/1006/1007/1008
成都中道成丰田汽车销售服务有限公司	成都市金牛区天回镇蓉都大道天回路 869 号（天回二库旁）	028-83571111 028-83579800	028-83576666 028-68032106

公司名称 Corporate name	公司地址 Address	销售电话 Sales call	服务电话 Service call
成都三和丰田汽车销售服务有限公司	成都市金牛区蜀西路 23 号	028-87591111 028-87591188	028-87591199
成都锦泰丰田汽车销售服务有限公司	四川省成都市龙泉驿区东三环路五段航天立交桥外侧 / 惠王陵西路 266 号（火车东站三环路对面）	028-96575	028-66008888 028-84636161
成都启阳华通丰田汽车销售服务有限公司	成都市天府大道南延线 华阳华府大道 2 段 854 号（华府机动车检测站旁）	028-62808866 028-62808867	028-62808899
德阳市宏泰丰田汽车销售服务有限公司	德阳市金沙江路中段（成绵高速公路八角收费站正对面）	0838-2652222	0838-2659999
乐山安利捷丰田汽车销售服务有限公司	四川省乐山市市中区苏稽镇乐峨西路 799 号（乌木博物院对面）	0833-2586666	0833-2567789
绵阳高新区丰田汽车销售服务有限公司	绵阳市绵兴中路 200 号	0816-2562222 0816-2563399	0816-2562555
南充通源丰田汽车销售服务有限公司	南充市高坪区东顺路航空港国际汽车城（一汽丰田）	0817-3511999	0817-3327000
泸州通源丰田汽车销售服务有限公司	四川省泸州市江阳区蓝田轻工业园区川南汽车公园	0830-2629000	0830-2629000
自贡南环丰田汽车销售服务有限公司	自贡市贡井区南环路 21 号	0813-5882222	0813-5961111

贵州地区

公司名称 Corporate name	公司地址 Address	销售电话 Sales call	服务电话 Service call
贵阳通源丰田汽车销售服务有限公司	贵阳市云岩区新添大道南段 485 号	0851-6770689	0851-6770999-6600
贵州贵广丰田汽车销售服务有限公司	贵州省贵阳市花溪区孟关汽车城车管所下行 80 米	0851-6593111	0851-3653470
六盘水通源丰田汽车销售服务有限公司	六盘水市中钟山西路白鹤高架桥北侧康达汽车城	0858-8325577	0858-8766594
遵义通源丰田汽车销售服务有限公司	贵州省遵义市汇川区长沙路汽车城东段	0852-8955888 0852-8627222	0852-8950000

云南地区

公司名称 Corporate name	公司地址 Address	销售电话 Sales call	服务电话 Service call
大理中升丰田汽车销售服务有限公司	大理经济开发区巍山路（泛亚汽车城）	0872-2315168	0872-2325389
红河中升丰田汽车销售服务有限公司	红河州蒙自县红河大道工业园区内	0873-3942356 0873-3942340	0873-3942355 0873-3942351
昆明中升丰田汽车销售服务有限公司	昆明市白龙路 516 号	0871-65014885	0871-65012888-36/32/33/34/65015096
云南中升迎宾丰田汽车销售服务有限公司	云南省昆明市西园北路 139 号	0871-65386666	0871-66352047
昆明联亚丰田汽车销售服务有限公司	昆明市高新技术开发区小屯汽车城	0871-68325555	0871-68310111
昆明庞大丰雅丰田汽车销售服务有限公司	昆明市西山区碧鸡路第二园博园 1 号（高海高速入口处）	0871-68529666	0871-68528999
曲靖中升丰田汽车销售服务有限公司	云南省曲靖市南片区中心商务区子午路东侧	0874-3214885	0874-3217272
玉溪中升丰田汽车销售服务有限公司	玉溪市红塔区李棋镇太极路中段	0877-2787777 0877-2088989	0877-2667299 0877-2667288
文山中升丰田汽车销售服务有限公司	文山市开化南路文砚公路旁	0876-2614666	0876-2614999
楚雄联亚丰田汽车销售服务有限公司	楚雄开发区滇中汽车城 7 号展厅	0878-3243999 13211824280	0878-3245777 18687166338
保山联亚丰田汽车销售服务有限公司	保山市隆阳区龙泉路与兰惠南路交叉口（保山交通驾校旁）	0875-2212222	0875-2201111

重庆地区

公司名称 Corporate name	公司地址 Address	销售电话 Sales call	服务电话 Service call
重庆龙华人和丰田汽车销售服务有限公司	重庆市北部新区人和立交支路 3 号	023-67538177	023-67538277
重庆百事达丰田汽车销售服务有限公司	重庆市江北区五里店五红路 6 号（黄花园大桥北桥头）	023-86819777	023-67989555
重庆华通丰田汽车销售服务有限公司	重庆市北部新区金渝大道 99 号（汽博中心 C 区）	023-67883600 023-67398100	023-67469515
重庆万家丰田汽车销售服务有限公司	重庆市巴南区渝南大道 66 号渝南汽车超市处	023-86992555 023-86992777	023-86992666
重庆渝都丰田汽车服务有限公司	重庆市高新区科园四路 300 号（会展中心对面）	023-68632684/ 0060-8068	023-68630018
重庆百事达华丰丰田汽车销售服务有限公司	重庆万州江南新区联合坝	023-87663666	023-87663555

甘肃地区

公司名称 Corporate name	公司地址 Address	销售电话 Sales call	服务电话 Service call
兰州赛驰丰田汽车销售服务有限公司	兰州市城关区左家湾 588 号	0931-8366966 0931-8313879	0931-8362335 0931-8352168
兰州航天龙腾丰田汽车销售服务有限公司	兰州市安宁区北滨河西路 88 号（安宁区沙井驿新纪元汽车城）	0931-7706777	0931-7708333
武威金色丰田汽车销售服务有限公司	甘肃省武威市凉州区凉州区金色大道金沙物流园北侧 50 米处	0935-2316111 0935-2316222	0935-2318772 0935-2318773
酒泉赛驰丰田汽车销售服务有限公司	酒泉市西郊工业园区经八路口酒泉赛驰丰田公司	0937-2000018	0937-2800019
庆阳大昌丰田汽车销售服务有限公司	甘肃省庆阳市西峰区陇东汽车城内	0934-6647888	0934-6647666
白银海天高新丰田汽车销售服务有限公司	甘肃省白银市白银区中小企业园海天汽车城内	0943-8611222	0943-8511222
平凉恒信丰田汽车销售服务有限公司	甘肃省平凉市工业园区东一路三号	0933-8699111	0933-8699222
甘肃省定西市安定区南川开发区丰田 4S 店	甘肃省定西市安定区南川开发区丰田 4S 店	0932-8315888	0932-8321999
张掖高新丰田汽车销售服务有限公司	甘肃省张掖市滨河新区绿洲物流园区发展大道南侧	0936-8228777	0936-8514999

陕西地区

公司名称 Corporate name	公司地址 Address	销售电话 Sales call	服务电话 Service call
汉中恒信丰田汽车销售服务有限公司	汉中市经济开发区汉中市经济开发区崔家沟转盘向西 1000 米	0916-2310008 0916-2310009	0916-2318999
西安华通丰田汽车销售服务有限公司	西安市高新区高新路南段	029-88328006 029-88328007	029-88325112
西安航天龙腾丰田汽车销售服务有限公司	西安市经济技术开发区文景北路 20 号	029-86517333 029-86512497	029-86512500
西安新铭洋丰田汽车销售服务有限公司	西安高新技术开发区锦业二路 67 号	029-68901111	029-68901111
陕西航天盛世丰田汽车销售服务有限公司	西安市航天基地航天中路 309 号（航天管委会西 100 米）	029-84168888	029-85673636
榆林高新丰田汽车销售服务有限公司	榆林市经济开发区榆溪大道能源路（西部三辰西南侧）	0912-3518887 0912-3516789	0912-3516558
榆林新铭洋丰田汽车销售服务有限公司	榆林市神木县第二新村工业园区	0912-7160222	0912-7160333
渭南白云丰田汽车销售服务有限公司	渭南市高新区东风大街西段 51 号	0913-2098666	0913-2062999
延安航天龙腾丰田汽车销售服务有限公司	延安市宝塔区柳林镇南二十里铺金地葵花汽车城（上海大众 4S 店南侧）	0911-8875888	0911-8875899
宝鸡市威龙丰田汽车销售服务有限公司	宝鸡市陈仓区南环路（会展中心东 200 米路南）	0917-3688888	0917-3966666

公司名称 Corporate name	公司地址 Address	销售电话 Sales call	服务电话 Service call
安康华通丰田汽车销售服务有限公司	陕西省安康市高新技术产业开发区钻石路东段	0915-3838000	0915-3838999
新疆地区			
乌鲁木齐华通丰田汽车销售服务有限公司	乌鲁木齐市苏州东街 195 号	0991-6698600 0991-6668989	0991-6668990 ftczy@sina.com
乌鲁木齐天汇博望丰田汽车销售服务有限公司	乌鲁木齐市米东区永顺 1526（天汇汽车）	0991-6865666 0991-6865888	0991-6865999 0991-6889661 toyotafw@sina.com
乌鲁木齐航天龙腾丰田汽车销售服务有限公司	乌鲁木齐市头屯河区头屯河公路天恒基汽车城内（八钢路与乌奎高速交叉口西南角）	0991-3182666	0991-3182626
巴州华通丰田汽车销售服务有限公司	库尔勒市迎宾路	0996-2110668 0996-2110288	0996-2809200 0996-2110161 bz62821@sohu.com
克拉玛依华通丰田汽车销售服务有限公司	克拉玛依市西环路四号	0990-6666616 0990-6666618	0990-6247110
哈密市华通丰田汽车销售服务有限公司	哈密市北出口广东工业园区大西洋路广汇汽车城（交警大队斜对面）	0902-2506222	0902-2393327
昌吉庞大丰雅丰田汽车销售服务有限公司	昌吉市乌伊西路 118 号小区庞大汽车城内	0994-2701888	0994-2323006
阿克苏华通丰田汽车销售服务有限公司	新疆阿克苏市温宿县阿温大道大欣国际汽车城 3 区 9 号	0997-4010888	0997-4010999
喀什华通丰田汽车销售服务有限公司	新疆喀什地区疏附县商贸城五羊大道 3 号	0998-3161666	0998-3161609
伊犁东驰丰田汽车销售服务有限公司	伊宁市巴彦岱镇清伊高速路路口汽车城斜对面伊犁东驰丰田展厅	0999-8888338	0999-8888618
青海地区			
西宁康南丰田汽车销售服务有限公司	西宁市城东区康南路 6 号	0971-8805989	0971-8805176
西宁航天龙腾丰田汽车销售服务有限公司	青海省西宁市城南新区同安路 143 号（南川工业园区清河村西九公路旁）	0971-2225666 0971-2225999	0971-2212345 0971-2212333
宁夏地区			
宁夏银川上陵丰田汽车销售服务有限公司	宁夏银川市兴庆区丽景北街 730 号（满春大酒店向北 800 米）	0951-6724777	0951-6732358
银川安利捷丰田汽车销售服务有限公司	银川德胜工业园区虹桥路东侧	0951-8077111	0951-8940777
宁夏吴忠上陵丰田汽车销售服务有限公司	宁夏吴忠市利通区灵州大道以北国际汽车城	0953-2030666	0953-2032555
西藏地区			
西藏拉萨新动力丰田汽车销售服务有限公司	拉萨市金珠西路 151 号	0891-6860999	0891-6867999
西藏泰立丰田汽车销售服务有限公司	西藏日喀则市桑珠孜区朗热路一汽丰田店	0892-8662000 13989911618	0892-8663456 13518918515

交通图

COMMUNICATIONS MAP

世界遗产名录(中国)

世界文化遗产(33处)：1. 明清皇宫(北京故宫、沈阳故宫) 2. 周口店“北京人”遗址 3. 长城 4. 陕西秦始皇陵及兵马俑坑 5. 甘肃敦煌莫高窟 6. 河北承德避暑山庄及周围寺庙 7. 山东曲阜孔庙、孔林、孔府 8. 湖北武当山古建筑群 9. 西藏布达拉宫(大昭寺、罗布林卡) 10. 云南丽江古城 11. 山西平遥古城 12. 江苏苏州古典园林 13. 北京颐和园 14. 北京天坛 15. 重庆大足石刻 16. 四川都江堰一青城山 17. 河南洛阳龙门石窟 18. 皖南古村落(西递、宏村) 19. 明清皇家陵寝(湖北明显陵、河北清东陵、河北清西陵、江苏明孝陵、北京十三陵、辽宁盛京三陵) 20. 山西云冈石窟 21. 吉林高句丽王城、王陵及贵族墓葬 22. 澳门历史城区 23. 河南安阳殷墟 24. 福建土楼 25. 开平雕楼与古村落 26. 河南郑州登封“天地之中”历史建筑群 27. 内蒙古元上都遗址 28. 云南红河哈尼梯田 29. 天山 30. 大运河 31. 永顺宣慰司土司 32. 唐崖土司城 33. 海龙屯

文化景观(4处)：1. 江西庐山 2. 山西五台山 3. 浙江杭州西湖 4. 广西左江花山岩画艺术文化景观

世界自然遗产(11处)：1. 四川九寨沟 2. 四川黄龙 3. 湖南武陵源 4. 云南三江并流 5. 四川大熊猫栖息地 6. 中国南方喀斯特(云南石林、贵州荔波县、重庆武隆) 7. 江西上饶三清山 8. 丹霞地貌(广东丹霞山、福建泰宁、湖南崀山、贵州赤水、江西龙虎山和龟峰、浙江江郎山) 9. 云南澄江化石地 10. 新疆天山 11. 湖北神农架

世界文化和自然遗产(4处)：1. 山东泰山 2. 安徽黄山 3. 四川峨嵋山-乐山大佛 4. 福建武夷山

世界记忆遗产(1处)：1. 南京大屠杀档案

中国国家级风景名胜区(225处)

北京市 八达岭—十三陵　石花洞
天津市 盘山
河北省 承德避暑山庄及外八庙、秦皇岛北戴河、野三坡、苍岩山、嶂石岩、西柏坡—天桂山、崆山白云洞、太行大峡谷、响堂山、娲皇宫
山西省 五台山、恒山、黄河壶口瀑布、北武当山、五老峰、碛口
内蒙古自治区 扎兰屯
辽宁省 千山、鸭绿江、金石滩、兴城海滨、大连海滨—旅顺口、凤凰山、本溪水洞、青山沟、医巫闾山
吉林省 松花湖　八大部—净月潭　仙景台　防川
黑龙江省 镜泊湖　五大连池　太阳岛
江苏省 太湖　南京钟山　云台山　蜀岗—瘦西湖　镇江三山
浙江省 杭州西湖、富春江—新安江、雁荡山、普陀山、天台山、嵊泗列岛、楠溪江、莫干山、雪窦山、双龙、仙都、江郎山、仙居、浣江—五泄、方岩、百丈漈—飞云湖、方山—长屿硐天、天姥山、大红岩
安徽省 黄山、九华山、天柱山、琅琊山、齐云山、采石、巢湖、花山谜窟—渐江、太极洞、花亭湖
福建省 武夷山、清源山、鼓浪屿—万石山、太姥山、桃源洞—鳞隐石林、金湖、鸳鸯溪、海坛、冠豸山、鼓山、玉华洞、十八重溪、青云山、佛子山、宝山、福安白云山、灵通山、湄洲岛
江西省 庐山、井冈山、三清山、龙虎山、仙女湖、三百山、梅岭—滕王阁、龟峰、高岭—瑶里、武功山、云居山—柘林湖、灵山、神农源、大茅山
山东省 泰山、青岛崂山、胶东半岛海滨、博山、青州
河南省 鸡公山、洛阳龙门、嵩山、王屋山—云台山、尧山(石人山)、林虑山、青天河、桐柏山-淮源、郑州黄河、神农山
湖北省 武汉东湖、武当山、大洪山、隆中、九宫山、陆水
湖南省 衡山、武陵源(张家界)、岳阳楼—洞庭湖、韶山、岳麓、崀山、猛洞河、桃花源、紫鹊界梯田—梅山龙宫、德夯、苏仙岭-万华岩、南山、万佛山-侗寨、虎形山-花瑶、东江湖、凤凰、沩山、炎帝陵、白水洞
广东省 肇庆星湖、西樵山、丹霞山、白云山、惠州西湖、罗浮山、湖光岩、梧桐山
广西壮族自治区 桂林漓江、桂平西山、花山
海南省 三亚热带海滨
重庆市 长江三峡(与湖北共有)、缙云山、金佛山、四面山、芙蓉江、天坑地缝、潭獐峡
四川省 峨眉山、九寨沟—黄龙寺、青城山—都江堰、剑门蜀道、贡嘎山、蜀南竹海、西岭雪山、四姑娘山、石海洞乡、邛海—螺髻山、白龙湖、光雾山—诺水河、天台山、龙门山
贵州省 黄果树、织金洞、㵲阳河、红枫湖、龙宫、荔波樟江、赤水、马岭河、都匀斗篷山—剑江、九洞天、九龙洞、黎平侗乡、紫云格凸河穿洞、平塘、榕江苗山侗水、石阡温泉群、沿河乌江山峡、瓮安江界河
云南省 路南石林、大理、西双版纳、三江并流、昆明滇池、玉龙雪山、腾冲地热火山、瑞丽江—大盈江、九乡、建水、普者黑、阿庐
西藏自治区 雅砻河、纳木措-念青唐古拉山、唐古拉山-怒江源、土林-古格
陕西省 华山、临潼骊山—秦兵马俑、宝鸡天台山、黄帝陵、合阳洽川
甘肃省 麦积山、崆峒山、鸣沙山—月牙泉
青海省 青海湖
宁夏回族自治区 西夏王陵、须弥山石窟
新疆维吾尔自治区 天山天池、库木塔格沙漠、博斯腾湖、赛里木湖、罗布人村寨

图例
世界自然文化遗产
国家重点风景名胜区
俄罗斯
萨哈林岛（库页岛）
鄂霍次克海
鞑靼海峡
北海道岛
日本海
日本
本州
四国岛
九州岛
东京
大阪
名古屋
广岛
福冈
仙台
札幌
函馆
稚内
南萨哈林斯克
哈巴罗夫斯克（伯力）
符拉迪沃斯托克（海参崴）
布拉戈维申斯克（海兰泡）
共青城
赤塔
平壤
首尔
朝鲜
韩国
济州岛
朝鲜海峡
黄海
渤海
东海
太平洋
琉球群岛
冲绳岛
钓鱼岛
赤尾屿
台湾岛
台北
高雄
澎湖列岛
南海
东沙群岛
巴布延群岛
吕宋岛
菲律宾
拉瓦格
海南岛
海口
三亚
北京
天津
上海
香港
澳门
内蒙古自治区
黑龙江省
吉林省
辽宁省
河北省
山西省
山东省
河南省
江苏省
安徽省
浙江省
江西省
湖北省
湖南省
福建省
广东省
广西壮族自治区
哈尔滨
长春
沈阳
呼和浩特
石家庄
太原
济南
郑州
西安
南京
合肥
杭州
武汉
南昌
长沙
福州
广州
南宁
漠河
满洲里
呼伦湖
呼伦贝尔
扎兰屯
齐齐哈尔
大庆
绥化
伊春
鹤岗
佳木斯
七台河
鸡西
牡丹江
同江
富锦
黑河
加格达奇
乌兰浩特
白城
松原
吉林
四平
辽源
通化
图们
珲春
锡林浩特
二连浩特
林西
通辽
赤峰
承德
张家口
大同
鄂尔多斯
乌海
榆林
绥德
延安
临汾
长治
唐山
秦皇岛
葫芦岛
营口
丹东
大连
烟台
荣成
威海
潍坊
青岛
日照
连云港
淮安
盐城
南通
徐州
淮北
蚌埠
阜阳
商丘
菏泽
洛阳
漯河
南阳
信阳
襄樊
荆门
荆州
宜昌
十堰
恩施
张家界
吉首
怀化
常德
岳阳
九江
景德镇
黄山
衢州
温州
台州
宁波
舟山
鹰潭
上饶
新余
萍乡
吉安
赣州
衡阳
永州
郴州
韶关
梅州
汕头
厦门
泉州
三明
南平
宁德
桂林
柳州
梧州
玉林
钦州
北海
防城港
湛江
茂名
肇庆
河源
惠州
徐闻
儋州
东方
五大连池
扎兰屯
镜泊湖
松花湖
八大部—净月潭
仙景台
防川
沈阳故宫
本溪水洞
医巫闾山
鞍山千山
凤凰山
鸭绿江
青山沟
高句丽王城、王陵及贵族墓葬
兴城海滨
金石滩
大连—旅顺口
故宫
颐和园
天坛
周口店北京人遗址
避暑山庄及外八庙
明十三陵
万里长城
清东陵
清西陵
北戴河
野三坡
云冈石窟
恒山
五台山
西柏坡—天桂山
苍岩山
北武当山
平遥古城
嶂石岩
崆山白云洞
安阳殷墟
黄帝陵
壶口瀑布
五老峰
秦始皇陵及兵马俑坑
华山
临潼骊山
龙门石窟
王屋山—云台山
嵩山
石人山
鸡公山
大运河
胶东半岛海滨
崂山
泰山
曲阜孔庙、孔府、孔林
琅琊台
云台山
南京大屠杀档案
三山
南京钟山
苏州园林
太湖
瘦西湖
琅琊山公园
采石矶
太极洞
天柱山
九华山
黄山
安徽古村落
齐云山
西湖
普陀山
天台山
嵊泗列岛
浣江—五泄
双龙
北雁荡山
江郎山
楠溪江
仙居
花山谜窟—浙江
武当山
神农架
长江三峡
大洪山
明显陵
武汉东湖
隆中
九宫山
陆水
三清山
龙虎山
庐山
龟峰
武夷山
太姥山
清源山
鼓浪屿—万石山
福建土楼
冠豸山
桃源洞—鳞隐石林
十八重溪—青云山
井冈山
三百山
丹霞山
西樵山
开平碉楼
罗浮山
桂平西山
香港特别行政区
澳门特别行政区
澳门历史城区
湛江湖光岩
三亚热带海滨
武陵源
岳阳楼
韶山
衡山
猛洞河
桃花源
紫鹊界
南海诸岛 1:4676万
西沙群岛
中沙群岛
南沙群岛
东沙群岛
黄岩岛
马尼拉
斯里巴加湾市
河内
胡志明市
曾母暗沙

崇礼区
赤城
张家口市
塞北滑雪场
宣化区
下花园区
涿鹿
怀来
桑干河
白河
黑河
西沟东沟
清水河
官厅水库
北
太
行
山
省
黄帝城遗址
峡谷漂流
箭扣长城
小五台山
小龙门
灵山
东灵山
野三坡
百里峡
邬家栅子
下马鹿沟
硅化木
千家店镇
燕山天池
河口
石槽
滴水壶
白河堡水库
香营乡
刘斌堡乡
上营
珍珠泉
海坨山
龙庆峡
旧县镇
永宁镇
四海镇
都
松山
张山营镇
古崖居
沈家营镇
井庄镇
太平庄北沟
莲花山
延庆区
大榆树镇
大庄科乡
康西草原
康庄镇
八达岭长城
八达岭镇
中国长城博物馆
小西湖
碓臼峪
延寿镇
九渡
居庸关长城
明十三陵
蟒山
大杨山
天龙潭
十三陵镇
十三陵水库
鹿角湾
南口镇
昌平区
九龙游乐园
白羊沟
长峪城
明皇蜡像宫
崔村镇
南邵镇
小汤山
流村镇
西北风情园
阳坊镇
百善镇
沙河镇
白羊石虎
永定河
西
龙门沟
沿河城
珍珠湖
妙峰山
凤凰岭
上庄镇
苏家坨镇
回龙观镇
百望山
椴木沟
京西大峡谷
塔上
仙台
鹫峰
大觉寺
温泉镇
西北旺镇
燕家台
斋堂镇
东桃园
军庄镇
北京植物园
颐和园
海淀区
清水镇
大台樱桃沟
大台街道
王平镇
妙峰山镇
五里坨街道
八路军冀热察挺进军司令部
北京峪峰果园
八大处公园
北京市
上达摩
北台子
门头沟区
石景山区
百花山
大安山乡
潭柘寺
潭柘寺镇
永定镇
万顷园郊野娱乐中心
将军坨
戒台寺
史家营乡
佛子庄
河北镇
长辛店街道
丰台区
白草畔
北直河
石花洞
云居寺
南窖乡
王佐镇
世界公园
蒲洼狩猎场
东风街道
长阳镇
青龙湖镇
霞云岭乡
霞云岭
葫芦棚
蒲洼乡
大洼尖
向阳街道
房山区
阎村镇
大兴区
周口店“北京人”遗址
西湖港奇潭峡谷
上方山
星城街道
周口店镇
窦店镇
北臧村镇
十渡镇
十渡
石楼镇
西瓜博物馆
琉璃河镇
庞各庄镇
魏善庄
三皇山
张坊镇
长沟镇
韩村河镇
张坊古代地下古战道
大石窝镇
拒马河
中国影视城
榆垡镇
涿州市
北京野生动物园
固安
京藏高速
京新高速
京港澳高速
大广高速
永定河

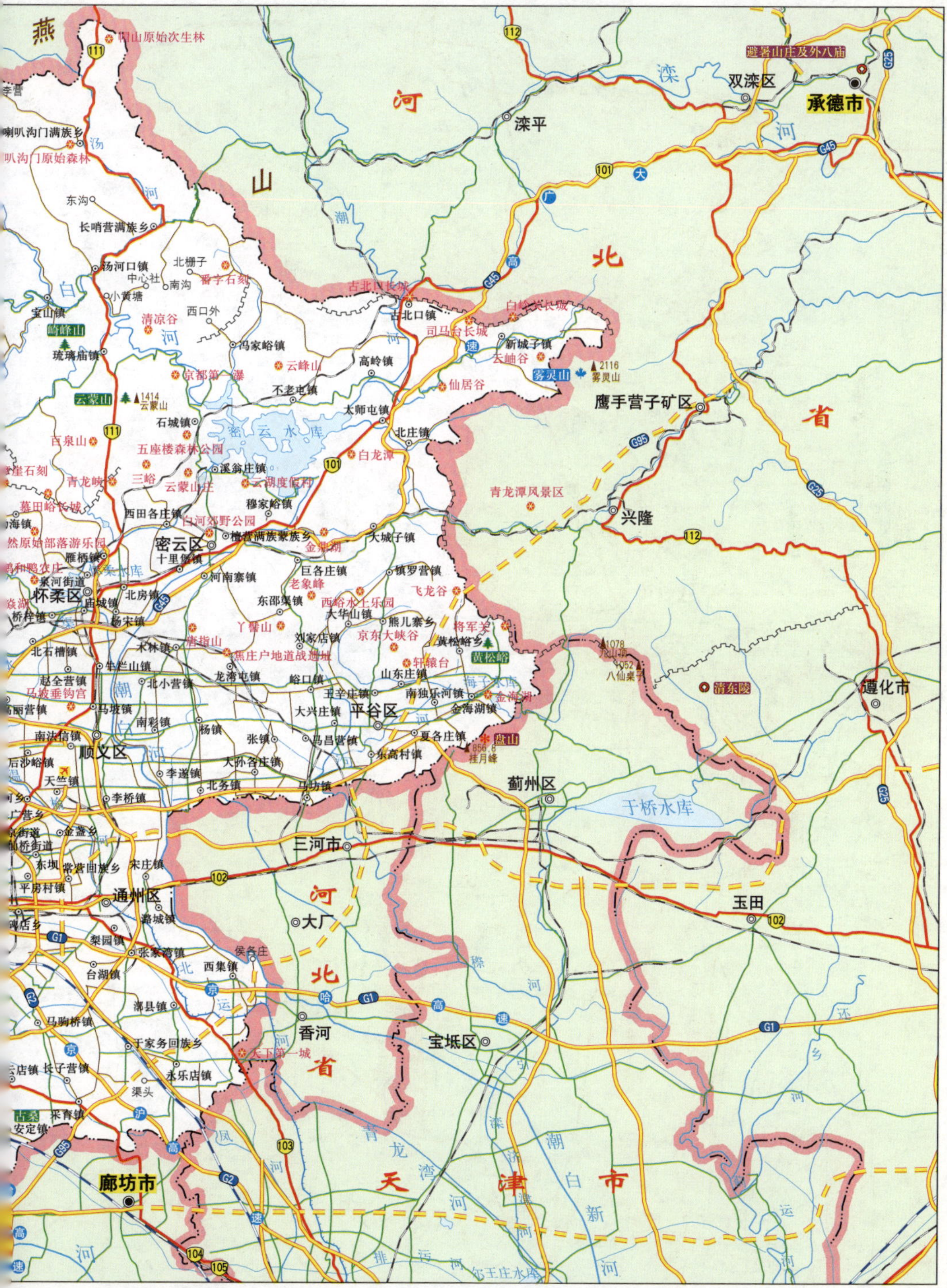
燕
山
河
北
省
天
津
市
河
北
省
承德市
双滦区
滦平
避暑山庄及外八庙
鹰手营子矿区
兴隆
遵化市
清东陵
蓟州区
于桥水库
玉田
三河市
大厂
香河
宝坻区
廊坊市
通州区
顺义区
平谷区
怀柔区
密云区
密云水库
古北口镇
古北口长城
司马台长城
白岭关长城
新城子镇
云岫谷
雾灵山
2116
仙居谷
高岭镇
太师屯镇
不老屯镇
北庄镇
白龙潭
青龙潭风景区
冯家峪镇
云峰山
京都第一瀑
清凉谷
西口外
北栅子
南沟
中心社
小黄塘
汤河口镇
长哨营满族乡
东沟
喇叭沟门满族乡
宝山镇
琉璃庙镇
雾峰山
云蒙山
1414
石城镇
五座楼森林公园
溪翁庄镇
云湖度假村
云蒙山庄
穆家峪镇
西田各庄镇
白河郊野公园
檀营满族蒙族乡
金海湖
大城子镇
十里堡镇
河南寨镇
巨各庄镇
镇罗营镇
飞龙谷
老象峰
东邵渠镇
西峪水上乐园
大华山镇
熊儿寨乡
将军关
京东大峡谷
黄松峪乡
黄松峪
刘家店镇
轩辕台
山东庄镇
海子水库
金海湖
南独乐河镇
金海湖镇
王辛庄镇
大兴庄镇
马昌营镇
夏各庄镇
盘山
856.8
挂月峰
东高村镇
大孙各庄镇
马坊镇
张镇
杨镇
北务镇
李遂镇
李桥镇
南彩镇
北小营镇
龙湾屯镇
峪口镇
焦庄户地道战遗址
木林镇
牛栏山镇
丫髻山
唐指山
北房镇
庙城镇
杨宋镇
雁栖镇
北石槽镇
赵全营镇
马坡垂钓宫
马坡镇
南法信镇
后沙峪镇
天竺镇
宋庄镇
潞城镇
梨园镇
张家湾镇
西集镇
台湖镇
漷县镇
于家务回族乡
永乐店镇
马驹桥镇
长子营镇
渠头
采育镇
安定镇
侯各庄
天下第一城
1078
1052
八仙桌子
北营回族乡
平房村镇
东坝
金盏乡
百泉山
青龙峡
三峪
慕田峪长城
雁栖
G45
G25
G95
G1
G2
G3
101
102
103
104
105
111
112
滦
河
潮
白
河
汤
河
北
运
河
青
龙
湾
河
潮
白
新
河
凤
河
还
乡
河
潮
河
大
广
高
速
京
哈
高
速
京
沪
高
速
鲍丘水库

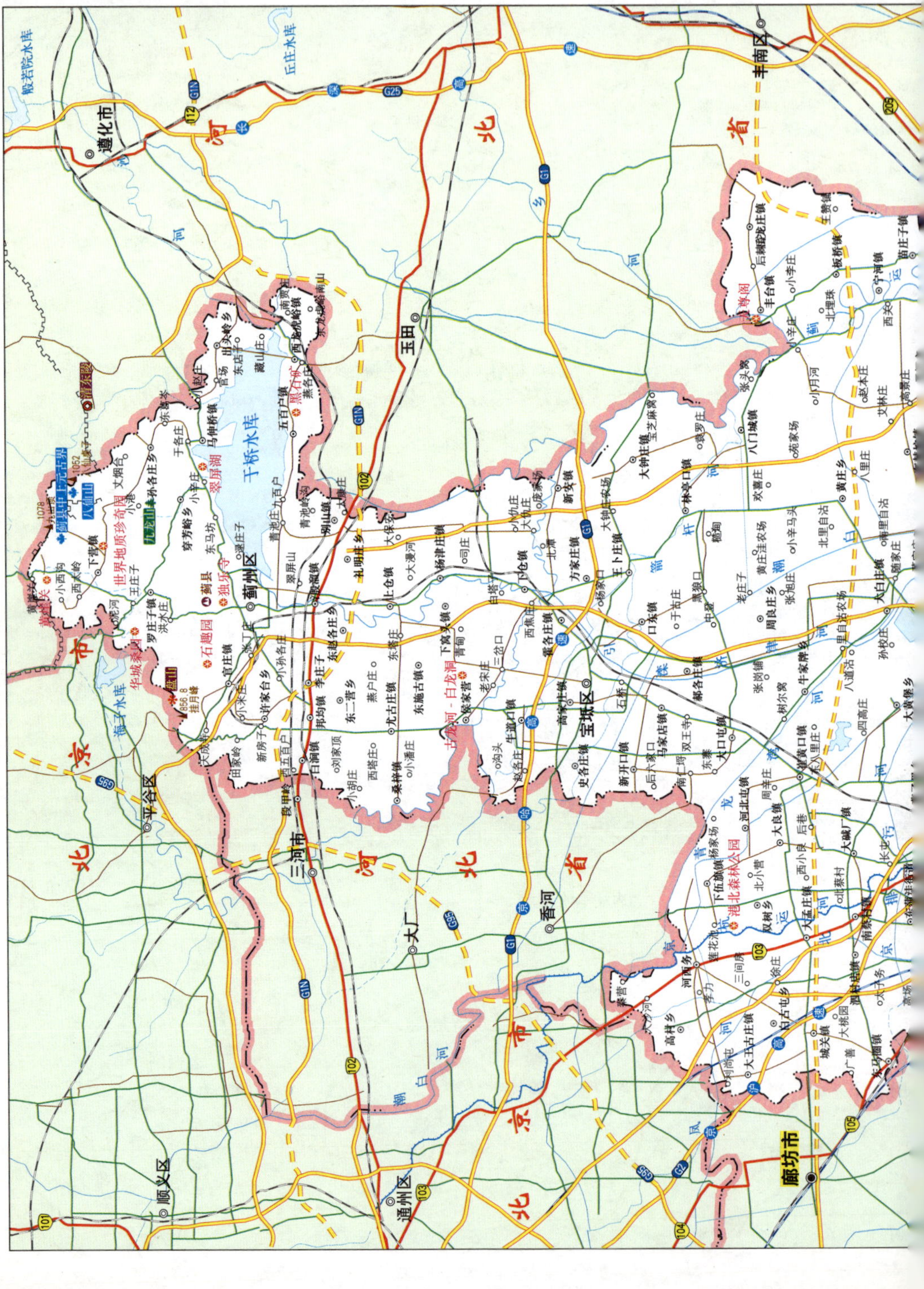
遵化市
丰南区
玉田
蓟州区
于桥水库
宝坻区
平谷区
三河市
大厂
香河
顺义区
通州区
廊坊市
河北省
天津市
北京市
翠屏湖
独乐寺
石趣园
华城秦园
黄崖关
盘山
八仙山
九龙山
海子水库
丘庄水库
般若院水库
港北森林公园
古龙河-白龙洞
黑石矿
清东陵

比例尺 1:68 万 0 6.8 13.6 20.4 千米

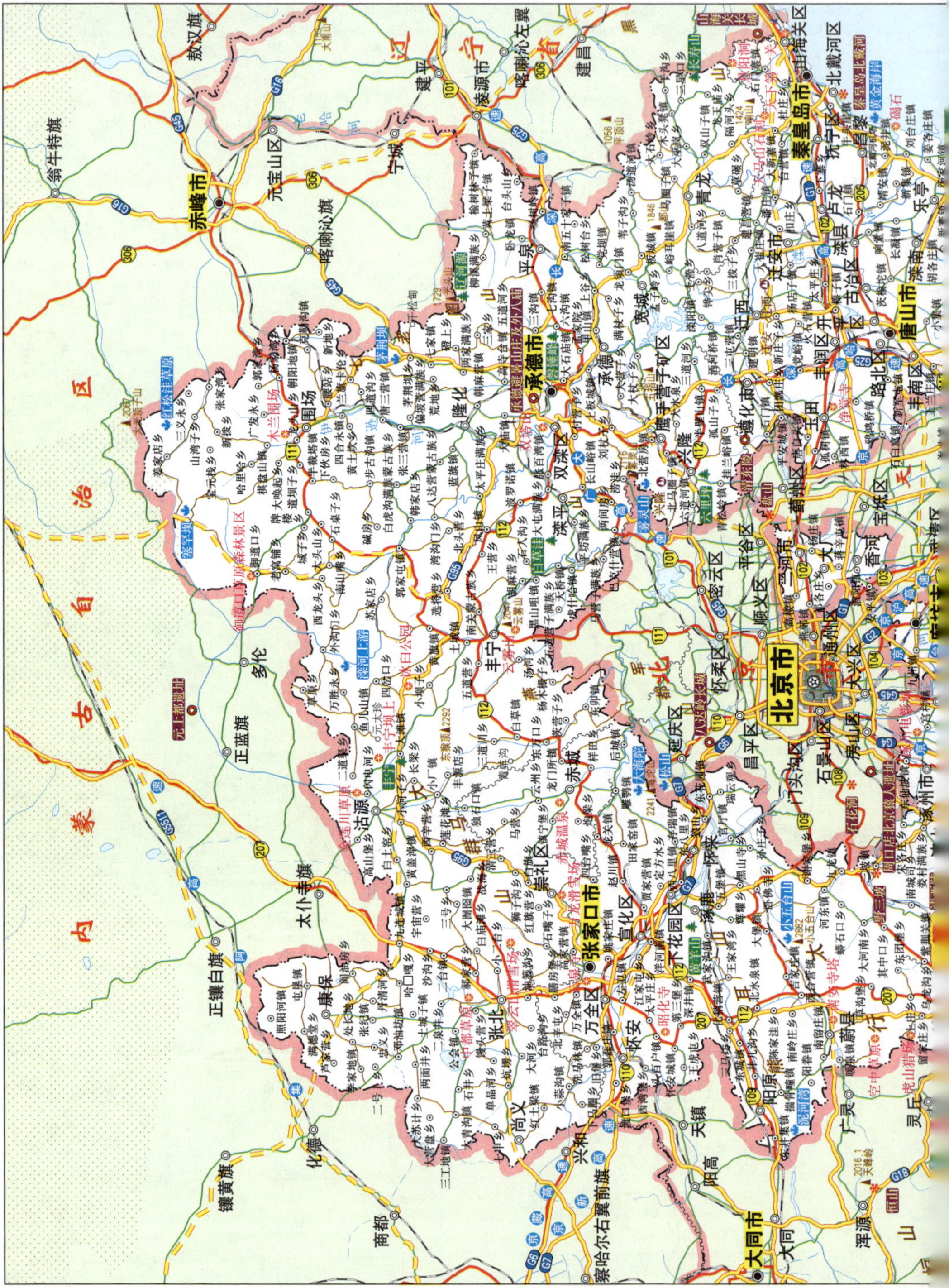
北京市
承德市
张家口市
秦皇岛市
唐山市
赤峰市
大同市
宁城
凌源市
建平
喀喇沁旗
喀喇沁左翼
敖汉旗
翁牛特旗
元宝山区
围场
隆化
丰宁
平泉
滦平
兴隆
遵化市
迁西
迁安市
宽城
青龙
抚宁区
北戴河区
山海关区
卢龙
昌黎
滦县
乐亭
古冶区
丰润区
玉田
蓟州区
三河市
平谷区
密云区
怀柔区
顺义区
延庆区
昌平区
门头沟区
石景山区
房山区
大兴区
通州区
涿州市
涞水
涞源
易县
蔚县
阳原
怀安
万全区
宣化区
下花园区
涿鹿
怀来
赤城
沽源
康保
张北
尚义
崇礼区
多伦
正蓝旗
太仆寺旗
正镶白旗
镶黄旗
化德
商都
兴和
察哈尔右翼前旗
天镇
阳高
大同
浑源
广灵
灵丘
内蒙古自治区
辽宁
北京

渤海
渤海湾
莱州湾
天津市
沧州市
保定市
石家庄市
衡水市
德州市
济南市
淄博市
滨州市
东营市
潍坊市
泰安市
莱芜市
聊城市
邢台市
邯郸市
安阳市
鹤壁市
濮阳市
阳泉市

山西省全图

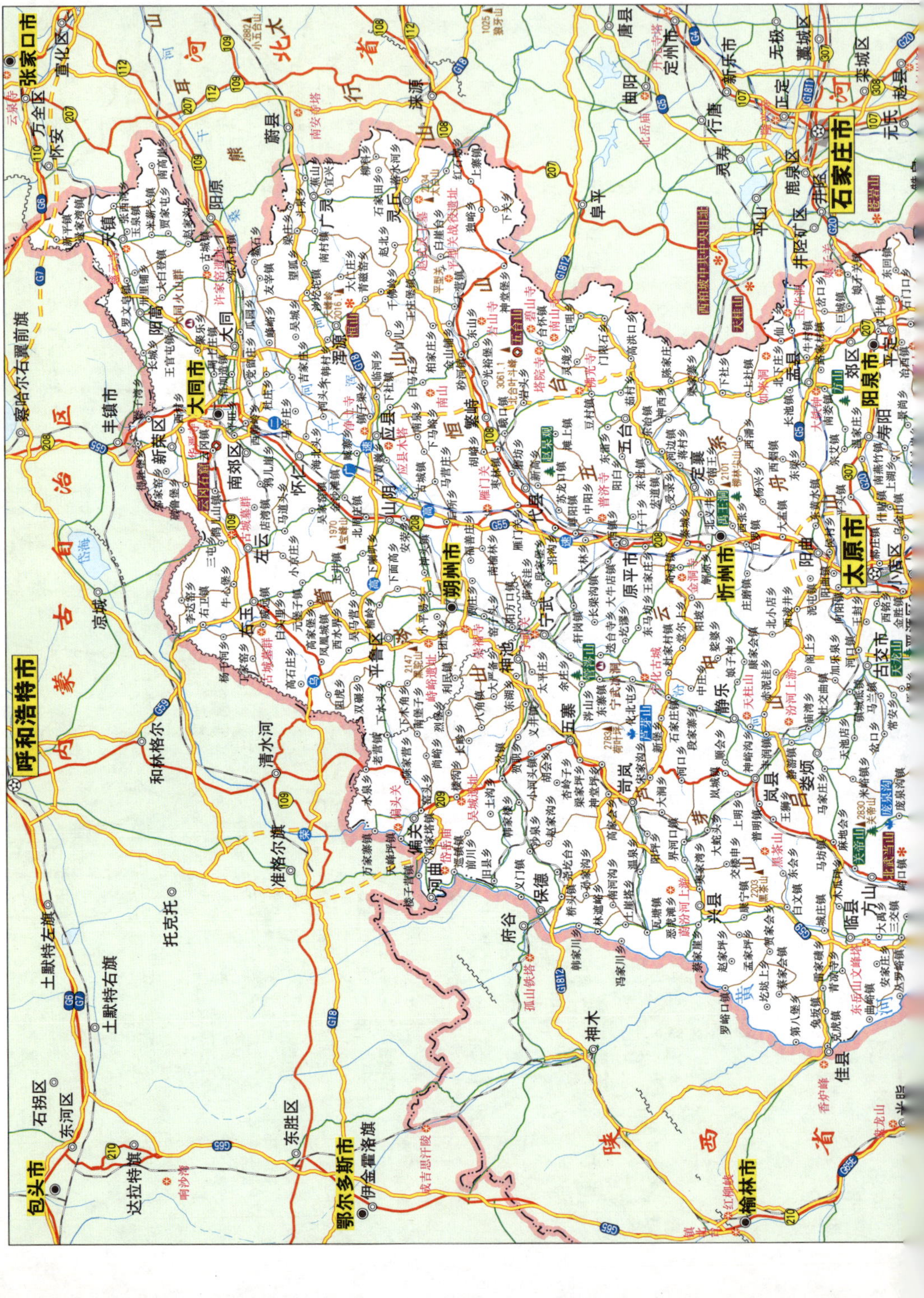

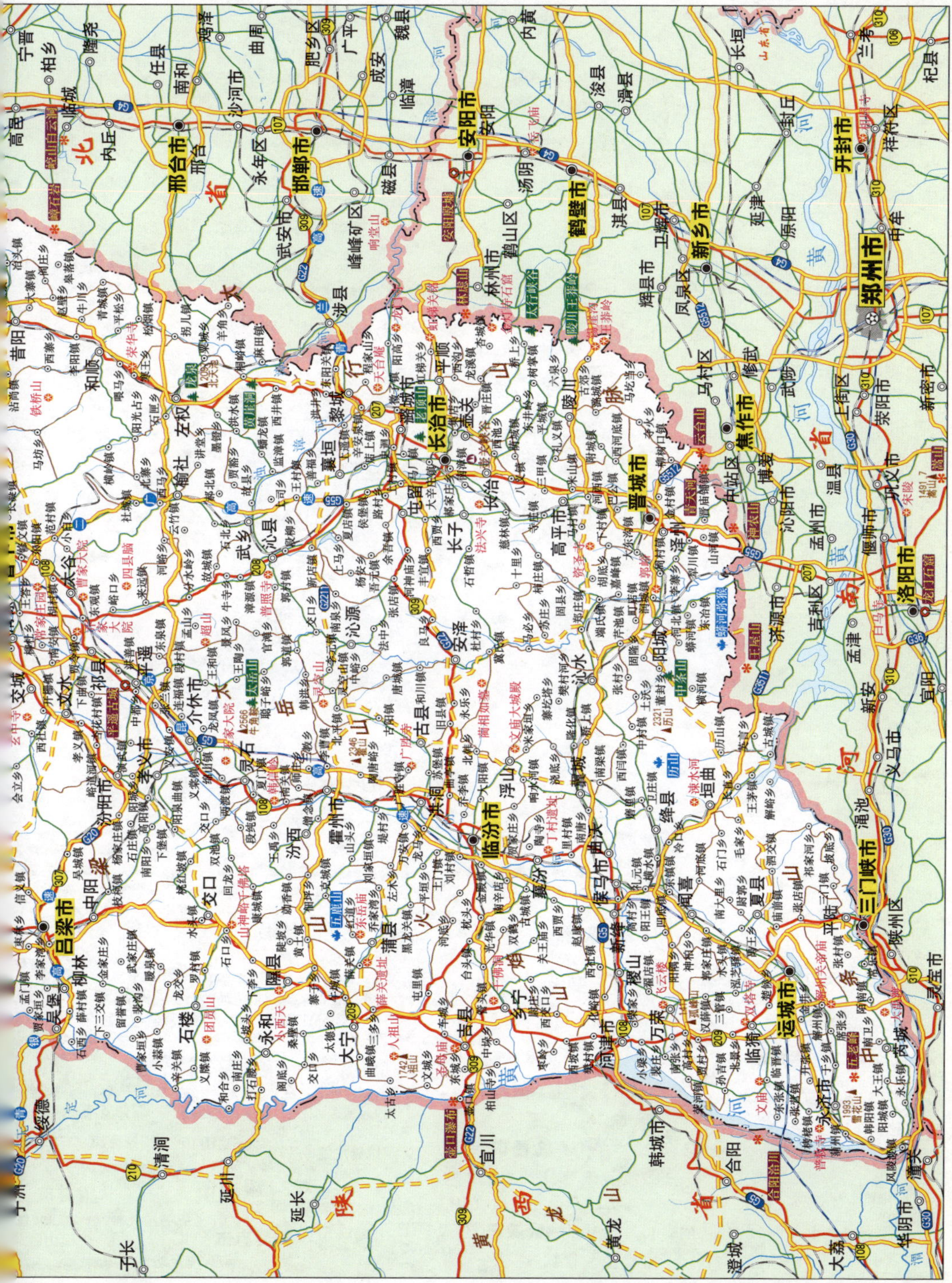
邢台市
邯郸市
安阳市
鹤壁市
新乡市
开封市
郑州市
焦作市
洛阳市
三门峡市
运城市
临汾市
长治市
晋城市
吕梁市

克孜勒
乌兰乌德
俄
木伦
苏赫巴托尔
达尔汗
额尔登特
布尔干
乌里雅苏台
乌兰巴托
宗莫德
车车尔勒格
阿尔泰
蒙
巴彦洪戈尔
阿尔拜赫雷
乔伊尔
曼达勒戈壁
赛音山达
达兰扎达嘎德
新疆维吾尔自治区
红石山
阿日嘎拉音赛日
三座孤里山
苏泊淖尔苏木
七道桥胡杨林
额济纳胡杨林
赛汉陶来苏木
额济纳旗
马鬃山
马鬃山苏木
阿日音哈日
巴彦宝格德苏木
温图高勒苏木
古日乃苏木
大红山
塔木素格布格镇
乌力吉苏木
银根苏木
图克木苏木
阿拉腾敖包苏木
巴彦诺日公苏木
苏海图哈日
孟根布拉格苏木
努日盖苏木
巴丹吉林沙漠风光
曼德拉山岩画
吉兰泰恐龙蛋化石
雅布赖镇
曼德拉苏木
吉兰泰镇
阿拉善右旗
额日布盖苏木
锡林高勒镇
古拉本敖包镇
巴润别立镇
查干布鲁格苏木
温都尔勒图镇
腾格里额里斯苏木
巴音杭盖苏木
桑根达来苏木
查干淖尔苏木
乌兰苏木
巴音前达门苏木
巴音敖包苏木
乌拉特梭梭林
乌力吉苏木
川井苏木
赛乌素镇
乌拉特中旗
白云矿区
那仁宝力格苏木
五原
石哈河镇
塔尔湖镇
大佘太镇
乌拉特后旗
杭锦后旗
固阳
巴彦淖尔市
哈腾套海
乌拉特前旗
包头市
磴口
巴音乌素镇
达拉特旗
伊和乌素镇
碱柜镇
杭锦旗
泊尔江海子镇
乌海市
海南区
西鄂尔多斯
鄂尔多斯市
伊金霍洛
惠农区
石嘴山市
鄂托克旗
查布苏木
鄂托克恐龙遗迹化石
阿拉善左旗
贺兰山
银川市
乌审旗
毛盖图苏木
榆林市
西夏王陵
鄂托克前旗
三段地镇
中卫市
吴忠市
城川镇
横山区
盐池
定边
靖边
瓜州
甘
玉门市
嘉峪关市
金塔
酒泉市
祁
肃
高台
临泽
肃南
张掖市
山丹
金昌市
民勤
民乐
永昌
祁连
甘肃濒危野生动物察育中心
武威市
古浪
门源
刚察
天峻
乌兰
德令哈市
青海省
宗务隆山
托素湖
盐池湾
党河南山
疏勒南山
托来南山
大雪山
野马
俄博山
牦牛山
黑达坂
陕

比例尺 1: 912 万 0 91.2 182.4 273.6 千米

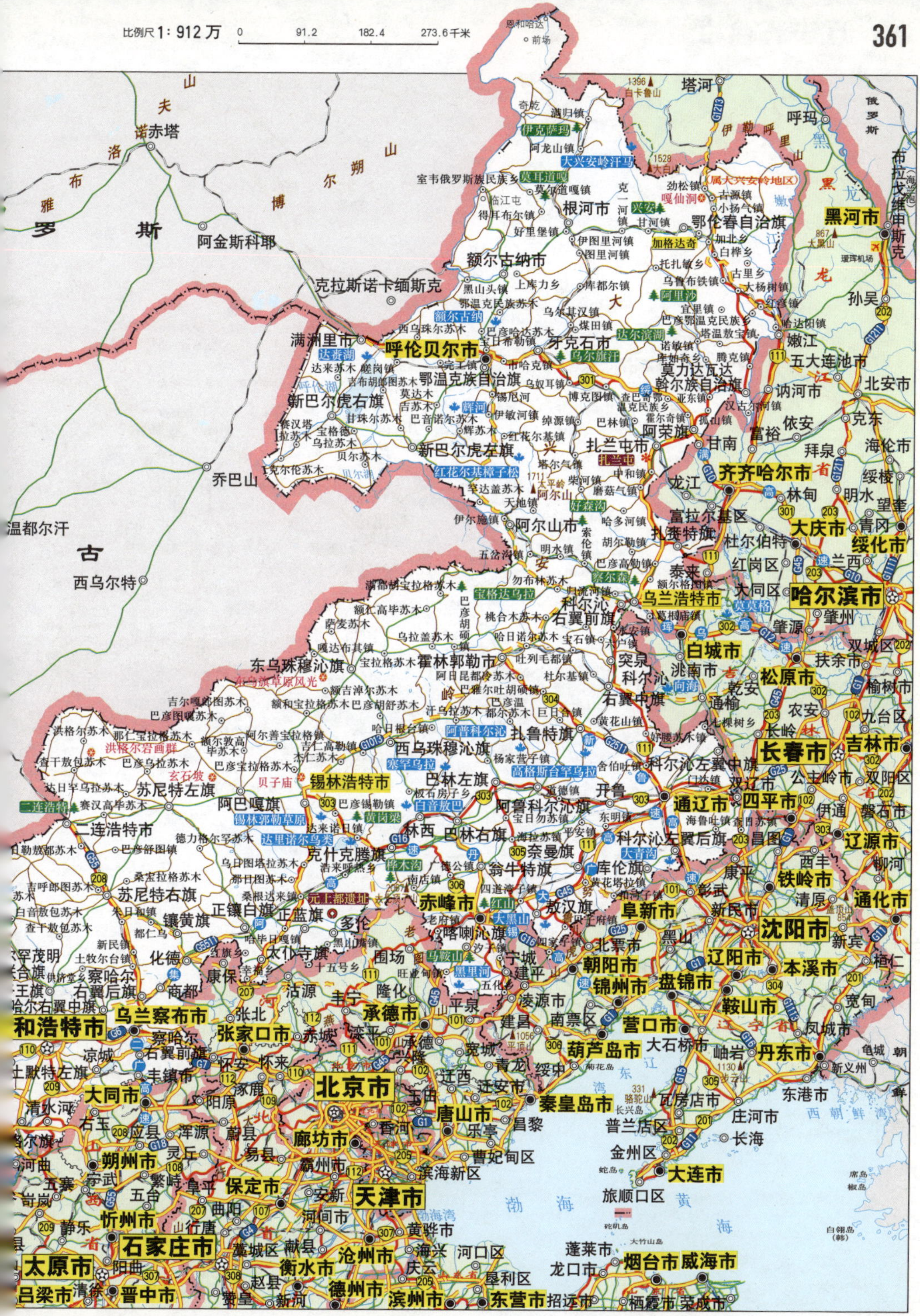

内蒙古自治区
翁牛特旗
奈曼旗
库伦旗
敖汉旗
赤峰市
元宝山区
喀喇沁旗
围场
宁城
隆化
平泉
承德市
双滦区
承德
宽城
青龙
河北省
遵化市
迁西
迁安市
秦皇岛市
山海关区
北戴河区
抚宁区
卢龙
昌黎
滦县
滦南
乐亭
玉田
丰润区
古冶区
开平区
路南区
唐山市
丰南区
宁河区
曹妃甸区
打网岗
凌源市
建平
喀喇沁左翼
朝阳市
朝阳
北票市
建昌
兴城市
葫芦岛市
龙港区
连山区
南票区
锦州市
凌海市
义县
北镇市
黑山
阜新市
阜新
清河门区
细河区
新邱区
盘锦市
营口市
西炮台
鲅鱼圈区
瓦房店市
普兰店
金州区
大连市
旅顺口区
绥中
北塔
八棱观塔
朝阳洞
白狼山
大黑山
努鲁尔虎山
凤凰山
万佛堂石窟
奉国寺
北普陀山
医巫闾山
海棠山
大笔架山
兴城海滨
菊花岛
九门口长城
姜女石遗址
金代石幢
秦皇岛北戴河
避暑山庄及外八庙
双台河口
红海滩
大凌河
锦州湾
辽东湾
渤海
渤海湾
长兴岛
交流岛乡
西中岛
蛇岛-老铁山
金石滩
大连海滨
旅顺口
金龙寺
大赫山
永丰塔
北票鸟化石群
罗福沟狩猎场

四平市
梨树
辽源市
东辽
磐石市
桦甸市
科尔沁左翼后旗
康平
昌图
西丰
东丰
辉南
梅河口市
法库
调兵山市
开原市
清河区
靖宇
铁岭市
银州区
铁岭
柳河
沈北新区
清原
白山市
江源区
临江市
新民市
沈阳市
抚顺市
新抚区
抚顺
二道江区
通化市
通化
苏家屯区
新宾
辽中区
台安
灯塔市
辽阳市
溪湖区
本溪市
本溪
桓仁
集安市
辽阳
鞍山市
宏伟区
弓长岭区
南芬区
千山区
海城市
江界
宽甸
大石桥市
凤城市
盖州市
岫岩
振安区
新义州
丹东市
东港市
庄河市
熙川
长海
平城
平壤
西朝鲜湾
黄
海
吉
林
省
朝
鲜

吉林省全图

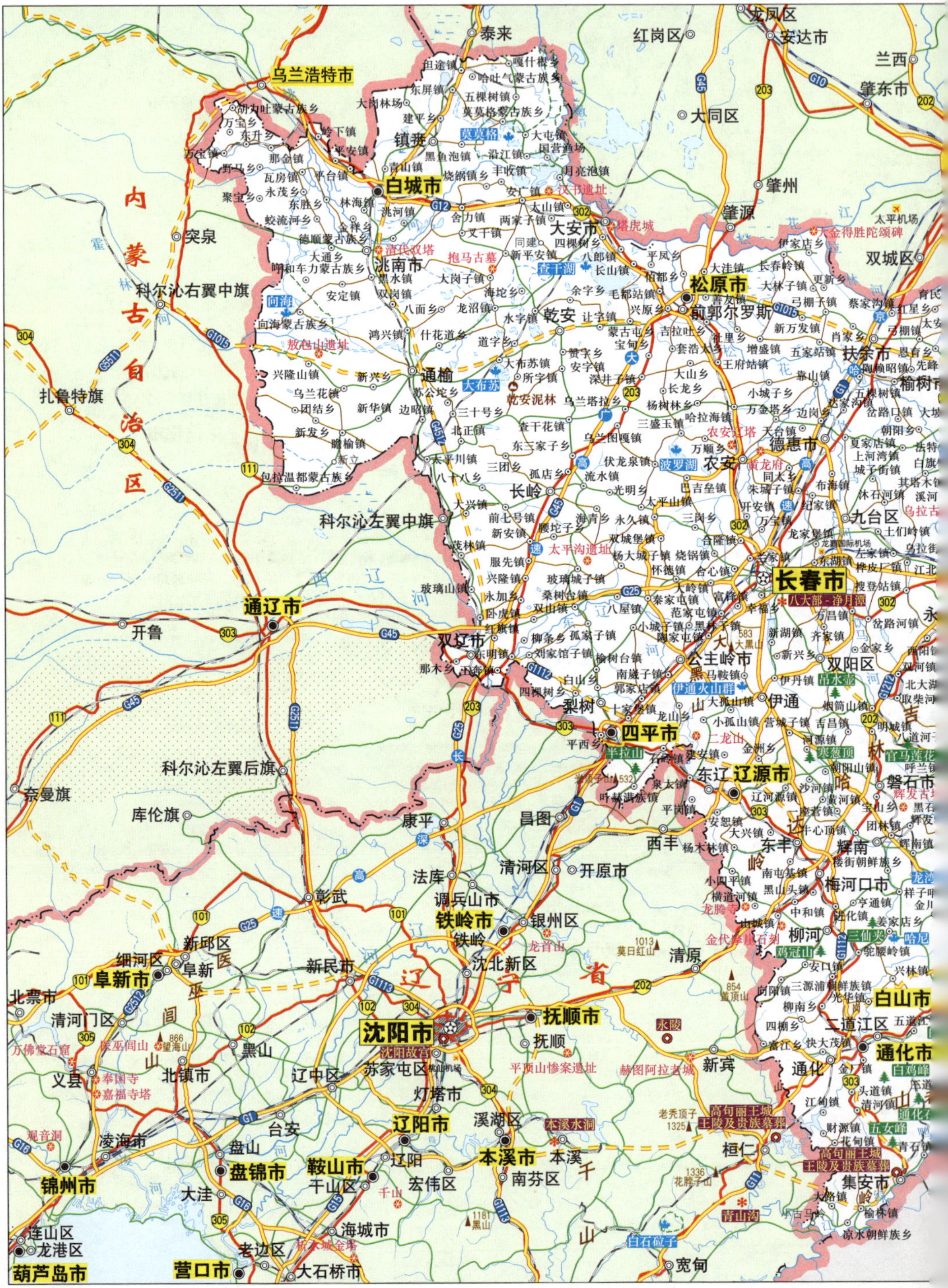
泰来
红岗区
龙凤区
安达市
兰西
肇东市
乌兰浩特市
大同区
肇州
肇源
双城区
内蒙古自治区
突泉
白城市
洮南市
大安市
松原市
前郭尔罗斯
科尔沁右翼中旗
乾安
扶余市
榆树市
扎鲁特旗
通榆
德惠市
农安
长岭
九台区
长春市
科尔沁左翼中旗
通辽市
开鲁
双辽市
公主岭市
双阳区
梨树
四平市
伊通
东辽
辽源市
磐石市
科尔沁左翼后旗
奈曼旗
库伦旗
康平
昌图
西丰
东丰
辉南
法库
清河区
开原市
梅河口市
彰武
调兵山市
铁岭市
银州区
柳河
新邱区
细河区
阜新市
新民市
铁岭
沈北新区
清原
白山市
北票市
清河门区
沈阳市
抚顺市
抚顺
二道江区
通化市
义县
北镇市
黑山
辽中区
苏家屯区
新宾
通化
灯塔市
辽阳市
溪湖区
台安
凌海市
盘山
盘锦市
鞍山市
辽阳
本溪市
本溪
桓仁
集安市
锦州市
大洼
千山区
宏伟区
南芬区
海城市
连山区
龙港区
老边区
葫芦岛市
营口市
大石桥市
宽甸
辽宁省

比例尺1∶343万 0 34.3 68.6 102.9千米

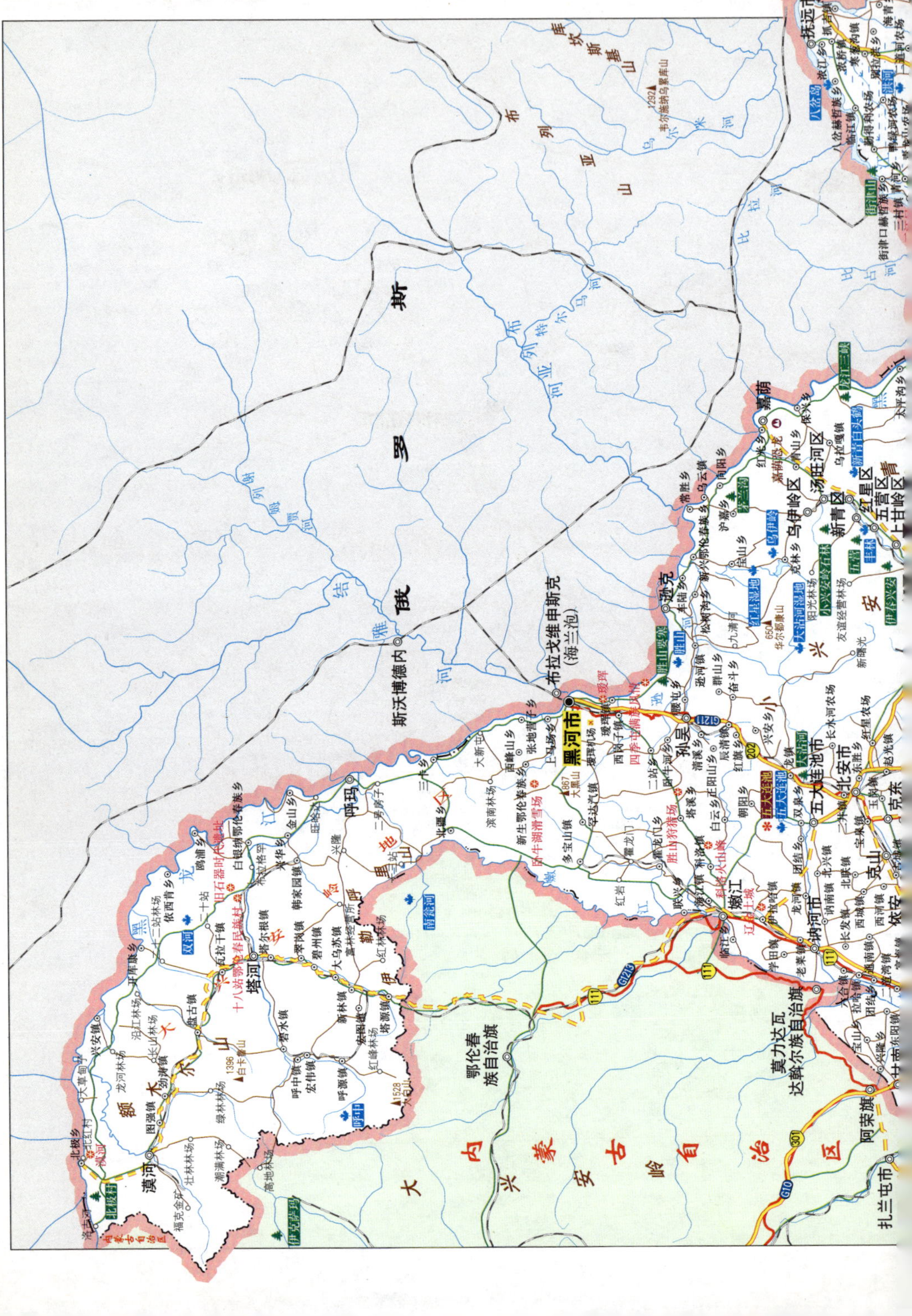

俄
罗
斯
库
坎
斯
基
山
布
列
亚
山
布列亚河
结雅河
斯沃博德内
布拉戈维申斯克
(海兰泡)
黑河市
孙吴
逊克
嘉荫
伊春市
乌伊岭区
汤旺河区
新青区
红星区
五营区
上甘岭区
五大连池市
北安市
克东
克山
依安
讷河市
嫩江
莫力达瓦
达斡尔族自治旗
鄂伦春
族自治旗
阿荣旗
扎兰屯市
漠河
塔河
呼玛
北极村
十八站鄂伦春民族乡
大兴安岭
内蒙古自治区
呼中
新林镇
图强镇
白卡鲁山
大白山
黑龙江
抚远市

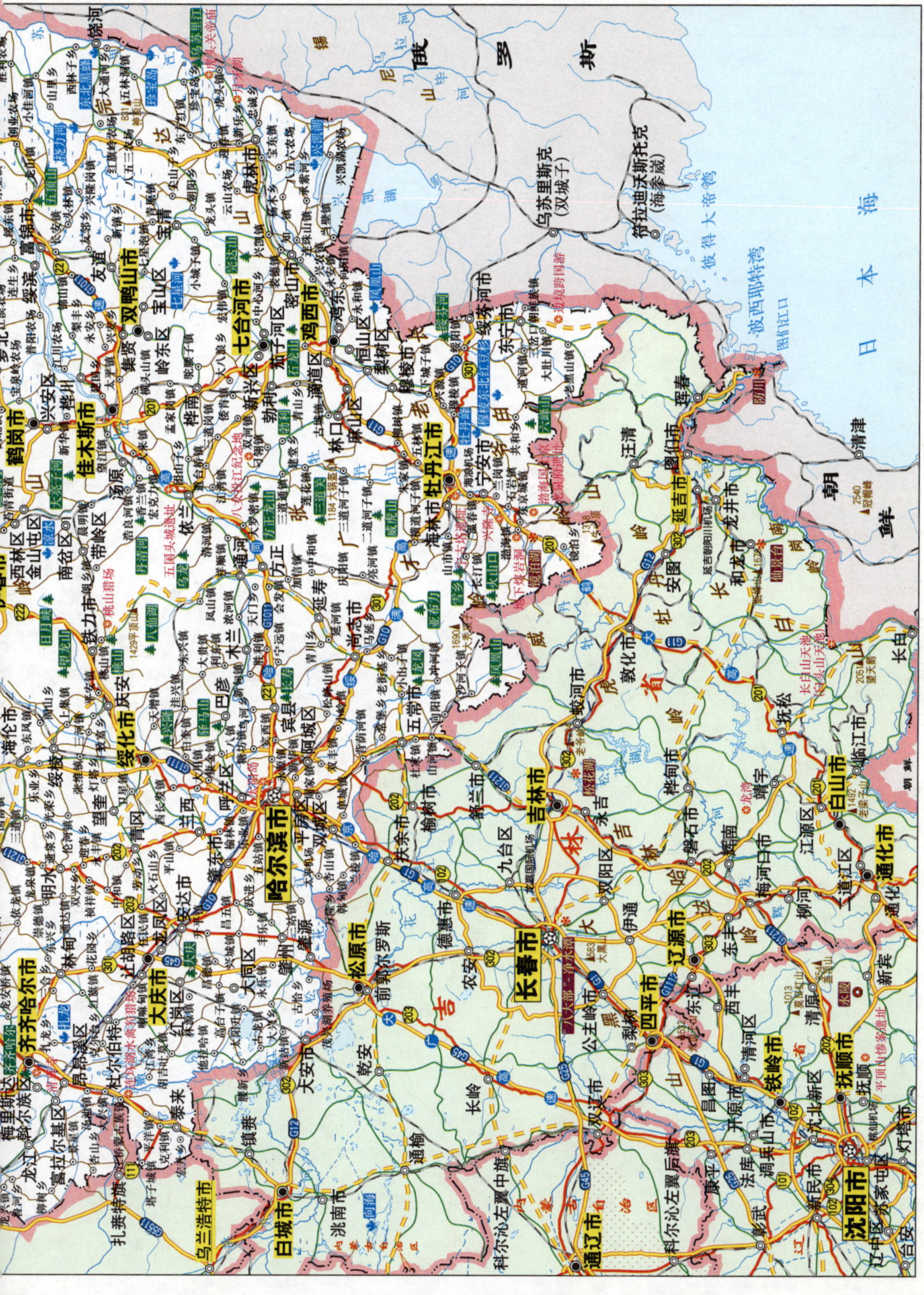

俄
罗
斯
日本海
朝
鲜
哈尔滨市
长春市
吉林市
齐齐哈尔市
大庆市
牡丹江市
佳木斯市
鸡西市
双鸭山市
七台河市
鹤岗市
伊春市
绥化市
松原市
四平市
辽源市
通化市
白山市
延吉市
沈阳市
抚顺市
铁岭市
通辽市
白城市
乌兰浩特市
乌苏里斯克
(双城子)
符拉迪沃斯托克
(海参崴)

黄海
长江口
江苏省
启东市
海门市
崇明区
崇明岛
东滩候鸟自然保护区
东平国家森林公园
金鳌山公园
长兴乡
横沙镇
宝山区
嘉定区
杨浦区
上海市
吴淞炮台
秋霞圃
太仓市
昆山市
苏通大桥
苏昆高速
苏沪高速

东海
杭州湾
浙江省
松江区
奉贤区
金山区
青浦区
闵行区
嘉善
平湖市
东海大桥
杭州湾大桥

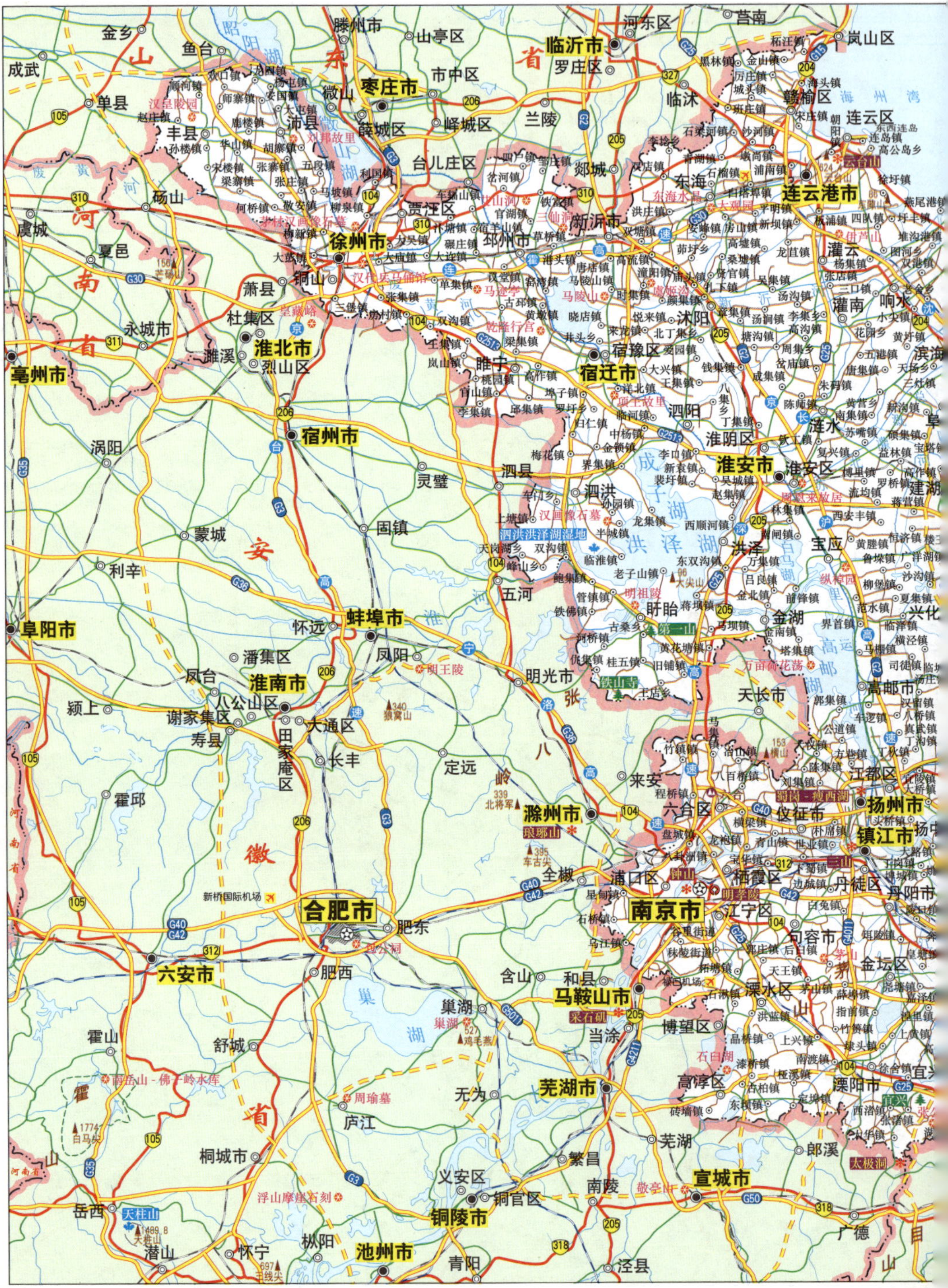

金乡
鱼台
成武
单县
丰县
沛县
滕州市
山亭区
枣庄市
市中区
薛城区
峄城区
台儿庄区
微山
临沂市
罗庄区
河东区
兰陵
郯城
莒南
岚山区
临沭
赣榆区
连云区
连云港市
东海
新沂市
邳州市
徐州市
贾汪区
铜山
砀山
虞城
夏邑
萧县
永城市
杜集区
淮北市
濉溪
烈山区
亳州市
睢宁
宿迁市
宿豫区
沭阳
灌云
灌南
响水
滨海
涟水
泗阳
淮阴区
淮安市
淮安区
宿州市
涡阳
灵璧
泗县
泗洪
洪泽湖
洪泽
宝应
金湖
盱眙
固镇
蒙城
利辛
五河
蚌埠市
怀远
阜阳市
潘集区
凤阳
明光市
凤台
淮南市
八公山区
谢家集区
大通区
颍上
寿县
长丰
定远
天长市
高邮市
来安
六合区
仪征市
扬州市
江都区
镇江市
丹徒区
丹阳市
霍邱
滁州市
全椒
浦口区
栖霞区
南京市
江宁区
句容市
金坛区
合肥市
肥东
六安市
肥西
含山
和县
马鞍山市
溧水区
博望区
当涂
巢湖
舒城
霍山
芜湖市
高淳区
溧阳市
宜兴
无为
庐江
桐城市
繁昌
芜湖
郎溪
宣城市
义安区
铜官区
铜陵市
南陵
广德
岳西
潜山
怀宁
枞阳
池州市
青阳
泾县
天柱山
山东省
河南省
安徽省

平岛(平山岛)
达山岛(达念山)
牛山岛
黄
海
头罾
滨海港镇
白果树
八滩镇
振东乡
八巨镇
陈涛乡
蔡桥镇
临海镇
四明镇
千秋镇
通洋镇
耦耕镇
陈洋镇
射阳河闸
海河镇
射阳
黄沙港镇
兴桥镇
新洋港
盘湾镇
黄尖镇
新兴镇
盐东镇
城市
南洋镇
三龙镇
泰山庙
盐都区
大丰区
郭猛镇
大冈镇
刘庄镇
盐城
安丰镇
西团镇
白驹镇
小海镇
草庙镇
大丰麋鹿
大桥镇
对虾养殖场
城东镇
戴窑镇
海丰镇
廉贻镇
头灶镇
新曹镇
东台市
陶庄镇
海春轩塔
南沈灶镇
张郭镇
安丰镇
三仓镇
弶港镇
溱潼会船
唐洋镇
新街镇
墩头镇
沈高镇
姜堰区
海安
洋口镇
海陵区
西场镇
丰利镇
泰州市
大伦镇
长沙镇
雅周镇
如皋市
双甸镇
岔河镇
如东
元竹镇
大豫镇
港区
桃园镇
林梓镇
东安闸
宣堡镇
白蒲镇
曹埠镇
分界镇
珊瑚镇
石港镇
石庄镇
刘桥镇
海丰
泰兴市
广陵镇
西亭镇
通州区
刘浩镇
蛎蚜山
南通市
斜桥镇
东沙庙
靖江市
兆民镇
马桥镇
东兴镇
大新镇
海门市
三星镇
东元镇
近海镇
江阴市
金港镇
长
临江镇
向阳镇
南丰镇
竹行镇
云亭镇
张家港市
三和镇
启东市
常州市
海虞镇
北新镇
大雄寺
崇明区
惠山区
常熟市
太兴镇
寅阳镇
崇
明
岛
长
江
口
锡山区
无锡市
太仓市
吴淞口
鼋头渚
嘉定区
宝山区
横沙岛
佘山岛
太湖
苏州市
相城区
昆山市
上海市
浦东新区
苏州古典园林
吴中区
金庭镇
闵行区
浦东国际机场
太湖西山
吴江区
青浦区
东山镇
上海市
东洞庭山
松江区
七都镇
嵊泗
马鞍列岛
南浔区
嘉善
奉贤区
北鼎星岛
嵊泗列岛
湖州市
嘉兴市
东海大桥
泗礁山
江
省
平湖市
金山区
小洋山
崎岖列岛
川湖列岛
嵊泗列岛
嵊
山
洋

杭州市
湖州市
嘉兴市
绍兴市
金华市
衢州市
丽水市
温州市
黄山市
宣城市
池州市
铜陵市
上饶市
安徽省
江西省
福建省
江苏省
太湖
芜湖
繁昌
南陵
郎溪
广德
长兴
安吉
德清
余杭区
临安市
桐乡市
海宁
海宁市
南浔区
吴中区
吴江区
萧山区
柯桥区
富阳区
桐庐
淳安
建德市
兰溪市
浦江
义乌市
东阳市
诸暨市
磐安
永康市
武义
缙云
仙居
龙游
江山市
常山
开化
遂昌
松阳
云和
龙泉市
庆元
景宁
青田
永嘉
文成
泰顺
平阳
苍南
瑞安
寿宁
福鼎市
柘荣
福安市
周宁
政和
松溪
浦城
建瓯市
建阳区
武夷山市
邵武市
光泽
铅山
广丰区
玉山
德兴市
婺源
休宁
祁门
黟县
歙县
徽州区
绩溪
旌德
泾县
宁国市
青阳
黄山区
石台
枞阳
义安区
铜官区
弋阳
横峰
千岛湖
莫干山
天目山
西湖
千潮山
钱江源
古田山
三清山
九华山
黄山
仙都
大盘山
南麂岛
七星列岛
台山列岛
北关岛

上海市
浦东新区
浦东国际机场
青浦区
闵行区
松江区
奉贤区
金山区
平湖市
嵊泗
嵊泗列岛
嵊山镇
衢山镇
衢山岛
岱山
东海
舟山市
定海区
普陀区
普陀山
朱家尖
宁波市
镇海区
北仑区
鄞州区
慈溪市
余姚市
奉化区
象山
宁海
三门
临海市
台州市
黄岩区
路桥区
温岭市
玉环
洞头区
洞头列岛
南麂列岛
杭州湾
舟山群岛
大目洋
猫头洋
台州列岛
大陈镇

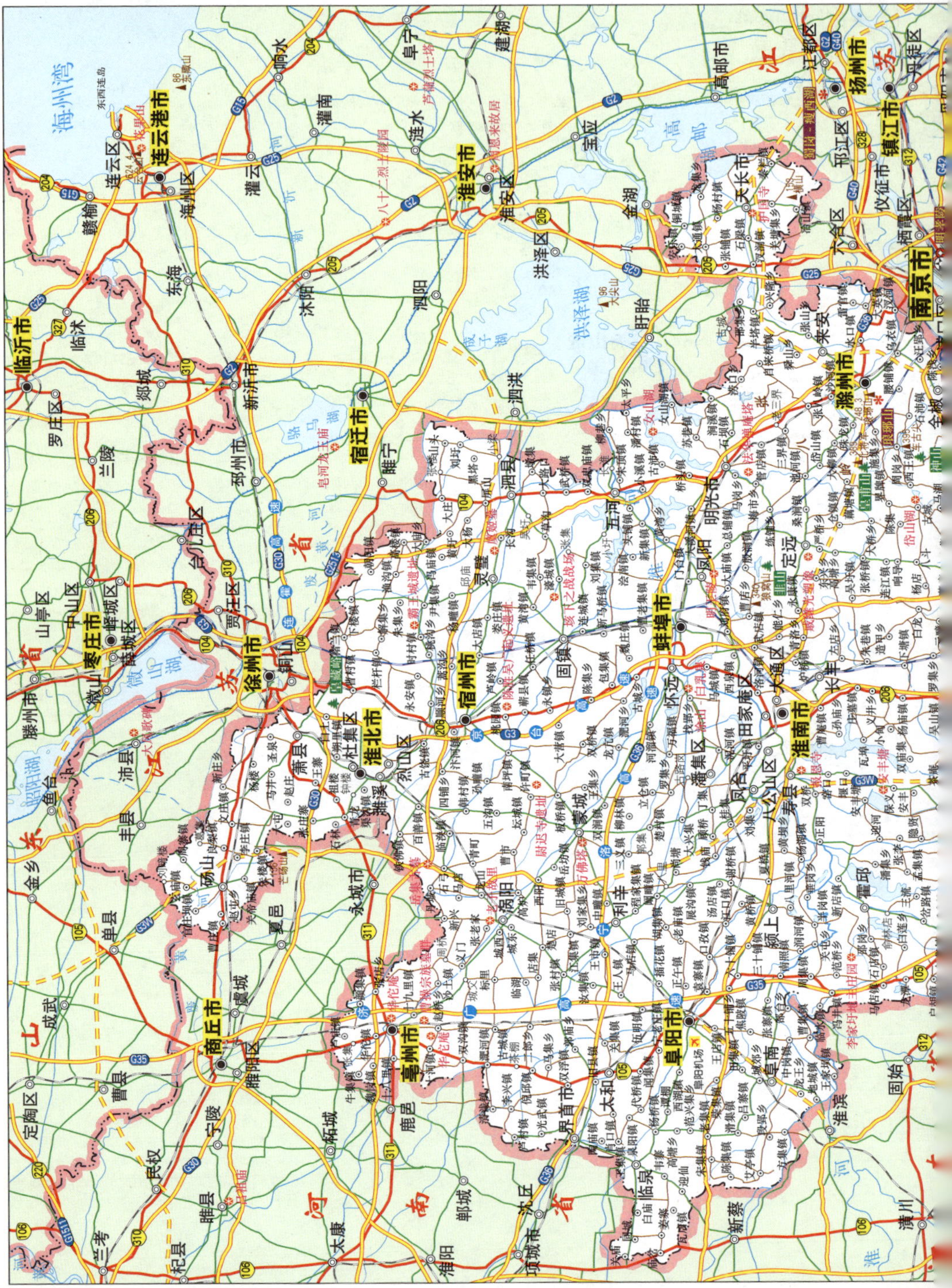
海州湾
连云港市
临沂市
枣庄市
徐州市
宿迁市
淮安市
宿州市
淮北市
蚌埠市
淮南市
阜阳市
亳州市
商丘市
滁州市
南京市
镇江市
扬州市
天长市
明光市
洪泽湖
微山湖
骆马湖
高邮湖
界首市
太和
临泉
颍上
凤台
怀远
固镇
灵璧
泗县
五河
凤阳
定远
来安
全椒
萧县
砀山
蒙城
涡阳
利辛
濉溪
永城市
夏邑
虞城
单县
丰县
沛县
睢宁
泗洪
泗阳
盱眙
金湖
宝应
高邮市
仪征市
六合区
新沂市
邳州市
东海
沭阳
灌云
灌南
涟水
阜宁
建湖
滕州市
鱼台
金乡
成武
曹县
定陶区
民权
宁陵
柘城
鹿邑
郸城
沈丘
项城市
淮阳
太康
杞县
睢县
新蔡
淮滨
固始
阜南
霍邱
寿县
长丰

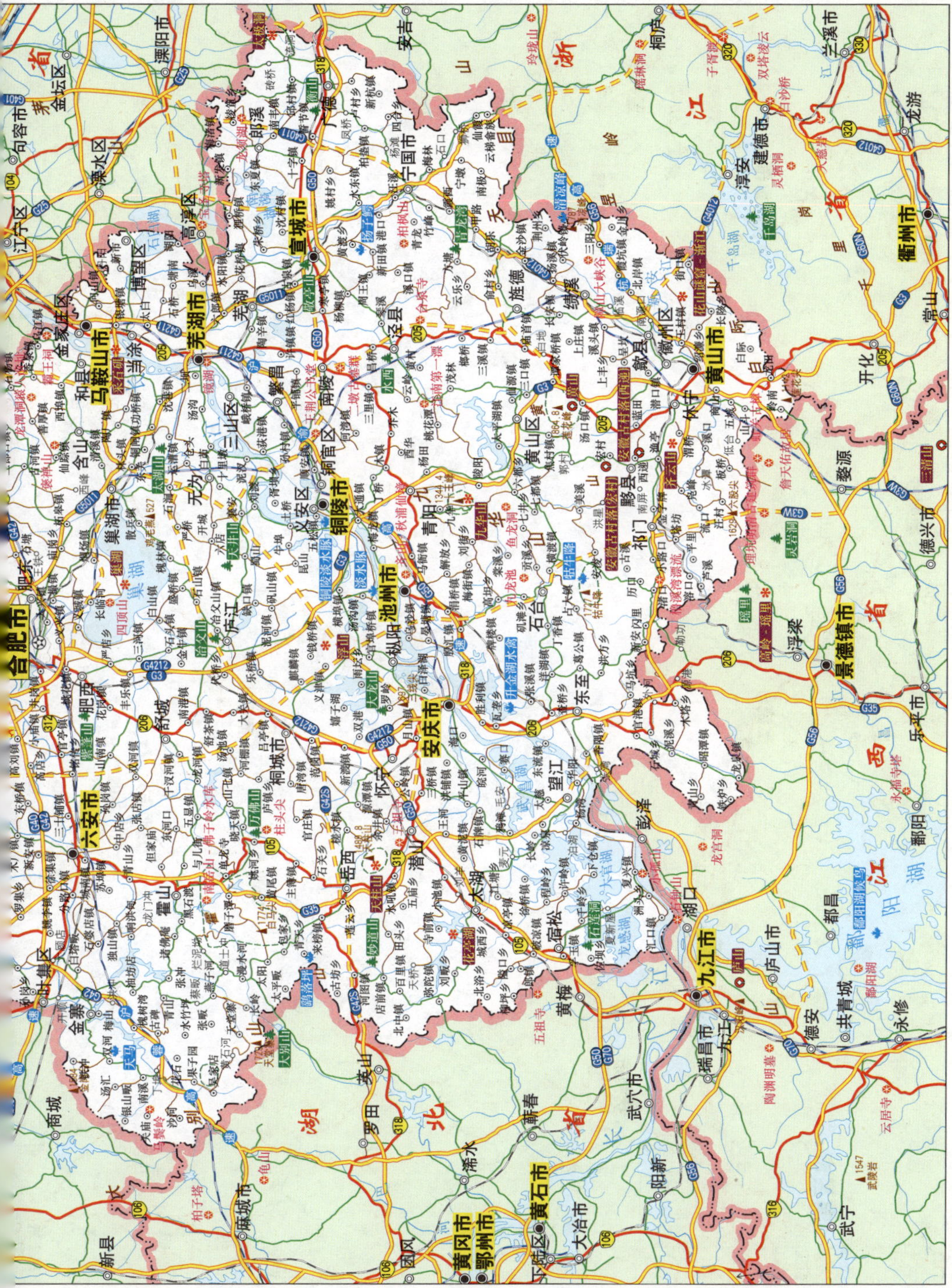
合肥市
六安市
安庆市
池州市
铜陵市
芜湖市
马鞍山市
宣城市
黄山市
九江市
景德镇市
衢州市
黄石市
黄冈市
鄂州市

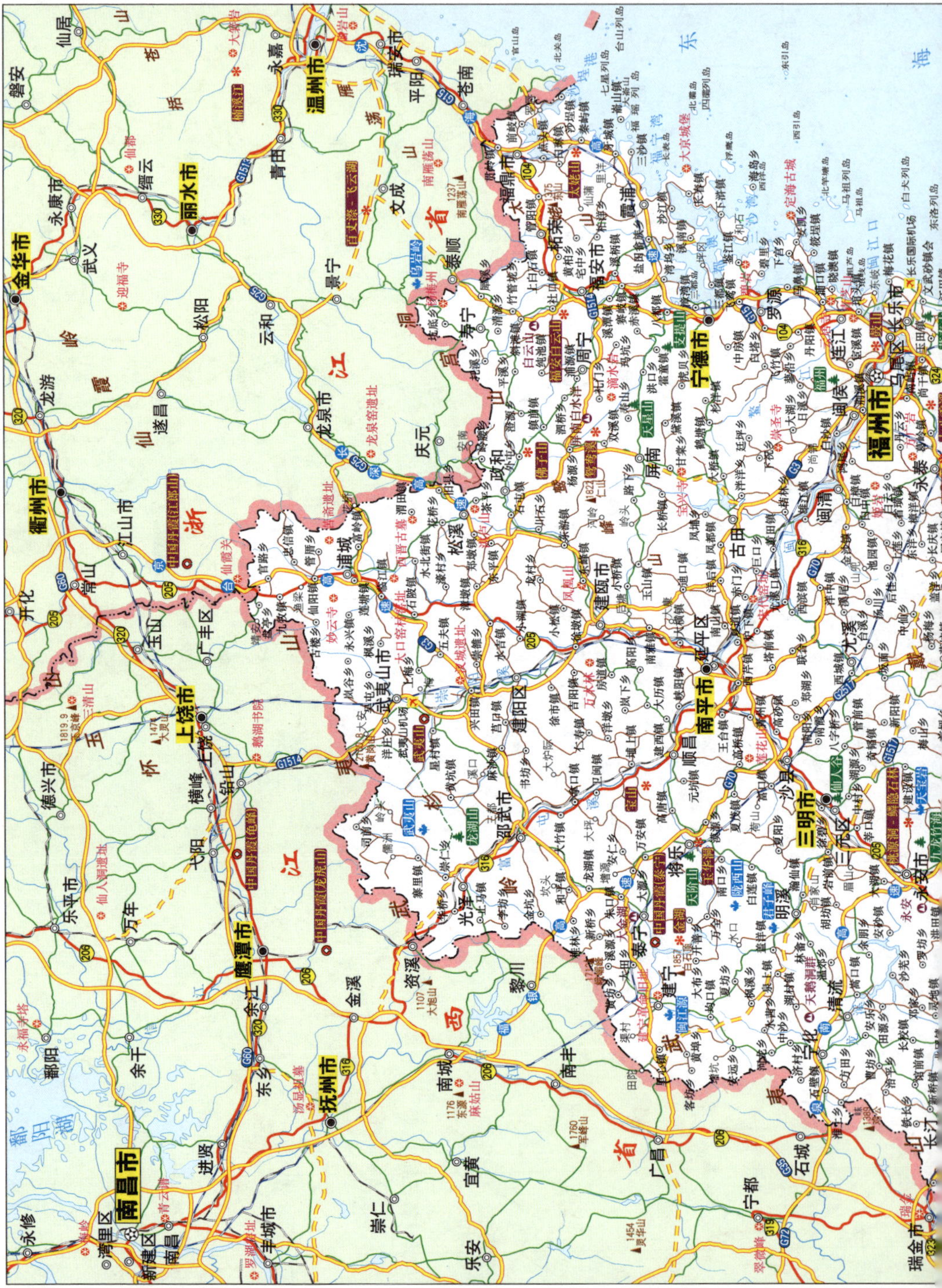
福州市
宁德市
南平市
三明市
温州市
丽水市
金华市
衢州市
上饶市
鹰潭市
抚州市
南昌市
东
海
浙
江
省
江
西
省
武夷山市
建瓯市
邵武市
福安市
福鼎市
长乐市
永安市
瑞金市
龙泉市
江山市

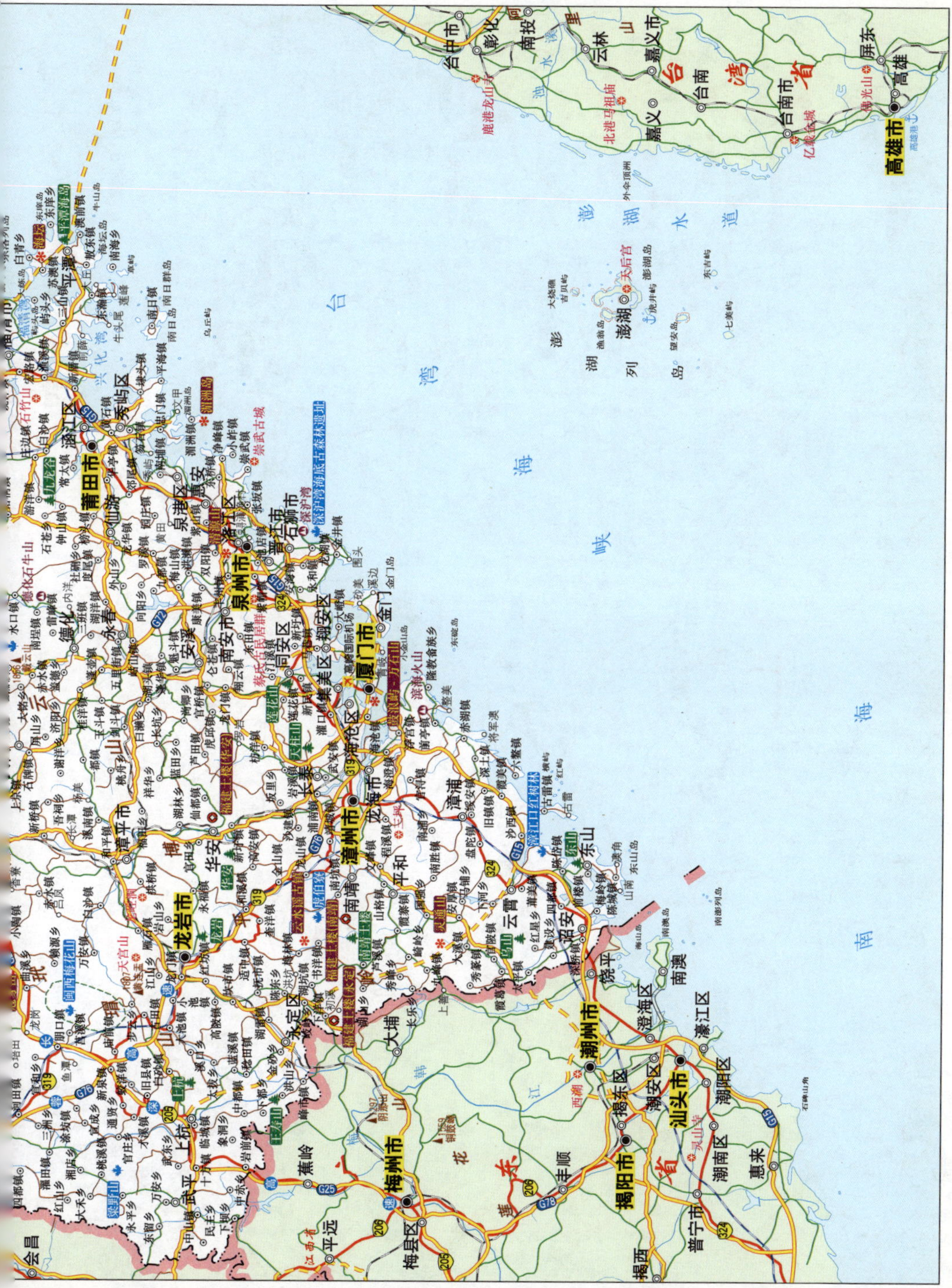

台中市
彰化
南投
云林
嘉义市
台南
嘉义
台南市
屏东
高雄
高雄市
台湾省
澎湖
澎湖列岛
澎湖水道
台湾海峡
南海
莆田市
涵江区
秀屿区
仙游
泉州市
晋江市
石狮市
南安市
安溪
永春
德化
厦门市
翔安区
同安区
集美区
海沧区
金门
龙海市
漳州市
长泰
华安
南靖
平和
漳浦
云霄
诏安
东山
龙岩市
漳平市
永定区
上杭
武平
梅州市
梅县区
蕉岭
平远
大埔
丰顺
潮州市
饶平
澄海区
南澳
汕头市
揭阳市
揭西
普宁市
惠来
潮阳区
潮南区
濠江区
揭东区
潮安区
广东省
会昌

江西省全图

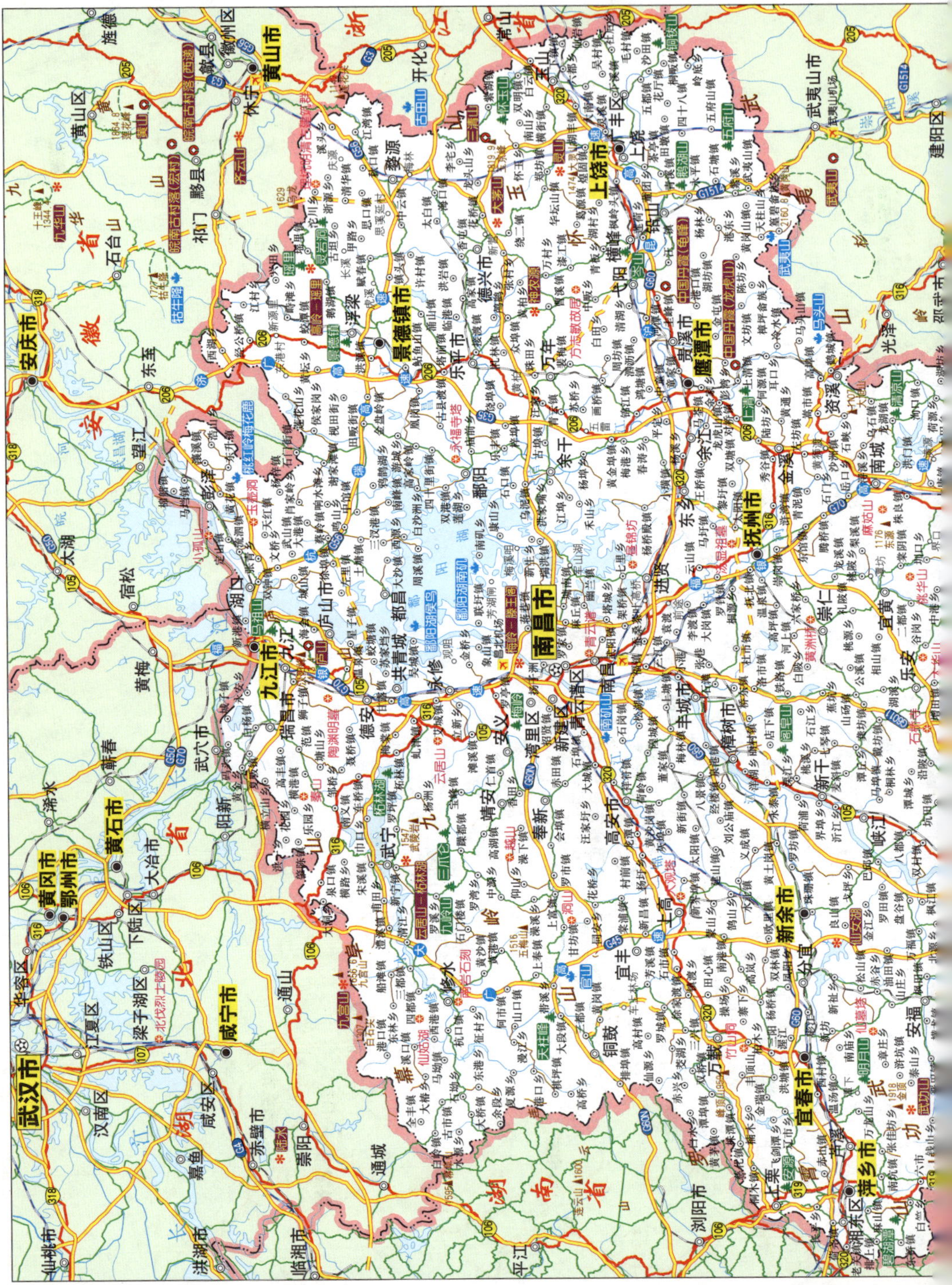

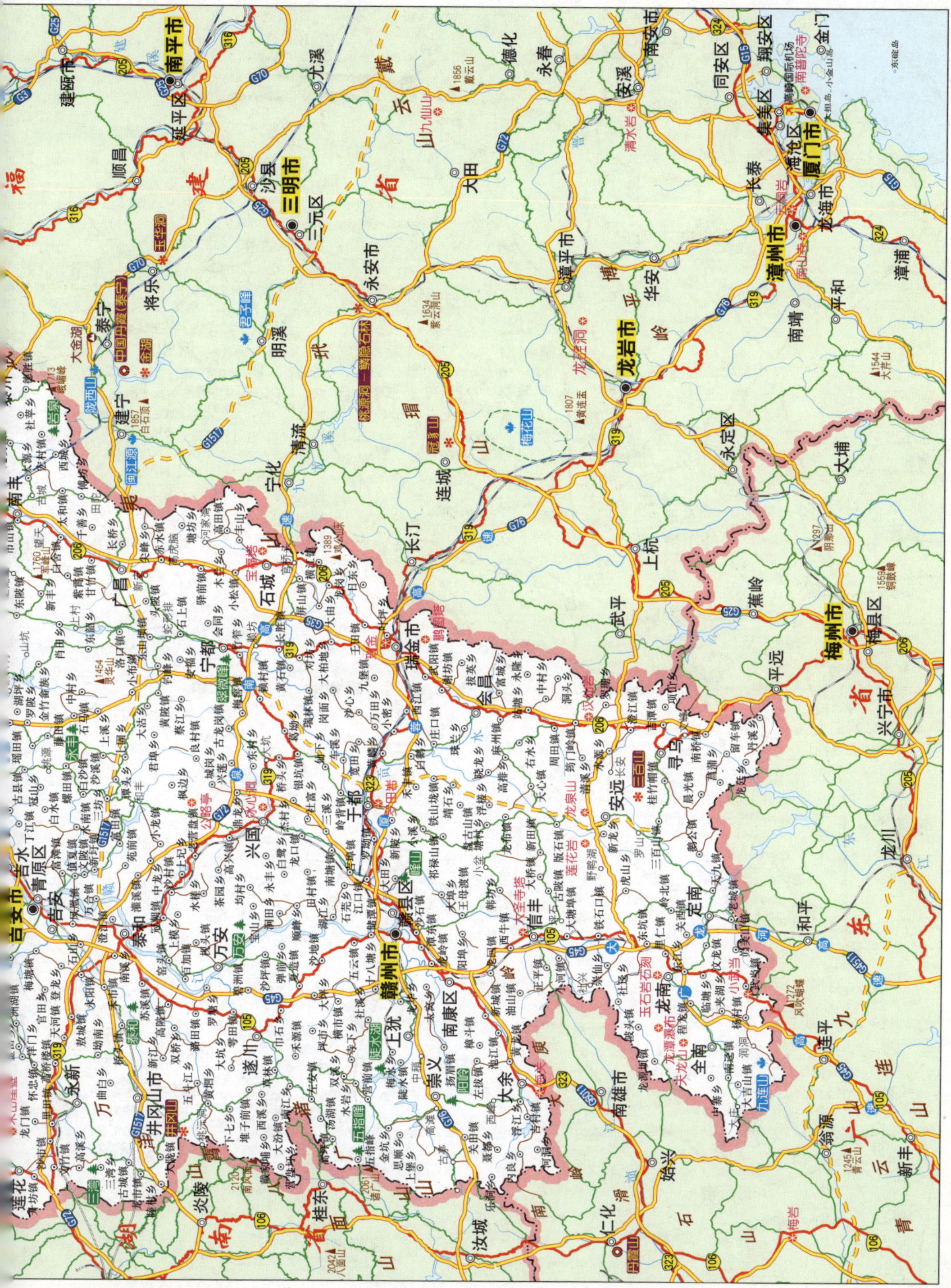

南平市
建瓯市
三明市
永安市
龙岩市
漳州市
厦门市
梅州市
瑞金市
赣州市
吉安市
南雄市
井冈山市
漳平市
宁化
长汀
石城
宁都
于都
兴国
会昌
安远
寻乌
信丰
龙南
定南
全南
大余
崇义
上犹
南康区
赣县区
泰和
万安
遂川
永新
连城
上杭
武平
平远
蕉岭
兴宁市
龙川
和平
连平
翁源
始兴
仁化
新丰
建宁
泰宁
将乐
明溪
清流
沙县
三元区
大田
德化
永春
安溪
南安市
同安区
翔安区
集美区
海沧区
金门
龙海市
长泰
华安
南靖
平和
漳浦
永定区
大埔
梅县区
顺昌
延平区
尤溪

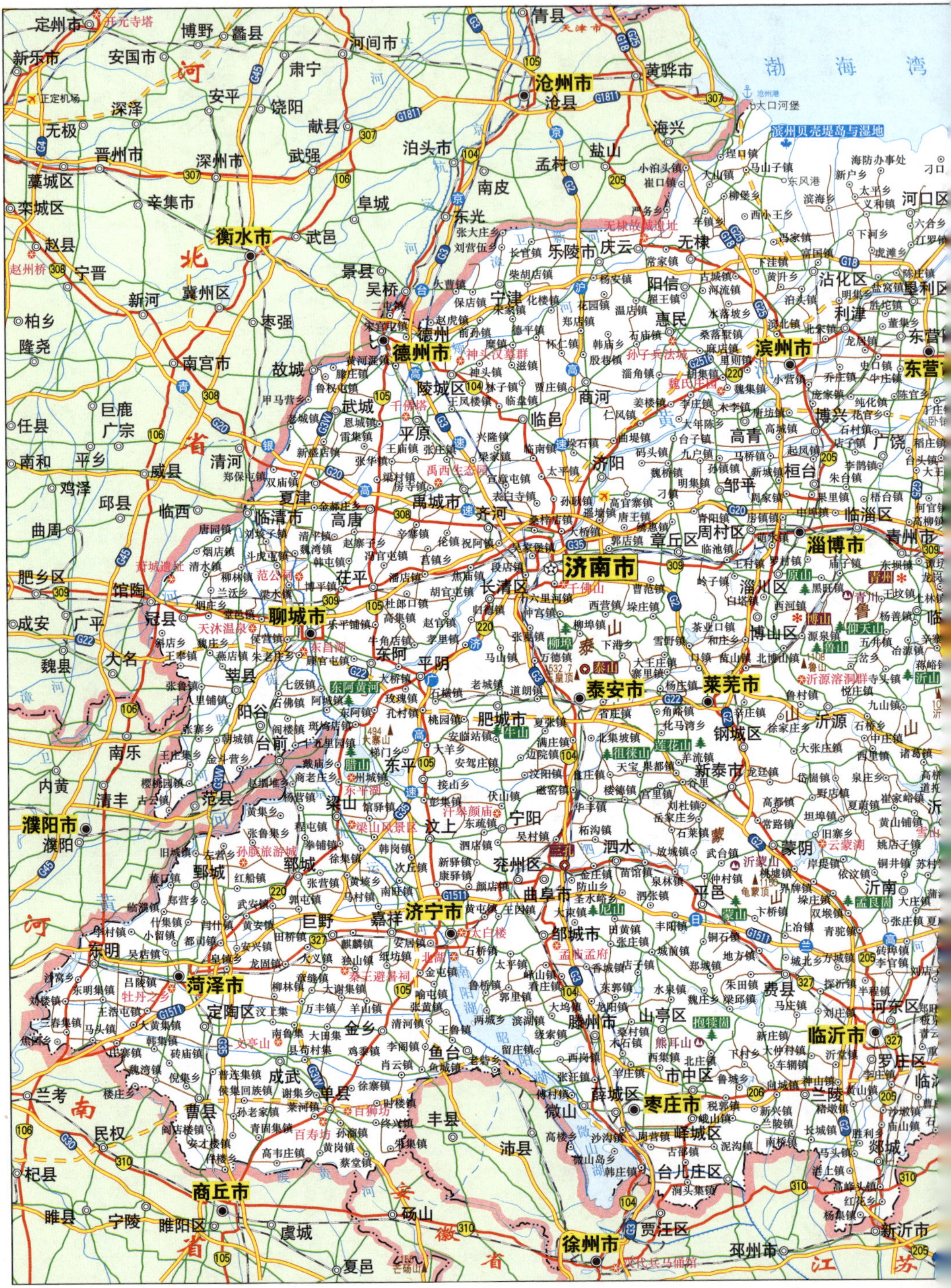

渤海湾
滨州贝壳堤岛与湿地
定州市
博野
蠡县
青县
河间市
新乐市
安国市
肃宁
沧州市
沧县
黄骅市
深泽
安平
饶阳
献县
海兴
无极
晋州市
深州市
武强
泊头市
孟村
盐山
藁城区
栾城区
辛集市
南皮
阜城
东光
河口区
赵县
衡水市
武邑
无棣
乐陵市
庆云
宁晋
冀州区
景县
吴桥
宁津
阳信
沾化区
垦利区
柏乡
新河
枣强
德州市
惠民
滨州市
利津
东营
隆尧
南宫市
故城
陵城区
商河
博兴
任县
巨鹿
广宗
武城
平原
临邑
高青
广饶
南和
平乡
威县
清河
夏津
济阳
桓台
邹平
邱县
临西
临清市
高唐
禹城市
齐河
章丘区
周村区
淄博市
临淄区
青州市
曲周
茌平
济南市
肥乡区
馆陶
长清区
淄川区
成安
广平
冠县
聊城市
博山区
魏县
大名
莘县
东阿
平阴
泰安市
莱芜市
阳谷
肥城市
钢城区
沂源
南乐
台前
东平
新泰市
内黄
清丰
范县
梁山
宁阳
蒙阴
濮阳市
濮阳
郓城
汶上
兖州区
泗水
沂南
鄄城
嘉祥
济宁市
曲阜市
平邑
巨野
邹城市
东明
菏泽市
费县
定陶区
金乡
鱼台
滕州市
山亭区
临沂市
成武
单县
微山
薛城区
枣庄市
市中区
兰陵
罗庄区
兰考
曹县
丰县
沛县
峄城区
郯城
民权
台儿庄区
杞县
商丘市
砀山
贾汪区
新沂市
睢县
宁陵
睢阳区
虞城
徐州市
邳州市
夏邑
泰山
千佛山
济南
孟庙孟府
抱犊崮
沂蒙山
云蒙湖
孟良崮
微山湖

渤海海峡
渤海
黄海
莱州湾
庙岛海峡
海州湾
北隍城乡
南隍城乡
小钦岛乡
大钦岛乡
砣矶镇
长山列岛
长岛
黑山乡
蓬莱阁
蓬莱市
龙口市
招远市
莱州市
栖霞市
福山区
芝罘区
烟台市
莱山区
牟平区
胶东半岛海滨
威海市
刘公岛
文登区
荣成市
成山
乳山市
海阳市
莱阳市
莱西市
平度市
昌邑市
寒亭区
潍坊市
坊子区
安丘市
高密市
胶州市
即墨市
城阳区
李沧区
崂山区
崂山
青岛市
黄岛区
诸城市
五莲
东港区
日照市
岚山区
赣榆区
连云区
连云港市
灌云
花果山
伊芦山
灵山岛
五百义士墓
石岛湾
黄河口
黄河入海口
黄河三角洲
太平湾
大泽山
牙山
昆嵛山
昆仑山
艾山
罗山
伟德山
珠山
灵山湾
五莲山
日照海滨
山海天
诸城恐龙
古生物化石
卧佛寺
莱成大天鹅
银滩
招虎山
牟氏庄园
火车轮渡

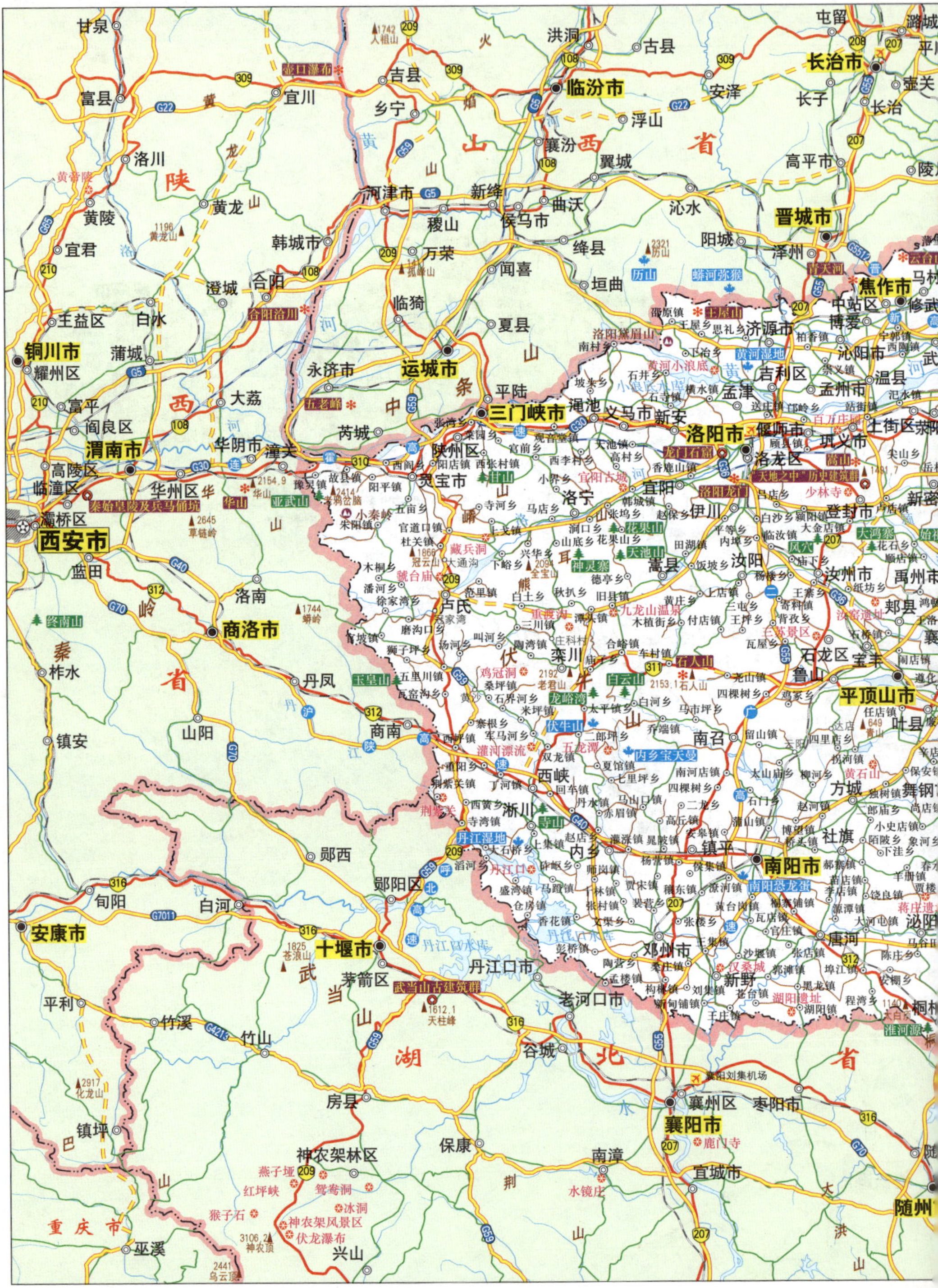

陕西省
山西省
湖北省
重庆市
黄河
汉水
丹江口水库
太行山
中条山
秦岭
伏牛山
熊耳山
崤山
武当山
大巴山
荆山
甘泉
富县
宜川
吉县
乡宁
临汾市
洪洞
古县
浮山
安泽
长治市
长子
长治
屯留
潞城市
壶关
平顺
襄汾
翼城
沁水
高平市
陵川
晋城市
泽州
阳城
垣曲
绛县
侯马市
曲沃
新绛
稷山
河津市
万荣
闻喜
临猗
夏县
运城市
永济市
芮城
平陆
三门峡市
洛川
黄陵
黄龙
宜君
韩城市
合阳
澄城
白水
王益区
铜川市
耀州区
蒲城
富平
阎良区
大荔
渭南市
华阴市
潼关
高陵区
临潼区
华州区
灞桥区
西安市
蓝田
洛南
商洛市
柞水
镇安
山阳
丹凤
商南
郧西
旬阳
白河
安康市
十堰市
郧阳区
茅箭区
平利
竹溪
竹山
房县
神农架林区
保康
谷城
老河口市
丹江口市
襄州区
襄阳市
枣阳市
南漳
宜城市
随州
镇坪
巫溪
兴山
焦作市
修武
济源市
孟州市
温县
沁阳市
博爱
孟津
吉利区
洛阳市
偃师市
巩义市
上街区
洛龙区
新安
义马市
渑池
陕州区
灵宝市
卢氏
洛宁
宜阳
伊川
嵩县
汝阳
汝州市
登封市
新密
禹州市
郏县
宝丰
鲁山
石龙区
平顶山市
叶县
栾川
西峡
淅川
内乡
镇平
南召
方城
南阳市
社旗
唐河
邓州市
新野
舞钢
泌阳
桐柏
三门峡
小浪底水库
黄河小浪底
龙门石窟
白马寺
少林寺
嵩山
中岳
鸡冠洞
老君山
白云山
石人山
龙峪湾
重渡沟
九龙山温泉
神灵寨
花果山
天池山
秦始皇陵及兵马俑坑
华山
五老峰
壶口瀑布
合阳洽川
黄帝陵
亚武山
玉皇山
终南山
武当山古建筑群
天柱峰
神农架风景区
燕子垭
红坪峡
鸳鸯洞
冰洞
伏龙瀑布
猴子石
神农顶
乌云顶
化龙山
苍浪山
历山
蟒河猕猴
青天河
云台山
黄河湿地
丹江湿地
丹江口
伏牛山
宝天曼
内乡宝天曼
灌河漂流
五龙潭
荆紫关
南阳恐龙蛋
汉桑城
湖阳遗址
淮河源
襄阳刘集机场
鹿门寺
水镜庄

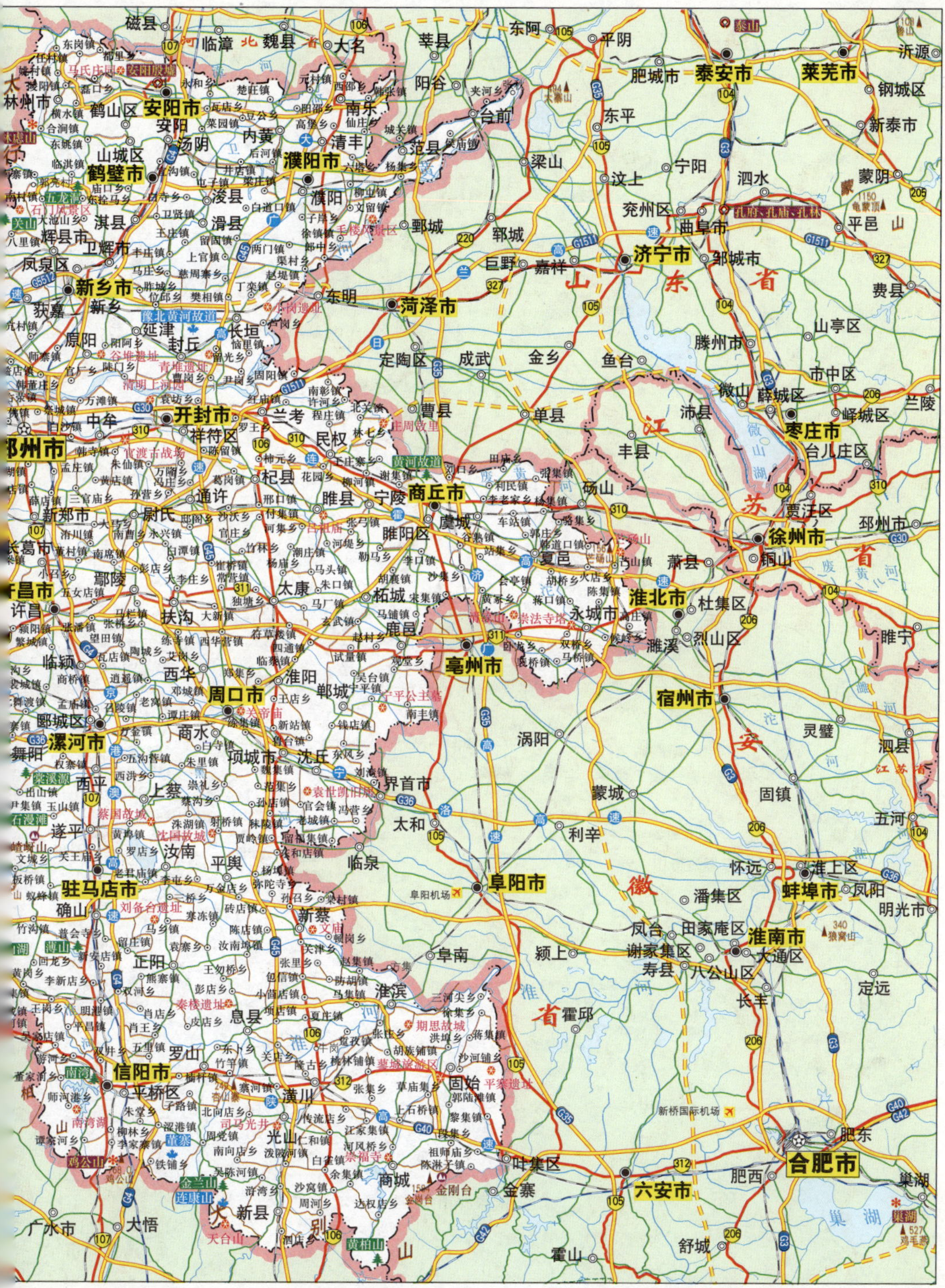
山东省
江苏省
安徽省
泰安市
莱芜市
济宁市
菏泽市
枣庄市
濮阳市
安阳市
鹤壁市
新乡市
开封市
郑州市
商丘市
徐州市
淮北市
亳州市
宿州市
周口市
漯河市
许昌市
驻马店市
阜阳市
蚌埠市
淮南市
信阳市
六安市
合肥市
磁县
临漳
魏县
大名
莘县
东阿
平阴
肥城市
阳谷
台前
东平
梁山
汶上
宁阳
泗水
蒙阴
新泰市
钢城区
沂源
兖州区
曲阜市
邹城市
平邑
费县
郓城
鄄城
巨野
嘉祥
东明
定陶区
成武
金乡
鱼台
滕州市
山亭区
市中区
微山
薛城区
峄城区
兰陵
台儿庄区
单县
曹县
丰县
沛县
砀山
贾汪区
铜山
邳州市
萧县
睢宁
杜集区
烈山区
濉溪
灵璧
泗县
固镇
五河
怀远
淮上区
凤阳
明光市
定远
潘集区
田家庵区
大通区
八公山区
谢家集区
凤台
寿县
长丰
颍上
霍邱
肥东
肥西
巢湖
舒城
霍山
叶集区
金寨
商城
固始
淮滨
息县
潢川
光山
罗山
新县
平桥区
大悟
广水市
确山
正阳
新蔡
平舆
汝南
上蔡
遂平
西平
舞阳
郾城区
临颍
许昌
鄢陵
扶沟
西华
商水
项城市
沈丘
郸城
淮阳
鹿邑
太康
柘城
睢阳区
虞城
夏邑
永城市
宁陵
睢县
杞县
通许
尉氏
新郑市
长葛市
中牟
祥符区
兰考
民权
长垣
封丘
延津
原阳
获嘉
新乡
卫辉市
辉县市
淇县
山城区
汤阴
安阳
鹤山区
林州市
内黄
清丰
南乐
范县
浚县
滑县
濮阳
凤泉区
涡阳
蒙城
利辛
太和
界首市
临泉
阜南
阜阳机场
新桥国际机场
泰山
孔府、孔庙、孔林
龟蒙顶
狼窝山
鸡毛寨
微山湖
巢湖

宁陕
石泉
汉阳
陕
西
省
安康市
紫阳
平利
岚皋
旬阳
白河
城口
镇坪
巫溪
开州区
重
庆
市
奉节
巫山
云阳
万州区
利川市
恩施市
建始
宣恩
鹤峰
咸丰
来凤
黔江区
龙山
桑植
武陵源区
张家界市
永顺
酉阳
慈利
石门
澧县
津市市
临澧
武陵区
常德市
桃源
汉寿
湖
南
省
十堰市
郧西
郧阳区
茅箭区
丹江口市
老河口市
谷城
襄阳市
竹溪
竹山
房县
保康
南漳
神农架林区
兴山
秭归
巴东
夷陵区
宜昌市
点军区
伍家岗区
猇亭区
长阳
枝江市
宜都市
五峰
松滋市
荆州区
当阳市
远安
荆门市
西峡
淅川
内乡
邓州市
武当山
神农架
神农顶
长江三峡
恩施土家族苗族自治州

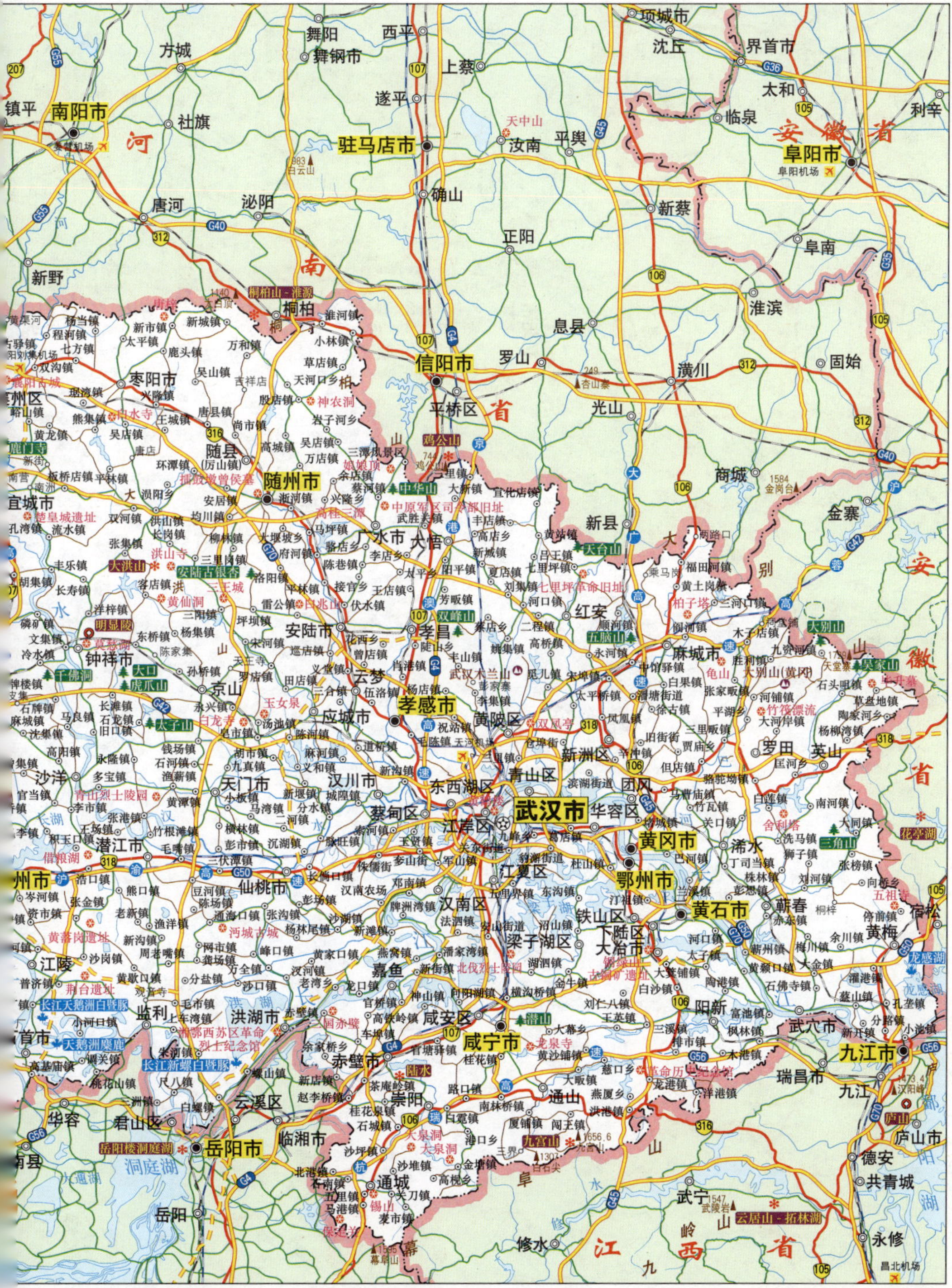
南阳市
驻马店市
信阳市
随州市
孝感市
武汉市
黄冈市
鄂州市
黄石市
咸宁市
岳阳市
九江市
阜阳市
天门市
仙桃市
潜江市
荆州市
钟祥市
枣阳市
广水市
安陆市
应城市
汉川市
麻城市
洪湖市
赤壁市
大冶市
武穴市
瑞昌市
庐山市
共青城
临湘市
界首市
项城市
沈丘
临泉
太和
利辛
方城
舞阳
舞钢市
西平
上蔡
遂平
汝南
平舆
新蔡
确山
正阳
泌阳
唐河
社旗
新野
桐柏
息县
罗山
潢川
光山
商城
固始
淮滨
阜南
新县
金寨
罗田
英山
浠水
蕲春
黄梅
阳新
通山
崇阳
通城
嘉鱼
监利
江陵
华容
君山区
岳阳
修水
武宁
德安
永修
九江
京山
云梦
大悟
孝昌
红安
黄陂区
新洲区
团风
蔡甸区
江夏区
汉南区
梁子湖区
下陆区
铁山区
华容区
咸安区
云溪区
平桥区
安徽省
河南省
湖北省
江西省
大别山
洞庭湖
天中山
白云山
九宫山
幕阜山
明显陵
昌北机场
阜阳机场
汉阳峰
武陵岩
云居山－柘林湖

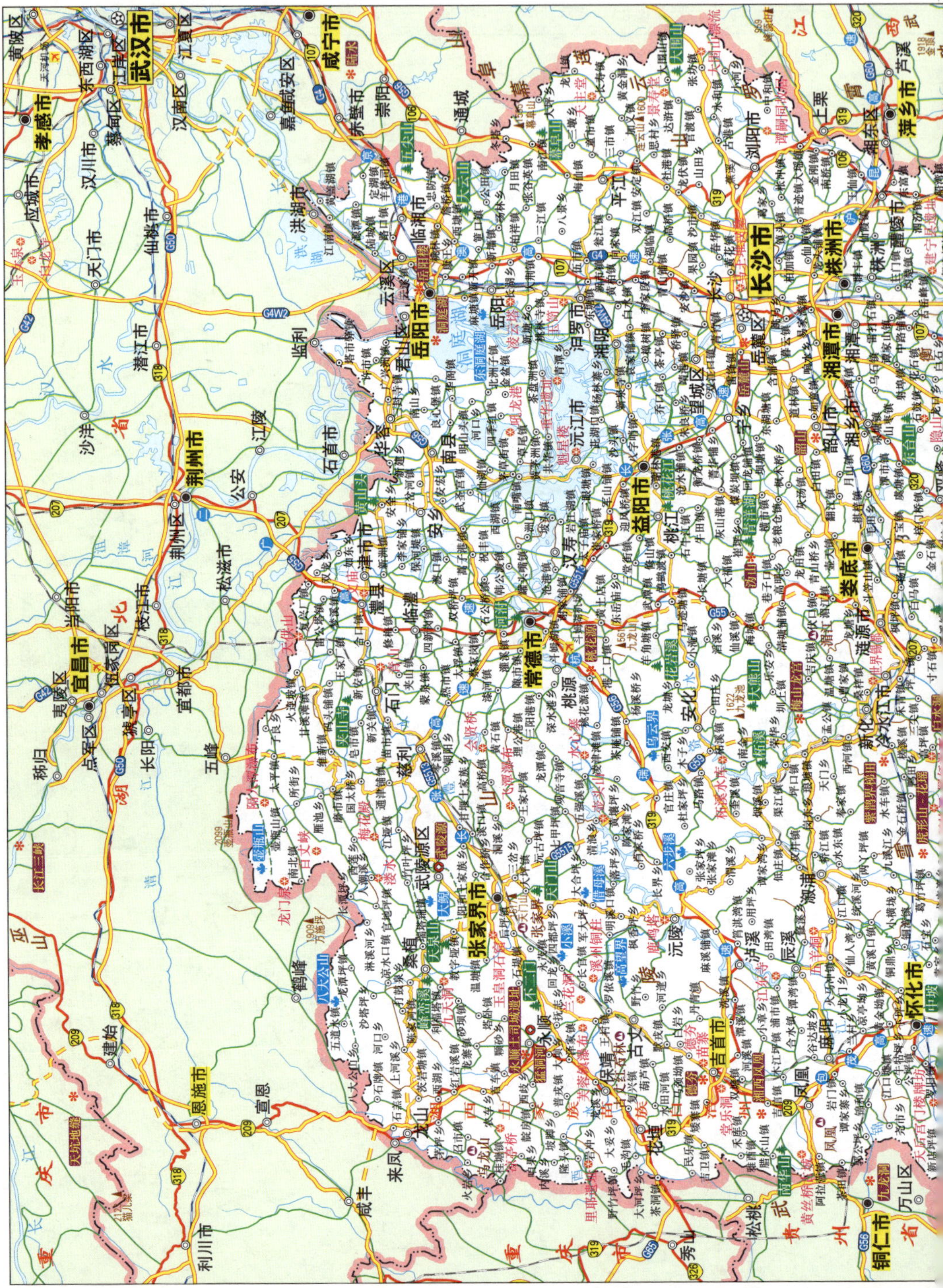
武汉市
咸宁市
孝感市
应城市
汉川市
天门市
仙桃市
潜江市
荆州市
宜昌市
当阳市
枝江市
宜都市
松滋市
石首市
监利
洪湖市
赤壁市
通城
岳阳市
临湘市
汨罗市
平江
浏阳市
长沙市
株洲市
湘潭市
萍乡市
益阳市
常德市
津市市
澧县
临澧
石门
慈利
张家界市
桑植
永顺
沅江市
南县
华容
安乡
汉寿
桃源
桃江
安化
宁乡
湘乡市
韶山市
娄底市
涟源市
冷水江市
新化
溆浦
辰溪
泸溪
沅陵
古丈
吉首市
保靖
花垣
凤凰
麻阳
怀化市
铜仁市
万山区
松桃
秀山
龙山
来凤
咸丰
宣恩
恩施市
建始
鹤峰
五峰
长阳
利川市
秭归
巫山

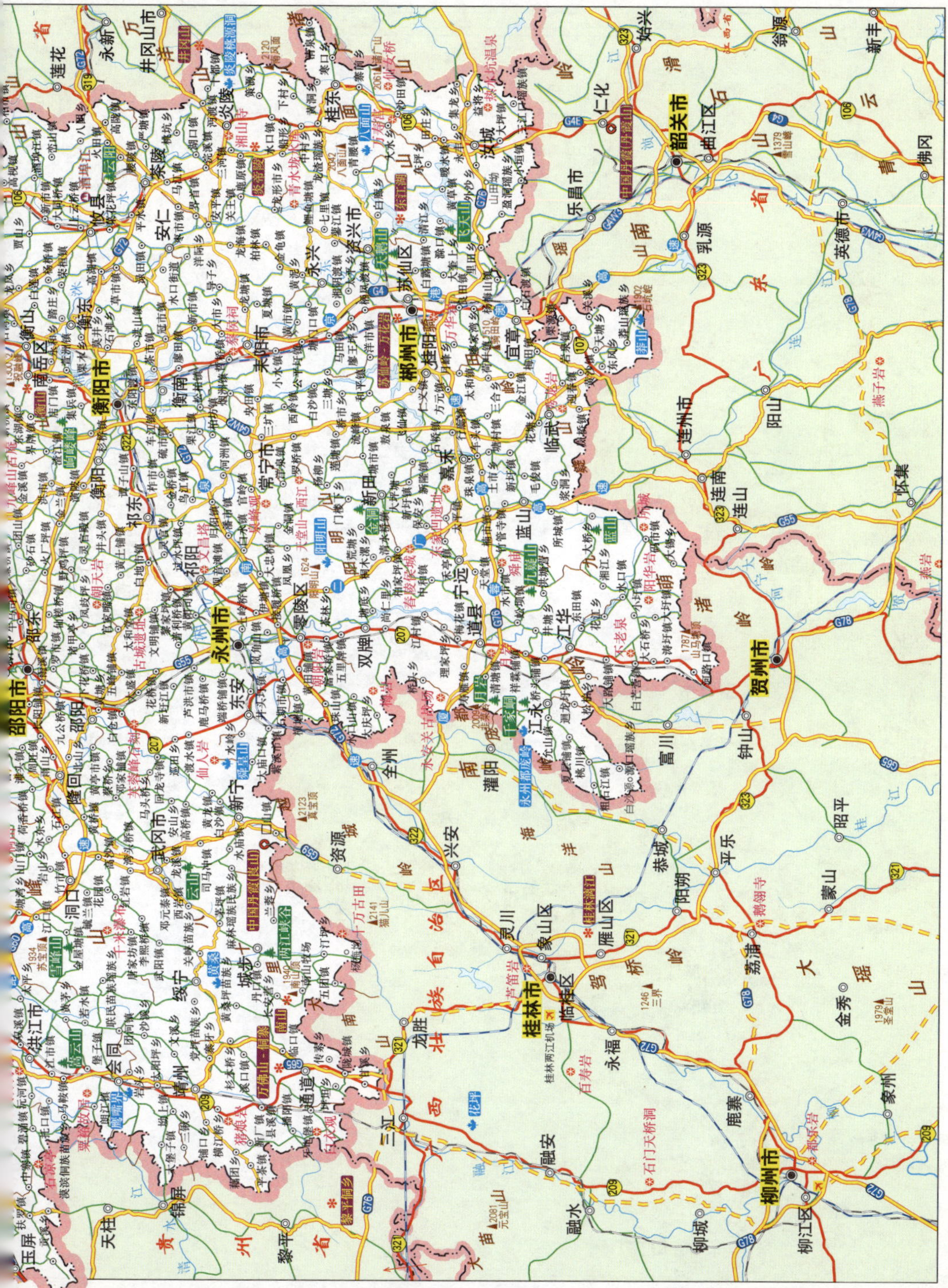
衡阳市
郴州市
永州市
邵阳市
桂林市
贺州市
柳州市
韶关市
南岳区
耒阳市
常宁市
祁阳
祁东
邵东
衡南
衡山
衡东
攸县
安仁
茶陵
炎陵
永兴
资兴市
桂东
汝城
桂阳
宜章
嘉禾
临武
新田
宁远
蓝山
道县
江华
江永
零陵区
双牌
东安
新宁
武冈市
洞口
隆回
绥宁
城步
靖州
会同
洪江市
通道
三江
龙胜
融安
融水
柳城
柳江区
鹿寨
象州
金秀
蒙山
昭平
平乐
恭城
阳朔
永福
临桂区
象山区
雁山区
灵川
兴安
全州
资源
灌阳
富川
钟山
乐昌市
仁化
始兴
曲江区
乳源
英德市
阳山
连州市
连南
连山
怀集
翁源
新丰
佛冈
天柱
锦屏
黎平
玉屏

桂林市
灵川
象山区
临桂区
雁山区
阳朔
融安
融水
柳城
鹿寨
柳江区
柳州市
来宾市
象州
金秀
武宣
平南
桂平市
贵港市
覃塘区
港南区
横县
兴业
玉林市
福绵区
北流市
容县
陆川
博白
灵山
浦北
铁山港区
灌阳
江永
江华
道县
富川
钟山
贺州市
昭平
蒙山
荔浦
平乐
恭城
梧州市
龙圩区
藤县
岑溪市
苍梧
蓝山
临武
宜章
乐昌市
乳源
连南
连州市
连山
阳山
怀集
广宁
英德市
清新区
清远市
佛冈
花都区
广州市
四会市
鼎湖区
肇庆市
三水区
佛山市
南海区
番禺区
顺德区
高明区
鹤山市
江门市
新会区
开平市
台山市
恩平市
斗门区
金湾区
封开
郁南
德庆
云安区
云浮市
罗定市
高要区
新兴
信宜市
高州市
化州市
茂名市
电白区
阳春市
阳西
阳东区
阳江市
廉江市
遂溪
湛江市
吴川市
坡头区
霞山区
雷州市
徐闻
海口市
川山群岛
北部湾
琼州海峡

汝城
大余
信丰
安远
寻乌
武平
上杭
龙岩市
漳平市
华安
长泰
漳州市
海沧区
龙海市
南靖
平和
漳浦
云霄
诏安
东山
东山岛
南雄市
仁化
始兴
韶关市
龙南
全南
定南
平远
蕉岭
永定区
大埔
梅州市
兴宁市
梅县区
五华
丰顺
潮州市
饶平
揭阳市
揭东区
潮安区
澄海区
南澳
汕头市
濠江区
潮阳区
潮南区
普宁市
惠来
揭西
陆河
陆丰市
汕尾市
海丰
紫金
龙川
和平
连平
翁源
新丰
东源
河源市
龙门
博罗
惠州市
惠东
惠阳区
龙岗区
深圳市
盐田区
宝安区
南山区
东莞市
从化区
增城区
香港
珠海市
澳门
大鹏半岛
惠东港口海龟
红海湾
碣石湾
神泉港
海门湾
汕头港
南
海
东沙群岛
北卫滩
南卫滩
东沙岛
东沙礁
福
建
省
江
西
省

宣威市
安顺市
都匀市
丹寨
六枝特区
镇宁
关岭
惠水
长顺
三都
平塘
独山
盘县
普安
晴隆
紫云
富源
兴仁
贞丰
罗甸
荔波
安龙
望谟
兴义市
册亨
师宗
罗平
隆林
西林
乐业
天峨
南丹
河池市
环江
凤山
东兰
凌云
田林
巴马
都安
百色市
田阳
田东
大化
丘北
广南
富宁
砚山
文山市
西畴
麻栗坡
马关
那坡
德保
靖西市
天等
平果
隆安
武鸣
大新
扶绥
崇左市
龙州
宁明
凭祥市
上思
东兴市
河江
高平
谅山
宣光
安沛
太原
北江
河内
贵州省
云南省
越南
十万大山
黄猄洞天坑
金钟山黑颈长尾雉
雅长兰科植物
岑王老山
龙滩大峡谷
北仑河口海洋
大化七百弄
弄岗

桂林市
柳州市
来宾市
贵港市
玉林市
梧州市
贺州市
南宁市
钦州市
北海市
防城港市
湛江市
茂名市
阳江市
云浮市
肇庆市
岑溪市
北流市
桂平市
合山市
宜州市
连州市
廉江市
化州市
吴川市
信宜市
高州市
罗定市
阳春市
恩平市
雷州市
湖
南
省
广
东
省
北部湾
南海
越城岭
海洋山
都庞岭
萌渚岭
大瑶山
大容山
云开大山
六万大山
云雾山
天露山
阳明山
九万山
元宝山
大明山
猫儿山
桂林-漓江
龙胜
资源
兴安
全州
灌阳
恭城
阳朔
平乐
荔浦
蒙山
昭平
钟山
富川
象州
武宣
藤县
容县
陆川
博白
灵山
浦北
横县
宾阳
上林
忻城
融安
融水
三江
永福
鹿寨
金秀
苍梧
封开
德庆
郁南
零陵区
道县
江永
江华
蓝山
宁远
新田
双牌
临武
连南
连山
怀集
广宁
新兴
阳西
电白区
遂溪
霞山区
坡头区
铁山港区
合浦
钦南区
东兴

北
部
湾
北
部
湾
临高角
毗北假日中心
美夏
博纵
昌洪
澄迈湾
大雅村
玉包
金牌
白蝶贝保护区
马袅
邻昌礁
兵马角
后水湾
调楼
东英
临高
博厚
古银瀑布
龙门激浪
峨蔓
兰训
红树林
波莲
头国
皇桐
福山
木棠
光村银滩
光村
白沙塘
美台
多文岭
三都
多文
神头
干冲
新盈农场
龙波塘
儋州湾
新州
东坡书院
加来
大铲礁
白马井
伏波庙
东城
南宝
排浦
王五
海上
鹭鹭天堂
南华
和舍
中兴
洋家东
G9813
植物园
和关
美万生态农业
红坎
西华农场
大成
美台
新港
海头
儋州市
观音洞
三月湖
仁兴
新村
棠邦
雅星
那大街道
蓝洋
蓝洋温泉
仁兴热作场
海尾
石花水洞
南丰
松涛
棋子湾
昌化岭
白沙村
邦溪
邦溪
松涛水库
丰收队
昌化
十月田
狮球
皇龙
番加
大木
昌化古城
七坊
打安
阳江农场
乌烈
叉河
昌江
金波
岭村
615
金牛岭
白沙
(牙叉)
鹿母湾瀑布
四更
三家
水流东
红草
昌化江
细水
1411
黎母岭
墩头
白沙
元门
黎母山
青松
向民蝙蝠洞
七差岭
1519
雅加大岭
1560
黑岭
鱼鳞洲
东方市
大田坡鹿
罗带
大田
七星燕窝岭
南开乡
红坎电站
红坎瀑布
1811
鹦哥岭
南
白沙起义纪念碑
琼中
天安
霸王岭
天下第一泉
俄贤洞
地下宫
琼崖纵队司令部旧址
红毛
百花岭瀑布
下通天
雅龙小桂林
母
什运
新龙
皇帝洞
长征
猕猴洞
海
1867
五指山
电合
不磨
毛阳
五指山
五指山漂流
江边
1654
猴猕岭
黎
上安乡
感恩角
感城
番阳
大广坝水库
马岿
G9811
万冲
吊罗山
板桥
中沙
番茅黎寨
指
乡采伐队
毛道
民族博物馆
八村
吊罗山
南港
高园
尖峰岭
五指山市
天池林场
叉河口
畅好
南圣
1126
七仙岭
白水岭
1412
尖峰岭
乐东
七仙岭温泉
五
山道
尖峰岭
大安
七仙岭温泉
保亭
什玲
枫果山瀑布
莺歌
抱文
文且
毛感
永德
抱梅
乐光农场
志仲
仙安石林
保雅老村
千龙洞
佛罗
响水
群英
千家
加茂
六弓
莺歌海
新政
田送
毛公山特殊形象自然景观
扎南
南改
田仔
黄流
225
224
莺歌海盐场
利国
三角土
三道
椰园黎苗风情村
报什
高峰温泉
九所
育才
云育
甘什林
南岛农场
南林
英州
东锣湾
G98
崖州区
高峰
海棠区
赤岭
陵水
古崖州古城
南田温泉热带风情
凤凰机场
崖州湾
水南村
落笔洞
赤岭
南山寺
热带海洋动物园
牛奇洲
西鼓岛
东锣岛
大小洞天
天涯区
三亚市
吉阳区
蜈支洲
爱心大世界
天涯海角
223
南山文化
三亚港
三亚热带海滨
上竹路
石龟中村
南山角
鹿回头山顶公园
红沙
亚龙
大东海
亚龙湾
西岛海上游乐世界
东瑁洲
亚龙湾
小东海
三亚珊瑚礁
榆林湾
锦母角

广东省
琼州海峡
G15
G75
海南角
木兰湾
新埠海
斗柄塔
东坡
铺前湾
海口市
西海岸带状公园
新海
长流
钟楼
东营
桂林洋
铺前
南泰鳄鱼湖
五公祠
盈滨半岛
海瑞墓
琼山区
红树林
锦山
罗豆农场
冯坡
抱虎角
湖心
七洲列岛
马村
老城
石山
琼台书院
美兰机场
演丰
东寨港
翁田
海口火山
龙桥
灵山游乐园
湖山
G98
永兴
龙塘
云龙
三江湾椰林
名下
美安
冯白驹将军故居
红旗
抱罗
田尾
美亭钓鱼中心
遵谭
大保
咸来
大致坡
更新
海南热带野生动植物园
冼夫人纪念馆
七洲洋
澄迈
美榔双塔
永发
新坡
昌洒
瑞溪
东山
八仙泉
旧州镇
三门坡
蓬牛
宋庆龄故居
月亮湾
G9811
仙沟
铜鼓岭
太平
定安
新民
谭文
文教
龙楼
白鹭乐园
新吴
见龙塔
东阁
八门湾红树林
甲子
大坡
新竹
223
石溪
文城
石浮
富文
雷鸣
居丁
永丰
新税
蓬莱
南
文昌市
文儒
迈号
东郊椰林
坡脉
新兴
高龙湾
岭上
同仁
卧龙山
坡寨
南丽湖
黄竹
会文
西昌
陈策将军祖居
西昌山洞探险
岭寨村
龙门
烟塘
重兴
龙塘
冯家湾
大路
麒麟菜
屯昌
岭口
新市
(屯城)
南吕
海南岛
聚奎塔
长坡
坡心
中建农场
龙湾
南泉
中瑞革命纪念馆
洋水
塔洋
224
茶沟
万泉
琼海市
潭门
枫木鹿场
红色娘子军风情园
潭门港
枫木
南吕岭探险
岭应
官塘温泉
乌坡
石壁
博鳌
博鳌港
东太农场
白石岭
中原
博鳌(亚洲论坛会址)
G9813
溪仔
龙江
中平
会山
阳江
山钦湾
水映田
万泉河漂流
苗族民族风情大村庄
龙滚
三区
牛路岭水电站
南方二十一队
牛路岭水库
山根
大发
六连岭
加朝
禄马
五指山
乐来
和平
北大
尖岭森林
和乐
南平
三更罗
小海
袁水
新村
长丰
万宁市
白鞍岛
大花角
大水
兴隆农场
兴隆温泉
北坡
礼纪
春园湾
甘蔗岛
兴隆热带植物园
青云塔
兴隆热带花园
东澳
大洲岛
后城
南桥
高
石梅湾
神州半岛
新村
加井岛
洲仔岛
燕窝岛保护区
南林森林
日月湾
牛岭
分界洲
光坡
香水湾
椰林
陵水
椰子岛
黎安
南湾猴岛
大墩
陵水角
南海
云南省
南宁市
广州市
广东省
福建省
台湾省
台湾岛
广西壮族自治区
澳门
香港
越
湛江市
澳门特别行政区
香港特别行政区
东沙群岛
儋州市
海口市
东沙岛
海南省
海南岛
三亚市
西沙群岛
永兴岛
三沙市
永乐群岛
宣德群岛
吕宋岛
菲律宾
老挝
中沙群岛
黄岩岛
柬埔寨
南
南海
民都洛岛
中业群礁
太平岛
马欢岛
永暑礁
九章群礁
巴拉望岛
南威岛
榆亚暗沙
南沙群岛
万安滩
南安礁
文莱
亚
曾母暗沙
马来西亚
纳土纳群岛
尼
印度尼西亚
度
印
海南省全图
1:3326万

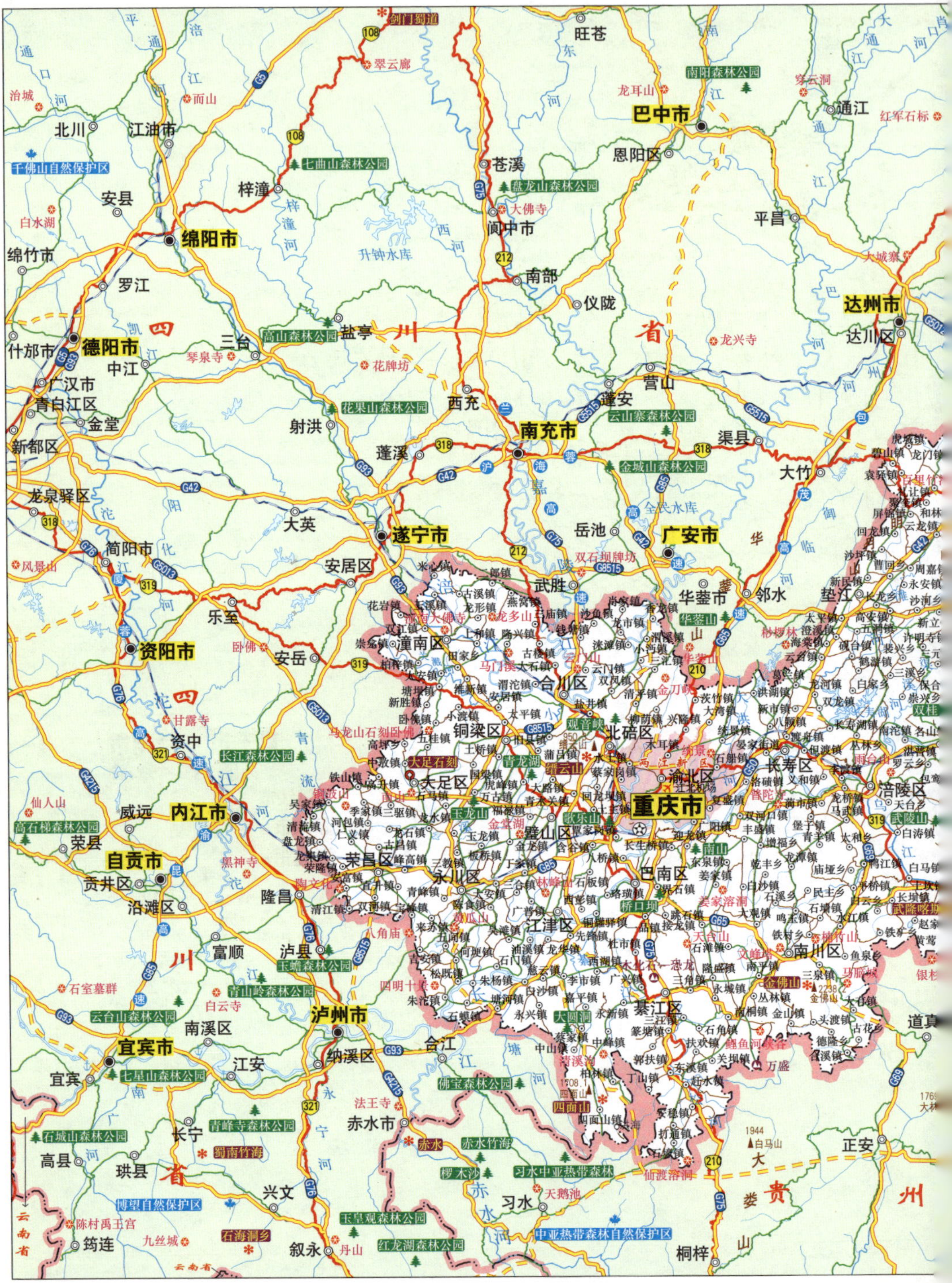

剑门蜀道
翠云廊
旺苍
南阳森林公园
龙耳山
穿云洞
巴中市
通江
红军石标
北川
江油市
千佛山自然保护区
七曲山森林公园
苍溪
盘龙山森林公园
恩阳区
安县
梓潼
大佛寺
阆中市
平昌
白水湖
绵阳市
升钟水库
绵竹市
罗江
南部
大城寨
仪陇
达州市
德阳市
高山森林公园
盐亭
三台
什邡市
中江
琴泉寺
花牌坊
龙兴寺
达川区
广汉市
青白江区
营山
蓬安
西充
金堂
花果山森林公园
云山寨森林公园
新都区
射洪
南充市
渠县
蓬溪
大竹
金城山森林公园
龙泉驿区
全民水库
大英
简阳市
遂宁市
岳池
广安市
风景山
双石坝牌坊
安居区
武胜
华蓥市
邻水
乐至
垫江
资阳市
卧佛
安岳
潼南区
合川区
北碚区
长寿区
甘露寺
资中
铜梁区
大足区
渝北区
涪陵区
长江森林公园
马龙山石刻卧佛
大足石刻
重庆市
仙人山
威远
内江市
璧山区
高石梯森林公园
荣县
自贡市
荣昌区
永川区
巴南区
贡井区
黑神寺
隆昌
沿滩区
江津区
南川区
富顺
泸县
玉蟾森林公园
青山岭森林公园
四明十景
綦江区
石室墓群
白云寺
泸州市
道真
云台山森林公园
南溪区
宜宾市
纳溪区
合江
宜宾
七星山森林公园
江安
佛宝森林公园
万盛
法王寺
赤水市
长宁
青峰寺森林公园
石城山森林公园
赤水
赤水竹海
正安
高县
蜀南竹海
珙县
桫椤沙
习水中亚热带森林
兴文
天鹅池
习水
博望自然保护区
仙渡溶洞
陈村禹王宫
筠连
九丝城
石海洞乡
玉皇观森林公园
中亚热带森林自然保护区
叙永
丹山
红龙湖森林公园
桐梓
四川省
贵州
云南省

竹山
房县
保康
神农架林区
兴山
巴东
秭归
长阳
五峰
鹤峰
宣恩
恩施市
建始
利川市
咸丰
来凤
龙山
桑植
武陵源区
慈利
张家界市
永顺
古丈
保靖
花垣
吉首市
沅陵
泸溪
松桃
秀山
酉阳
沿河
德江
务川
彭水
黔江区
石柱
丰都
忠县
万州区
云阳
奉节
巫山
巫溪
开州区
开江
宣汉
万源市
城口
镇坪
梁平
湖北省
湖南省
陕西省
长江三峡
十八里长峡自然保护区
化龙山自然保护区
星斗山自然保护区
壶瓶山自然保护区
天坑地缝
白帝城
龙门河
八大公山
武陵源
猛洞河
穿洞

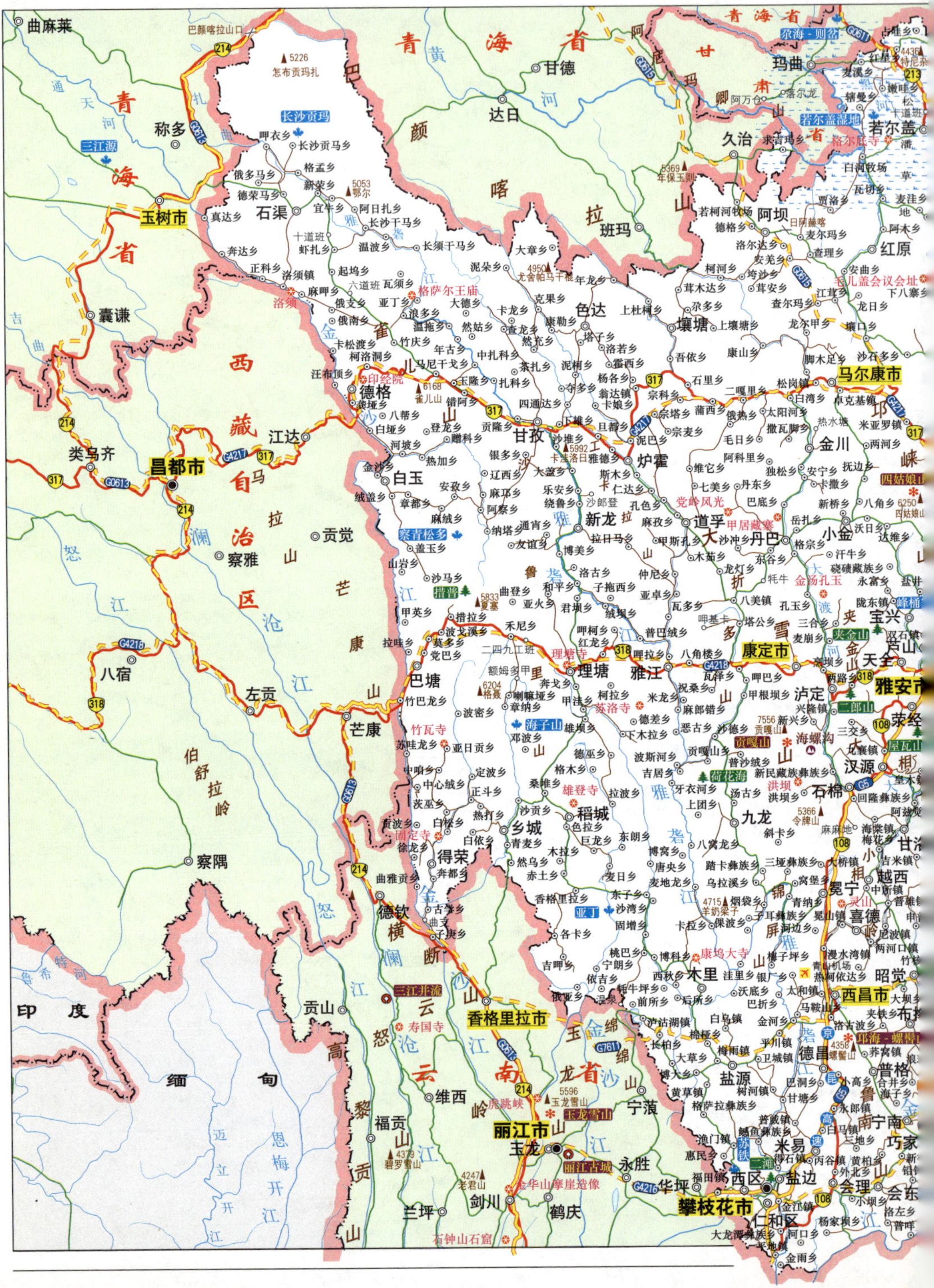
青海省
西藏自治区
云南省
甘肃
印度
缅甸
玉树市
称多
曲麻莱
囊谦
类乌齐
昌都市
江达
贡觉
察雅
八宿
左贡
察隅
贡山
芒康
德钦
维西
福贡
兰坪
剑川
鹤庆
丽江市
玉龙
永胜
华坪
宁蒗
香格里拉市
攀枝花市
西区
仁和区
盐边
米易
会理
会东
宁南
巧家
普格
德昌
西昌市
昭觉
喜德
冕宁
越西
甘洛
石棉
汉源
荥经
雅安市
天全
宝兴
泸定
康定市
丹巴
小金
金川
马尔康市
红原
若尔盖
阿坝
玛曲
久治
甘德
达日
班玛
壤塘
色达
炉霍
道孚
新龙
甘孜
德格
白玉
巴塘
理塘
雅江
乡城
稻城
得荣
九龙
木里
盐源
石渠
巴颜喀拉山
大雪山
沙鲁里山
金沙江
雅砻江
澜沧江
怒江
横断山
伯舒拉岭
宁静山
芒康山
高黎贡山
云岭
格萨尔王庙
印经院
察青松多
措普
竹瓦寺
海子山
亚丁
雄登寺
稻城
贡嘎山
海螺沟
二郎山
党岭风光
甲居藏寨
四姑娘山
卧龙
长沙贡玛
三江源
若尔盖湿地
毛儿盖会议会址
三江并流
寿国寺
虎跳峡
玉龙雪山
丽江古城
金华山摩崖造像
石钟山石窟
康坞大寺
灵山
邛海-螺髻山
泸沽湖
5226 怎布贡玛扎
5053 鄂尔
6168 雀儿山
5992 卡兰洛日
5833 夏塞
6204 格聂
7556 贡嘎山
5366 今牌山
6250 四姑娘山
4715 羊奶梁子
4358 螺髻山
5596 玉龙雪山
4379 碧罗雪山
4247 老君山
5369 年保玉则
G0613
G4217
G4218
G0611
G0615
G5
G7611
G4216
214
317
318
213
108

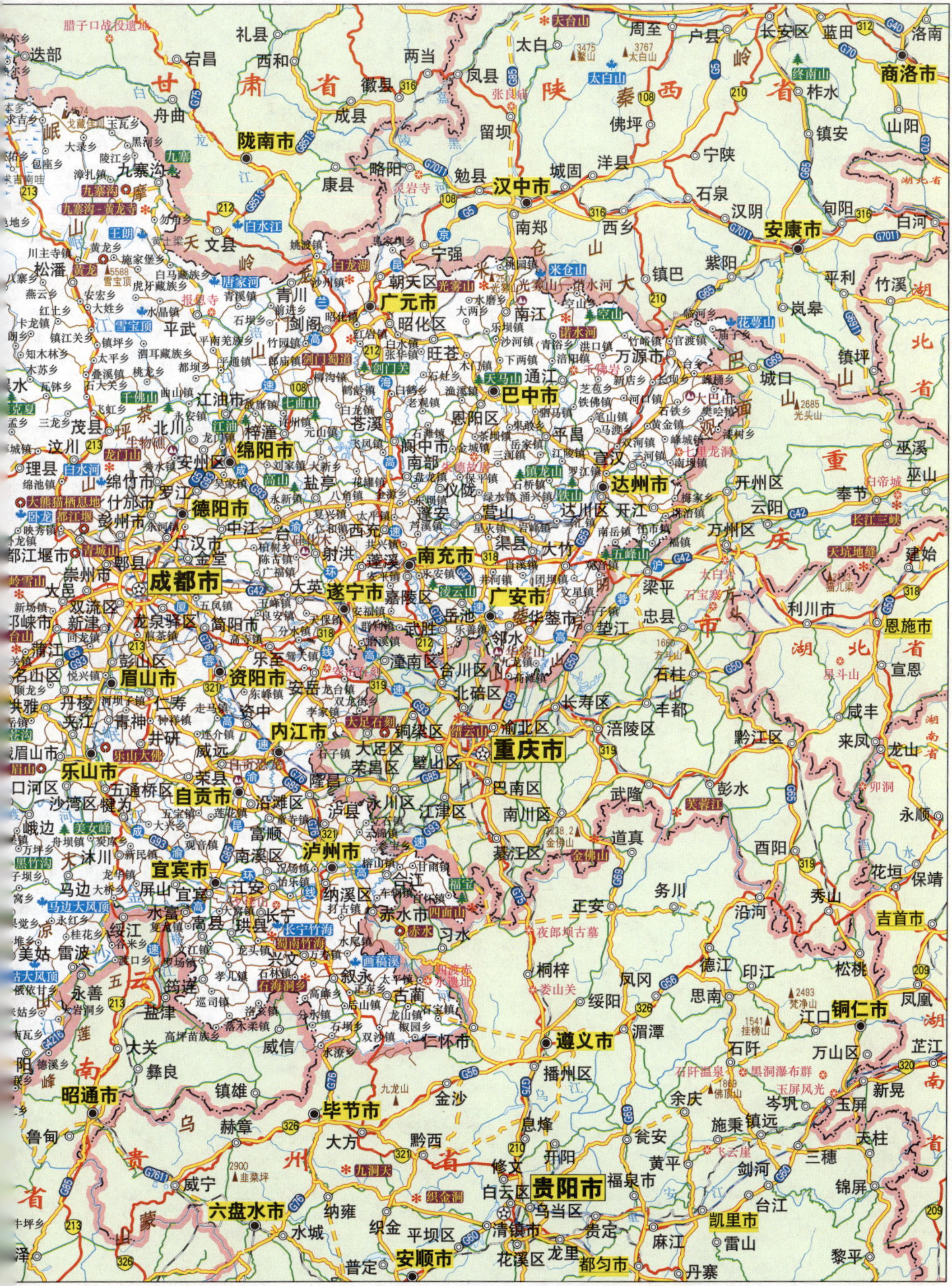
甘肃省
陕西省
重庆市
湖北省
贵州省
云南省
陇南市
汉中市
安康市
商洛市
广元市
巴中市
达州市
绵阳市
德阳市
成都市
遂宁市
南充市
广安市
眉山市
资阳市
内江市
乐山市
自贡市
宜宾市
泸州市
重庆市
恩施市
吉首市
铜仁市
遵义市
毕节市
昭通市
六盘水市
贵阳市
安顺市
凯里市
都匀市
宕昌
礼县
西和
两当
太白
周至
户县
长安区
蓝田
洛南
舟曲
徽县
凤县
柞水
成县
留坝
佛坪
镇安
山阳
宁陕
略阳
勉县
城固
洋县
康县
石泉
汉阴
旬阳
白河
文县
宁强
南郑
西乡
紫阳
镇巴
平利
竹溪
岚皋
朝天区
南江
万源市
镇坪
城口
青川
剑阁
昭化区
旺苍
平武
通江
江油市
北川
梓潼
苍溪
恩阳区
平昌
茂县
汶川
理县
安州区
阆中市
南部
宣汉
开州区
巫溪
巫山
罗江
盐亭
仪陇
开江
云阳
奉节
什邡市
绵竹市
彭州市
中江
三台
营山
达川区
万州区
都江堰市
广汉市
西充
渠县
大竹
郫县
金堂
射洪
蓬溪
建始
崇州市
大英
邻水
梁平
忠县
利川市
双流区
新津
龙泉驿区
简阳市
乐至
嘉陵区
岳池
华蓥市
垫江
宣恩
彭山区
安岳
武胜
潼南区
合川区
石柱
咸丰
丹棱
仁寿
北碚区
长寿区
丰都
夹江
青神
井研
资中
铜梁区
渝北区
涪陵区
黔江区
来凤
龙山
威远
大足区
荣昌区
璧山区
巴南区
荣县
隆昌
永川区
武隆
彭水
沐川
五通桥区
沙湾区
犍为
泸县
江津区
南川区
永顺
峨边
富顺
綦江区
道真
酉阳
马边
屏山
宜宾
江安
南溪区
纳溪区
合江
赤水市
习水
正安
务川
沿河
秀山
花垣
保靖
绥江
水富
高县
珙县
长宁
兴文
叙永
古蔺
桐梓
凤冈
德江
印江
松桃
凤凰
雷波
筠连
绥阳
思南
江口
永善
盐津
威信
仁怀市
湄潭
石阡
万山区
芷江
大关
彝良
镇雄
赫章
金沙
播州区
余庆
岑巩
新晃
玉屏
鲁甸
大方
息烽
施秉
镇远
天柱
黔西
开阳
瓮安
黄平
三穗
威宁
修文
福泉市
剑河
锦屏
纳雍
水城
织金
白云区
乌当区
清镇市
贵定
麻江
台江
雷山
平坝区
花溪区
龙里
丹寨
黎平
普定
九寨沟
黄龙
雪宝顶
白水江
卧龙
峨眉山
乐山大佛
长江三峡
九龙坡
重庆

四 川 省
广西壮族自治区
黔 西 南 布 依 族 苗 族 自 治 州
宜宾市
泸州市
赤水市
仁怀市
毕节市
昭通市
六盘水市
安顺市
兴义市
曲靖市
昆明市
赫章
大方
黔西
织金
纳雍
水城
威宁
普定
镇宁
关岭
晴隆
普安
盘县
兴仁
贞丰
安龙
望谟
册亨
紫云
长顺
平坝区
清镇
金沙
习水
古蔺
叙永
威信
镇雄
彝良
大关
盐津
筠连
珙县
高县
长宁
兴文
江安
纳溪区
合江
江津区
沿滩区
富顺
泸县
南溪区
犍为
沐川
屏山
水富
绥江
永善
雷波
马边
峨边
甘洛
美姑
昭觉
布拖
金阳
宁南
巧家
会泽
鲁甸
宣威市
东川区
寻甸
嵩明
沾益区
马龙
陆良
富源
师宗
罗平
石林
澄江
呈贡区
隆林
乐业
四面山
美姑大风顶
蜀南竹海
石海洞乡
僰人悬棺
昭通龙洞
可乐古人类文化遗址
草海
韭菜坪
百里杜鹃
九洞天
织金洞
黄果树
龙宫
安顺文庙
九龙山
红枫湖
紫云格凸河穿洞
碧云洞
马岭河
泥凼石林
仙鹤坪
冷水瀑布
千佛塔
东山寺
九乡
阿庐
红军四渡赤水
赤水桫椤
燕子岩
习水中亚热带森林
大凉山
五莲峰
乌蒙山
南盘江
金沙江
赤水河
长江

重庆市
湖南省
广西壮族自治区
黔东南苗族侗族自治州
黔南布依族苗族自治州
贵阳市
遵义市
铜仁市
凯里市
都匀市
怀化市
吉首市
张家界市
桂林市
河池市
南川区
綦江区
彭水
酉阳
秀山
永顺
保靖
古丈
花垣
沅陵
泸溪
辰溪
凤凰
麻阳
芷江
中方
新晃
洪江市
会同
靖州
绥宁
城步
通道
三江
龙胜
灵川
象山区
临桂区
雁山区
永福
融安
融水
柳城
罗城
环江
南丹
天峨
道真
正安
务川
沿河
德江
思南
印江
松桃
江口
万山区
石阡
凤冈
湄潭
绥阳
桐梓
余庆
瓮安
开阳
息烽
施秉
镇远
岑巩
玉屏
三穗
天柱
锦屏
剑河
台江
黄平
雷山
榕江
从江
黎平
丹寨
三都
麻江
福泉市
贵定
龙里
独山
平塘
荔波
乌当区
花溪区
白云区
惠水
长顺
罗甸
梵净山
雷公山
茂兰
张家界
苗岭
武陵山

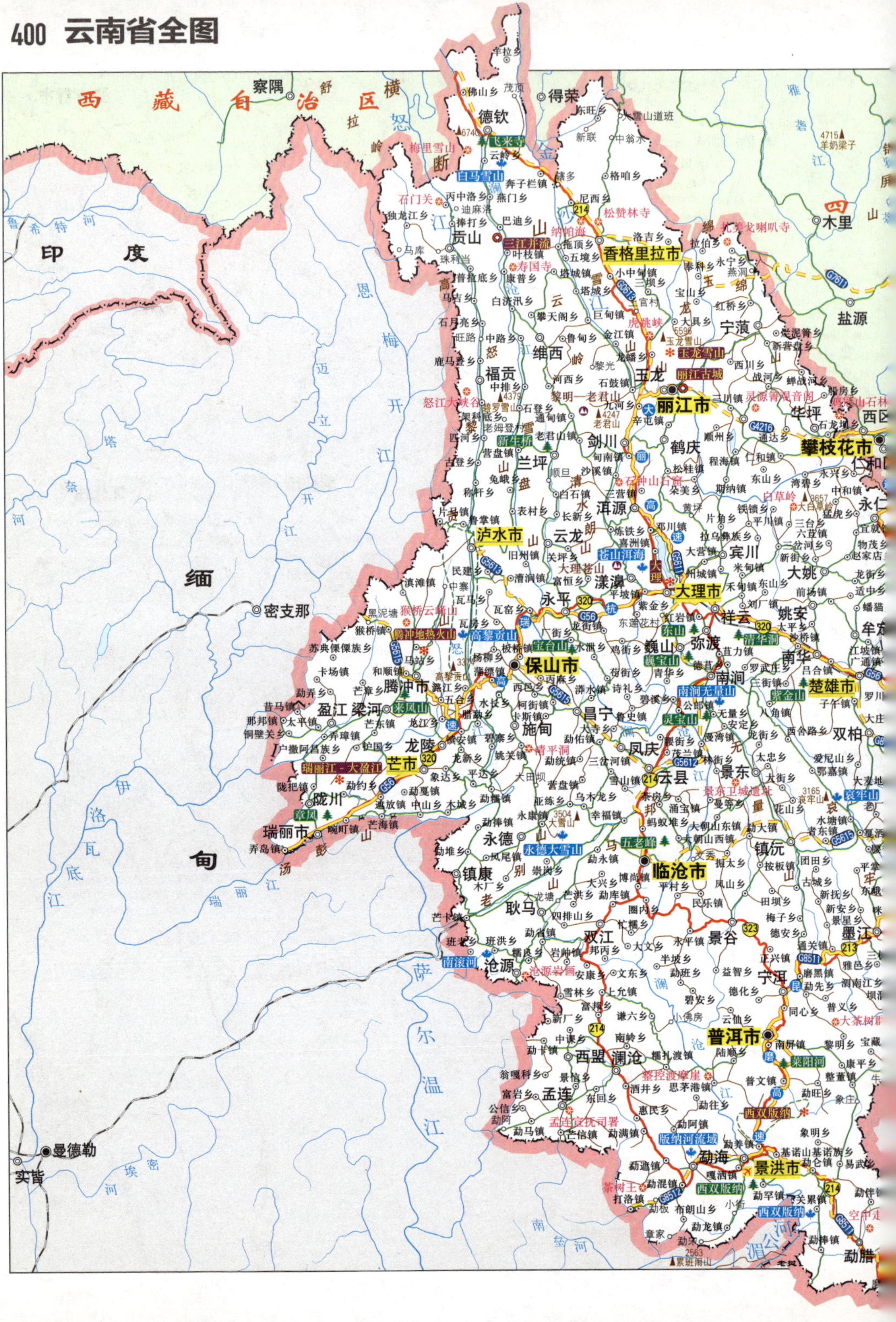
西藏自治区
印度
缅甸
四川
察隅
得荣
德钦
梅里雪山
飞来寺
白马雪山
贡山
三江并流
香格里拉市
松赞林寺
纳帕海
木里
盐源
宁蒗
虎跳峡
玉龙雪山
玉龙
丽江古城
丽江市
维西
福贡
兰坪
剑川
鹤庆
永胜
华坪
攀枝花市
泸水市
云龙
洱源
宾川
大姚
永仁
大理市
苍山洱海
漾濞
永平
祥云
姚安
弥渡
巍山
南华
楚雄市
保山市
腾冲市
腾冲地热火山
盈江
梁河
龙陵
芒市
瑞丽江-大盈江
陇川
瑞丽市
施甸
昌宁
凤庆
南涧
云县
景东
双柏
镇沅
临沧市
永德
镇康
耿马
双江
沧源
沧源岩画
景谷
宁洱
普洱市
西盟
澜沧
孟连
勐海
景洪市
西双版纳
勐腊
墨江
密支那
曼德勒
实皆
伊洛瓦底江
萨尔温江
南垒河
恩梅开江
迈立开江
澜沧江
金沙江

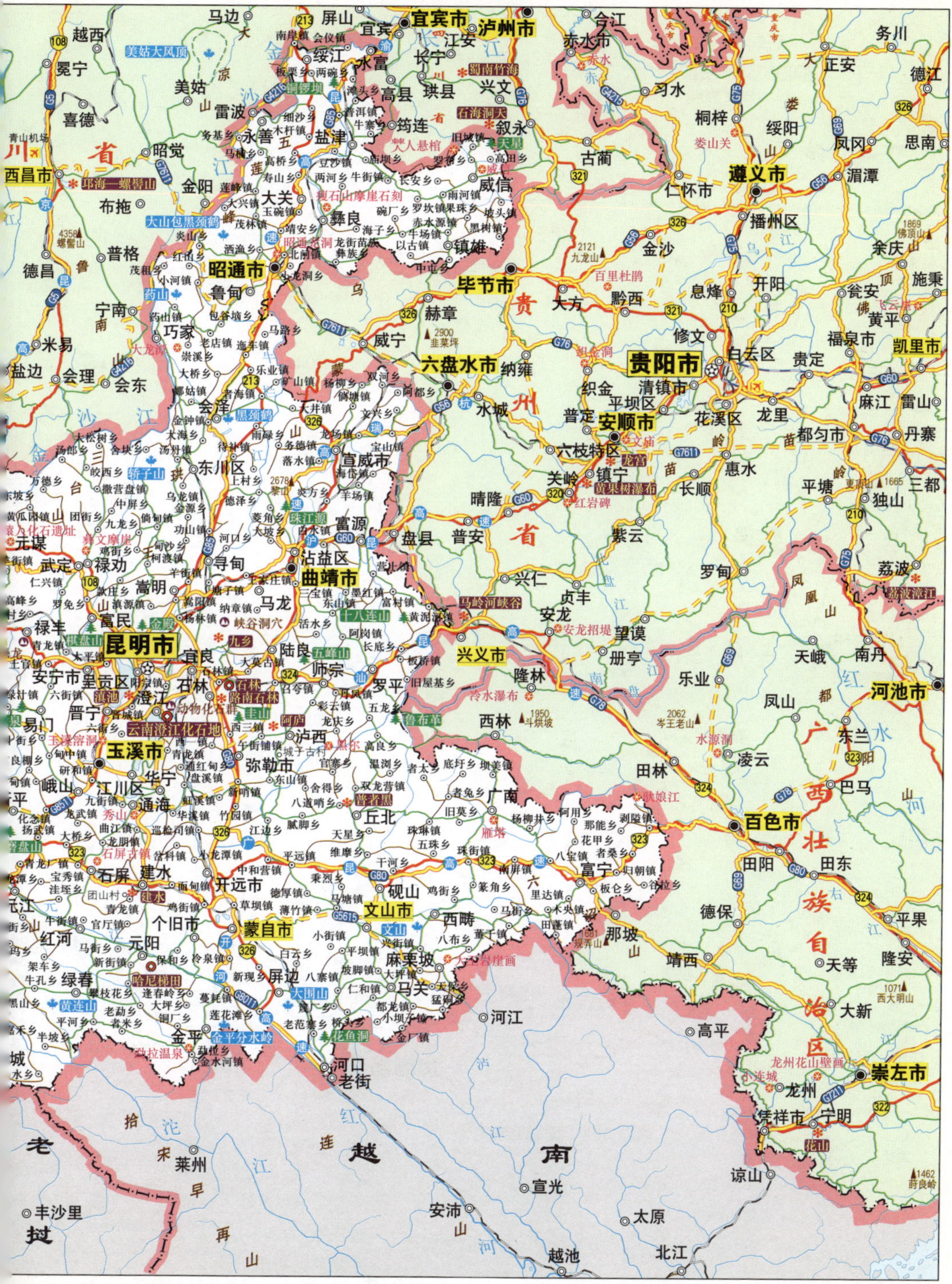
昆明市
贵阳市
遵义市
六盘水市
安顺市
毕节市
曲靖市
玉溪市
昭通市
百色市
崇左市
河池市
凯里市
兴义市
文山市
蒙自市
宜宾市
泸州市
西昌市
都匀市
贵州省
广西壮族自治区
越南
老挝

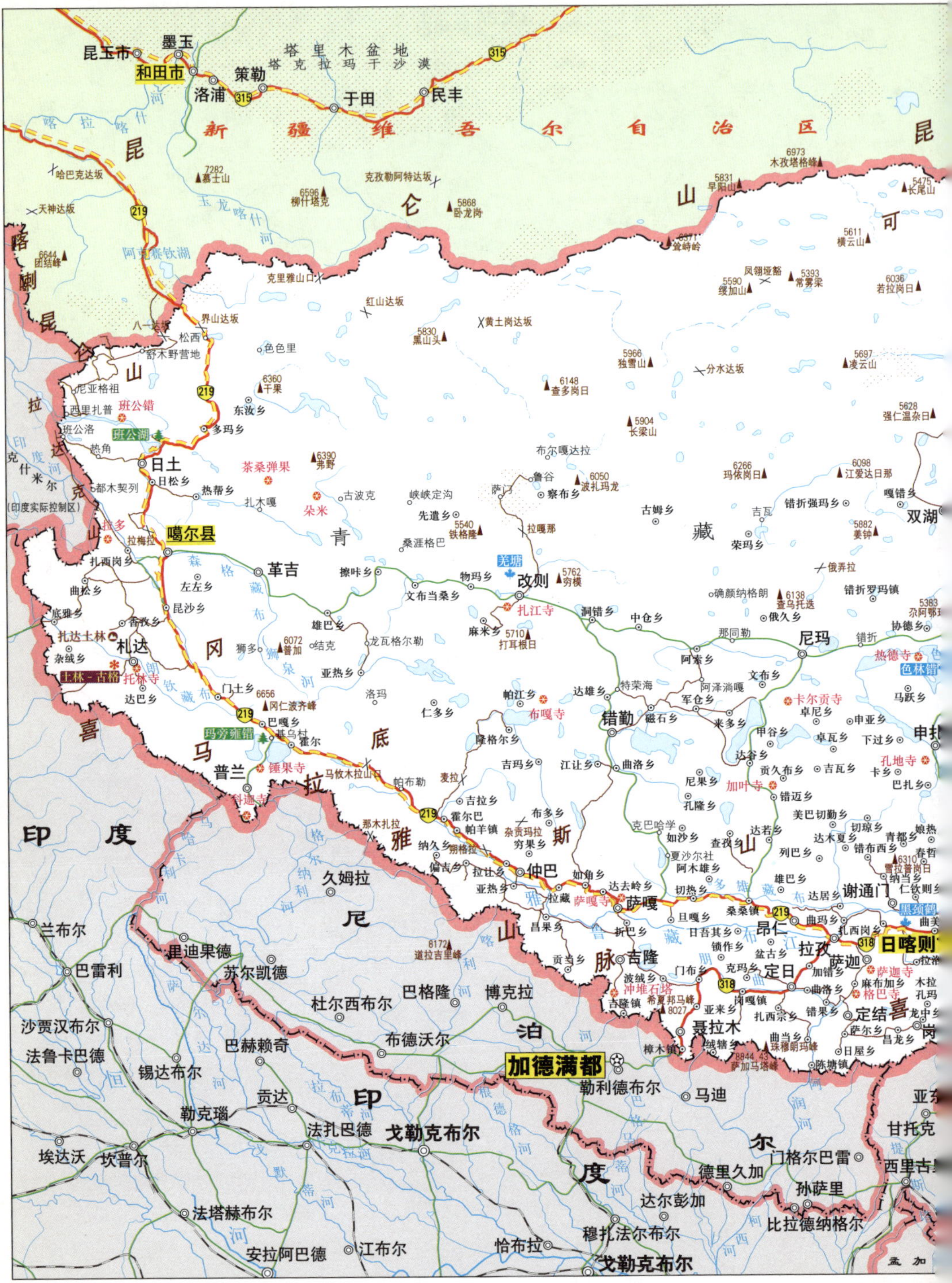

昆玉市
墨玉
和田市
洛浦
策勒
于田
民丰
塔里木盆地
塔克拉玛干沙漠
新疆维吾尔自治区
昆仑山
喀拉喀什河
玉龙喀什河
哈巴克达坂
天神达坂
7282 慕士山
6596 柳什塔克
克孜勒阿特达坂
5868 卧龙岗
6973 木孜塔格峰
5831 早阳山
5475 长尾山
5611 横云山
6371 耸峙岭
可
阿克赛钦湖
6644 团结峰
喀喇昆仑山
克里雅山口
红山达坂
界山达坂
八一达坂
松西
舒木野营地
色色里
5830 黑山头
黄土岗达坂
凤翎垭豁
5590 缕加山
5393 常雾梁
6036 若拉岗日
5966 独雪山
分水达坂
5697 凌云山
尼亚格祖
6360 干果
6148 查多岗日
西里扎普
班公错
班公洛
班公湖
多玛乡
东汝乡
5904 长梁山
5628 强仁温杂日
热角
日土
日松乡
热帮乡
茶桑弹果
6390 弗野
布尔嘎达拉
萨门
鲁谷
察布乡
6050 波扎玛龙
6266 玛依岗日
6098 江爱达日那
嘎错乡
都木契列
扎木嘎
朵米
古波克
峡峡定沟
先遣乡
5540 铁格隆
古姆乡
吉瓦
错折强玛乡
双湖
克什米尔
(印度实际控制区)
拉多
拉梅拉
噶尔县
青
桑涯格巴
拉嘎那
藏
荣玛乡
5882 姜钟
扎西岗乡
森格藏布
革吉
擦咔乡
羌塘
5762 穷模
改则
俄弄拉
曲松乡
左左乡
文布当桑乡
物玛乡
确颜纳格朗
6138 查乌托选
错折罗玛镇
底雅乡
昆沙乡
冈
扎江寺
洞错乡
中仑乡
俄久乡
5383 尕阿鄂拉
协德乡
扎达土林
香孜乡
雄巴乡
麻米乡
5710 打耳根日
那同勒
尼玛
错折
杂线乡
札达
狮多乡
6072 普加
结克
龙瓦格尔勒
阿索乡
热德寺
色林错
土林-古格
托林寺
亚热乡
文布乡
朗钦藏布
达巴乡
门士乡
6656 冈仁波齐峰
洛玛
帕江乡
布嘎寺
达雄乡
特荣海
阿泽淌嘎
卡尔贡寺
马跃乡
仁多乡
军仓乡
卓尼乡
申亚乡
喜
巴嘎乡
基乌村
霍尔
玛旁雍错
底
隆格尔乡
错勤
磁石乡
来多乡
甲谷乡
卓瓦乡
下过乡
马
普兰
锺果寺
马攸木拉山口
吉玛乡
江让乡
曲洛乡
达谷乡
孔地寺
贡久布乡
吉瓦乡
卡乡
帕布勒
麦拉
尼果乡
加叶寺
巴扎乡
拉
科迦寺
吉拉乡
孔隆乡
错迈乡
霍尔巴
帕羊镇
布多乡
美巴切勤乡
那木扎拉
雅
杂贡玛拉
斯
克巴哈学
达若乡
切琼乡
穷果乡
如沙乡
查孜乡
山
达木夏乡
青都乡
娘热乡
纳久乡
朔格拉
夏沙尔社
列巴乡
错布西乡
6310 雪拉普岗日
春哲乡
偏吉乡
拉让乡
仲巴
如角乡
阿木雄乡
加当乡
仁钦则乡
亚热乡
达去岭乡
切热乡
雄巴乡
多雄藏布
拉藏
萨嘎寺
萨嘎
达居乡
谢通门
黑颈鹤
印度
久姆拉
旦嘎乡
桑桑镇
曲玛乡
扎西岗乡
曲美
昌果乡
雅鲁藏布江
折巴乡
日吾其乡
昂仁
拉孜
318
日喀则市
尼
8172 道拉吉里峰
镇作乡
盆古乡
萨迦
萨迦寺
贡丰乡
脉
吉隆
门布乡
克玛乡
定日
加错乡
麻布加乡
木拉乡
兰布尔
里迪果德
朋曲
冲堆石塔
希夏邦马峰
8027
波线乡
岗嘎镇
曲洛乡
格巴寺
孔玛乡
巴雷利
苏尔凯德
巴格隆
博克拉
吉隆镇
亚来乡
扎西宗乡
错果乡
定结
龙中乡
沙贾汗布尔
杜尔西布尔
泊
聂拉木
曲当乡
萨尔乡
昌龙乡
岗巴
法鲁卡巴德
巴赫赖奇
布德沃尔
樟木镇
绒辖乡
珠穆朗玛峰
8844.43
日屋乡
锡达布尔
加德满都
萨加马塔峰
陈塘镇
勒利德布尔
马迪
亚东
勒克瑙
贡达
印
甘托克
埃达沃
坎普尔
法扎巴德
戈勒克布尔
尔
门格尔巴雷
西里古里
德里久加
度
孙萨里
法塔赫布尔
达尔彭加
比拉德纳格尔
穆扎法尔布尔
安拉阿巴德
江布尔
恰布拉
戈勒克布尔
孟加拉

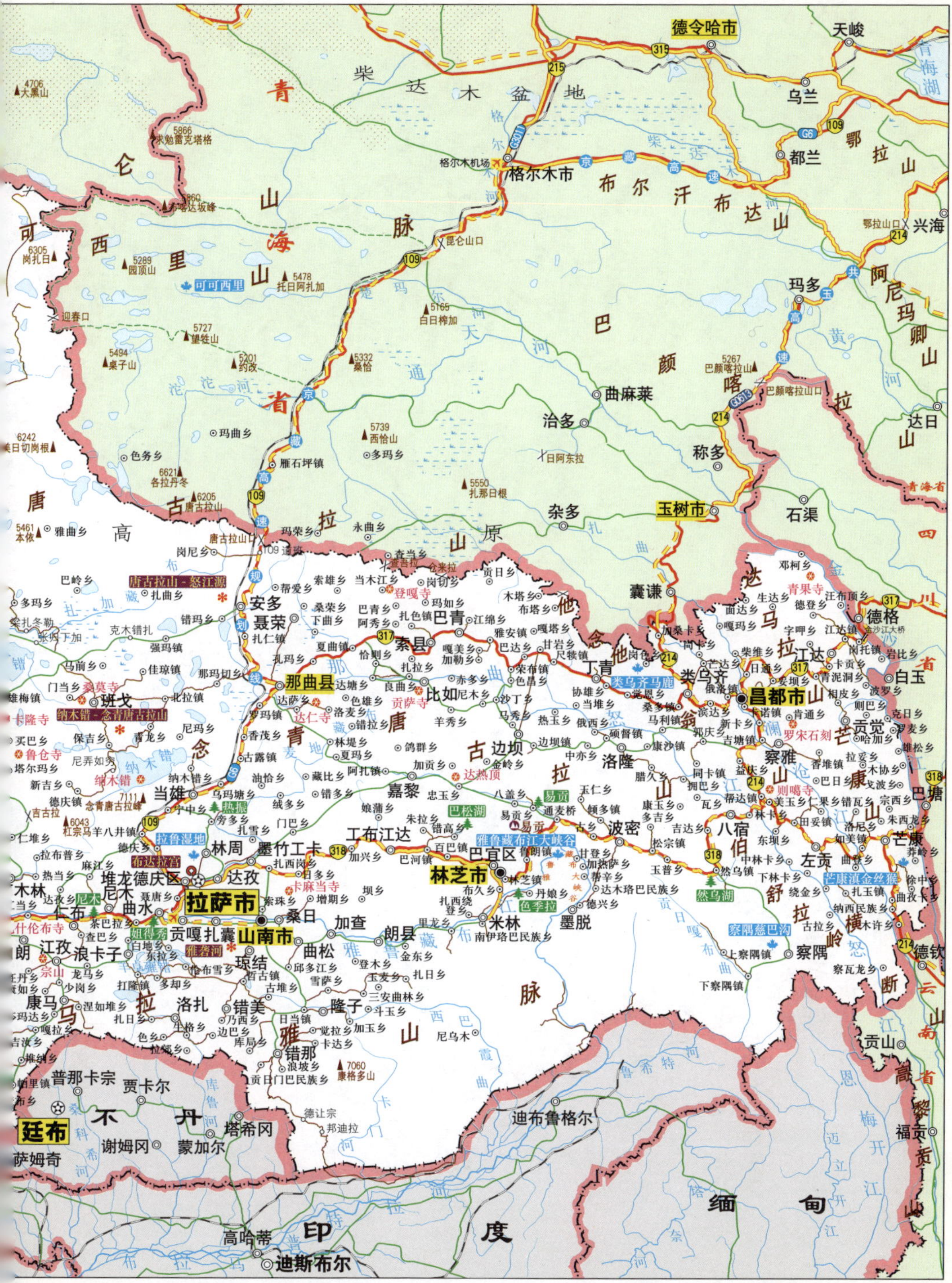
德令哈市
格尔木市
玉树市
那曲县
昌都市
拉萨市
山南市
林芝市
柴达木盆地
青海省
昆仑山脉
可可西里山
布尔汗布达山
巴颜喀拉山
唐古拉山脉
念青唐古拉山
冈底斯山
喜马拉雅山
横断山
印度
缅甸
不丹
廷布

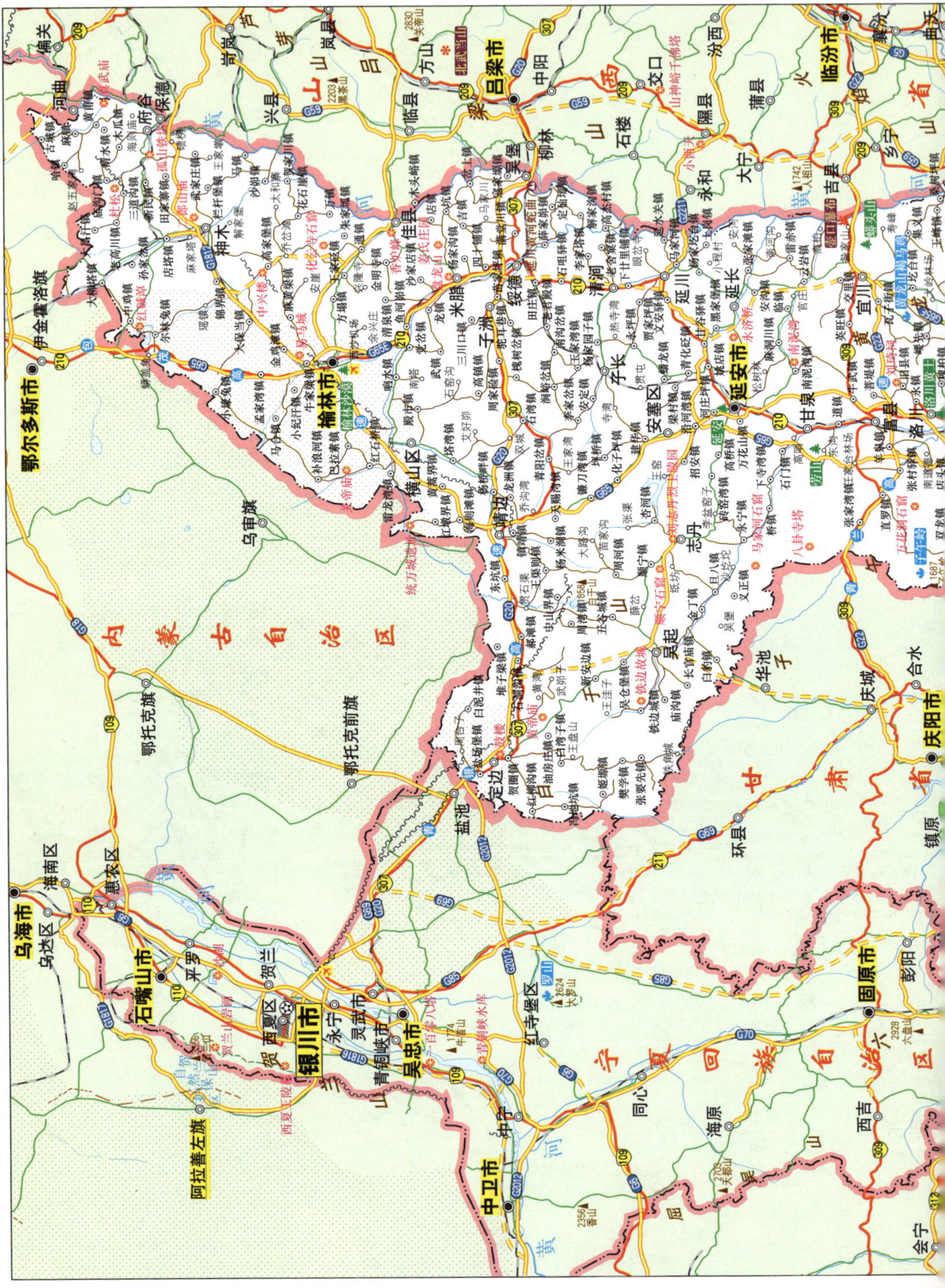
榆林市
延安市
神木
府谷
佳县
米脂
绥德
子洲
横山区
靖边
定边
吴起
志丹
安塞区
子长
清涧
延川
延长
宜川
甘泉
富县
洛川
黄龙
内蒙古自治区
鄂尔多斯市
伊金霍洛旗
乌审旗
鄂托克旗
鄂托克前旗
乌海市
银川市
石嘴山市
吴忠市
中卫市
固原市
宁夏回族自治区
甘肃省
庆阳市
山西省
吕梁市
临汾市

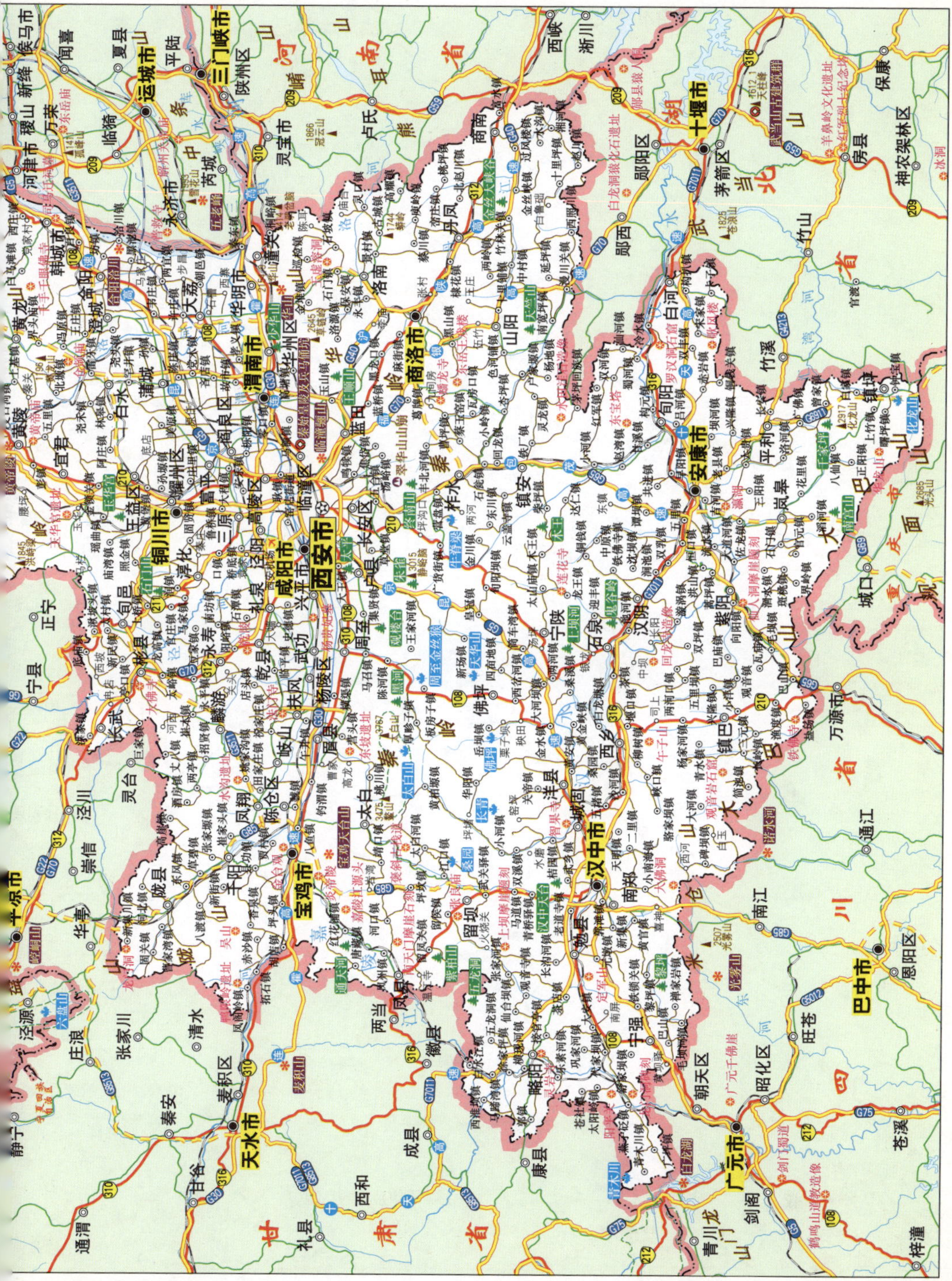
西安市
咸阳市
宝鸡市
汉中市
安康市
商洛市
渭南市
铜川市
天水市
广元市
巴中市
十堰市
三门峡市
运城市

甘肃省全图

哈密市
蒙
新疆维吾尔自治区
内蒙
东风泉
边防站
红石山
马鬃山镇
牛圈子
马鬃山
音凹峡
乱山子
北山
方山口磷矿
马莲井
沙湾子
石板墩
西湖乡
瓜州
南岔镇
锁阳城镇
腰站子乡
三道沟镇
黄闸湾乡
桥湾城
玉门市
敦煌雅丹
敦煌西湖
敦煌阳关
阳关遗址
敦煌市
莫高镇
莫高窟
鸣沙山-月牙泉
南湖乡
多坝沟乡
阿克塞
塔儿寺
榆林窟
昌马石窟
石包城乡
红柳峡
火焰山
锁城故址
肃北
安南坝野骆驼
红柳沟
和平乡
阿尔金山
安南坝山
党河南山
野马山
大雪山
盐池湾乡
盐池湾
黑大坂
苏干湖
团结乡
建设乡
乌兰达坂
岔路口
科孜
马海大坂
赤金镇
老君庙镇
昌马乡
鱼儿红乡
嘉峪关长城
嘉峪关市
酒泉市
新城镇
金塔
西坝乡
中东镇
大庄子乡
航天镇
鼎新镇
金关故址
大红山
俞井子
花海镇
小金湾乡
下河清乡
金佛寺镇
清水镇
祁连山
张掖黑河湿地
高台
临泽
张掖市
肃南
马蹄寺
走廊南山
托来南山
疏勒南山
团结峰
祁连
哈拉湖
德令哈市
天峻
刚察
青海湖
海心山
青海湖鸟岛
乌兰
都兰
青海南山
共和县
鄂拉山
兴海
格尔木市
诺木洪遗址
布尔汗布达山
昆仑山脉
昆仑山口
托日阿扎加
青海省
雅拉达泽山
黄河源
玛多
阿尼玛卿山
玛沁县
甘德
达日
巴颜喀拉山
巴颜喀拉山口
曲麻莱
治多
称多
通天河
三江源自然保护区
杂多
玉树市
文成公主庙
石渠
鄂尔
尤舍帕马千根
唐古拉山
唐古拉山口
安多
西藏自治区
乌兰乌拉山
多索岗日
白日榨加
达龙赛
祁漫塔格山
阿拉塔格
白山

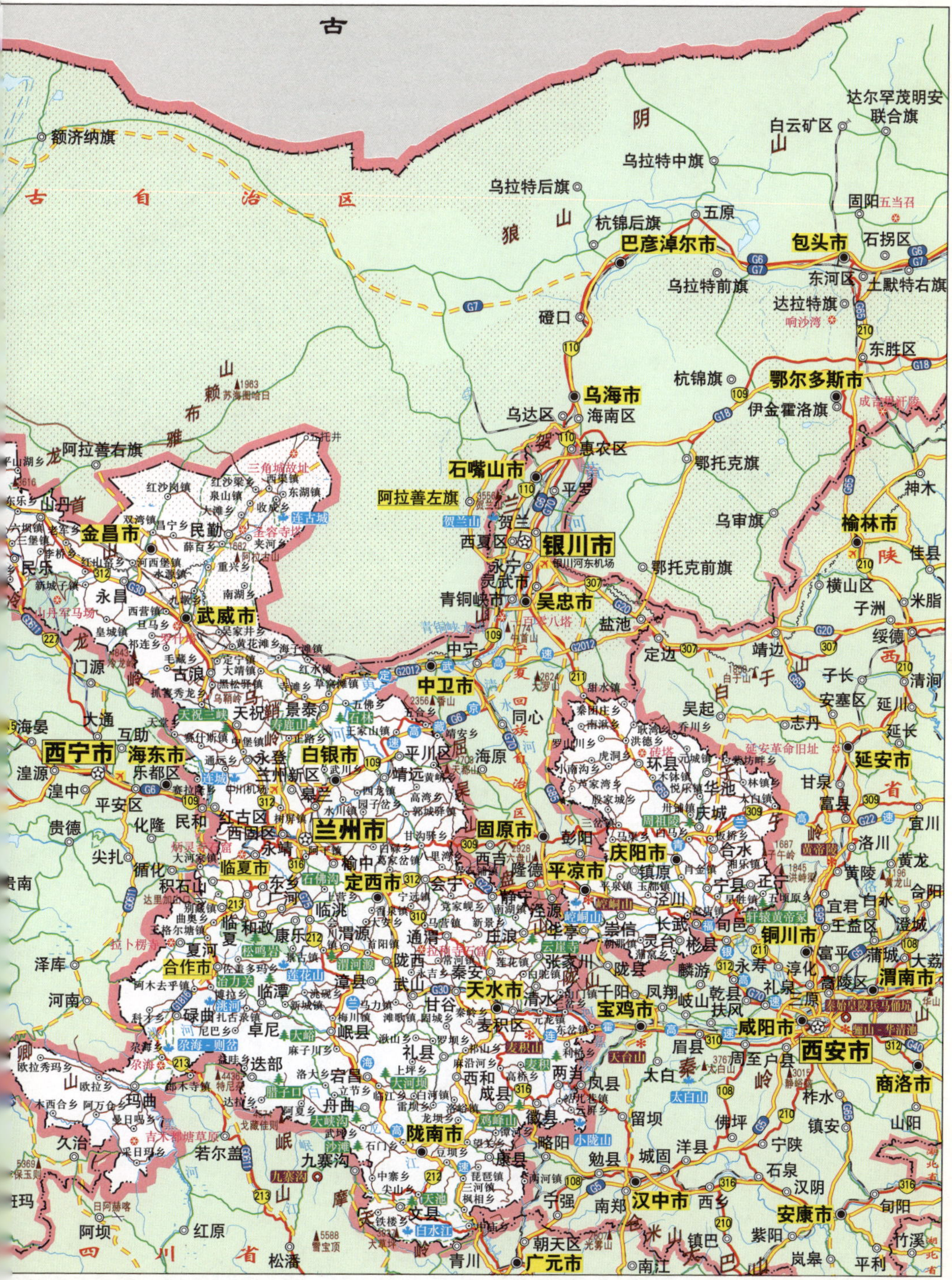
古
古　自　治　区
阴
山
狼　山
贺
兰
山
宁　夏　回　族　自　治　区
陕
西
省
白
于
山
四　川　省
额济纳旗
达尔罕茂明安联合旗
白云矿区
乌拉特中旗
乌拉特后旗
五原
杭锦后旗
巴彦淖尔市
包头市
固阳
五当召
石拐区
东河区
土默特右旗
乌拉特前旗
达拉特旗
响沙湾
磴口
东胜区
杭锦旗
乌海市
鄂尔多斯市
伊金霍洛旗
成吉思汗陵
乌达区
海南区
惠农区
石嘴山市
阿拉善左旗
阿拉善右旗
平罗
鄂托克旗
神木
乌审旗
榆林市
佳县
贺兰山
贺兰
西夏区
银川市
银川河东机场
永宁
灵武市
鄂托克前旗
横山区
米脂
子洲
青铜峡市
吴忠市
一百零八塔
盐池
定边
靖边
绥德
子长
清涧
中宁
中卫市
同心
安塞区
延川
吴起
志丹
延长
延安市
延安革命旧址
海原
环县
华池
甘泉
富县
宜川
固原市
彭阳
庆阳市
庆城
合水
洛川
黄龙
黄帝陵
黄陵
宜君
韩城
合阳
西吉
隆德
平凉市
泾川
镇原
宁县
正宁
旬邑
铜川市
白水
澄城
蒲城
大荔
渭南市
华阴
华山
静宁
崆峒山
崇信
华亭
灵台
长武
彬县
麟游
永寿
淳化
富平
阎良区
高陵区
三原
礼泉
乾县
咸阳市
西安市
秦始皇兵马俑
骊山
商洛市
陇县
千阳
凤翔
岐山
扶风
宝鸡市
眉县
周至
户县
太白山
太白
凤县
留坝
佛坪
柞水
镇安
山阳
宁陕
洋县
城固
汉中市
西乡
石泉
汉阴
安康市
旬阳
勉县
略阳
宁强
南郑
镇巴
紫阳
岚皋
平利
竹溪
南江
朝天区
广元市
青川
阿拉善右旗
山丹
民乐
张掖
金昌市
永昌
民勤
武威市
古浪
天祝
景泰
白银市
平川区
靖远
会宁
兰州市
榆中
定西市
临洮
渭源
陇西
通渭
甘谷
武山
秦安
天水市
清水
张家川
庄浪
麦积区
麦积山
西和
礼县
成县
徽县
两当
康县
陇南市
文县
宕昌
舟曲
迭部
卓尼
岷县
漳县
临潭
合作市
夏河
临夏市
永靖
东乡
和政
康乐
广河
积石山
循化
化隆
民和
乐都区
海东市
互助
西宁市
大通
湟源
湟中
平安区
贵德
尖扎
同仁
泽库
河南
碌曲
玛曲
若尔盖
九寨沟
松潘
红原
阿坝
久治
达日
门源
海晏
兰州新区
皋兰
红古区
西固区
永登
连城
松鸣岩
炳灵寺石窟
刘家峡
冶力关
莲花山
拉卜楞寺
郎木寺
贡巴
玛沁
白水江
光雾山
米仓山
大巴山
秦岭
摩天岭
岷山
乌鞘岭
祁连山
龙首山
雅布赖山
三角城故址
圣容寺塔
连古城
山丹军马场
仙人崖
拉脊寺
麻沟
五泉山
1963
2928
3767
5588 雪宝顶
5369
1845
1687 子午岭
1806
2624
3556
G6
G7
G18
G20
G22
G30
G65
G70
G75
G85
G2012
G312
109
110
210
211
212
213
307
309
310
312
316

甘肃省
新疆维吾尔自治区
西藏自治区
阿尔金山
昆仑山
可可西里山
唐古拉山
格尔木市
大柴旦镇
冷湖镇
花土沟镇
茫崖
尕斯乡
阿拉尔
尕斯库勒湖
索尔库里
苏干湖
大苏干湖自然保护区
小苏干湖
昆特依盐场
俄博梁
钾镁湖
牛鼻子梁
俄博梁二号
水鸭子墩
油泉子
大风山
长尾梁
高泉煤矿
宗马海湖
茶冷口
南八仙
马海达坂
绿梁山
鱼卡乡
依克柴达木湖
塔塔棱河
甘森泉湖
甘森
东台吉乃尔湖
塔尔丁
乌图美仁乡
乌图美仁
那陵格勒郭勒
尕勒奏
雪山峰
锡铁山镇
阿木尼克山
察尔汗
万丈盐桥
大格勒乡
乃吉里沟
沙松乌拉
青办食宿站
野牛沟岩画
昆仑山口
不冻泉
格尔木昆仑山
西天瑶池
黑海
盐湖
卡巴纽尔多
霍兰郭勒
错坎巴昂日东
雅拉达泽峰
布喀达坂峰
巍雪山
向阳湖
岗扎日
小黑台
永红湖
可可西里自然保护区
卓乃湖
好日阿日旧
高山
错仁德加
移山湖
迎春口
西峡河
乌兰乌拉湖
苟鲁都格错
马池湖
乌兰乌拉山
风火山口
曲麻河乡
黄河源头
叶格乡
秋智乡
甘桔湖
豌豆湖
葫芦湖
玛章错钦
察日错
雪莲湖
尼阿希错
长江源头纪念碑
扎日根
唐古拉山乡
扎河乡
治渠乡
曲麻莱
约改镇
扎仁克吾
拉杂冷
美日切岗
雀莫错
赤布张错
西恰山
巴茸浪纳
索加乡
达龙赛
尕乌促纳
治多
多彩乡
立新乡
曲阿加吉玛
各拉丹冬峰
水晶矿
长江源头
唐古拉山
拉萨纳如
雅根查错
杜日永确
尕尔西姜
果坡陇巴
加果空桑贡玛
澜沧江源头
多玛夏纳
莫云乡
查旦乡
尕纳杨尕
扎青乡
杂多
萨呼腾镇
昂赛乡
阿多乡
结多乡
苏鲁乡
着晓
东坝乡
着晓乡
尕羊乡
吉尼赛乡
达那寺
甘穷拉
觉拉
唐古拉山口
迪玛纳顷
查吾拉
索拉贡玛
仓来拉
托纠该拉
安多
聂荣
孜锐拉
井卡尔
扎日梗永木巧
扎统格尔
果日阿
卡足
扎嘎
觉翁
那曲县
索县
巴青
比如
班戈县
G0612
G3011
G6
215
315
109
317

西宁市
海东市
乐都区
平安区
互助
大通
湟中
湟源
海晏
门源
祁连
刚察
天峻
共和县
贵德
化隆
循化
尖扎
同仁县
贵南
同德
泽库
河南
兴海
玛沁县
甘德
达日
久治
班玛
玛多
称多
玉树市
囊谦
石渠
德令哈市
乌兰
都兰
青海湖
张掖市
金昌市
武威市
临夏市
合作市
马尔康市
四川省
甘肃省

宁夏回族自治区全图

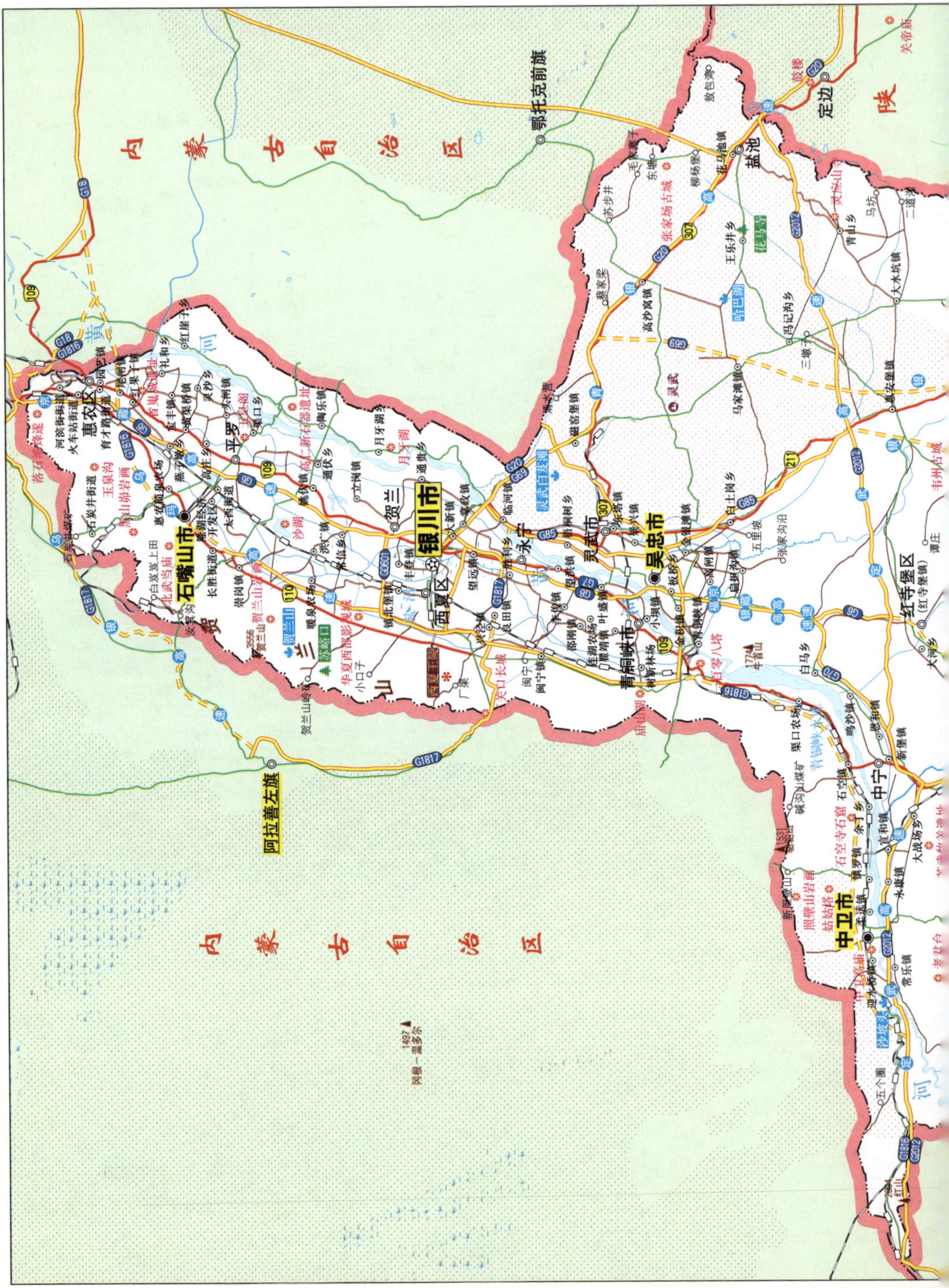

内蒙古自治区
鄂托克前旗
盐池
定边
陕
惠农区
平罗
石嘴山市
贺兰
银川市
西夏区
永宁
灵武市
吴忠市
青铜峡市
红寺堡区
中宁
中卫市
沙坡头
阿拉善左旗
贺兰山

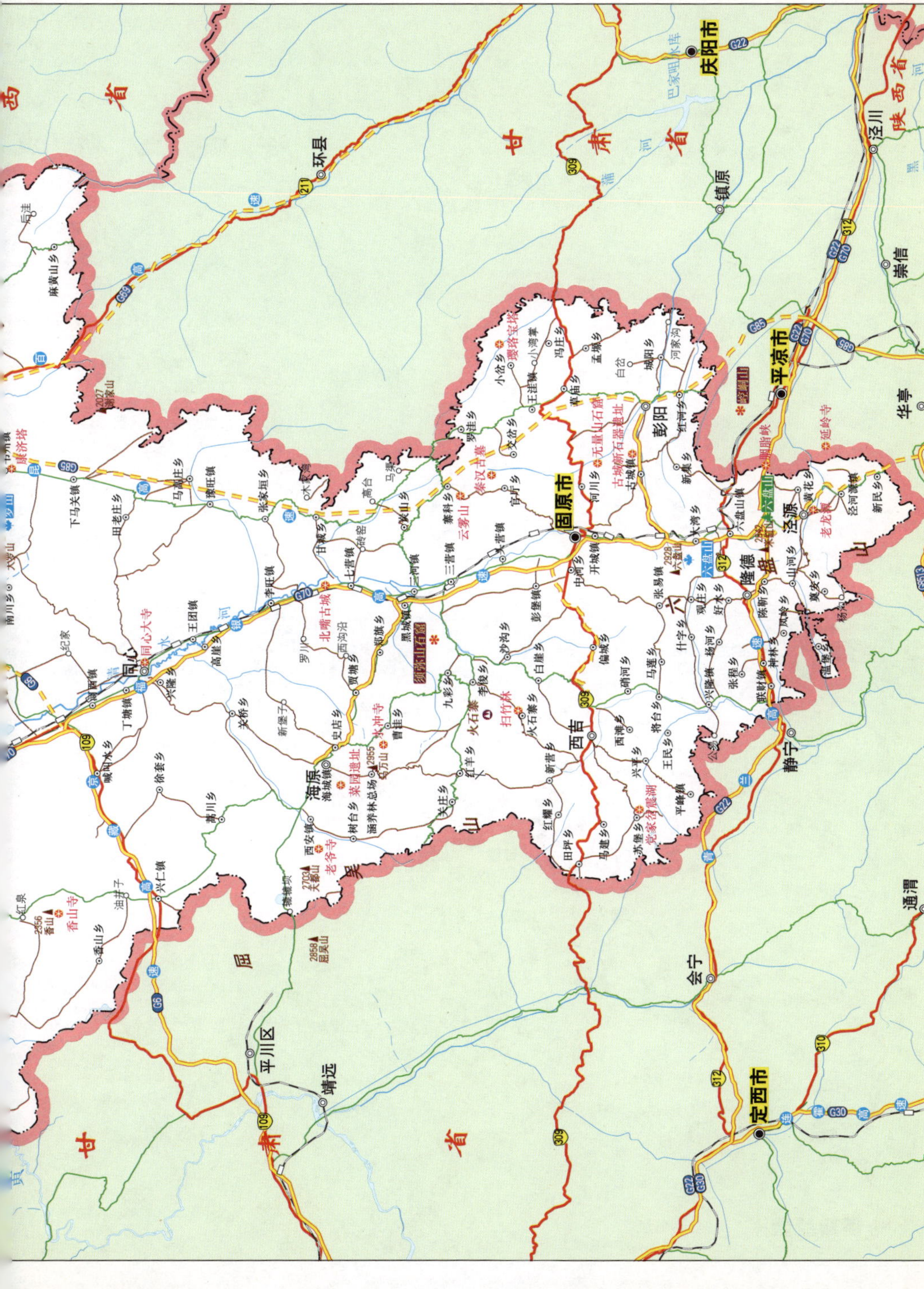
庆阳市
环县
镇原
泾川
崇信
平凉市
华亭
固原市
彭阳
泾源
隆德
静宁
西吉
海原
同心
会宁
通渭
定西市
平川区
靖远
甘肃省
陕西省
六盘山
须弥山石窟
同心大寺
扫竹林
火石寨
南华山
屈吴山
香山寺

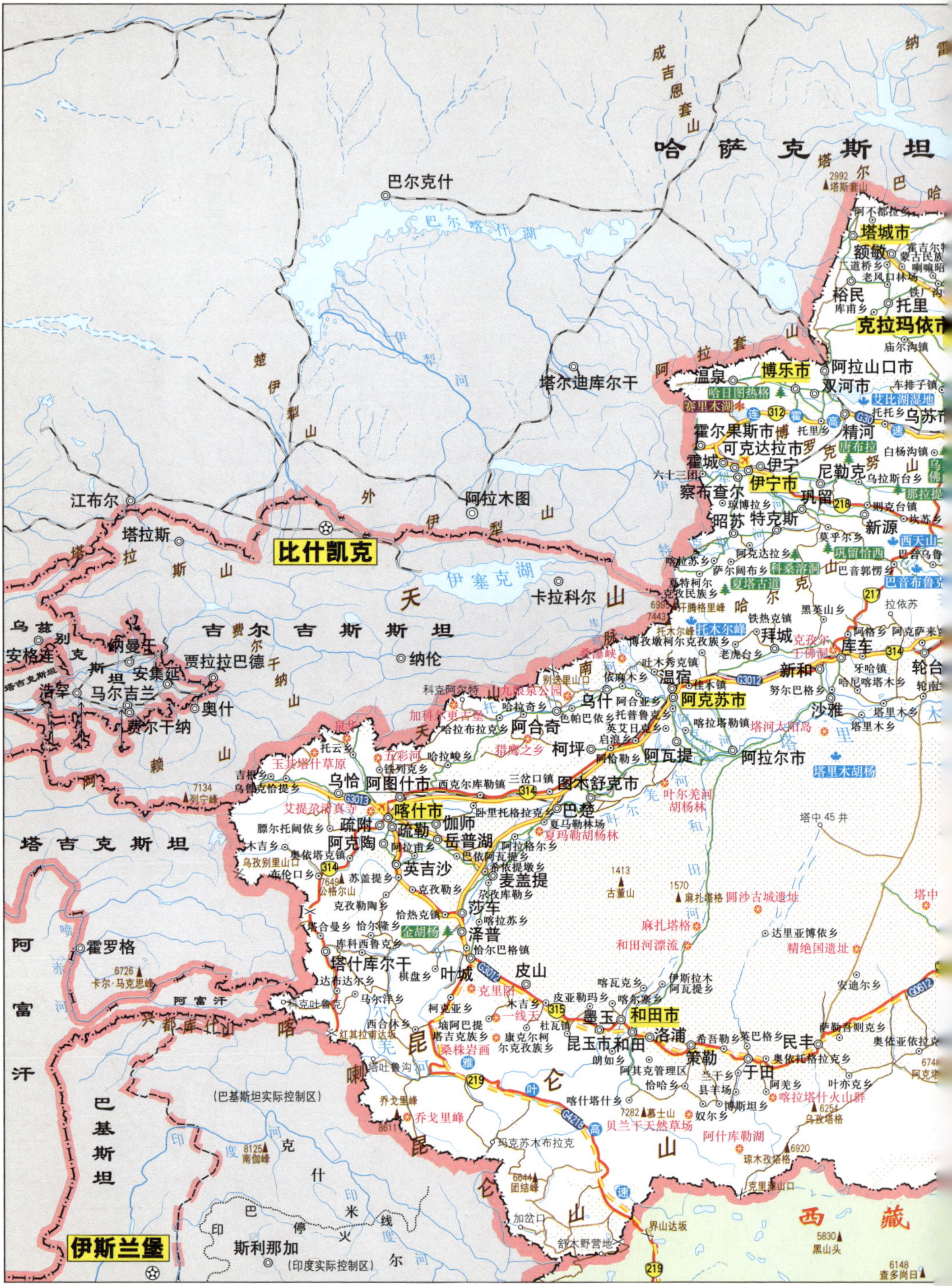

哈萨克斯坦
成吉思套山
巴尔克什
巴尔喀什湖
塔尔迪库尔干
阿拉木图
江布尔
塔拉斯
比什凯克
伊塞克湖
卡拉科尔
吉尔吉斯斯坦
纳伦
乌兹别克斯坦
安格连
纳曼干
安集延
浩罕
马尔吉兰
贾拉拉巴德
奥什
费尔干纳
塔吉克斯坦
阿富汗
霍罗格
巴基斯坦
伊斯兰堡
斯利那加
（巴基斯坦实际控制区）
（印度实际控制区）
塔城市
额敏
裕民
托里
克拉玛依市
博乐市
阿拉山口市
双河市
温泉
霍尔果斯市
可克达拉市
伊宁
伊宁市
霍城
察布查尔
巩留
尼勒克
精河
乌苏市
昭苏
特克斯
新源
拜城
库车
新和
轮台
沙雅
温宿
阿克苏市
乌什
阿合奇
柯坪
阿瓦提
阿拉尔市
图木舒克市
乌恰
阿图什市
喀什市
疏附
疏勒
阿克陶
英吉沙
伽师
岳普湖
巴楚
麦盖提
莎车
泽普
叶城
塔什库尔干
皮山
墨玉
和田市
洛浦
策勒
于田
民丰
昆玉市
和田
西藏
天山
昆仑山
喀喇昆仑山
塔克拉玛干沙漠
乔戈里峰
托木尔峰
慕士塔格峰
克里阳
黑山头

乌列盖
乌里雅苏台
科布多
蒙
古
巴彦洪戈尔
阿尔泰
哈纳斯
喀纳斯湖
白哈巴
阿勒泰市
哈巴河
布尔津
吉木乃
北屯市
福海
和布克赛尔
富蕴
青河
可可托海
乌伦古湖
魔鬼城
乌尔禾区
白碱滩区
五彩城
硅化木—恐龙
石河子市
呼图壁
五家渠市
吉木萨尔
奇台
木垒
昌吉市
阜康市
米东区
玛纳斯
乌鲁木齐市
天山天池
达坂城区
乌鲁木齐
吐鲁番市
高昌区
托克逊
鄯善
火焰山
艾丁湖
库木塔格沙漠
巴里坤
伊吾
哈密市
五堡魔鬼城
哈密王墓
和静
和硕
焉耆
博湖
博斯腾湖
库尔勒市
铁门关市
尉犁
罗布人村寨
若羌
且末
罗布泊镇
楼兰古城
雅丹地貌
米兰遗址
罗布泊野骆驼
塔河绿色走廊
瓦石峡遗址
阿尔金山
阿牙克库木湖
阿其克库勒湖
库木库里高原沙漠
阿尔金山
敦煌市
瓜州
玉门市
嘉峪关市
酒泉市
金塔
阿克塞
肃北
鸣沙山-月牙泉
莫高窟
盐池湾自然保护区
德令哈市
天峻
乌兰
都兰
格尔木市
诺木洪遗址
玛多
曲麻莱
治多
可可西里
黄河源
昆仑山口
甘
肃
省
青
海
省
内蒙古自治区
自治区

香港特别行政区全图

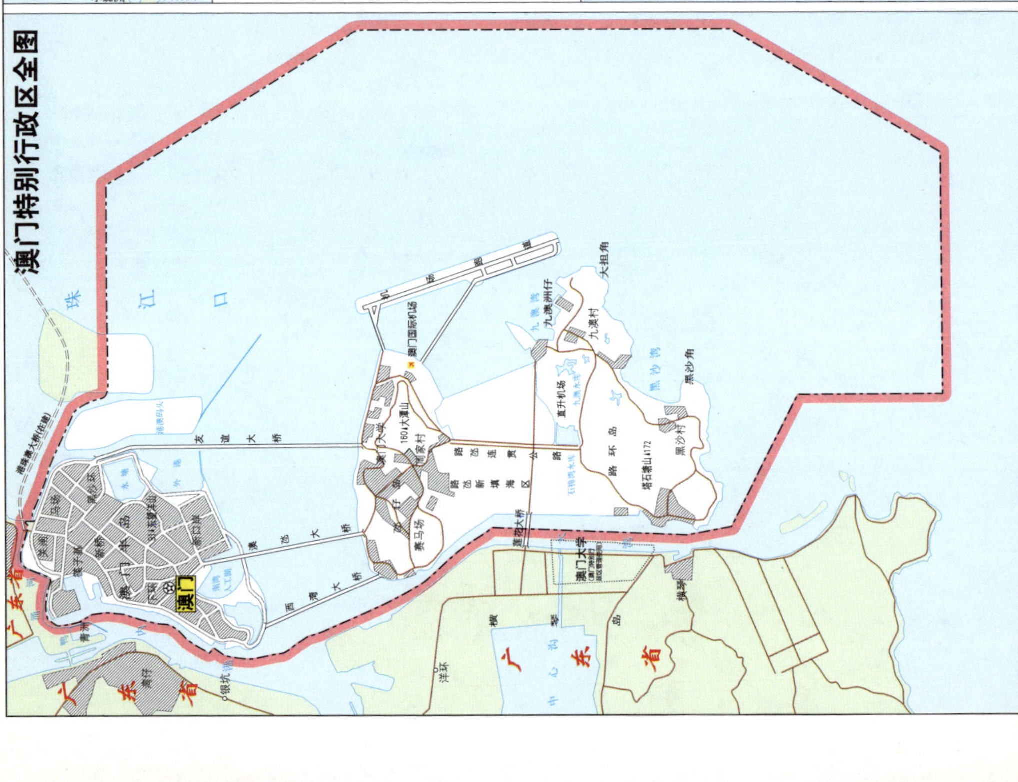

澳门特别行政区全图

比例尺 1：246 万 0 24.6 49.2 73.8 千米

省图图例

符号	说明	符号	说明
北京市	首都	G45 锡山 出入口	高速公路、出入口及国家高速公路网编号
西安市	省级行政中心　外国首都	服务区 锡山服务区 建筑中 收费站	高速公路服务区、收费站
青岛市	地级行政中心　外国主要城市	G1 主线　G91 地区环线　GW4 并行线　G1011 联络线	国家高速网编号
玉树市	州　盟　地区行政中心	S32　八达岭高速	省级高速公路编号、名称
朝阳区	县级行政中心	312 国道编号	国道及编号
宝山镇	主要乡镇		省道
大营村	村庄外国、一般城镇	隧道　桥梁	县乡道
	河流　湖泊		高铁
	沼泽		铁路
738（米）	山峰及高程	未定	国界
	港口　机场		省级界
	世界遗产　国家级风景名胜区		特别行政区界
	国家级自然保护区　国家森林公园		地区界　军事分界线
	国家地质公园　一般景区景点		长城

城市图图例

符号	说明	说明	说明	说明
G2501 互通立交	高速公路出入口及编号	省、自治区、直辖市特别行政区政府驻地	世界遗产	大厦
	街区	地级市、地区、自治州、盟政府驻地	历史文化遗址	酒店
	城市绿地	市辖区、县级市、县、自治县、旗、自治旗、特区、林区政府驻地	自然保护区	商场
	主要过境公路	政府机关单位	自然景观	医院
	铁路及车站	一般单位	博物馆、展览馆	邮电局
地铁站	地铁	电视塔	一般景点	机场
轻轨站	轻轨	体育场	特色街道	加油站
	城墙	港口	点状公园	汽车站
111	国道编号		大学院校	138.2 象牙嶂　山峰及名称
100	省道编号			